“十三五”国家重点出版物出版规划项目
名校名家基础学科系列

新工科数学基础 二
高等数学（下册）

陈学松 钟婵燕 霍颖莹 编

机械工业出版社

本书根据高等学校普通本科理工类专业高等数学课程的最新教学大纲编写而成，具体内容包括向量代数与空间解析几何、多元函数微分学及其应用、重积分、曲线积分与曲面积分、无穷级数. 本书的每章都特别加上了本章的知识结构图，以帮助学生更好地理解每章各个知识点的内在联系，书末还附有部分习题参考答案与提示.

本书内容的深广度符合《大学数学课程教学基本要求》，适合高等学校理工科类学生使用，并可作为理工科各个专业领域读者的数学参考书.

图书在版编目（CIP）数据

新工科数学基础. 二，高等数学. 下册/陈学松，钟婵燕，霍颖莹编. —北京：机械工业出版社，2021. 10

（名校名家基础学科系列）

“十三五”国家重点出版物出版规划项目

ISBN 978-7-111-67853-3

Ⅰ. ①新…　Ⅱ. ①陈…　②钟…　③霍…　Ⅲ. ①高等数学-高等学校-教材　Ⅳ. ①O13

中国版本图书馆 CIP 数据核字（2021）第 053905 号

机械工业出版社（北京市百万庄大街 22 号　邮政编码 100037）

策划编辑：韩效杰　责任编辑：韩效杰　李　乐

责任校对：肖　琳　封面设计：鞠　杨

责任印制：常天培

北京机工印刷厂印刷

2021 年 9 月第 1 版第 1 次印刷

184mm×260mm · 17. 75 印张 · 423 千字

标准书号：ISBN 978-7-111-67853-3

定价：49. 80 元

电话服务　　网络服务

客服电话：010-88361066　　机　工　官　网：www. cmpbook. com

010-88379833　　机　工　官　博：weibo. com/cmp1952

010-68326294　　金　书　网：www. golden-book. com

机工教育服务网：www. cmpedu. com

前　言

高等数学是一门大学数学公共基础课，是培养学生理性思维的重要载体，它对培养学生的抽象思维能力、逻辑推理能力及空间想象能力具有重要的作用. 高等数学作为理工科大学生最重要的基础理论课，目的在于培养工程技术人员必备的基本数学素质，使学生掌握基本的计算技巧，能用所学的知识去解决各种领域中的一些实际问题，能用数学的语言描述各种概念和现象，能理解其他学科中所用的数学理论和方法，能自学数学相关教材，为以后学习其他学科打下良好的基础.

高等数学课程的主要内容是微积分. 从 17 世纪 60 年代牛顿、莱布尼茨创立微积分起，微积分逐步成为一门逻辑严密、系统完整的学科，它不仅成为其他许多数学分支的重要基础，而且已经成为大学理工类、经济管理类以及许多其他专业最重要的数学基础课. 本书根据 2014 年教育部高等学校大学数学课程教学指导委员会制定的《大学数学课程教学基本要求》，由多名经验丰富的高等数学主讲教师根据教学经验编写而成. 本书既吸取了国内外优秀教材的优点，又紧密结合了大学工科学生的特点.

本书由陈学松、钟婵燕、霍颖莹编写. 由于编者水平有限，本书难免有遗漏、不足或错误之处，谨请各位读者批评指正. 最后，真诚地感谢您对本书的关注和使用.

编　者

目　　录

第6章 向量代数与空间解析几何

“数学是科学的大门和钥匙，忽视数学必将伤害所有的知识，因为忽视数学的人是无法了解任何其他科学乃至世界上任何其他事物的. 更为严重的是，忽视数学的人不能理解他自己这一疏忽，最终将导致无法寻求任何补救的措施.”

——培根

在平面解析几何中，通过建立平面直角坐标系，将平面上的点与一对有序数组对应起来；将平面上的图形与方程对应起来，使一元函数有了直观的几何意义，从而我们可以用代数的方法来研究几何问题，空间解析几何按照类似的方法建立空间直角坐标系及空间点的坐标，从而建立了空间解析几何. 正像平面解析几何的知识对学习一元函数微积分是不可缺少的一样，空间解析几何的知识对学习多元函数微积分也是必要的.

本章首先介绍向量的概念、向量的加减乘的运算，然后建立空间直角坐标系，研究向量的坐标表示，并以向量为工具讨论空间的平面与直线，最后介绍一些重要的曲面和空间曲线.

基本要求：

1. 掌握向量的概念、向量的加减以及数乘运算律，掌握两个向量平行的充要条件.

2. 理解空间坐标的概念，掌握用坐标进行线性运算的方法.

3. 理解方向角、方向余弦及向量的投影的概念，会求方向角、方向余弦.

4. 理解向量的数量积、向量积的概念，掌握向量的数量积、数量积的性质和运算律，熟练掌握数量积、向量积的坐标表达式，并会用数量积、向量积解决相关实际问题.

5. 掌握平面的点法式、一般式、截距式方程，会根据相应条件求平面的方程.

6. 掌握两个平面夹角的概念与求法，掌握两个平面平行、垂直的充分必要条件.

7. 掌握空间直线的一般方程、对称式方程和参数方程，并会根据相关条件求直线的方程.

8. 理解直线与平面夹角的概念，掌握直线与平面垂直、平行的充分必要条件.

9. 理解曲面与曲面方程间的关系，理解柱面的概念.

10. 理解空间曲线的一般形式、参数方程形式.

知识结构图：

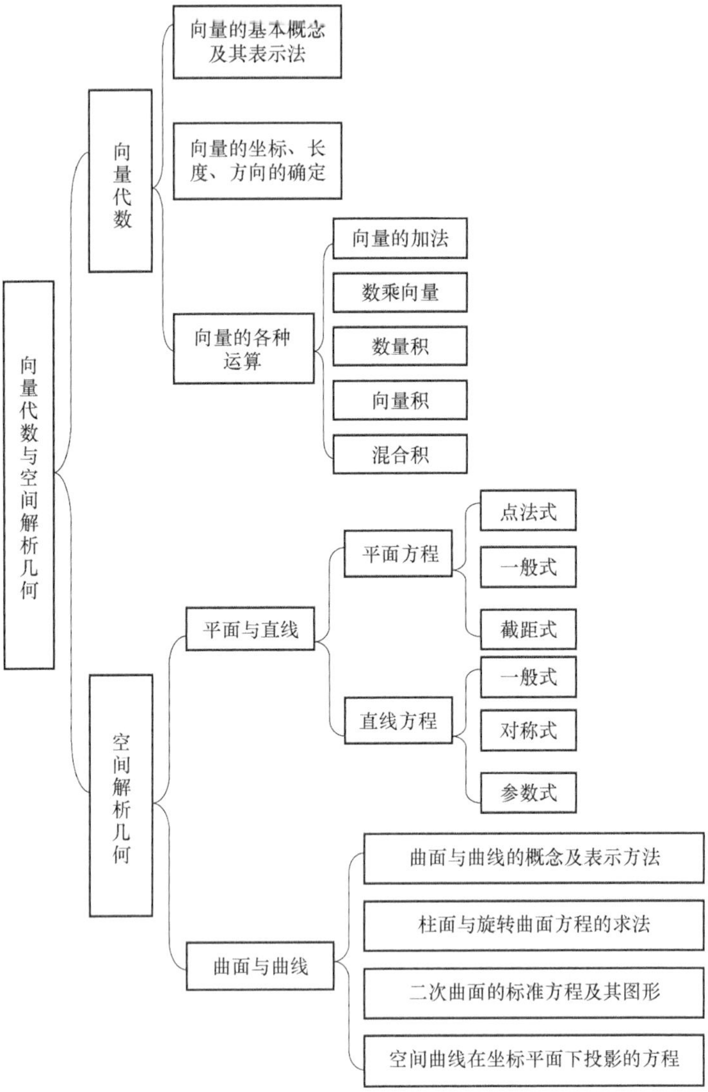

6.1 向量及其线性运算

6.1.1 向量概念

在客观世界中，经常会遇到一些量，如面积、体积、质量等，可以用一个数完全确定，这种只有大小的量称为**标量**(或**数量**).另外还有一些比较复杂的量，如位移、速度、加速度、力、力矩等，它们不仅有大小，还有方向，这种既有大小、又有方向的量称为**向量**(或**矢量**).

微课视频 6.1 向量

数学上，常用有向线段表示向量.有向线段的长度表示向量的大小，有向线段的方向表示向量的方向.以 A 为起点 B 为终点的有向线段所表示的向量记作$\overrightarrow{AB}$，有时也用黑体字母 $\boldsymbol{a}$ 或在字母上加箭头 $\vec{a}$ 表示(见图 6-1-1).

图　6-1-1

向量的大小称为向量的**模**，向量 $\boldsymbol{a}$、$\vec{a}$、$\overrightarrow{AB}$ 的模分别记为 $|\boldsymbol{a}|$、$|\vec{a}|$、$|\overrightarrow{AB}|$. 模等于 1 的向量称为**单位向量**. 模等于 0 的向量称为**零向量**，记为 $\mathbf{0}$ 或 $\vec{0}$. 零向量的方向可以看作是任意的.

由于许多实际问题中所碰到的向量常常与起点无关，所以数学上一般只研究与起点无关的向量，并称这种向量为**自由向量**.在本章，如果不加特别说明，则所说的向量均指自由向量.

因为我们只讨论自由向量，所以如果两个向量 $\boldsymbol{a}$ 和 $\boldsymbol{b}$ 的模相等，且方向相同，我们就称向量 $\boldsymbol{a}$ 和 $\boldsymbol{b}$ 是相等的，记作 $\boldsymbol{a}=\boldsymbol{b}$. 如果两个非零向量 $\boldsymbol{a}$ 和 $\boldsymbol{b}$ 方向相同或相反，就称这两个向量平行，记作 $\boldsymbol{a}/\!/\boldsymbol{b}$.

6.1.2 向量的线性运算

1. 向量的加减法

向量的加法运算规定如下：

设有两个向量 $\boldsymbol{a}$ 与 $\boldsymbol{b}$，以任意点 O 为起点，作$\overrightarrow{OA}=\boldsymbol{a}$，以 $\boldsymbol{a}$ 的终点 A 为起点作$\overrightarrow{AB}=\boldsymbol{b}$，连接 OB，则向量$\overrightarrow{OB}=\boldsymbol{c}$(见图 6-1-2)就是向量 $\boldsymbol{a}$ 与 $\boldsymbol{b}$ 的和，即

$$\boldsymbol{c}=\boldsymbol{a}+\boldsymbol{b},$$

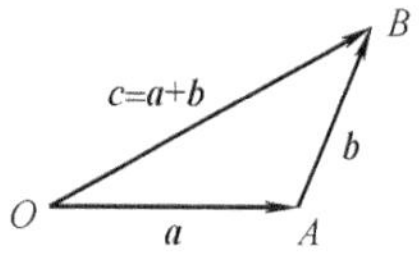

图　6-1-2

这种做出两向量之和的方法叫作向量加法的**三角形法则**.

当向量 $\boldsymbol{a}$ 与 $\boldsymbol{b}$ 不平行时，求向量 $\boldsymbol{a}$ 与 $\boldsymbol{b}$ 之和还有下述**平行四边形法则**：以任意点 O 为起点，作$\overrightarrow{OA}=\boldsymbol{a}$，$\overrightarrow{OB}=\boldsymbol{b}$，再以 OA、OB

为边作平行四边形 $OACB$，则对角线向量$\overrightarrow{OC}=\boldsymbol{c}$(见图 6-1-3)等于向量 $\boldsymbol{a}$ 与 $\boldsymbol{b}$ 的和 $\boldsymbol{a}+\boldsymbol{b}$.

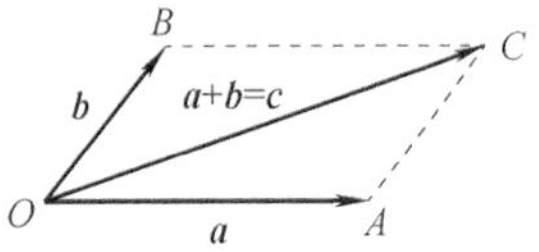

图　6-1-3

根据向量加法的定义，可知向量的加法满足下列运算规律：

(1) 交换律 $\boldsymbol{a}+\boldsymbol{b}=\boldsymbol{b}+\boldsymbol{a}$;

(2) 结合律$(\boldsymbol{a}+\boldsymbol{b})+\boldsymbol{c}=\boldsymbol{a}+(\boldsymbol{b}+\boldsymbol{c})$.

由于向量的加法满足交换律和结合律，故 n 个向量 $\boldsymbol{a}_1$，$\boldsymbol{a}_2$，…，$\boldsymbol{a}_n$ 相加可记作

$$\boldsymbol{a}_1+\boldsymbol{a}_2+\cdots+\boldsymbol{a}_n,$$

并由向量加法的三角形法则，得到 n 个向量相加的法则如下：以前一个向量的终点作为后一个向量的起点，相继作向量 $\boldsymbol{a}_1$，$\boldsymbol{a}_2$，…，$\boldsymbol{a}_n$，再以第一个向量的起点为起点，最后一个向量的终点为终点作一向量，这个向量即为所求的和向量，即

$$\boldsymbol{s}=\boldsymbol{a}_1+\boldsymbol{a}_2+\cdots+\boldsymbol{a}_n.$$

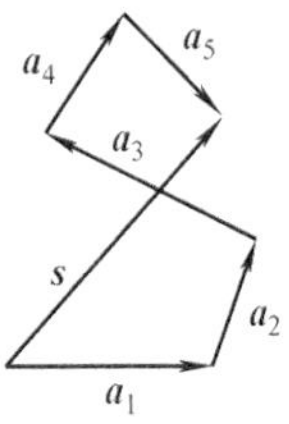

图　6-1-4

当 $n=5$ 时，其和向量如图 6-1-4 所示.

设 $\boldsymbol{a}$ 为一向量，称与 $\boldsymbol{a}$ 的模相同而方向相反的向量为 $\boldsymbol{a}$ 的**负向量**，记作$-\boldsymbol{a}$. 规定向量 $\boldsymbol{b}$ 与$-\boldsymbol{a}$ 的和为向量 $\boldsymbol{b}$ 与 $\boldsymbol{a}$ 的**差**(见图 6-1-5a)，记为 $\boldsymbol{b}-\boldsymbol{a}$，即

$$\boldsymbol{b}-\boldsymbol{a}=\boldsymbol{b}+(-\boldsymbol{a}).$$

向量 $\boldsymbol{b}$ 与 $\boldsymbol{a}$ 的差 $\boldsymbol{b}-\boldsymbol{a}$ 也可按图 6-1-5b 所示的方法做出. 从图 6-1-5b 可以看出，若把向量 $\boldsymbol{a}$ 与 $\boldsymbol{b}$ 移到同一起点 O，则从 $\boldsymbol{a}$ 的终点 A 指向 $\boldsymbol{b}$ 的终点 B 的向量$\overrightarrow{AB}$便是向量 $\boldsymbol{b}$ 与 $\boldsymbol{a}$ 的差 $\boldsymbol{b}-\boldsymbol{a}$.

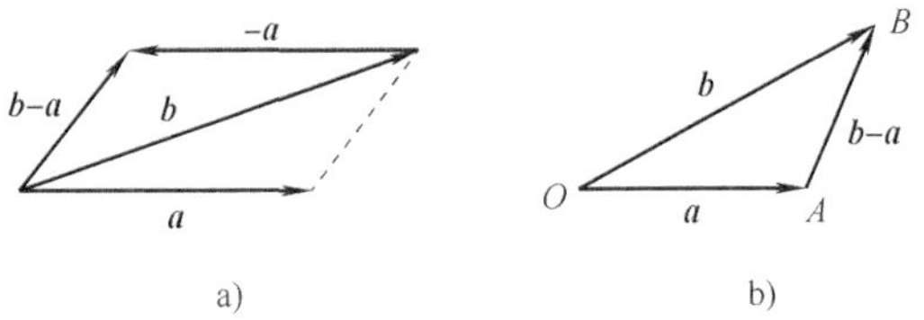

图　6-1-5

由三角形两边之和大于第三边的原理，有

$$|\boldsymbol{a}+\boldsymbol{b}|\leqslant|\boldsymbol{a}|+|\boldsymbol{b}| \text{ 及 } |\boldsymbol{a}-\boldsymbol{b}|\leqslant|\boldsymbol{a}|+|\boldsymbol{b}|,$$

其中，等号仅在 $\boldsymbol{a}$ 与 $\boldsymbol{b}$ 同向或反向时成立.

2. 向量与数的乘法

向量 $\boldsymbol{a}$ 与实数 λ 的**乘积**记作 $\lambda\boldsymbol{a}$，规定 $\lambda\boldsymbol{a}$ 是一个向量，它的模为 $|\lambda\boldsymbol{a}|=|\lambda||\boldsymbol{a}|$，它的方向：当 $\lambda>0$ 时与 $\boldsymbol{a}$ 相同，当 $\lambda<0$ 时与 $\boldsymbol{a}$ 相反.

当 $\lambda=0$ 时，$|\lambda\boldsymbol{a}|=0$，即 $\lambda\boldsymbol{a}$ 为零向量，这时它的方向可以是任意的.

特别地，当 $\lambda=-1$ 时，$\lambda\boldsymbol{a}$ 为 $\boldsymbol{a}$ 的负向量，即$(-1)\boldsymbol{a}=-\boldsymbol{a}$.

如果用 $\boldsymbol{a}^0$ 表示与非零向量 $\boldsymbol{a}$ 同方向的单位向量，则由向量与数的乘积的定义可知，$|\boldsymbol{a}|\boldsymbol{a}^0$ 与 $\boldsymbol{a}$ 的方向相同，模也相等，故有

$$\boldsymbol{a}=|\boldsymbol{a}|\boldsymbol{a}^0,$$

从而

$$\boldsymbol{a}^0=\frac{\boldsymbol{a}}{|\boldsymbol{a}|},$$

上式表明任一非零向量除以它的模的结果是一个与原向量方向相同的单位向量.

可以验证，向量与数的乘积符合下列运算规律：

(1) 结合律 $\lambda(\mu\boldsymbol{a})=\mu(\lambda\boldsymbol{a})=(\lambda\mu)\boldsymbol{a}$；

(2) 分配律 $\lambda(\boldsymbol{a}+\boldsymbol{b})=\lambda\boldsymbol{a}+\lambda\boldsymbol{b}$；$(\lambda+\mu)\boldsymbol{a}=\lambda\boldsymbol{a}+\mu\boldsymbol{a}$.

向量的加、减及数乘统称为向量的**线性运算**.

根据向量与数的乘积的定义，可得两个向量平行的充要条件：

定理 6.1　设向量 $\boldsymbol{a}\neq\boldsymbol{0}$，那么向量 $\boldsymbol{b}$ 平行于向量 $\boldsymbol{a}$ 的充分必要条件是：存在唯一的实数 λ，使 $\boldsymbol{b}=\lambda\boldsymbol{a}$.

证：条件的充分性是显然的，下面证明条件的必要性.

设 $\boldsymbol{b}/\!/\boldsymbol{a}$，当 $\boldsymbol{b}$ 与 $\boldsymbol{a}$ 同向时，取 $\lambda=\dfrac{|\boldsymbol{b}|}{|\boldsymbol{a}|}$；当 $\boldsymbol{b}$ 与 $\boldsymbol{a}$ 反向，取 $\lambda=-\dfrac{|\boldsymbol{b}|}{|\boldsymbol{a}|}$. 这样，总有 $\boldsymbol{b}$ 与 $\lambda\boldsymbol{a}$ 同向，并且

$$|\lambda\boldsymbol{a}|=|\lambda||\boldsymbol{a}|=\frac{|\boldsymbol{b}|}{|\boldsymbol{a}|}|\boldsymbol{a}|=|\boldsymbol{b}|,$$

由向量相等的概念得 $\boldsymbol{b}=\lambda\boldsymbol{a}$.

再证实数 λ 的唯一性. 设存在实数 λ，μ，使 $\boldsymbol{b}=\lambda\boldsymbol{a}$，$\boldsymbol{b}=\mu\boldsymbol{a}$，两式相减，得

$$\lambda\boldsymbol{a}-\mu\boldsymbol{a}=\boldsymbol{0},$$

故

$$|\lambda-\mu||\boldsymbol{a}|=0,$$

由 $\boldsymbol{a}\neq\boldsymbol{0}$ 得 $|\boldsymbol{a}|\neq0$，从而 $|\lambda-\mu|=0$，即 $\lambda=\mu$.

例 1　在平行四边形 $ABCD$ 中，设 $\overrightarrow{AB}=\boldsymbol{a}$，$\overrightarrow{AD}=\boldsymbol{b}$，试用 $\boldsymbol{a}$ 和 $\boldsymbol{b}$ 表示向量 $\overrightarrow{MA}$，$\overrightarrow{MB}$，$\overrightarrow{MC}$，$\overrightarrow{MD}$，这里 M 是平行四边形对角线的交点(见图 6-1-6).

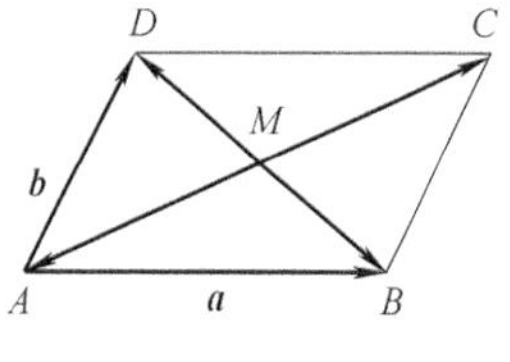

图　6-1-6

解：由于平行四边形的对角线互相平分，所以

$$\boldsymbol{a}+\boldsymbol{b}=\overrightarrow{AC}=2\overrightarrow{AM},$$

即 $-(\boldsymbol{a}+\boldsymbol{b})=2\overrightarrow{MA}$，于是　$\overrightarrow{MA}=-\dfrac{1}{2}(\boldsymbol{a}+\boldsymbol{b})$.

因为$\overrightarrow{MC}=-\overrightarrow{MA}$，所以　$\overrightarrow{MC}=\frac{1}{2}(\boldsymbol{a}+\boldsymbol{b})$.

又因$-\boldsymbol{a}+\boldsymbol{b}=\overrightarrow{BD}=2\overrightarrow{MD}$，所以　$\overrightarrow{MD}=\frac{1}{2}(\boldsymbol{b}-\boldsymbol{a})$.

由于$\overrightarrow{MB}=-\overrightarrow{MD}$，所以　$\overrightarrow{MB}=\frac{1}{2}(\boldsymbol{a}-\boldsymbol{b})$.

6.1.3　空间直角坐标系

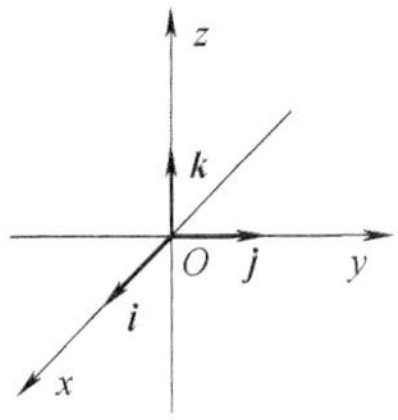

图　6-1-7

在空间任意取一个定点 O，以 O 为原点作三条具有相同单位长度，且两两互相垂直的数轴，依次记为 x **轴**(横轴)、y **轴**(纵轴)、z **轴**(竖轴)，统称**坐标轴**(见图 6-1-7). 这三根轴的正方向要符合右手法则，即以右手握住 z 轴，当右手的四个手指从 x 轴正向以$\frac{\pi}{2}$角度转向 y 轴正向时，大拇指的指向就是 z 轴的正向，这样的三根坐标轴构成一个空间直角坐标系，称为 $Oxyz$ **坐标系**，点 O 称为**坐标原点**(或**原点**).

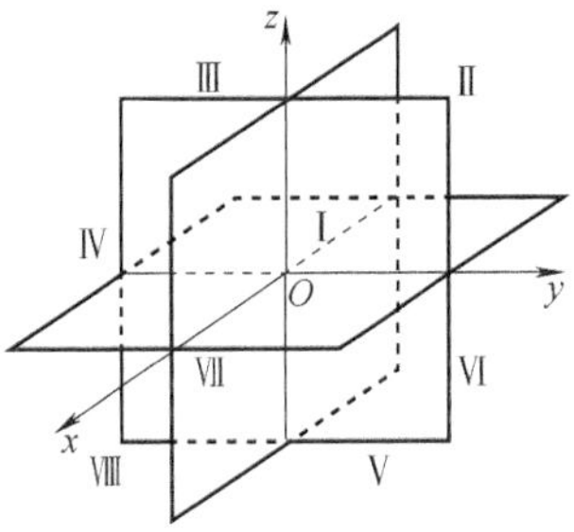

图　6-1-8

通常把 x 轴和 y 轴置于水平面上，而 z 轴是铅垂线. 三条坐标轴中的任意两条确定一个平面，称为**坐标面**. 由 x 轴和 y 轴所确定的坐标面叫作 xOy 面，由 y 轴、z 轴及由 z 轴、x 轴所确定的坐标面，分别叫作 yOz 面和 zOx 面. 三个坐标面把空间分成八个部分，每一部分叫作一个**卦限**. 其中，在 xOy 面上方且 yOz 面前方，zOx 面右方的那个卦限叫作**第一卦限**，其他第二、第三、第四卦限在 xOy 面的上方，按逆时针方向确定. 在 xOy 面下方与第一至第四卦限相对应的是第五至第八卦限. 这八个卦限分别用字母Ⅰ、Ⅱ、Ⅲ、Ⅳ、Ⅴ、Ⅵ、Ⅶ、Ⅷ表示，如图 6-1-8 所示. 建立了空间直角坐标系后，空间任一点就可以用三个有序的实数来表示.

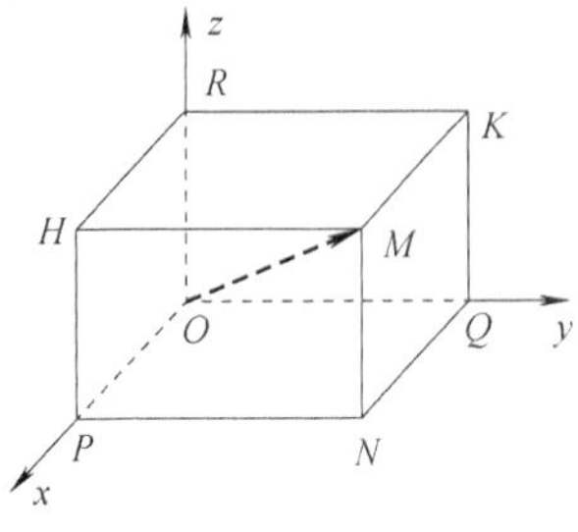

图　6-1-9

设 M 为空间任意一点，过点 M 作三个平面分别垂直于 x 轴、y 轴和 z 轴，它们与 x 轴、y 轴和 z 轴的交点依次为 P、Q、R(见图 6-1-9). 设这三个点在 x 轴、y 轴、z 轴上的坐标分别为 x、y、z，于是由点 M 就唯一确定了三个有序数 x、y、z；反过来，如果已知三个有序数 x、y、z，我们可以在 x 轴、y 轴、z 轴上分别取坐标为 x、y、z 的三个点 P、Q、R，然后通过点 P、Q、R 分别作垂直于 x 轴、y 轴、z 轴的三个平面，这三个平面必然交于空间一点 M. 由此可见，空间一点 M 与三个有序数 x、y、z 之间存在着一一对应关系，我们把有序数 x、y、z 称为点 M 的坐标，并依次称 x、y、z 为点 M 的横坐标、纵坐标、竖坐标，点 M 通常记为 $M(x,y,z)$.

坐标面和坐标轴上的点，其坐标各有一定的特征. 例如：在坐标面 xOy、yOz 和 zOx 上点的坐标分别为 $(x,y,0)$、$(0,y,z)$ 和 $(x,0,z)$；在 x 轴、y 轴和 z 轴上点的坐标分别为 $(x,0,0)$、$(0,y,0)$ 和 $(0,0,z)$；原点的坐标是 $(0,0,0)$.

6.1.4 向量的坐标及向量的运算

向量的运算仅靠几何方法研究是不够的，为此引进向量的坐标，把向量用有序数组表示出来，从而把向量的运算转化为有序数组的代数运算.

设 $\boldsymbol{a}$ 为空间直角坐标系 $Oxyz$ 中任一向量，将 $\boldsymbol{a}$ 的起点平移到坐标原点 O，这时设其终点为 $M(x,y,z)$. 过点 M 分别作垂直于 x 轴、y 轴、z 轴的三个平面，与轴的交点分别记为 P、Q、R，如图 6-1-9 所示. 由向量加法的三角形法则，有

$$\begin{aligned}\boldsymbol{a}=\overrightarrow{OM}&=\overrightarrow{OP}+\overrightarrow{PN}+\overrightarrow{NM}\\&=\overrightarrow{OP}+\overrightarrow{OQ}+\overrightarrow{OR}.\end{aligned}$$

在空间直角坐标系 $Oxyz$ 中，分别取 x 轴、y 轴、z 轴的正向上单位向量 $\boldsymbol{i}$、$\boldsymbol{j}$、$\boldsymbol{k}$，这三个向量称为**坐标系基本单位向量**. 根据向量与数的乘积运算可得

$$\overrightarrow{OP}=x\boldsymbol{i},\ \overrightarrow{OQ}=y\boldsymbol{j},\ \overrightarrow{OR}=z\boldsymbol{k},$$

故

$$\boldsymbol{a}=\overrightarrow{OM}=x\boldsymbol{i}+y\boldsymbol{j}+z\boldsymbol{k}.$$

上式称为向量 $\boldsymbol{a}$ 的**坐标分解式**，向量 $x\boldsymbol{i}$、$y\boldsymbol{j}$、$z\boldsymbol{k}$ 称为向量 $\boldsymbol{a}$ 沿三个坐标轴方向的**分向量**.

显然，给定向量 $\boldsymbol{a}$，就唯一确定了点 M 及 $\overrightarrow{OP}$、$\overrightarrow{OQ}$、$\overrightarrow{OR}$ 这三个分向量，进而唯一确定三个有序数 x，y，z. 反之，给定三个有序数 x，y，z，也唯一确定了点 M 及向量 $\boldsymbol{a}$. 于是，空间一个向量 $\boldsymbol{a}$ 与三个有序数 x，y，z 之间存在着一一对应关系. 我们把有序数 x，y，z 称为向量 $\boldsymbol{a}$ 的坐标，记为

$$\boldsymbol{a}=(x,y,z).$$

向量 $\overrightarrow{OM}$ 称为点 M 关于原点的**向径**，通常用黑体字母 $\boldsymbol{r}$ 表示，即 $\boldsymbol{r}=\overrightarrow{OM}$. 由上述定义可知，点 M 与点 M 的向径有相同的坐标，记号 (x,y,z) 既表示点 M，又表示向径 $\overrightarrow{OM}$.

利用向量的坐标，容易得到向量的加法、减法及向量与数的乘法的运算法则.

设 $\boldsymbol{a}=(a_x,a_y,a_z)$，$\boldsymbol{b}=(b_x,b_y,b_z)$，即

$$\boldsymbol{a}=a_x\boldsymbol{i}+a_y\boldsymbol{j}+a_z\boldsymbol{k},\ \boldsymbol{b}=b_x\boldsymbol{i}+b_y\boldsymbol{j}+b_z\boldsymbol{k}.$$

利用向量的加法以及向量与数的乘法的运算律，有

$$\boldsymbol{a}+\boldsymbol{b}=(a_x+b_x)\boldsymbol{i}+(a_y+b_y)\boldsymbol{j}+(a_z+b_z)\boldsymbol{k},$$

$$\boldsymbol{a}-\boldsymbol{b}=(a_x-b_x)\boldsymbol{i}+(a_y-b_y)\boldsymbol{j}+(a_z-b_z)\boldsymbol{k},$$

$$\lambda\boldsymbol{a}=(\lambda a_x)\boldsymbol{i}+(\lambda a_y)\boldsymbol{j}+(\lambda a_z)\boldsymbol{k}\ (\lambda \text{ 为实数}),$$

或

$$\boldsymbol{a}+\boldsymbol{b}=(a_x+b_x,a_y+b_y,a_z+b_z),$$

$$\boldsymbol{a}-\boldsymbol{b}=(a_x-b_x,a_y-b_y,a_z-b_z),$$

$$\lambda\boldsymbol{a}=(\lambda a_x,\lambda a_y,\lambda a_z).$$

由此可见，对向量进行加、减及数乘，只需对向量的各个坐标分别进行相应的数量运算即可.

若向量$\overrightarrow{M_1M_2}$的起点为$M_1(x_1,y_1,z_1)$，终点为$M_2(x_2,y_2,z_2)$，则有

$$\begin{aligned}\overrightarrow{M_1M_2}&=\overrightarrow{OM_2}-\overrightarrow{OM_1}\\&=(x_2\boldsymbol{i}+y_2\boldsymbol{j}+z_2\boldsymbol{k})-(x_1\boldsymbol{i}+y_1\boldsymbol{j}+z_1\boldsymbol{k})\\&=(x_2-x_1)\boldsymbol{i}+(y_2-y_1)\boldsymbol{j}+(z_2-z_1)\boldsymbol{k},\end{aligned}$$

即

$$\overrightarrow{M_1M_2}=(x_2-x_1,y_2-y_1,z_2-z_1). \tag{1}$$

式(1)表明，向量$\overrightarrow{M_1M_2}$的坐标为x_2-x_1，y_2-y_1，z_2-z_1，即向量的坐标等于终点的坐标减去起点的坐标.

由定理 6.1 知道，若向量$\boldsymbol{a}\neq\boldsymbol{0}$且$\boldsymbol{a}$与$\boldsymbol{b}$平行，则$\boldsymbol{b}=\lambda\boldsymbol{a}$，用坐标表示为

$$(b_x,b_y,b_z)=\lambda(a_x,a_y,a_z),$$

这就相当于向量$\boldsymbol{a}$与$\boldsymbol{b}$对应的坐标成比例，即

$$\frac{b_x}{a_x}=\frac{b_y}{a_y}=\frac{b_z}{a_z}, \tag{2}$$

式(2)当a_x，a_y，a_z中有一个为零，例如$a_x=0$，a_y，$a_z\neq0$时，应理解为

$$\begin{cases}b_x=0,\\ \dfrac{b_y}{a_y}=\dfrac{b_z}{a_z},\end{cases}$$

当a_x，a_y，a_z中有两个为零，例如$a_x=a_y=0$，$a_z\neq0$时，应理解为

$$\begin{cases}b_x=0,\\ b_y=0.\end{cases}$$

例 2 已知两点 $P(2,3,-1)$ 和 $Q(3,0,1)$，求向量 $\overrightarrow{OP}+\overrightarrow{OQ}$ 和 $3\overrightarrow{OP}-2\overrightarrow{OQ}$.

解： $\overrightarrow{OP}+\overrightarrow{OQ}=(2,3,-1)+(3,0,1)=(5,3,0)$，

$3\overrightarrow{OP}-2\overrightarrow{OQ}=3(2,3,-1)-2(3,0,1)=(6,9,-3)-(6,0,2)=(0,9,-5)$.

例 3 设 $A(x_1,y_1,z_1)$、$B(x_2,y_2,z_2)$ 为已知两点，在 AB 直线上求点 M，使 $\overrightarrow{AM}=\lambda\overrightarrow{MB}(\lambda\neq-1)$.

解： 设所求点为 $M(x,y,z)$，由于

$$\overrightarrow{AM}=(x-x_1,y-y_1,z-z_1),\ \overrightarrow{MB}=(x_2-x,y_2-y,z_2-z),$$

故由条件 $\overrightarrow{AM}=\lambda\overrightarrow{MB}$ 可得

$$(x-x_1,y-y_1,z-z_1)=\lambda(x_2-x,y_2-y,z_2-z),$$

即

$$x-x_1=\lambda(x_2-x),\ y-y_1=\lambda(y_2-y),\ z-z_1=\lambda(z_2-z),$$

从而解得

$$x=\frac{x_1+\lambda x_2}{1+\lambda},\ y=\frac{y_1+\lambda y_2}{1+\lambda},\ z=\frac{z_1+\lambda z_2}{1+\lambda}.$$

因此所求的点为 $M\left(\frac{x_1+\lambda x_2}{1+\lambda},\frac{y_1+\lambda y_2}{1+\lambda},\frac{z_1+\lambda z_2}{1+\lambda}\right)$.

本例中的点 M 叫作有向线段 $\overrightarrow{AB}$ 的定比分点. 特别地，当 $\lambda=1$ 时，点 M 是有向线段 $\overrightarrow{AB}$ 的中点，其坐标为

$$x=\frac{x_1+x_2}{2},\ y=\frac{y_1+y_2}{2},\ z=\frac{z_1+z_2}{2}.$$

6.1.5 向量的模、方向余弦、投影

1. 向量的模与空间两点间的距离

设向量 $\boldsymbol{r}=(x,y,z)$，作 $\overrightarrow{OM}=\boldsymbol{r}$，有 $\overrightarrow{OM}=\overrightarrow{OP}+\overrightarrow{OQ}+\overrightarrow{OR}$，并且 $\overrightarrow{OP}=x\boldsymbol{i}$，$\overrightarrow{OQ}=y\boldsymbol{j}$，$\overrightarrow{OR}=z\boldsymbol{k}$.

由于 $|\overrightarrow{OP}|=|x|,|\overrightarrow{OQ}|=|y|,|\overrightarrow{OR}|=|z|$，

故按勾股定理可得

$$|\overrightarrow{OM}|=\sqrt{|\overrightarrow{OP}|^2+|\overrightarrow{OQ}|^2+|\overrightarrow{OR}|^2},$$

即向量 $\boldsymbol{r}$ 的模的坐标表达式为

$$|\boldsymbol{r}|=\sqrt{x^2+y^2+z^2}.$$

设 $M_1(x_1,y_1,z_1)$、$M_2(x_2,y_2,z_2)$ 为空间两点，则点 M_1 与点 M_2 之间的距离 $|M_1M_2|$ 就是向量 $\overrightarrow{M_1M_2}$ 的模. 根据式(1)，有

$$\overrightarrow{M_1M_2}=(x_2-x_1,y_2-y_1,z_2-z_1),$$

故 M_1、M_2 两点间的距离为

$$|\overrightarrow{M_1M_2}|=\sqrt{(x_2-x_1)^2+(y_2-y_1)^2+(z_2-z_1)^2}. \quad (3)$$

例 4 求证以 $A(2,1,-1)$、$B(5,-1,0)$、$C(3,0,1)$ 三点为顶点的三角形是一个等腰三角形.

证： 利用两点之间的距离公式计算，得

$$|AB|^2=(5-2)^2+(-1-1)^2+(0+1)^2=14$$

$$|BC|^2=(3-5)^2+(0+1)^2+(1-0)^2=6$$

$$|CA|^2=(2-3)^2+(1-0)^2+(-1-1)^2=6$$

由于 $|BC|=|CA|$，故 $\triangle ABC$ 是等腰三角形.

例 5 在 x 轴上求一点 P，使它到 $M(0,\sqrt{2},3)$ 的距离为到点 $N(0,1,-1)$ 的距离的两倍.

解： 因为点 P 在 x 轴上，所以设该点为 $P(x,0,0)$，由距离公式得

$$|PM|=\sqrt{x^2+(-\sqrt{2})^2+(-3)^2}=\sqrt{x^2+11},$$

$$|PN|=\sqrt{x^2+(-1)^2+1^2}=\sqrt{x^2+2},$$

由题意，有 $$|PM|=2|PN|,$$

即 $$\sqrt{x^2+11}=2\sqrt{x^2+2},$$

解得 $x=\pm1$，故所求点为 $(1,0,0)$ 或 $(-1,0,0)$.

例 6 已知两点 $A(4,1,-1)$ 和 $B(3,5,-2)$，求与 $\overrightarrow{AB}$ 同方向的单位向量 $\overrightarrow{AB}^0$.

解： 因为 $\overrightarrow{AB}=(-1,4,-1)$，所以

$$|\overrightarrow{AB}|=\sqrt{(-1)^2+4^2+(-1)^2}=3\sqrt{2},$$

于是 $$\overrightarrow{AB}^0=\frac{\overrightarrow{AB}}{|\overrightarrow{AB}|}=\frac{1}{3\sqrt{2}}(-1,4,-1)=\left(-\frac{\sqrt{2}}{6},\frac{2\sqrt{2}}{3},-\frac{\sqrt{2}}{6}\right).$$

2. 方向角与方向余弦

先引进两向量的夹角的概念.

设有两个非零向量 $\boldsymbol{a}$、$\boldsymbol{b}$，任取空间一点 O，作 $\overrightarrow{OA}=\boldsymbol{a}$，$\overrightarrow{OB}=\boldsymbol{b}$，在两向量 $\boldsymbol{a}$、$\boldsymbol{b}$ 所决定的平面内，规定不超过 π 的角 $\angle AOB$（设 $\varphi=\angle AOB$，$0\leqslant\varphi\leqslant\pi$）（见图 6-1-10），叫作**向量 $\boldsymbol{a}$ 与 $\boldsymbol{b}$ 的夹角**，记为 $(\widehat{\boldsymbol{a},\boldsymbol{b}})$ 或 $(\widehat{\boldsymbol{b},\boldsymbol{a}})$，即 $(\widehat{\boldsymbol{a},\boldsymbol{b}})=\varphi$. 如果向量 $\boldsymbol{a}$ 与 $\boldsymbol{b}$ 中有一个是零向量，规定它们的夹角可在 0 与 π 之间任意取值.

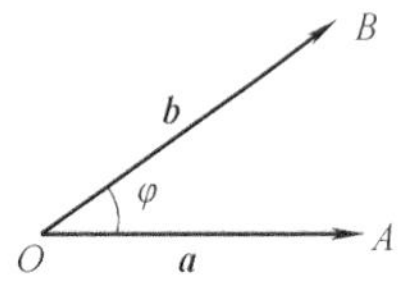

图 6-1-10

非零向量 $\boldsymbol{a}$ 与三条坐标轴正向之间的夹角 α，β、γ 称为向量 $\boldsymbol{a}$

的**方向角**，$\cos\alpha$ · $\cos\beta$、$\cos\gamma$ 叫作向量 $\boldsymbol{a}$ 的**方向余弦**. 设 $\boldsymbol{a}=\overrightarrow{OM}=(x,y,z)$(见图 6-1-11)，由于 $MP\perp OP$，故

$$\cos\alpha=\frac{x}{|\boldsymbol{a}|}=\frac{x}{\sqrt{x^2+y^2+z^2}},$$

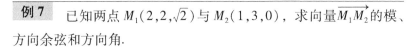

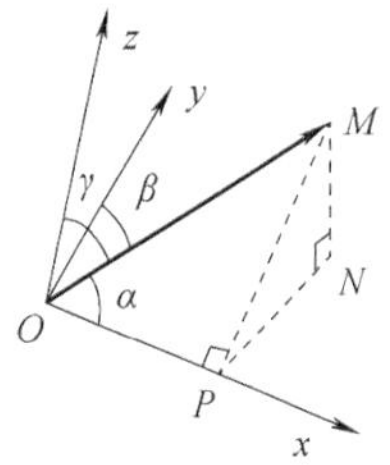

图 6-1-11

类似可得

$$\cos\beta=\frac{y}{|\boldsymbol{a}|}=\frac{y}{\sqrt{x^2+y^2+z^2}},\quad \cos\gamma=\frac{z}{|\boldsymbol{a}|}=\frac{z}{\sqrt{x^2+y^2+z^2}}.$$

显然，向量 $\boldsymbol{a}$ 的方向余弦满足关系式

$$\cos^2\alpha+\cos^2\beta+\cos^2\gamma=1,$$

且

$$\boldsymbol{a}^0=\frac{\boldsymbol{a}}{|\boldsymbol{a}|}=(\cos\alpha,\cos\beta,\cos\gamma)$$

上式表明：与 $\boldsymbol{a}$ 同方向的单位向量就是以向量 $\boldsymbol{a}$ 的方向余弦为坐标的向量.

例 7　已知两点 $M_1(2,2,\sqrt{2})$ 与 $M_2(1,3,0)$，求向量 $\overrightarrow{M_1M_2}$ 的模、方向余弦和方向角.

解：向量 $\overrightarrow{M_1M_2}=(1-2,3-2,0-\sqrt{2})=(-1,1,-\sqrt{2})$,

$$|\overrightarrow{M_1M_2}|=\sqrt{(-1)^2+1^2+(-\sqrt{2})^2}=2,$$

所以

$$\cos\alpha=-\frac{1}{2},\quad \cos\beta=\frac{1}{2},\quad \cos\gamma=-\frac{\sqrt{2}}{2};$$

$$\alpha=\frac{2\pi}{3},\quad \beta=\frac{\pi}{3},\quad \gamma=\frac{3\pi}{4}.$$

例 8　设向量 $\overrightarrow{P_1P_2}$ 与 x 轴和 y 轴的夹角分别为 $\frac{\pi}{3}$、$\frac{\pi}{4}$，且 $|\overrightarrow{P_1P_2}|=2$，如果点 P_1 的坐标为 $(1,0,3)$，求点 P_2 的坐标.

解：设向量 $\overrightarrow{P_1P_2}$ 的方向角为 α，β，γ，那么有

$$\cos\alpha=\cos\frac{\pi}{3}=\frac{1}{2},\quad \cos\beta=\cos\frac{\pi}{4}=\frac{\sqrt{2}}{2},$$

由关系式 $\cos^2\alpha+\cos^2\beta+\cos^2\gamma=1$，得

$$\cos\gamma=\pm\sqrt{1-\cos^2\alpha-\cos^2\beta}=\pm\frac{1}{2}.$$

设 P_2 的坐标为 (x,y,z)，一方面，

$$\overrightarrow{P_1P_2}=(x-1,y,z-3);$$

另一方面，

$$\overrightarrow{P_1P_2}=|\overrightarrow{P_1P_2}|\overrightarrow{P_1P_2}^0=2(\cos\alpha,\cos\beta,\cos\gamma)$$
$$=(1,\sqrt{2},\pm1).$$

由 $$(x-1,y,z-3)=(1,\sqrt{2},\pm1),$$

得 $x=2$，$y=\sqrt{2}$，$z=4$ 或 $x=2$，$y=\sqrt{2}$，$z=2$，故点 P_2 的坐标为 $(2,\sqrt{2},4)$ 或 $(2,\sqrt{2},2)$.

3. 向量在轴上的投影

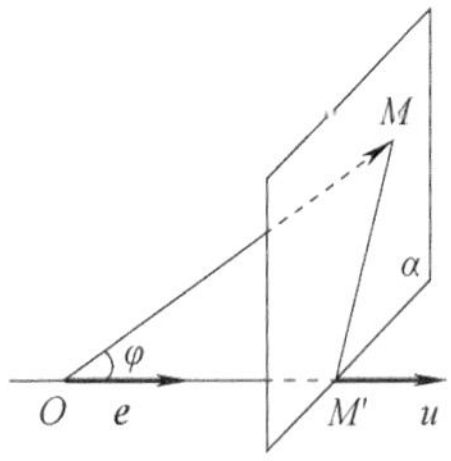

图　6-1-12

设 u 为一数轴，M 为一已知点，过点 M 作垂直于 u 轴的平面 α，那么平面 α 与轴 u 的交点 M' 叫作**点 M 在轴 u 上的投影**（见图 6-1-12）.

设向量 $\overrightarrow{AB}$ 的起点 A 和终点 B 在轴 u 上的投影分别为点 A' 和 B'，$\boldsymbol{e}$ 是与 u 轴同方向的单位向量. 由于 $\overrightarrow{A'B'}$ 与 $\boldsymbol{e}$ 平行，故存在唯一常数 λ，使

$$\overrightarrow{A'B'}=\lambda\boldsymbol{e},$$

我们把数 λ 称为**向量 $\overrightarrow{AB}$ 在轴 u 上的投影**，记作 $\mathrm{Prj}_u\overrightarrow{AB}$ 或 $(\overrightarrow{AB})_u$，即 $\mathrm{Prj}_u\overrightarrow{AB}=\lambda$，$u$ 轴称为**投影轴**.

按照上述定义，如果直角坐标系 $Oxyz$ 中向量 $\boldsymbol{a}=(a_x,a_y,a_z)$，则

$$a_x=\mathrm{Prj}_x\boldsymbol{a},\ a_y=\mathrm{Prj}_y\boldsymbol{a},\ a_z=\mathrm{Prj}_z\boldsymbol{a},$$

或 $a_x=(\boldsymbol{a})_x$，$a_y=(\boldsymbol{a})_y$，$a_z=(\boldsymbol{a})_z$.

应该注意的是，向量在坐标轴上的投影与向量在坐标轴上的分向量有本质的区别，向量 $\boldsymbol{a}$ 在坐标轴上的投影 a_x、a_y 和 a_z 是三个数（标量），而向量在坐标轴上的分向量 $a_x\boldsymbol{i}$、$a_y\boldsymbol{j}$ 和 $a_z\boldsymbol{k}$ 是三个向量.

向量的投影有如下性质：

性质 1（投影定理）　向量 $\boldsymbol{a}$ 在轴 u 上的投影等于向量的模乘以向量与轴正向的夹角 φ 的余弦. 即 $\mathrm{Prj}_u\boldsymbol{a}=|\boldsymbol{a}|\cos\varphi$.

性质 2　两个向量的和在轴 u 上的投影等于两个向量在该轴上的投影之和. 即

$$\mathrm{Prj}_u(\boldsymbol{a}+\boldsymbol{b})=\mathrm{Prj}_u\boldsymbol{a}+\mathrm{Prj}_u\boldsymbol{b}.$$

性质 3　向量与数的乘积在轴 u 上的投影等于向量在该轴上的投影与数的乘积. 即

$$\mathrm{Prj}_u(\lambda\boldsymbol{a})=\lambda\mathrm{Prj}_u\boldsymbol{a}.$$

例 9　设 OA、OP 分别为立方体的一条棱和一条对角线，且 $|OA|=a$，求 $\overrightarrow{OA}$ 在以 $\overrightarrow{OP}$ 为轴上的投影 $\mathrm{Prj}_{\overrightarrow{OP}}\overrightarrow{OA}$.

解：设 $\angle AOP=\theta$，因为 $\cos\theta=\dfrac{|OA|}{|OP|}=\dfrac{1}{\sqrt{3}}$，所以

$$\mathrm{Prj}_{\overrightarrow{OP}}\overrightarrow{OA}=|\overrightarrow{OA}|\cos\theta=\frac{a}{\sqrt{3}}.$$

习题 6-1

1. 设向量 $\boldsymbol{m}=\boldsymbol{a}+2\boldsymbol{b}-3\boldsymbol{c}$，$\boldsymbol{n}=-2\boldsymbol{a}+3\boldsymbol{b}-4\boldsymbol{c}$，用 $\boldsymbol{a}$，$\boldsymbol{b}$，$\boldsymbol{c}$ 表示 $2\boldsymbol{m}-3\boldsymbol{n}$.

2. 把 $\triangle ABC$ 的边 BC 四等分，分点依次是 D_1，D_2，D_3，再把各分点与点 A 连接. 如果 $\overrightarrow{AB}=\boldsymbol{c}$，$\overrightarrow{BC}=\boldsymbol{a}$，试用 $\boldsymbol{a}$，$\boldsymbol{c}$ 表示向量 $\overrightarrow{D_1A}$、$\overrightarrow{D_2A}$、$\overrightarrow{D_3A}$.

3. 用向量方法证明：三角形两边中点的连线平行于第三边，且长度为第三边的一半.

4. 指出下列各点在直角坐标系中的哪个卦限：

$A(-1,2,3)$；$B(3,4,-2)$；

$C(2,-4,-3)$；$D(2,-6,7)$.

5. 指出下列各点在直角坐标系中的位置：

$A(-3,4,0)$；$B(0,1,-2)$；

$C(0,-3,0)$；$D(-2,0,0)$.

6. 求点 (a,b,c) 关于 (1) 各坐标面；(2) 各坐标轴；(3) 坐标原点的对称点的坐标.

7. 已知立方体的一个顶点在原点，三条棱在正的半坐标轴上，若棱长为 a，求它的其他各顶点的坐标.

8. 求平行于向量 $\boldsymbol{a}=(5,-7,\sqrt{7})$ 的单位向量.

9. 已知两点 $M_1(2,0,1)$、$M_2(3,-4,5)$，试用坐标表达式表示向量 $\overrightarrow{M_1M_2}$ 及 $-3\,\overrightarrow{M_1M_2}$.

10. 求点 $(2,4,-5)$ 到各坐标轴的距离.

11. 在 yOz 面上，求与三点 $A(2,1,2)$、$B(1,-3,-2)$、$C(0,5,1)$ 等距离的点.

12. 试证明以三点 $A(4,1,9)$、$B(10,-1,6)$、$C(2,4,3)$ 为顶点的三角形为等腰直角三角形.

13. 设 $P(4,0,2)$、$Q(3,-\sqrt{2},3)$，计算向量 $\overrightarrow{PQ}$ 的模、方向余弦及方向角.

14. 设三个力分别是 $\boldsymbol{F}_1=(2,3,5)$、$\boldsymbol{F}_2=(-5,1,3)$、$\boldsymbol{F}_3=(1,-2,4)$，它们都作用于点 $P(1,1,1)$，合力为 $\boldsymbol{F}=\overrightarrow{PQ}$，求：(1) 点 Q 的坐标；(2) $\overrightarrow{PQ}$ 的大小；(3) $\overrightarrow{PQ}$ 的方向余弦.

15. 设向量的方向余弦分别满足：(1) $\cos\beta=0$；(2) $\cos\gamma=1$；(3) $\cos\beta=\cos\gamma=0$，那么这些向量与坐标轴或坐标面有什么关系？

16. 设向量 $\boldsymbol{r}$ 与轴 u 的夹角为 $30°$，且其模是 6，求 $\boldsymbol{r}$ 在轴 u 上的投影.

17. 一向量的起点在点 $A(2,-3,7)$，它在 x 轴、y 轴和 z 轴上的投影依次为 -2，4 和 6，求该向量的终点 B 的坐标.

18. 设 $\boldsymbol{m}=\boldsymbol{i}-2\boldsymbol{j}+5\boldsymbol{k}$，$\boldsymbol{n}=2\boldsymbol{i}-3\boldsymbol{j}-7\boldsymbol{k}$ 和 $\boldsymbol{p}=7\boldsymbol{i}+3\boldsymbol{j}-4\boldsymbol{k}$，求向量 $\boldsymbol{a}=4\boldsymbol{m}+3\boldsymbol{n}-\boldsymbol{p}$ 在 x 轴上的投影及在 y 轴上的分向量.

6.2　数量积、向量积及*混合积

6.2.1　两向量的数量积

由物理学知道，一物体在常力 $\boldsymbol{F}$ 作用下沿直线运动，若位移为 $\boldsymbol{s}$，则力 $\boldsymbol{F}$ 所做的功为

$$W=|\boldsymbol{F}|\,|\boldsymbol{s}|\cos\theta,$$

其中，θ 为力 $\boldsymbol{F}$ 与位移 $\boldsymbol{s}$ 的夹角. 两个向量的这种运算在力学、工程等许多实际问题中经常遇到，为此我们抽去其具体背景，引入下列概念.

微课视频 6.2
数量积向量积

两个向量 $\boldsymbol{a}$ 和 $\boldsymbol{b}$ 的模与它们的夹角 $\theta(0\leqslant\theta\leqslant\pi)$ 的余弦的乘积，称为两个向量 $\boldsymbol{a}$ 与 $\boldsymbol{b}$ 的**数量积**，记作 $\boldsymbol{a}\cdot\boldsymbol{b}$(见图 6-2-1)，即

$$\boldsymbol{a}\cdot\boldsymbol{b}=|\boldsymbol{a}|\,|\boldsymbol{b}|\cos\theta.$$

数量积也称为“点积”或“**内积**”.

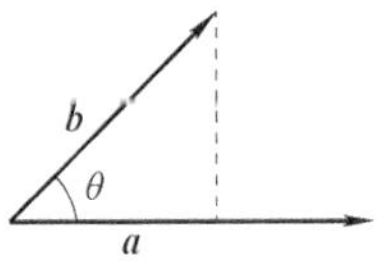

图　6-2-1

根据这个定义，上述力 $\boldsymbol{F}$ 所做的功 W 是力 $\boldsymbol{F}$ 与位移 $\boldsymbol{s}$ 的数量积，即

$$W=\boldsymbol{F}\cdot\boldsymbol{s}.$$

当 $\boldsymbol{a}\neq\boldsymbol{0}$ 时，$|\boldsymbol{b}|\cos\theta=|\boldsymbol{b}|\cos(\widehat{\boldsymbol{a},\boldsymbol{b}})$ 是向量 $\boldsymbol{b}$ 在向量 $\boldsymbol{a}$ 的方向上的投影，用 $\mathrm{Prj}_{a}\boldsymbol{b}$ 来表示这个投影，便有

$$\boldsymbol{a}\cdot\boldsymbol{b}=|\boldsymbol{a}|\mathrm{Prj}_{a}\boldsymbol{b},$$

同理，当 $\boldsymbol{b}\neq\boldsymbol{0}$ 时，　　$\boldsymbol{a}\cdot\boldsymbol{b}=|\boldsymbol{b}|\mathrm{Prj}_{b}\boldsymbol{a}.$

即两个向量的数量积等于其中一个向量的模和另一个向量在此向量方向上的投影的乘积.

由向量的数量积的定义可推得：

(1) $\boldsymbol{a}\cdot\boldsymbol{a}=|\boldsymbol{a}|^{2}.$

这是因为夹角 $\theta=0$，所以 $\boldsymbol{a}\cdot\boldsymbol{a}=|\boldsymbol{a}|^{2}\cos 0=|\boldsymbol{a}|^{2}.$

(2) 向量 $\boldsymbol{a}\perp\boldsymbol{b}$ 的充分必要条件是 $\boldsymbol{a}\cdot\boldsymbol{b}=0.$

当 $\boldsymbol{a}$ 与 $\boldsymbol{b}$ 中有一个为零向量时，由于零向量的方向是任意的，故可认为零向量与任何向量都垂直，结论显然成立；当 $\boldsymbol{a}$ 与 $\boldsymbol{b}$ 均不为零向量时，$\boldsymbol{a}\perp\boldsymbol{b}$ 的充分必要条件是 $\theta=\dfrac{\pi}{2}$，即 $\boldsymbol{a}\cdot\boldsymbol{b}=|\boldsymbol{a}||\boldsymbol{b}|\cos\dfrac{\pi}{2}=0.$

向量的数量积满足下列运算规律：

(1) 交换律 $\boldsymbol{a}\cdot\boldsymbol{b}=\boldsymbol{b}\cdot\boldsymbol{a}$；

(2) 结合律 $(\lambda\boldsymbol{a})\cdot\boldsymbol{b}=\lambda(\boldsymbol{a}\cdot\boldsymbol{b})$；

(3) 分配律 $\boldsymbol{a}\cdot(\boldsymbol{b}+\boldsymbol{c})=\boldsymbol{a}\cdot\boldsymbol{b}+\boldsymbol{a}\cdot\boldsymbol{c}.$

上面三个运算规律可由数量积定义以及向量在轴上投影的性质导出. 我们仅对(3)加以证明.

如果 $\boldsymbol{a}=\boldsymbol{0}$，(3)显然成立；如果 $\boldsymbol{a}\neq\boldsymbol{0}$，那么有

$$\boldsymbol{a}\cdot(\boldsymbol{b}+\boldsymbol{c})=|\boldsymbol{a}|\mathrm{Prj}_{a}(\boldsymbol{b}+\boldsymbol{c}),$$

根据投影性质，可知

$$\mathrm{Prj}_{a}(\boldsymbol{b}+\boldsymbol{c})=\mathrm{Prj}_{a}\boldsymbol{b}+\mathrm{Prj}_{a}\boldsymbol{c},$$

因此

$$\boldsymbol{a}\cdot(\boldsymbol{b}+\boldsymbol{c})=|\boldsymbol{a}|(\mathrm{Prj}_a\boldsymbol{b}+\mathrm{Prj}_a\boldsymbol{c})$$
$$=|\boldsymbol{a}|\mathrm{Prj}_a\boldsymbol{b}+|\boldsymbol{a}|\mathrm{Prj}_a\boldsymbol{c}$$
$$=\boldsymbol{a}\cdot\boldsymbol{b}+\boldsymbol{a}\cdot\boldsymbol{c}.$$

例 1　试用向量证明三角形的余弦定理.

证：设在$\triangle ABC$中，

$\angle BCA=\theta$, $|BC|=a$, $|CA|=b$, $|AB|=c$,

记$\overrightarrow{CB}=\boldsymbol{a}$，$\overrightarrow{CA}=\boldsymbol{b}$，$\overrightarrow{AB}=\boldsymbol{c}$，则

$$\boldsymbol{c}=\boldsymbol{a}-\boldsymbol{b},$$

从而

$$c^2=|\boldsymbol{c}|^2=\boldsymbol{c}\cdot\boldsymbol{c}=(\boldsymbol{a}-\boldsymbol{b})\cdot(\boldsymbol{a}-\boldsymbol{b})=\boldsymbol{a}\cdot\boldsymbol{a}+\boldsymbol{b}\cdot\boldsymbol{b}-2\boldsymbol{a}\cdot\boldsymbol{b},$$
$$c^2=|a|^2+|b|^2-2|a||b|\cos\theta=a^2+b^2-2ab\cos\theta.$$

例 2　试证明不等式$|\boldsymbol{a}+\boldsymbol{b}|\leqslant|\boldsymbol{a}|+|\boldsymbol{b}|$，其中$\boldsymbol{a}$、$\boldsymbol{b}$为任意向量.

证：因为$|\boldsymbol{a}+\boldsymbol{b}|^2=(\boldsymbol{a}+\boldsymbol{b})\cdot(\boldsymbol{a}+\boldsymbol{b})=\boldsymbol{a}\cdot\boldsymbol{a}+2\boldsymbol{a}\cdot\boldsymbol{b}+\boldsymbol{b}\cdot\boldsymbol{b}$,

又　$\boldsymbol{a}\cdot\boldsymbol{b}=|\boldsymbol{a}|\cdot|\boldsymbol{b}|\cdot\cos\theta\leqslant|\boldsymbol{a}|\cdot|\boldsymbol{b}|$,

于是　$|\boldsymbol{a}+\boldsymbol{b}|^2\leqslant|\boldsymbol{a}|^2+2|\boldsymbol{a}|\cdot|\boldsymbol{b}|+|\boldsymbol{b}|^2=(|\boldsymbol{a}|+|\boldsymbol{b}|)^2$,

故　$|\boldsymbol{a}+\boldsymbol{b}|\leqslant|\boldsymbol{a}|+|\boldsymbol{b}|$.

下面我们来推导数量积的坐标表达式.

设向量$\boldsymbol{a}=a_x\boldsymbol{i}+a_y\boldsymbol{j}+a_z\boldsymbol{k}$，$\boldsymbol{b}=b_x\boldsymbol{i}+b_y\boldsymbol{j}+b_z\boldsymbol{k}$，则

$$\begin{aligned}\boldsymbol{a}\cdot\boldsymbol{b}&=(a_x\boldsymbol{i}+a_y\boldsymbol{j}+a_z\boldsymbol{k})\cdot(b_x\boldsymbol{i}+b_y\boldsymbol{j}+b_z\boldsymbol{k})\\&=a_x\boldsymbol{i}\cdot(b_x\boldsymbol{i}+b_y\boldsymbol{j}+b_z\boldsymbol{k})+a_y\boldsymbol{j}\cdot(b_x\boldsymbol{i}+b_y\boldsymbol{j}+b_z\boldsymbol{k})+\\&\quad a_z\boldsymbol{k}\cdot(b_x\boldsymbol{i}+b_y\boldsymbol{j}+b_z\boldsymbol{k})\\&=a_xb_x\boldsymbol{i}\cdot\boldsymbol{i}+a_xb_y\boldsymbol{i}\cdot\boldsymbol{j}+a_xb_z\boldsymbol{i}\cdot\boldsymbol{k}+a_yb_x\boldsymbol{j}\cdot\boldsymbol{i}+a_yb_y\boldsymbol{j}\cdot\boldsymbol{j}+\\&\quad a_yb_z\boldsymbol{j}\cdot\boldsymbol{k}+a_zb_x\boldsymbol{k}\cdot\boldsymbol{i}+a_zb_y\boldsymbol{k}\cdot\boldsymbol{j}+a_zb_z\boldsymbol{k}\cdot\boldsymbol{k}.\end{aligned}$$

因为$\boldsymbol{i}$，$\boldsymbol{j}$，$\boldsymbol{k}$互相垂直且模均为 1，故由数量积的定义得

$$\boldsymbol{i}\cdot\boldsymbol{i}=\boldsymbol{j}\cdot\boldsymbol{j}=\boldsymbol{k}\cdot\boldsymbol{k}=1,\ \boldsymbol{i}\cdot\boldsymbol{j}=\boldsymbol{j}\cdot\boldsymbol{i}=\boldsymbol{j}\cdot\boldsymbol{k}=\boldsymbol{k}\cdot\boldsymbol{j}=\boldsymbol{k}\cdot\boldsymbol{i}=\boldsymbol{i}\cdot\boldsymbol{k}=0,$$

因此得到两向量的数量积的坐标表达式为

$$\boldsymbol{a}\cdot\boldsymbol{b}=a_xb_x+a_yb_y+a_zb_z.$$

即两个向量的数量积等于它们的对应坐标乘积之和.

由于$\boldsymbol{a}\cdot\boldsymbol{b}=|\boldsymbol{a}||\boldsymbol{b}|\cos\theta$，故两个非零向量$\boldsymbol{a}$和$\boldsymbol{b}$夹角余弦的表达式为

$$\cos\theta=\frac{\boldsymbol{a}\cdot\boldsymbol{b}}{|\boldsymbol{a}|\cdot|\boldsymbol{b}|}=\frac{a_xb_x+a_yb_y+a_zb_z}{\sqrt{a_x^2+a_y^2+a_z^2}\sqrt{b_x^2+b_y^2+b_z^2}}.$$

例 3　已知三点$M(1,1,1)$、$A(2,2,1)$和$B(2,1,2)$，求$\angle AMB$.

解：作向量$\overrightarrow{MA}$及$\overrightarrow{MB}$，$\angle AMB$就是向量$\overrightarrow{MA}$与$\overrightarrow{MB}$的夹角，因为

$$\overrightarrow{MA}=(1,1,0),\ \overrightarrow{MB}=(1,0,1),$$

从而

$$\overrightarrow{MA}\cdot\overrightarrow{MB}=1\times1+1\times0+0\times1=1,$$

$$|\overrightarrow{MA}|=\sqrt{1^2+1^2+0^2}=\sqrt{2},$$

$$|\overrightarrow{MB}|=\sqrt{1^2+0^2+1^2}=\sqrt{2},$$

代入式(1)，得

$$\cos\angle AMB=\frac{\overrightarrow{MA}\cdot\overrightarrow{MB}}{|\overrightarrow{MA}|\ |\overrightarrow{MB}|}=\frac{1}{\sqrt{2}\times\sqrt{2}}=\frac{1}{2}.$$

所以 $$\angle AMB=\frac{\pi}{3}.$$

例 4　在 yOz 坐标面上求一单位向量 $\boldsymbol{b}$ 与已知向量 $\boldsymbol{a}=(-4,3,7)$ 垂直.

解： 因为所求向量在 yOz 坐标平面内，故设 $\boldsymbol{b}=(0,y,z)$. 由于向量 $\boldsymbol{b}$ 为单位向量，且与 $\boldsymbol{a}$ 垂直，所以有

$$y^2+z^2=1,\ 3y+7z=0,$$

解上述方程组，得

$$y=\pm\frac{7}{\sqrt{58}},\ z=\mp\frac{3}{\sqrt{58}},$$

故所求向量为 $\boldsymbol{b}_1=\left(0,\frac{7}{\sqrt{58}},-\frac{3}{\sqrt{58}}\right)$，$\boldsymbol{b}_2=\left(0,-\frac{7}{\sqrt{58}},\frac{3}{\sqrt{58}}\right)$.

例 5　有一个 $\triangle ABC$ 和一个圆，三角形边长 $BC=a$，$CA=b$，$AB=c$，圆的中心为 A，半径为 r，如图 6-2-2 所示. 引圆的直径 PQ，试求当 $\overrightarrow{BP}\cdot\overrightarrow{CQ}$ 取得最大、最小时 $\overrightarrow{PQ}$ 的方向，并用 a，b，c，r 表示 $\overrightarrow{BP}\cdot\overrightarrow{CQ}$ 的最大值、最小值.

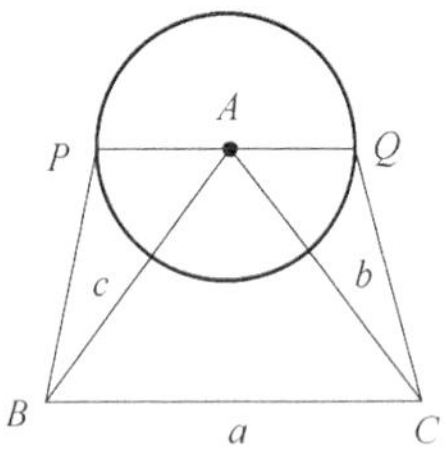

图　6-2-2

解： $\overrightarrow{AQ}=-\overrightarrow{AP}$，$|\overrightarrow{AP}|=|\overrightarrow{AQ}|=r$，

$$\overrightarrow{AB}\cdot\overrightarrow{AC}=|\overrightarrow{AB}|\ |\overrightarrow{AC}|\cos\angle BAC=bc[(b^2+c^2-a^2)/2bc]$$
$$=(b^2+c^2-a^2)/2$$

$$\Rightarrow\overrightarrow{BP}\cdot\overrightarrow{CQ}=(\overrightarrow{AP}-\overrightarrow{AB})\cdot(\overrightarrow{AQ}-\overrightarrow{AC})$$
$$=(\overrightarrow{AP}-\overrightarrow{AB})\cdot(-\overrightarrow{AP}-\overrightarrow{AC})$$
$$=-|\overrightarrow{AP}|^2+(\overrightarrow{AB}-\overrightarrow{AC})\cdot\overrightarrow{AP}+\overrightarrow{AB}\cdot\overrightarrow{AC}$$
$$=\frac{b^2+c^2-a^2}{2}-r^2+\overrightarrow{CB}\cdot\overrightarrow{AP}$$
$$=\frac{b^2+c^2-a^2}{2}-r^2+\overrightarrow{BC}\cdot\overrightarrow{PA}$$

$\Rightarrow$当$\overrightarrow{BC}\cdot\overrightarrow{PA}$最大(小)时，$BP\cdot CQ$ 最大(小)

$\Rightarrow$当$\overrightarrow{BC}\cdot\overrightarrow{PA}$同向即$\overrightarrow{PQ}$与$\overrightarrow{BC}$同向时，

$\overrightarrow{BC}\cdot\overrightarrow{PA}$最大，其最大值是 ar.

$\Rightarrow$当$\overrightarrow{BC}\cdot\overrightarrow{PA}$反向即$\overrightarrow{PQ}$与$\overrightarrow{BC}$反向时，

$\overrightarrow{BC}\cdot\overrightarrow{PA}$最小，其最小值是$-ar$.

$\Rightarrow\overrightarrow{PQ}$与$\overrightarrow{BC}$同向时，$\max\{\overrightarrow{BP}\cdot\overrightarrow{CQ}\}=\dfrac{b^2+c^2-a^2}{2}-r^2+ar$;

$\overrightarrow{PQ}$与$\overrightarrow{BC}$反向时，$\min\{\overrightarrow{BP}\cdot\overrightarrow{CQ}\}=\dfrac{b^2+c^2-a^2}{2}-r^2-ar$.

6.2.2 两向量的向量积

在物理学中有一类关于物体转动的问题，与力对物体做功的问题不同，它不但要考虑物体所受的力的情况，还要分析这类力所产生的力矩. 下面以杠杆受力为例，引出一种新的向量运算.

现有一个杠杆 L，其支点为 O. 一个常力 $\boldsymbol{F}$ 作用于杠杆的点 P 处，$\boldsymbol{F}$ 与$\overrightarrow{OP}$的夹角为 θ，则由物理学知识可知，力 $\boldsymbol{F}$ 对支点 O 的力矩是一个向量 $\boldsymbol{M}$，它的模为 $|\boldsymbol{M}|=|\overrightarrow{OP}||\boldsymbol{F}|\sin\theta$，而 $\boldsymbol{M}$ 的方向垂直于$\overrightarrow{OP}$与 $\boldsymbol{F}$ 所决定的平面，$\boldsymbol{M}$ 的指向是按右手法则从$\overrightarrow{OP}$以不超过 π 的角转向 $\boldsymbol{F}$ 来确定的，即当右手的四个手指从$\overrightarrow{OP}$以不超过 π 的角转向 $\boldsymbol{F}$ 握拳时，大拇指的指向就是 $\boldsymbol{M}$ 的指向.

这种由两个已知向量按上述规则确定另一个向量的情况，在实际问题中经常会遇到，从而抽象出两个向量的向量积这一概念.

两个向量 $\boldsymbol{a}$ 与 $\boldsymbol{b}$ 的**向量积**是一个向量，它的模为 $|\boldsymbol{a}||\boldsymbol{b}|\sin\theta$（其中 θ 是 $\boldsymbol{a}$、$\boldsymbol{b}$ 的夹角）；它的方向垂直于向量 $\boldsymbol{a}$ 和 $\boldsymbol{b}$ 所决定的平面（既垂直于 $\boldsymbol{a}$ 又垂直于 $\boldsymbol{b}$），其指向按右手法则从 $\boldsymbol{a}$ 转向 $\boldsymbol{b}$ 来确定，向量 $\boldsymbol{a}$ 与 $\boldsymbol{b}$ 的向量积记作 $\boldsymbol{a}\times\boldsymbol{b}$.

向量积也称为“叉积”或“外积”.

由向量积的定义，上面的力矩 $\boldsymbol{M}$ 等于$\overrightarrow{OP}$与 $\boldsymbol{F}$ 的向量积，即 $\boldsymbol{M}=\overrightarrow{OP}\times\boldsymbol{F}$.

由向量积的定义可以推得：

(1) $\boldsymbol{a}\times\boldsymbol{a}=\boldsymbol{0}$.

这是因为夹角 $\theta=0$，所以 $|\boldsymbol{a}\times\boldsymbol{a}|=|\boldsymbol{a}||\boldsymbol{a}|\sin\theta=0$.

(2) 向量 $\boldsymbol{a}/\!/\boldsymbol{b}$ 的充分必要条件为 $\boldsymbol{a}\times\boldsymbol{b}=\boldsymbol{0}$.

当 $\boldsymbol{a}$ 与 $\boldsymbol{b}$ 中有一个为零向量时，结论显然成立；当 $\boldsymbol{a}$ 与 $\boldsymbol{b}$ 均不为零向量时，$\boldsymbol{a}/\!/\boldsymbol{b}$ 等价于 $\theta=0$ 或 $\theta=\pi$，即 $|\boldsymbol{a}\times\boldsymbol{b}|=|\boldsymbol{a}||\boldsymbol{b}|\sin\theta=0$，也即 $\boldsymbol{a}\times\boldsymbol{b}=\boldsymbol{0}$.

向量积满足下列运算律：

（1）反交换律 $\boldsymbol{a}\times\boldsymbol{b}=-\boldsymbol{b}\times\boldsymbol{a}$；

（2）结合律 $(\lambda\boldsymbol{a})\times\boldsymbol{b}=\lambda(\boldsymbol{a}\times\boldsymbol{b})=\boldsymbol{a}\times(\lambda\boldsymbol{b})$（$\lambda$ 是数）；

（3）分配律 $\boldsymbol{a}\times(\boldsymbol{b}+\boldsymbol{c})=\boldsymbol{a}\times\boldsymbol{b}+\boldsymbol{a}\times\boldsymbol{c}$.

这三个运算规律可由向量积定义导出，证明从略.

下面来推导向量积的坐标表达式.

设向量 $\boldsymbol{a}=a_x\boldsymbol{i}+a_y\boldsymbol{j}+a_z\boldsymbol{k}$，$\boldsymbol{b}=b_x\boldsymbol{i}+b_y\boldsymbol{j}+b_z\boldsymbol{k}$，则

$$
\begin{aligned}
\boldsymbol{a}\times\boldsymbol{b}&=(a_x\boldsymbol{i}+a_y\boldsymbol{j}+a_z\boldsymbol{k})\times(b_x\boldsymbol{i}+b_y\boldsymbol{j}+b_z\boldsymbol{k})\\
&=a_x\boldsymbol{i}\times(b_x\boldsymbol{i}+b_y\boldsymbol{j}+b_z\boldsymbol{k})+a_y\boldsymbol{j}\times(b_x\boldsymbol{i}+b_y\boldsymbol{j}+b_z\boldsymbol{k})+\\
&\quad a_z\boldsymbol{k}\times(b_x\boldsymbol{i}+b_y\boldsymbol{j}+b_z\boldsymbol{k})\\
&=a_xb_x(\boldsymbol{i}\times\boldsymbol{i})+a_xb_y(\boldsymbol{i}\times\boldsymbol{j})+a_xb_z(\boldsymbol{i}\times\boldsymbol{k})+\\
&\quad a_yb_x(\boldsymbol{j}\times\boldsymbol{i})+a_yb_y(\boldsymbol{j}\times\boldsymbol{j})+a_yb_z(\boldsymbol{j}\times\boldsymbol{k})+\\
&\quad a_zb_x(\boldsymbol{k}\times\boldsymbol{i})+a_zb_y(\boldsymbol{k}\times\boldsymbol{j})+a_zb_z(\boldsymbol{k}\times\boldsymbol{k}).
\end{aligned}
$$

因为 $\boldsymbol{i}$，$\boldsymbol{j}$，$\boldsymbol{k}$ 为坐标系基本单位向量，由向量积的定义可得

$$\boldsymbol{i}\times\boldsymbol{i}=\boldsymbol{j}\times\boldsymbol{j}=\boldsymbol{k}\times\boldsymbol{k}=\boldsymbol{0},$$

$$\boldsymbol{i}\times\boldsymbol{j}=\boldsymbol{k},\ \boldsymbol{j}\times\boldsymbol{k}=\boldsymbol{i},\ \boldsymbol{k}\times\boldsymbol{i}=\boldsymbol{j},\ \boldsymbol{j}\times\boldsymbol{i}=-\boldsymbol{k},\ \boldsymbol{k}\times\boldsymbol{j}=-\boldsymbol{i},\ \boldsymbol{i}\times\boldsymbol{k}=-\boldsymbol{j},$$

因此，两个向量的向量积的坐标表达式为

$$\boldsymbol{a}\times\boldsymbol{b}=(a_yb_z-a_zb_y)\boldsymbol{i}+(a_zb_x-a_xb_z)\boldsymbol{j}+(a_xb_y-a_yb_x)\boldsymbol{k}.$$

为了便于记忆，将 $\boldsymbol{a}$ 与 $\boldsymbol{b}$ 的向量积写成如下行列式的形式：

$$\boldsymbol{a}\times\boldsymbol{b}=\begin{vmatrix}\boldsymbol{i}&\boldsymbol{j}&\boldsymbol{k}\\a_x&a_y&a_z\\b_x&b_y&b_z\end{vmatrix}.$$

例 6 设 $\boldsymbol{a}=(1,3,-1)$，$\boldsymbol{b}=(2,-1,3)$，计算 $\boldsymbol{a}\times\boldsymbol{b}$.

解： $\boldsymbol{a}\times\boldsymbol{b}=\begin{vmatrix}\boldsymbol{i}&\boldsymbol{j}&\boldsymbol{k}\\1&3&-1\\2&-1&3\end{vmatrix}=8\boldsymbol{i}-5\boldsymbol{j}-7\boldsymbol{k}.$

例 7 已知 $\triangle ABC$ 的顶点分别为 $A(3,4,-1)$，$B(2,3,0)$、$C(4,6,1)$，求三角形的面积.

解： 根据向量积的定义，可知三角形的面积

$$S_{\triangle ABC}=\frac{1}{2}|\overrightarrow{AB}||\overrightarrow{AC}|\sin\angle A=\frac{1}{2}|\overrightarrow{AB}\times\overrightarrow{AC}|,$$

由于 $\overrightarrow{AB}=(-1,-1,1)$，$\overrightarrow{AC}=(1,2,2)$，因此

$$\overrightarrow{AB}\times\overrightarrow{AC}=\begin{vmatrix} \boldsymbol{i} & \boldsymbol{j} & \boldsymbol{k} \\ -1 & -1 & 1 \\ 1 & 2 & 2 \end{vmatrix}=-4\boldsymbol{i}+3\boldsymbol{j}-\boldsymbol{k},$$

于是

$$S_{\triangle ABC}=\frac{1}{2}|-4\boldsymbol{i}+3\boldsymbol{j}-\boldsymbol{k}|=\frac{1}{2}\sqrt{(-4)^2+3^2+(-1)^2}=\frac{1}{2}\sqrt{26}.$$

例 8　已知 $M_1(1,-1,2)$，$M_2(3,3,1)$，$M_3(3,1,3)$，求与$\overrightarrow{M_1M_2}$，$\overrightarrow{M_2M_3}$同时垂直的单位向量.

解： $\overrightarrow{M_1M_2}=(3,3,1)-(1,-1,2)=(2,4,-1)$，$\overrightarrow{M_2M_3}=(3,1,3)-(3,3,1)=(0,-2,2)$；

则与$\overrightarrow{M_1M_2}$，$\overrightarrow{M_2M_3}$同时垂直的一个向量为

$$\boldsymbol{a}=\overrightarrow{M_1M_2}\times\overrightarrow{M_2M_3}=\begin{vmatrix} \boldsymbol{i} & \boldsymbol{j} & \boldsymbol{k} \\ 2 & 4 & -1 \\ 0 & -2 & 2 \end{vmatrix}=\begin{vmatrix} 4 & -1 \\ -2 & 2 \end{vmatrix}\boldsymbol{i}-\begin{vmatrix} 2 & -1 \\ 0 & 2 \end{vmatrix}\boldsymbol{j}+\begin{vmatrix} 2 & 4 \\ 0 & -2 \end{vmatrix}\boldsymbol{k}$$

$$=6\boldsymbol{i}-4\boldsymbol{j}-4\boldsymbol{k}.$$

于是

$$|\boldsymbol{a}|=\sqrt{6^2+(-4)^2+(-4)^2}=2\sqrt{17},$$

$$\boldsymbol{a}=\pm\frac{1}{\sqrt{17}}(3\boldsymbol{i}-2\boldsymbol{j}-2\boldsymbol{k}).$$

6.2.3 向量的混合积

对任意三个向量 $\boldsymbol{a}$、$\boldsymbol{b}$、$\boldsymbol{c}$，称 $(\boldsymbol{a}\times\boldsymbol{b})\cdot\boldsymbol{c}$ 为三个向量 $\boldsymbol{a}$、$\boldsymbol{b}$、$\boldsymbol{c}$ 的**混合积**，记作 $[\boldsymbol{abc}]$，即

$$[\boldsymbol{abc}]=(\boldsymbol{a}\times\boldsymbol{b})\cdot\boldsymbol{c}.$$

下面我们来推导三个向量混合积的坐标表示式.

设向量 $\boldsymbol{a}=(a_x,a_y,a_z)$，$\boldsymbol{b}=(b_x,b_y,b_z)$，$\boldsymbol{c}=(c_x,c_y,c_z)$，由向量积的坐标表示，得

$$\boldsymbol{a}\times\boldsymbol{b}=\begin{vmatrix} \boldsymbol{i} & \boldsymbol{j} & \boldsymbol{k} \\ a_x & a_y & a_z \\ b_x & b_y & b_z \end{vmatrix}=\begin{vmatrix} a_y & a_z \\ b_y & b_z \end{vmatrix}\boldsymbol{i}-\begin{vmatrix} a_x & a_z \\ b_x & b_z \end{vmatrix}\boldsymbol{j}+\begin{vmatrix} a_x & a_y \\ b_x & b_y \end{vmatrix}\boldsymbol{k},$$

再由数量积的坐标表示，得

$$[\boldsymbol{abc}]=(\boldsymbol{a}\times\boldsymbol{b})\cdot\boldsymbol{c}=\begin{vmatrix} a_y & a_z \\ b_y & b_z \end{vmatrix}c_x-\begin{vmatrix} a_x & a_z \\ b_x & b_z \end{vmatrix}c_y+\begin{vmatrix} a_x & a_y \\ b_x & b_y \end{vmatrix}c_z=\begin{vmatrix} a_x & a_y & a_z \\ b_x & b_y & b_z \\ c_x & c_y & c_z \end{vmatrix}.$$

所以 $\boldsymbol{a}$、$\boldsymbol{b}$、$\boldsymbol{c}$ 的混合积的坐标表示为

$$[\boldsymbol{abc}]=\begin{vmatrix} a_x & a_y & a_z \\ b_x & b_y & b_z \\ c_x & c_y & c_z \end{vmatrix}.$$

由上式容易验证，混合积满足

$$[\boldsymbol{abc}]=[\boldsymbol{bca}]=[\boldsymbol{cab}].$$

向量的混合积的几何意义如下：

向量的混合积$[\boldsymbol{abc}]$是一个数，它的绝对值表示以向量$\boldsymbol{a}$、$\boldsymbol{b}$、$\boldsymbol{c}$为棱的平行六面体的体积. 如果$\boldsymbol{a}$、$\boldsymbol{b}$、$\boldsymbol{c}$组成右手系(即$\boldsymbol{c}$的指向按右手规则从$\boldsymbol{a}$转向$\boldsymbol{b}$来确定)，混合积的符号为正；如果$\boldsymbol{a}$、$\boldsymbol{b}$、$\boldsymbol{c}$组成左手系(即$\boldsymbol{c}$的指向按左手规则从$\boldsymbol{a}$转向$\boldsymbol{b}$来确定)，混合积的符号为负.

事实上，设$\overrightarrow{OA}=\boldsymbol{a}$，$\overrightarrow{OB}=\boldsymbol{b}$，$\overrightarrow{OC}=\boldsymbol{c}$，以$\boldsymbol{a}$、$\boldsymbol{b}$、$\boldsymbol{c}$为棱作平行六面体. 由向量积的定义，$\boldsymbol{a}\times\boldsymbol{b}=\boldsymbol{d}$是一个向量，它的模在数值上等于以$\boldsymbol{a}$和$\boldsymbol{b}$为邻边所作平行四边形$OADB$的面积，它的方向垂直于这平行四边形的平面，且当$\boldsymbol{a}$、$\boldsymbol{b}$、$\boldsymbol{c}$组成右手系时，向量$\boldsymbol{d}$与向量$\boldsymbol{c}$朝着这平面的同侧，向量$\boldsymbol{d}$与$\boldsymbol{c}$之间的夹角是锐角，投影$\mathrm{Prj}_d\boldsymbol{c}>0$；当$\boldsymbol{a}$、$\boldsymbol{b}$、$\boldsymbol{c}$组成左手系时，向量$\boldsymbol{d}$与向量$\boldsymbol{c}$朝着这平面的异侧，向量$\boldsymbol{d}$与$\boldsymbol{c}$之间的夹角是钝角，投影$\mathrm{Prj}_d\boldsymbol{c}<0$. 由于

$$[\boldsymbol{abc}]=\boldsymbol{d}\cdot\boldsymbol{c}=|\boldsymbol{d}|\cdot\mathrm{Prj}_d\boldsymbol{c},$$

所以当$\boldsymbol{a}$、$\boldsymbol{b}$、$\boldsymbol{c}$组成右手系时，$[\boldsymbol{abc}]$为正；当$\boldsymbol{a}$、$\boldsymbol{b}$、$\boldsymbol{c}$组成左手系时，$[\boldsymbol{abc}]$为负.

因为以$\boldsymbol{a}$、$\boldsymbol{b}$、$\boldsymbol{c}$为棱的平行六面体的底的面积$S=|\boldsymbol{a}\times\boldsymbol{b}|=|\boldsymbol{d}|$，高等于向量$\boldsymbol{c}$在向量$\boldsymbol{d}$上的投影$\mathrm{Prj}_d\boldsymbol{c}$的绝对值，即

$$h=|\mathrm{Prj}_d\boldsymbol{c}|,$$

所以平行六面体的体积为

$$V=Sh=|\boldsymbol{a}\times\boldsymbol{b}|\,|\mathrm{Prj}_d\boldsymbol{c}|=|[\boldsymbol{abc}]|.$$

当$[\boldsymbol{abc}]=0$时，平行六面体的体积为零，即该六面体的三条棱落在同一平面上，也就是说三个向量$\boldsymbol{a}$、$\boldsymbol{b}$、$\boldsymbol{c}$共面；反之显然也成立. 由此可得下列结论：

三个向量$\boldsymbol{a}$、$\boldsymbol{b}$、$\boldsymbol{c}$共面的充分必要条件是它们的混合积为零，即

$$[\boldsymbol{abc}]=\begin{vmatrix} a_x & a_y & a_z \\ b_x & b_y & b_z \\ c_x & c_y & c_z \end{vmatrix}=0.$$

例 9　在空间有四点$A(1,1,3)$，$B(0,1,1)$，$C(1,0,2)$，$D(4,3,11)$，证明这四点共面.

证：因为$\overrightarrow{AB}=(-1,0,-2)$，$\overrightarrow{AC}=(0,-1,-1)$，$\overrightarrow{AD}=(3,2,8)$，

且
$$[\overrightarrow{AB}\,\overrightarrow{AC}\,\overrightarrow{AD}]=\begin{vmatrix}-1 & 0 & -2\\ 0 & -1 & -1\\ 3 & 2 & 8\end{vmatrix}$$
$$=(-1)\cdot\begin{vmatrix}-1 & -1\\ 2 & 8\end{vmatrix}+(-2)\cdot\begin{vmatrix}0 & -1\\ 3 & 2\end{vmatrix}=0,$$

所以向量$\overrightarrow{AB}$、$\overrightarrow{AC}$、$\overrightarrow{AD}$共面，从而 A，B，C，D 四点共面.

习题 6-2

1. 设 $\boldsymbol{a}=2\boldsymbol{i}+5\boldsymbol{j}+\boldsymbol{k}$，$\boldsymbol{b}=3\boldsymbol{i}-\boldsymbol{j}+4\boldsymbol{k}$，求：

（1）$\boldsymbol{a}\cdot\boldsymbol{b}$ 和 $\boldsymbol{a}\times\boldsymbol{b}$；（2）$2\boldsymbol{a}\cdot(-3\boldsymbol{b})$ 和 $3\boldsymbol{a}\times(-2\boldsymbol{b})$；（3）$\boldsymbol{a}$ 与 $\boldsymbol{b}$ 夹角的余弦.

2. 设单位向量 $\boldsymbol{a}$、$\boldsymbol{b}$、$\boldsymbol{c}$ 满足 $\boldsymbol{a}+\boldsymbol{b}+\boldsymbol{c}=\boldsymbol{0}$，求 $\boldsymbol{a}\cdot\boldsymbol{b}+\boldsymbol{b}\cdot\boldsymbol{c}+\boldsymbol{c}\cdot\boldsymbol{a}$.

3. 设向量 $\boldsymbol{a}=\boldsymbol{i}+\boldsymbol{j}-4\boldsymbol{k}$，$\boldsymbol{b}=\boldsymbol{i}-2\boldsymbol{j}+2\boldsymbol{k}$，求：

（1）$\boldsymbol{a}$ 在 $\boldsymbol{b}$ 上的投影；（2）$\boldsymbol{b}$ 在 $\boldsymbol{a}$ 上的投影.

4. 把质量为 100kg 重的物体从 $M_1(3,1,8)$沿直线移动到 $M_2(1,4,2)$，求重力所做的功(长度单位为 m，重力方向为 z 轴负方向).

5. 设向量 $\boldsymbol{a}=(3,5,-2)$，$\boldsymbol{b}=(2,1,4)$，若 $\lambda\boldsymbol{a}+\mu\boldsymbol{b}$ 与 z 轴垂直，求 λ 和 μ 的关系.

6. 已知 $M_1(1,-3,4)$、$M_2(-2,1,-1)$和 $M_3(-3,-1,1)$，求与$\overrightarrow{M_1M_2}$、$\overrightarrow{M_2M_3}$同时垂直的单位向量.

7. 已知向量$\overrightarrow{OA}=8\boldsymbol{i}+4\boldsymbol{j}+\boldsymbol{k}$，$\overrightarrow{OB}=2\boldsymbol{i}-2\boldsymbol{j}+\boldsymbol{k}$，求△$OAB$ 的面积.

8. 设向量 $\boldsymbol{a}=(2,3,-1)$、$\boldsymbol{b}=(1,-2,3)$和 $\boldsymbol{c}=(2,1,2)$，向量 $\boldsymbol{d}$ 与 $\boldsymbol{a}$，$\boldsymbol{b}$ 均垂直，且在向量 $\boldsymbol{c}$ 上的投影为 14，求向量 $\boldsymbol{d}$.

9. * 向量 $\boldsymbol{a}=(9,14,16)$，$\boldsymbol{b}=(3,4,5)$，$\boldsymbol{c}=(1,2,2)$是否共面？

10. 利用向量证明不等式

$$|a_1b_1+a_2b_2+a_3b_3|\leqslant\sqrt{a_1^2+a_2^2+a_3^2}\cdot\sqrt{b_1^2+b_2^2+b_3^2},$$

其中，a_1、a_2、a_3、b_1、b_2、b_3 为任意实数，并说明在何种条件下等号成立.

6.3　平面及其方程

在空间直角坐标系中，平面与直线是最简单的几何图形. 在本节和下一节里，我们利用向量这一工具将它们和方程联系起来，用代数的方法来研究其几何特性.

微课视频 6.3
平面

6.3.1　平面的点法式方程

如果一非零向量垂直于一平面，那么此向量就称为该平面的**法向量**. 显然，一个平面的法向量有无数个，而平面上的任一向量均与该平面的法向量垂直.

我们知道，过空间一点可做出唯一的平面垂直于已知直线，所以当平面 Π 上的一点 $M_0(x_0,y_0,z_0)$和它的一个法向量 $\boldsymbol{n}=(A,B,C)$为已知时，平面 Π 的位置就完全确定了. 下面我们来建立平面 Π 的方程.

设 $M(x,y,z)$ 是平面 Π 上的任一点，因为 $\boldsymbol{n}\perp\Pi$，所以 $\boldsymbol{n}\perp\overrightarrow{M_0M}$，即

$$\boldsymbol{n}\cdot\overrightarrow{M_0M}=0,$$

由于 $\boldsymbol{n}=(A,B,C)$，$\overrightarrow{M_0M}=(x-x_0,y-y_0,z-z_0)$，
所以

$$A(x-x_0)+B(y-y_0)+C(z-z_0)=0. \tag{1}$$

这就是平面 Π 上任一点 M 的坐标 x，y，z 所满足的方程.

反之，如果点 $M(x,y,z)$ 不在平面 Π 上，那么向量 $\overrightarrow{M_0M}$ 与法向量 $\boldsymbol{n}$ 不垂直，从而 $\boldsymbol{n}\cdot\overrightarrow{M_0M}\neq 0$，即不在平面 Π 上的点 M 的坐标 x，y，z 不满足方程.

由此可知，平面 Π 上的任一点的坐标 x，y，z 都满足方程(1)，不在平面 Π 上的点的坐标都不满足方程(1). 这样，方程(1)就是平面 Π 的方程，而平面 Π 就是方程(1)的图形. 由于方程(1)是由平面上的一点 M_0 和平面的一个法向量 $\boldsymbol{n}$ 来确定的，所以称方程(1)为**平面的点法式方程**.

例 1　求过点 $(1,-3,0)$，且以 $\boldsymbol{n}=(2,-1,4)$ 为法向量的平面的方程.

解：根据平面的点法式方程，所求平面的方程为

$$2(x-1)-(y+3)+4(z-0)=0,$$

即
$$2x-y+4z-5=0.$$

例 2　已知平面上的三点 $M_1(1,1,1)$、$M_2(3,-2,1)$ 及 $M_3(5,3,2)$，求此平面的方程.

解：先求出平面的一个法向量. 由向量积的定义，$\overrightarrow{M_1M_2}\times\overrightarrow{M_1M_3}$ 与向量 $\overrightarrow{M_1M_2}$、$\overrightarrow{M_1M_3}$ 都垂直，即 $\overrightarrow{M_1M_2}\times\overrightarrow{M_1M_3}$ 与平面垂直，故取 $\boldsymbol{n}=\overrightarrow{M_1M_2}\times\overrightarrow{M_1M_3}$，由已知得

$$\overrightarrow{M_1M_2}=(2,-3,0),\ \overrightarrow{M_1M_3}=(4,2,1),$$

所以

$$\boldsymbol{n}=\begin{vmatrix}\boldsymbol{i} & \boldsymbol{j} & \boldsymbol{k}\\ 2 & -3 & 0\\ 4 & 2 & 1\end{vmatrix}=-3\boldsymbol{i}-2\boldsymbol{j}+16\boldsymbol{k},$$

即
$$\boldsymbol{n}=(-3,-2,16).$$

根据平面的点法式方程，所求平面的方程为

$$-3(x-1)-2(y-1)+16(z-1)=0,$$

即
$$3x+2y-16z+11=0.$$

6.3.2 平面的一般式方程

由于平面的点法式方程(1)可以化为三元一次方程

$$Ax+By+Cz+D=0, \tag{2}$$

其中，$D=-(Ax_0+By_0+Cz_0)$，而任一平面都可由它上面的一点和它的法向量来确定，所以任一平面都可以用一个三元一次方程来表示.

反过来，设有一个三元一次方程(2)，我们任取一组数 x_0，y_0，z_0，使其满足方程(2)，即

$$Ax_0+By_0+Cz_0+D=0, \tag{3}$$

将式(2)、式(3)两式相减，得

$$A(x-x_0)+B(y-y_0)+C(z-z_0)=0.$$

上述方程就是平面的点法式方程. 我们把方程(2)称为**平面的一般式方程**，其中 x，y，z 的系数就是该平面的一个法向量，即 $\boldsymbol{n}=(A,B,C)$.

对于一些特殊的三元一次方程，应该熟悉它们图形的特点.

若 $D=0$，则方程(2)变成 $Ax+By+Cz=0$，它表示一个通过坐标原点的平面；

若 $C=0$，则方程(2)变成 $Ax+By+D=0$，平面的法向量 $\boldsymbol{n}=(A,B,0)$垂直于 z 轴，方程表示一个与 z 轴平行的平面.

类似地，$Ax+Cz+D=0$ 表示一个与 y 轴平行的平面；$By+Cz+D=0$ 表示一个与 x 轴平行的平面.

若 $B=C=0$，则方程(2)变成 $Ax+D=0$，平面的法向量 $\boldsymbol{n}=(A,0,0)$同时垂直 y 轴和 z 轴，故此时方程表示平行于 yOz 面的平面.

类似地，$By+D=0$ 表示一个平行于 xOz 面的平面；$Cz+D=0$ 表示平行于 xOy 面的平面.

若 $C=D=0$，则方程变成 $Ax+By=0$，由上面的讨论可知，方程表示一个经过 z 轴的平面.

类似地，$Ax+Cz=0$ 表示一个经过 y 轴的平面；$By+Cz=0$ 表示一个经过 x 轴的平面.

若 $B=C=D=0$，方程变成 $x=0$，它表示 yOz 面. 类似地，$y=0$ 表示 xOz 面，$z=0$ 表示 xOy 面.

例 3　已知 x 轴和点$(4,2,-1)$在某平面内，求该平面方程.

解：因为 x 轴在所求平面内，必然平行于 x 轴，故 $A=0$；又因为平面通过原点，所以 $D=0$. 于是可设所求的平面方程为

$$By+Cz=0,$$

由于平面通过点(4,2,-1)，故

$$2B-C=0,$$

即

$$C=2B,$$

把上式代入所设方程，得

$$By+2Bz=0,$$

因 $B\neq 0$，故所求平面的方程为

$$y+2z=0.$$

6.3.3 平面的截距式方程

设一个平面与 x、y、z 轴的三个交点依次是 $P(a,0,0)$、$Q(0,b,0)$、$R(0,0,c)$，其中 $a\neq 0$，$b\neq 0$，$c\neq 0$. 下面我们来建立该平面的方程.

设这一平面的方程为

$$Ax+By+Cz+D=0,$$

因为平面经过 P、Q、R 三点，故它们的坐标都满足上述方程，即

$$\begin{cases} aA+D=0, \\ bB+D=0, \\ cC+D=0, \end{cases}$$

解方程组，得 $A=-\dfrac{D}{a}$，$B=-\dfrac{D}{b}$，$C=-\dfrac{D}{c}$. 将它们代入所设方程并除以 $D(D\neq 0)$，便得

$$\frac{x}{a}+\frac{y}{b}+\frac{z}{c}=1. \tag{4}$$

方程(4)叫作**平面的截距式方程**，而 a，b，c 依次叫作平面在 x，y，z 轴上的**截距**.

6.3.4 两平面的夹角

两平面法线向量间的夹角(通常指锐角)称为**两平面的夹角**.

设两平面 Π_1、Π_2 的方程分别为

$$A_1x+B_1y+C_1z+D_1=0,$$

$$A_2x+B_2y+C_2z+D_2=0,$$

它们的法向量依次为 $\boldsymbol{n}_1=(A_1,B_1,C_1)$ 和 $\boldsymbol{n}_2=(A_2,B_2,C_2)$，那么两个平面的夹角 θ 为 $(\boldsymbol{n}_1\hat{,}\boldsymbol{n}_2)$ 或 $\pi-(\boldsymbol{n}_1\hat{,}\boldsymbol{n}_2)$ 两者中的锐角，因此 $\cos\theta=|\cos(\boldsymbol{n}_1\hat{,}\boldsymbol{n}_2)|$. 由两向量夹角余弦的坐标表示式可知，平面 Π_1、Π_2 的夹角 θ 满足

$$\cos\theta=\frac{|A_1A_2+B_1B_2+C_1C_2|}{\sqrt{A_1^2+B_1^2+C_1^2}\cdot\sqrt{A_2^2+B_2^2+C_2^2}}. \tag{5}$$

由于两个平面互相垂直或平行相当于它们的法向量互相垂直或平行，故由两个向量互相垂直或平行的条件立即可得：

平面 Π_1、Π_2 互相垂直的充分必要条件是

$$A_1A_2+B_1B_2+C_1C_2=0;$$

平面 Π_1、Π_2 互相平行或重合的充分必要条件是

$$\frac{A_1}{A_2}=\frac{B_1}{B_2}=\frac{C_1}{C_2}.$$

例 4　求两平面 $x-y+2z-3=0$ 和 $2x+y+z-4=0$ 的夹角.

解：由公式(5)有

$$\cos\theta=\frac{|1\times2+(-1)\times1+2\times1|}{\sqrt{1^2+(-1)^2+2^2}\times\sqrt{2^2+1^2+1^2}}=\frac{1}{2},$$

因此所求的夹角为 $\theta=\dfrac{\pi}{3}$.

例 5　求经过两点 $M_1(3,-2,9)$，$M_2(-6,0,-4)$ 且垂直于平面 $2x-y+4z-7=0$ 的平面方程.

解法 1：设所求平面的一个法向量为

$$\boldsymbol{n}=(A,B,C).$$

因 $\overrightarrow{M_1M_2}=(-9,2,-13)$ 在所求平面上，它必与 $\boldsymbol{n}$ 垂直，所以有

$$-9A+2B-13C=0,$$

又因所求的平面垂直于已知平面 $2x-y+4z-7=0$，所以又有

$$2A-B+4C=0,$$

联立求解上两式，可以得到

$$A=-C,\quad B=2C.$$

由平面的点法式方程可知，所求平面方程为

$$A(x-3)+B(y+2)+C(z-9)=0.$$

将 $A=-C$ 和 $B=2C$ 代入上式，并约去 $C(C\neq0)$，便得

$$-(x-3)+2(y+2)+(z-9)=0,$$

即

$$x-2y-z+2=0.$$

解法 2：由于所求平面的法线向量 $\boldsymbol{n}$ 与 $\overrightarrow{M_1M_2}=(-9,2,-13)$ 垂直，并且所求平面又和 $2x-y+4z-7=0$ 垂直，故 $\boldsymbol{n}$ 与该平面的法线向量 $(2,-1,4)$ 垂直，于是 $\boldsymbol{n}$ 可取 $\overrightarrow{M_1M_2}$ 与 $(2,-1,4)$ 的向量积，即

$$\boldsymbol{n}=(-9,2,-13)\times(2,-1,4)=\begin{vmatrix}\boldsymbol{i}&\boldsymbol{j}&\boldsymbol{k}\\-9&2&-13\\2&-1&4\end{vmatrix}$$

$$=(-5,10,5)=-5(1,-2,-1).$$

由平面的点法式方程可知,所求平面的方程为

$$(x-3)-2(y+2)-(z-9)=0,$$

即

$$x-2y-z+2=0.$$

在本节的最后，我们给出点到平面的距离公式.

设平面方程为

$$Ax+By+Cz+D=0,$$

$P_0(x_0,y_0,z_0)$是平面 $Ax+By+Cz+D=0$ 外的一点，下面我们来求点 P_0 到该平面的距离 d.

在平面上任取一点 $P_1(x_1,y_1,z_1)$，那么 P_0 与已知平面的距离 d 就是向量$\overrightarrow{P_1P_0}$在平面法向量 $\boldsymbol{n}=(A,B,C)$上的投影的绝对值(加上绝对值是考虑到$\overrightarrow{P_1P_0}$与 $\boldsymbol{n}$ 的夹角有可能是钝角)，即

$$d=|\mathrm{Prj}_n\ \overrightarrow{P_1P_0}|=\frac{|\overrightarrow{P_1P_0}\cdot\boldsymbol{n}|}{|\boldsymbol{n}|}.$$

由于

$$\begin{aligned}\overrightarrow{P_1P_0}\cdot\boldsymbol{n}&=(x_0-x_1)\cdot A+(y_0-y_1)\cdot B+(z_0-z_1)\cdot C\\&=Ax_0+By_0+Cz_0-(Ax_1+By_1+Cz_1),\end{aligned}$$

由 $P_1(x_1,y_1,z_1)$在平面上，得 $Ax_1+By_1+Cz_1+D=0$，即

$$D=-(Ax_1+By_1+Cz_1),$$

所以$\overrightarrow{P_1P_0}\cdot\boldsymbol{n}=Ax_0+By_0+Cz_0+D$,

从而所求点到平面的距离为

$$d=\frac{|\overrightarrow{P_1P_0}\cdot\boldsymbol{n}|}{|\boldsymbol{n}|}=\frac{|Ax_0+By_0+Cz_0+D|}{\sqrt{A^2+B^2+C^2}}.$$

例如，求点(2,1,1)到平面 $x+y-z+1=0$ 的距离，可利用上式，得

$$d=\frac{|1\times2+1\times1-1\times1+1|}{\sqrt{1^2+1^2+(-1)^2}}=\frac{3}{\sqrt{3}}=\sqrt{3}.$$

习题 6-3

1. 求过点(3,2,-5)且平行于平面 $3x-2y+7z-4=0$ 的平面方程.

2. 求过点 $M(2,9,-6)$且与连接坐标原点及点 M 的线段 OM 垂直的平面方程.

3. 求过(2,-1,4)、(0,2,3)、(-1,3,-2)三个点的平面方程.

4. 指出下列各平面的特殊位置，并画出图形：

(1) $y=0$；(2) $2x-5=0$；(3) $3x-4y-12=0$；(4) $3x-y=0$；(5) $y+2z=2$；(6) $x-2z=0$；

(7) $5x+6y-z=0$.

5. 求平面 $3x-4y+5z-12=0$ 与三个坐标面夹角的余弦.

6. 一平面平行于向量 $\boldsymbol{a}=(2,3,-4)$ 和 $\boldsymbol{b}=(1,-2,0)$且经过点(1,0,-1)，求这平面方程.

7. 求三个平面 $3x-z-6=0$，$x+y-1=0$，$x-3y-2z-6=0$ 的交点.

8. 求下列特殊位置的平面方程：

(1) 平行于 yOz 面且经过点 $(2,-5,3)$；

(2) 包含 z 轴并经过点 $(2,-4,1)$；

(3) 平行于 y 轴且经过两点 $(1,-2,3)$ 和 $(-6,-2,7)$.

9. 求两平面 $x+y-z+1=0$ 与 $2x+2y-2z-3=0$ 之间的距离.

6.4 空间直线及其方程

6.4.1 空间直线的一般式方程

微课视频 6.4
空间直线

如果两平面不平行，则必相交于一直线. 因此，空间任一直线 L 都可看作两平面的交线. 设平面 Π_1、Π_2 的方程分别为 $A_1x+B_1y+C_1z+D_1=0$、$A_2x+B_2y+C_2z+D_2=0$，则直线 L 上任一点的坐标应满足方程组

$$\begin{cases}A_1x+B_1y+C_1z+D_1=0\\A_2x+B_2y+C_2z+D_2=0.\end{cases}\tag{1}$$

反过来，若点 M 不在空间直线 L 上，那么它就不可能同时在平面 Π_1 和 Π_2 上，从而其坐标不满足方程组(1). 因此直线 L 可由方程组(1)表示，方程组(1)叫作空间直线的**一般式方程**.

显然，通过空间一条直线 L 的平面有无数多个，只需任意选取其中的两个平面，把它们的方程联立起来，所得的方程组就表示空间直线 L.

6.4.2 空间直线的对称式方程和参数方程

如果一个非零向量与一条已知直线平行，这个向量就叫作这条直线的**方向向量**.

设 $M_0(x_0,y_0,z_0)$ 为直线 L 上的一已知点，$\boldsymbol{s}=(m,n,p)$ 为直线的一个方向向量，则直线 L 的位置就完全确定了. 下面我们来建立这条直线的方程.

设点 $M(x,y,z)$ 是直线 L 上的任一点，则向量 $\overrightarrow{M_0M}=(x-x_0,y-y_0,z-z_0)$ 与直线 L 的方向向量 $\boldsymbol{s}=(m,n,p)$ 平行(见图 6-4-1)，于是有

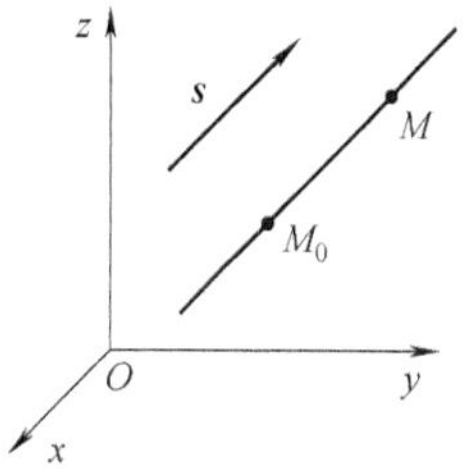

图 6-4-1

$$\frac{x-x_0}{m}=\frac{y-y_0}{n}=\frac{z-z_0}{p}.\tag{2}$$

反之，若点 $M(x,y,z)$ 不在直线 L 上，则向量 $\overrightarrow{M_0M}$ 与方向向量 $\boldsymbol{s}$ 不平行，从而点 M 的坐标不满足式(2). 因此方程组(2)就是直线 L 的方程.

我们把方程(2)叫作**空间直线的对称式方程**或**点向式方程**，直

线的任一方向向量 $\boldsymbol{s}$ 的坐标 m，n，p 叫作这条直线的一组**方向数**，而向量 $\boldsymbol{s}$ 的方向余弦叫作该直线的**方向余弦**.

在直线的对称式方程(2)中，令$\dfrac{x-x_0}{m}=\dfrac{y-y_0}{n}=\dfrac{z-z_0}{p}=t$ 则得

$$\begin{cases}x=x_0+mt,\\ y=y_0+nt,\\ z=z_0+pt.\end{cases}\tag{3}$$

方程组(3)叫作**直线的参数方程**.

例 1 求过两点 $M_1(-3,1,2)$ 和 $M_2(-2,3,1)$ 的直线方程.

解：因为向量$\overrightarrow{M_1M_2}=(1,2,-1)$平行于所求直线，所以可取直线的方向向量为$\overrightarrow{M_1M_2}$，
故由对称式方程得到所求直线为

$$\frac{x+3}{1}=\frac{y-1}{2}=\frac{z-2}{-1}.$$

例 2 将直线$\begin{cases}x-2y+3z-4=0,\\ 3x+2y-5z-4=0\end{cases}$化为对称式方程和参数方程.

解：先求出直线上的一点(x_0,y_0,z_0). 不妨取 $z_0=0$，代入直线方程得

$$\begin{cases}x-2y-4=0,\\ 3x+2y-4=0,\end{cases}$$

解得 $x_0=2$、$y_0=-1$，即$(2,-1,0)$是所给直线上的一点.

下面再求直线的方向向量. 由于两平面的交线与这两平面的法向量 $\boldsymbol{n}_1=(1,-2,3)$、$\boldsymbol{n}_2=(3,2,-5)$都垂直，所以可取直线的方向向量为

$$\boldsymbol{s}=\boldsymbol{n}_1\times\boldsymbol{n}_2=\begin{vmatrix}\boldsymbol{i} & \boldsymbol{j} & \boldsymbol{k}\\ 1 & -2 & 3\\ 3 & 2 & -5\end{vmatrix}=2(2\boldsymbol{i}+7\boldsymbol{j}+4\boldsymbol{k}).$$

因此，所给直线的对称式方程为

$$\frac{x-2}{2}=\frac{y+1}{7}=\frac{z}{4}.$$

令$\dfrac{x-2}{2}=\dfrac{y+1}{7}=\dfrac{z}{4}=t$，得所给直线的参数方程为

$$\begin{cases}x=2+2t,\\ y=-1+7t,\\ z=4t.\end{cases}$$

6.4.3 两直线的夹角

两直线的方向向量的夹角(一般为锐角)叫作**两直线的夹角**.

设两直线 L_1 和 L_2 的方向向量分别为 $\boldsymbol{s}_1=(m_1,n_1,p_1)$ 和 $\boldsymbol{s}_2=(m_2,n_2,p_2)$，那么 L_1 和 L_2 的夹角 φ 应为$(\boldsymbol{s}_1\hat{,}\boldsymbol{s}_2)$和 $\pi-(\boldsymbol{s}_1\hat{,}\boldsymbol{s}_2)$两者中的锐角，因此 $\cos\varphi=|\cos(\boldsymbol{s}_1\hat{,}\boldsymbol{s}_2)|$，即直线 L_1 和 L_2 的夹角 φ 的方向余弦是

$$\cos\varphi=\frac{|m_1m_2+n_1n_2+p_1p_2|}{\sqrt{m_1^2+n_1^2+p_1^2}\cdot\sqrt{m_2^2+n_2^2+p_2^2}}. \tag{4}$$

由于两直线互相垂直或平行相当于它们的方向向量互相垂直或平行，故由两个向量互相垂直或平行的条件立即可得：

直线 L_1、L_2 互相垂直的充分必要条件是 $m_1m_2+n_1n_2+p_1p_2=0$；

直线 L_1、L_2 互相平行或重合的充分必要条件是$\dfrac{m_1}{m_2}=\dfrac{n_1}{n_2}=\dfrac{p_1}{p_2}$.

例 3　求直线 $L_1:\dfrac{x-1}{1}=\dfrac{y}{-4}=\dfrac{z+3}{1}$和 $L_2:\dfrac{x}{2}=\dfrac{y+2}{-2}=\dfrac{z}{-1}$的夹角.

解：直线 L_1 的方向向量为 $\boldsymbol{s}_1=(1,-4,1)$；直线 L_2 的方向向量为 $\boldsymbol{s}_2=(2,-2,-1)$，设直线 L_1 和 L_2 的夹角为 φ，那么由式(4)有

$$\cos\varphi=\frac{|1\times2+(-4)\times(-2)+1\times(-1)|}{\sqrt{1^2+(-4)^2+1^2}\times\sqrt{2^2+(-2)^2+(-1)^2}}=\frac{1}{\sqrt{2}},$$

所以

$$\varphi=\frac{\pi}{4}.$$

6.4.4 直线与平面的夹角

当直线与平面不垂直时，直线与它在平面上的投影直线所成的夹角 $\varphi\left(0\leqslant\varphi<\dfrac{\pi}{2}\right)$称为**直线与平面的夹角**. 当直线与平面垂直时，规定直线与平面的夹角为$\dfrac{\pi}{2}$.

设直线的方向向量为 $\boldsymbol{s}=(m,n,p)$，平面的法向量为 $\boldsymbol{n}=(A,B,C)$，直线与平面的夹角为 φ，那么 $\varphi=\left|\dfrac{\pi}{2}-(\boldsymbol{s}\hat{,}\boldsymbol{n})\right|$，因此 $\sin\varphi=|\cos(\boldsymbol{s}\hat{,}\boldsymbol{n})|$. 按两向量夹角余弦的坐标表达式，有

$$\sin\varphi=\frac{|Am+Bn+Cp|}{\sqrt{A^2+B^2+C^2}\cdot\sqrt{m^2+n^2+p^2}}. \tag{5}$$

由于直线与平面垂直相当于直线的方向向量与平面的法向量平

行，直线与平面平行或直线在平面内相当于直线的方向向量与平面的法向量垂直，故由两个向量互相垂直或平行的条件立即可得：

直线与平面垂直的充分必要条件是

$$\frac{A}{m}=\frac{B}{n}=\frac{C}{p};$$

直线与平面平行或直线在平面内的充分必要条件是

$$Am+Bn+Cp=0.$$

例 4　求过点 $M(2,2,-1)$ 且与平面 $\Pi:3x-2y+5z+7=0$ 垂直的直线的方程.

解： 因为所求直线垂直于已知平面，所以可取平面 Π 的法向量 $\boldsymbol{n}=(3,-2,5)$ 作为所求直线的方向向量 $\boldsymbol{s}$，于是所求直线的方程为

$$\frac{x-2}{3}=\frac{y-2}{-2}=\frac{z+1}{5}.$$

例 5　求直线 $\frac{x-3}{2}=\frac{y+1}{-5}=\frac{z}{3}$ 与平面 $2x-y-2z+1=0$ 的交点.

解： 已知直线的参数方程为

$$x=3+2t,\ y=-1-5t,\ z=3t,$$

代入平面方程，得

$$2(3+2t)-(-1-5t)-2(3t)+1=0,$$

解上述方程，得 $t=-\frac{8}{3}$. 把 $t=-\frac{8}{3}$ 代入到直线参数方程，得所求交点的坐标为

$$x=-\frac{7}{3},\ y=\frac{37}{3},\ z=-8.$$

例 6　求过点 $M(2,-1,3)$ 且与直线 $L:\frac{x-1}{2}=\frac{y}{-1}=\frac{z+2}{1}$ 相交，又平行于平面 $\Pi:3x-2y+z+5=0$ 的直线的方程.

解法 1： 设所求直线为 L_1，则 L_1 在过 M 和 L 的平面 Π_1 内，同时也在过 M 且平行于 Π 的平面 Π_2 内.

在 L 上取一点 $P(1,0,-2)$，则平面 Π_1 的法向量 $\boldsymbol{n}_1$ 既垂直于 L 的方向向量 $\boldsymbol{s}=(2,-1,1)$，又垂直于 $\overrightarrow{MP}=(-1,1,-5)$，故平面 Π_1 的法向量可取为 $\boldsymbol{n}_1=\boldsymbol{s}\times\overrightarrow{MP}$，即

$$\boldsymbol{n}_1=\begin{vmatrix}\boldsymbol{i} & \boldsymbol{j} & \boldsymbol{k}\\ 2 & -1 & 1\\ -1 & 1 & -5\end{vmatrix}=4\boldsymbol{i}+9\boldsymbol{j}+\boldsymbol{k},$$

于是平面 Π_1 为　　$4(x-2)+9(y+1)+(z-3)=0;$

又显然平面 Π_2 为　　$3(x-2)-2(y+1)+(z-3)=0$；
从而所求直线 L_1 的方程是

$$\begin{cases}4(x-2)+9(y+1)+(z-3)=0,\\3(x-2)-2(y+1)+(z-3)=0,\end{cases}$$

即

$$\begin{cases}4x+9y+z-2=0,\\3x-2y+z-11=0.\end{cases}$$

解法 2：直线 L 的参数方程为

$$x=1+2t,\ y=-t,\ z=-2+t,$$

设直线 L 与 L_1 的交点为 $N(1+2t_0,-t_0,-2+t_0)$，则 N 与 $M(2,-1,3)$ 的连线垂直于平面 Π 的法向量，于是

$$\overrightarrow{MN}\cdot(3,-2,1)=0,$$

将 $\overrightarrow{MN}=(2t_0-1,1-t_0,t_0-5)$ 代入上式，得

$$3(2t_0-1)+(-2)(1-t_0)+(t_0-5)=0,$$

解上述方程，得 $t_0=\frac{10}{9}$. 把 $t_0=\frac{10}{9}$ 代入到 $\overrightarrow{MN}$ 表达式中，得

$$\overrightarrow{MN}=\left(\frac{11}{9},-\frac{1}{9},-\frac{35}{9}\right)=\frac{1}{9}(11,-1,-35),$$

根据直线方程的对称式可知，所求直线方程为

$$\frac{x-2}{11}=\frac{y+1}{-1}=\frac{z-3}{-35}.$$

通过定直线 L 的所有平面的全体称为过直线 L 的**平面束**. 有时用平面束的方程解题比较方便，现在我们来介绍它的方程.

设直线 L 的一般式方程为

$$\begin{cases}A_1x+B_1y+C_1z+D_1=0,\\A_2x+B_2y+C_2z+D_2=0,\end{cases}\tag{6}$$

其中，A_1，B_1，C_1 与 A_2，B_2，C_2 不成比例. 现建立三元一次方程

$$A_1x+B_1y+C_1z+D_1+\lambda(A_2x+B_2y+C_2z+D_2)=0,\tag{7}$$

其中，λ 为任意常数. 对于任意一个 λ 值，方程(7)的系数 $A_1+\lambda A_2$，$B_1+\lambda B_2$，$C_1+\lambda C_2$ 不会同时为零，因此方程(7)表示一个平面. 由于直线 L 上的点的坐标满足方程组(6)，因而也满足方程(7)，故方程(7)表示过 L 的平面，且对应不同的 λ 值，它表示过 L 的不同平面. 反之，通过直线 L 的任何平面(除平面 $A_2x+B_2y+C_2z+D_2=0$ 外)都包含在方程(7)所表示的一族平面内. 因此，方程(7)就是通过直线 L 的平面束方程.

例 7　已知一平面通过直线 $\begin{cases}3x+4y-2z+5=0,\\x-2y+z+7=0,\end{cases}$ 且在 z 轴上的截距为 -3，求此平面的方程.

解：设所求平面方程为

$$(3x+4y-2z+5)+\lambda(x-2y+z+7)=0, \tag{8}$$

由于所求平面在 z 轴上的截距为-3，即平面过点$(0,0,-3)$，把该点代入方程(8)，得

$$11+4\lambda=0,$$

解得 $\lambda=-\dfrac{11}{4}$. 因此所求平面方程为

$$(3x+4y-2z+5)-\frac{11}{4}(x-2y+z+7)=0,$$

即

$$x+38y-19z-57=0.$$

例 8 求与平面 $x-4z=3$ 和 $2x-y-5z=1$ 的交线平行且过点$(-3,2,5)$的直线方程.

解：

$$\boldsymbol{s}=\boldsymbol{n}_1\times\boldsymbol{n}_2=\begin{vmatrix}\boldsymbol{i} & \boldsymbol{j} & \boldsymbol{k}\\ 1 & 0 & -4\\ 2 & -1 & -5\end{vmatrix}=-(4\boldsymbol{i}+3\boldsymbol{j}+\boldsymbol{k}),$$

则所求直线方程为

$$\frac{x+3}{4}=\frac{y-2}{3}=\frac{z-5}{1}.$$

例 9 求两直线 $L_1:\dfrac{x-1}{0}=\dfrac{y}{1}=\dfrac{z}{1}$和 $L_2:\dfrac{x}{2}=\dfrac{y}{-1}=\dfrac{z+2}{0}$的公垂线 L 的方程.

解：公垂线的方向向量

$$\boldsymbol{s}=\boldsymbol{s}_1\times\boldsymbol{s}_2=(0,1,1)\times(2,-1,0)=(1,2,-2)$$

过 L 与 L_1 的平面法向量为

$$\boldsymbol{n}_1=\boldsymbol{s}\times\boldsymbol{s}_1=(1,2,-2)\times(0,1,1)=(4,-1,1)$$

在直线 L_1 上取点$(1,0,0)$，则过 L 与 L_1 的平面方程为

$$4x-y+z-4=0$$

过 L 与 L_2 的平面法向量为

$$\boldsymbol{n}_2=\boldsymbol{s}\times\boldsymbol{s}_2=(1,2,-2)\times(2,-1,0)=(2,4,5)$$

在直线 L_2 上取点$(0,0,-2)$，则过 L 与 L_2 的平面方程为

$$2x+4y+5z-10=0$$

于是公垂线的方程为

$$\begin{cases}4x-y+z-4=0,\\ 2x+4y+5z-10=0.\end{cases}$$

习题 6-4

1. 求过点$(-1,2,5)$且平行于直线$\frac{x-1}{1}=\frac{y-2}{-3}=\frac{z-3}{-1}$的直线方程.

2. 求过点$P_1(2,3,1)$和$P_2(3,-2,5)$的直线方程.

3. 求直线$\begin{cases}x-2y+z-1=0,\\2x+y-2z+2=0\end{cases}$的对称式方程和参数方程.

4. 求过点$(-1,3,-2)$且与两平面$x-2y+3z-4=0$和$3x+2y-5z+1=0$平行的直线方程.

5. 求直线L_1：$x-1=\frac{y-5}{2}=z+6$与直线L_2：$\begin{cases}x+2y-z+1=0,\\x-y+z+2=0\end{cases}$的夹角.

6. 证明直线$\begin{cases}3x+6y-3z-8=0,\\2x-y-z=0\end{cases}$与直线$\begin{cases}x+2y-z-7=0,\\-2x+y+z-7=0\end{cases}$平行.

7. 求直线$\begin{cases}3x+y-z-13=0,\\y+2z-8=0\end{cases}$与平面$x-2y+2z+3=0$的夹角.

8. 求过点$(0,2,-1)$且与直线$\begin{cases}2x-y+3z-5=0,\\x+2y-z+3=0\end{cases}$垂直的平面方程.

9. 求过点$(3,1,-2)$且通过直线$\frac{x-4}{5}=\frac{y+3}{2}=\frac{z}{1}$的平面方程.

10. 确定下列每一组直线与平面的关系：

(1) $\frac{x-2}{3}=\frac{y+3}{-2}=\frac{z-1}{3}$和$x-3y-3z+4=0$；

(2) $\frac{x-4}{2}=\frac{y+3}{-1}=\frac{z}{3}$和$2x-y+3z-7=0$；

(3) $\frac{x-2}{-1}=\frac{y-2}{2}=\frac{z+3}{5}$和$8x-y+2z-8=0$.

11. 求过点$(1,2,1)$且与两直线

$$\begin{cases}x-y+z-1=0,\\x+2y-z+1=0\end{cases}\text{和}\begin{cases}x-y+z=0,\\2x-y+z=0\end{cases}$$

平行的平面方程.

12. 求点$(2,-1,1)$到直线$\begin{cases}x-2y+z-1=0,\\x+2y-z+3=0\end{cases}$的距离.

13. 设M_0是直线L外一点，M是直线L上任意一点，且直线的方向向量为$\boldsymbol{s}$，证明：点M_0到直线L的距离是

$$d=\frac{|\overrightarrow{M_0M}\times\boldsymbol{s}|}{|\boldsymbol{s}|}.$$

14. 求直线$\begin{cases}x+y-z-1=0,\\x-y+z+1=0\end{cases}$在平面$x+y+z-1=0$上的投影直线的方程.

15. 画出下列各曲面所围成的立体的图形：

(1) $x=0$，$y=0$，$z=0$，$x=2$，$y=1$，$3x+4y+2z-12=0$；

(2) $x=0$，$z=0$，$x=1$，$y=2$，$z=\frac{y}{4}$.

6.5 曲面及其方程

6.5.1 曲面方程的概念

像平面解析几何中把平面曲线与二元方程$F(x,y)=0$对应起来一样，在空间解析几何中也把空间曲面与三元方程$F(x,y,z)=0$对应起来.

微课视频 6.5
曲面方程

设在空间直角坐标系中曲面S与方程$F(x,y,z)=0$满足下述关系：

（1）曲面 S 上任一点的坐标都满足方程 $F(x,y,z)=0$；

（2）不在曲面 S 上的点的坐标都不满足方程 $F(x,y,z)=0$，

那么，方程 $F(x,y,z)=0$ 就称为**曲面 S 的方程**，而曲面 S 称为**方程 $F(x,y,z)=0$ 的图形**.

例 1 求球心为 $M_0(x_0,y_0,z_0)$、半径为 R 的球面方程.

解：在球面上任意取一点 $M(x,y,z)$，则有 $|M_0M|=R$. 由两点间的距离公式，得

$$\sqrt{(x-x_0)^2+(y-y_0)^2+(z-z_0)^2}=R,$$

即
$$(x-x_0)^2+(y-y_0)^2+(z-z_0)^2=R^2. \tag{1}$$

这就是球面上任一点的坐标所满足的方程，而不在球面上的点都不满足式(1). 因此，式(1)就是球心在 $M_0(x_0,y_0,z_0)$、半径为 R 的球面方程.

如果球心在坐标原点，即 $x_0=y_0=z_0=0$，那么球面方程为

$$x^2+y^2+z^2=R^2.$$

例 2 设有相异两点 $M_1(x_1,y_1,z_1)$、$M_2(x_2,y_2,z_2)$，求线段 M_1M_2 的垂直平分面的方程.

解：所求的平面就是与 M_1 和 M_2 等距离的点的几何轨迹. 设 $P(x,y,z)$ 为所求平面上的任意一点，由题意有 $|M_1P|=|M_2P|$，即

$$\sqrt{(x-x_1)^2+(y-y_1)^2+(z-z_1)^2}=\sqrt{(x-x_2)^2+(y-y_2)^2+(z-z_2)^2},$$

化简得
$$Ax+By+Cz+D=0, \tag{2}$$

其中，$A=x_2-x_1$，$B=y_2-y_1$，$C=z_2-z_1$，$D=\dfrac{1}{2}(x_1^2+y_1^2+z_1^2-x_2^2-y_2^2-z_2^2)$ 均为常数.

式(2)就是所求平面上的点的坐标所满足的方程，而不在此平面上的点的坐标都不满足这个方程，所以式(2)就是所求平面的方程.

通过上面的例子可知，作为点的几何轨迹的曲面可以用它的点的坐标所满足的方程来表示. 反之，关于变量 x，y，z 的方程在几何上通常表示一个曲面. 因此在空间解析几何中关于曲面的研究，有下列两个基本问题：

（1）已知一曲面作为点的几何轨迹时，建立此曲面的方程；

（2）已知坐标 x，y，z 满足的一个方程时，研究此方程所表示的曲面的形状.

例 3 方程 $x^2+y^2+z^2-4x+6y=0$ 表示什么样的曲面?

解：通过配方，原方程可化为

$$(x-2)^2+(y+3)^2+z^2=13,$$

与方程(2)比较可知，原方程表示球心为 $M_0(2,-3,0)$、半径为 $R=\sqrt{13}$ 的球面.

一般地，设有三元二次方程

$$x^2+y^2+z^2+Dx+Ey+Fz+G=0, \tag{3}$$

这个方程中不含有 xy、yz、zx 项，并且 x^2、y^2、z^2 项前面的系数相同. 方程(3)经配方可写成

$$\left(x+\frac{D}{2}\right)^2+\left(y+\frac{E}{2}\right)^2+\left(z+\frac{F}{2}\right)^2=\frac{1}{4}(D^2+E^2+F^2-4G),$$

当 $D^2+E^2+F^2-4G>0$ 时，由上式可知，方程(3)就表示以 $M_0\left(-\frac{D}{2},-\frac{E}{2},-\frac{F}{2}\right)$ 为球心、$\frac{1}{2}\sqrt{D^2+E^2+F^2-4G}$ 为半径的球面.

6.5.2 旋转曲面

由一条平面曲线 C 绕其同一平面上的一条定直线 L 旋转一周所形成的曲面称为**旋转曲面**，定直线 L 称为旋转曲面的**轴**，平面曲线 C 称为旋转曲面的**母线**.

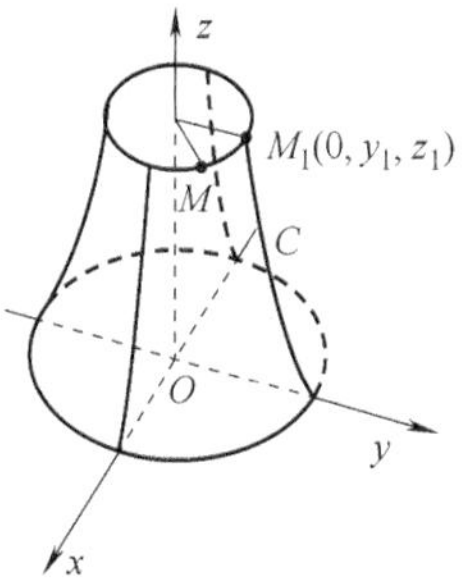

图 6-5-1

设在 yOz 平面上有一已知曲线 C，其方程为

$$f(y,z)=0,$$

以 z 轴为旋转轴，将曲线 C 绕其旋转一周. 下面建立该旋转曲面(见图 6-5-1)的方程.

设 $M(x,y,z)$ 是旋转曲面上的任意一点，则 M 必定是由曲线 C 上某一点 $M_1(0,y_1,z_1)$ 旋转而来的，这时 $z=z_1$，并且点 M 到 z 轴的距离与点 M_1 到 z 轴的距离相等，即

$$\sqrt{x^2+y^2}=|y_1|,$$

由于点 M_1 在曲线 C 上，因而 $f(y_1,z_1)=0$. 将 $z_1=z$，$y_1=\pm\sqrt{x^2+y^2}$ 代入方程 $f(y_1,z_1)=0$，得

$$f(\pm\sqrt{x^2+y^2},z)=0,$$

这就是所求的旋转曲面的方程.

上述推导表明：在曲线 C 的方程 $f(y,z)=0$ 中将 y 改写为 $\pm\sqrt{x^2+y^2}$ 而保持 z 不变，便得曲线 C 绕 z 轴旋转所成的旋转曲面的方程.

同理，曲线 C 绕 y 轴旋转所成的旋转曲面的方程为

$$f(y,\pm\sqrt{x^2+z^2})=0.$$

一般地，求坐标平面上的曲线绕此坐标平面内的一条坐标轴旋转所成的旋转曲面的方程时，只要保持此平面曲线方程中与旋

转轴同名的坐标不变，而以另两个坐标平方和的平方根代替该方程中的另一坐标，便得该旋转曲面的方程.

例 4 将 xOz 坐标面上的椭圆 $\frac{x^2}{a^2}+\frac{z^2}{c^2}=1$ 分别绕 x 轴和 z 轴旋转一周，求所形成的旋转曲面的方程.

解： 绕 x 轴旋转所形成的旋转曲面方程为 $\frac{x^2}{a^2}+\frac{y^2+z^2}{c^2}=1$；

绕 z 轴旋转所形成的旋转曲面方程为 $\frac{x^2+y^2}{a^2}+\frac{z^2}{c^2}=1$.

这两个旋转曲面都叫作**旋转椭球面**；当 $a=c$ 时，都是球面.

例 5 将 xOz 坐标面上的双曲线 $\frac{x^2}{a^2}-\frac{z^2}{c^2}=1$ 分别绕 z 轴和 x 轴旋转一周，求所形成的旋转曲面方程.

解： 绕 z 轴旋转所成的旋转曲面方程为 $\frac{x^2+y^2}{a^2}-\frac{z^2}{c^2}=1$，此旋转曲面称为**旋转单叶双曲面**；绕 x 轴旋转所成的旋转曲面的方程为 $\frac{x^2}{a^2}-\frac{y^2+z^2}{c^2}=1$，该旋转曲面称为**旋转双叶双曲面**.

例 6 将 yOz 坐标面上的抛物线 $y^2=2pz$ 绕 z 轴旋转一周，求所成的旋转曲面方程.

解： 抛物线绕 z 轴旋转所成的旋转曲面的方程为 $x^2+y^2=2pz$. 这个旋转曲面称为**旋转抛物面**.

例 7 直线 L 绕另一条与 L 相交的直线 K 旋转一周，所得旋转曲面叫作**圆锥面**. 两直线的交点叫作圆锥面的**顶点**，两直线的夹角 $\alpha\left(0<\alpha<\frac{\pi}{2}\right)$ 叫作圆锥面的**半顶角**. 试建立顶点在坐标原点 O，旋转轴为 z 轴，半顶角为 α 的圆锥面的方程（见图 6-5-2）.

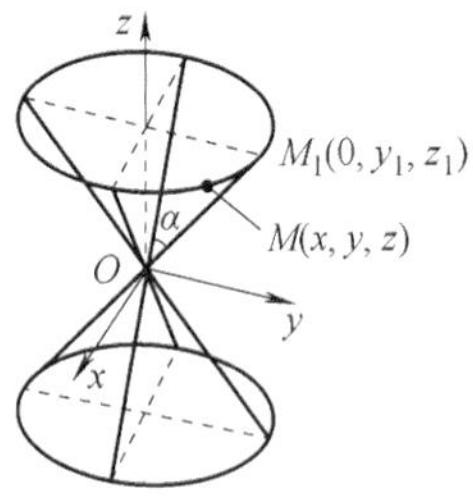

图 6-5-2

解： 在 yOz 坐标面上，直线 L 的方程为

$$z=y\cot\alpha,$$

由于 z 轴为旋转轴，故得圆锥面的方程为

$$z=\pm\sqrt{x^2+y^2}\cot\alpha,$$

两边平方得

$$z^2=a^2(x^2+y^2),$$

其中，$a=\cot\alpha$.

6.5.3 柱面

平行于定直线并沿定曲线 C 移动的直线 L 所形成的曲面称为

柱面，定曲线 C 叫作**柱面的准线**，动直线 L 叫作**柱面的母线**.

下面讨论几种特殊的柱面.

考虑准线 C 为 xOy 面内的曲线 $F(x,y)=0$，沿准线 C 作母线平行于 z 轴的柱面. 若 $M(x,y,z)$ 是柱面上的任一点，则过点 M 的母线与 z 轴平行，令其与 C 的交点为 N，显然点 N 的坐标是 $(x,y,0)$，并且有 $F(x,y)=0$，这就是柱面上的点 $M(x,y,z)$ 的坐标满足的方程.

反过来，若空间一点 $M(x,y,z)$ 的坐标满足方程 $F(x,y)=0$，则点 $N(x,y,0)$ 必在准线 C 上，即 $M(x,y,z)$ 在过点 $N(x,y,0)$ 的母线上，所以 $M(x,y,z)$ 必在柱面上.

综上所述，不含变量 z 的方程 $F(x,y)=0$ 在空间直角坐标系中表示母线平行于 z 轴的柱面，其准线为 xOy 面内的曲线 $F(x,y)=0$.

类似地，不含变量 y 的方程 $G(x,z)=0$ 在空间直角坐标系中表示母线平行于 y 轴的柱面，其准线为 xOz 面内的曲线 $G(x,z)=0$；不含变量 x 的方程 $H(y,z)=0$ 在空间直角坐标系中表示母线平行于 x 轴的柱面，其准线为 yOz 面内的曲线 $H(y,z)=0$.

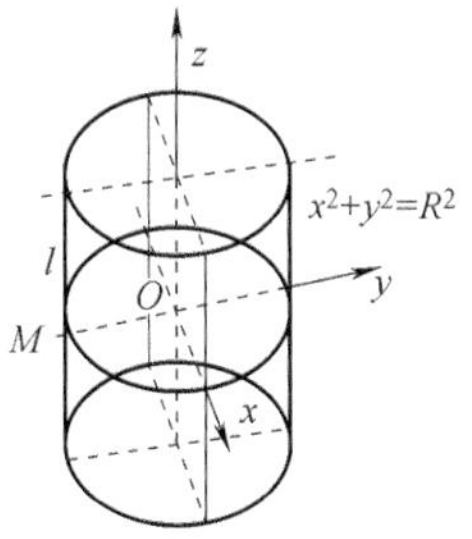

图　6-5-3

例如，方程 $x^2+y^2=R^2$ 表示母线平行于 z 轴，准线在 xOy 面上以原点为圆心、R 为半径的圆的柱面(见图 6-5-3). 这个柱面称为**圆柱面**.

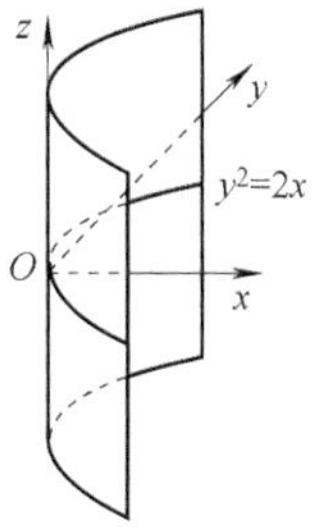

图　6-5-4

又如，以 xOy 坐标面上的抛物线 $y^2=2x$ 为准线的柱面，该柱面叫作**抛物柱面**(见图 6-5-4).

需要特别指出的是，如果限制在 xOy 平面上考虑，$F(x,y)=0$ 表示一条曲线；但在空间解析几何中，$F(x,y)=0$ 表示一个母线平行于 z 轴的柱面.

习题 6-5

1. 一动点 M 到点 $B(-4,2,4)$ 的距离是到点 $A(5,4,0)$ 距离的两倍，求动点 M 的轨迹方程.

2. 建立以点 $(-1,-3,2)$ 为球心，且过点 $(1,-1,1)$ 的球面方程.

3. 方程 $x^2+y^2+z^2-2x+4y-4z-7=0$ 表示什么曲面？

4. 将 xOz 坐标面上的椭圆 $4x^2+z^2=9$ 绕 z 轴旋转一周，求所形成的旋转曲面的方程.

5. 将 yOz 坐标面上的抛物线 $z^2=4y$ 绕 y 轴旋转一周，求所形成的旋转曲面的方程.

6. 将 xOy 坐标面上的双曲线 $9x^2-4y^2=16$ 分别绕 x 轴和 y 轴旋转一周，求所形成的旋转曲面的方程.

7. 说明下列旋转曲面是如何形成的？

(1) $\frac{x^2}{4}+\frac{y^2}{4}+\frac{z^2}{9}=1$；　(2) $\frac{x^2}{16}-\frac{y^2}{9}+\frac{z^2}{16}=1$；

(3) $x^2-3y^2-3z^2=1$；　(4) $(z-a)^2=x^2+y^2$.

8. 下列方程在平面解析几何中与空间解析几何中分别表示什么图形？

(1) $y=1$；　(2) $y=2x+1$；

(3) $\frac{x^2}{4}-y^2=1$；　(4) $x^2+y^2=9$.

9. 画出下列方程所表示的曲面：

(1) $x^2+(y-a)^2=a^2$；　(2) $\frac{x^2}{9}-\frac{y^2}{4}=1$；

(3) $\frac{x^2}{9}+z^2=1$；　(4) $y^2-4z=0$；

(5) $z=-(2+x^2)$.

6.6 空间曲线及其方程

6.6.1 空间曲线的一般式方程

微课视频 6.6
空间曲线

我们知道，空间直线可看作两个平面的交线. 一般地，空间曲线也可看作两个相交曲面的交线. 设

$$F(x,y,z)=0 \text{ 和 } G(x,y,z)=0$$

是两个相交曲面的方程，它们相交于曲线 C，则点 $M(x,y,z)$ 在曲线 C 上当且仅当点 M 的坐标满足方程组

$$\begin{cases}F(x,y,z)=0,\\G(x,y,z)=0,\end{cases} \tag{1}$$

因此，曲线 C 可以用上述方程组来表示. 方程组(1)叫作**空间曲线 C 的一般式方程**.

例 1 方程组 $\begin{cases}x^2+y^2=1,\\2x+3z=6\end{cases}$ 表示什么样的曲线?

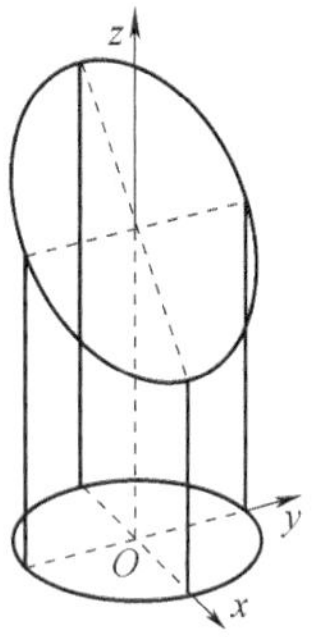

图 6-6-1

解: 此方程组中第一个方程表示母线平行于 z 轴的圆柱面，其准线是 xOy 面上的圆，该圆的圆心在原点 O，半径为 1. 方程组中第二个方程表示平行于 y 轴的平面. 方程组就表示上述平面与圆柱面的交线，如图 6-6-1 所示.

例 2 方程组 $\begin{cases}z=\sqrt{a^2-x^2-y^2},\\\left(x-\dfrac{a}{2}\right)^2+y^2=\left(\dfrac{a}{2}\right)^2\end{cases}$ 表示什么样的曲线?

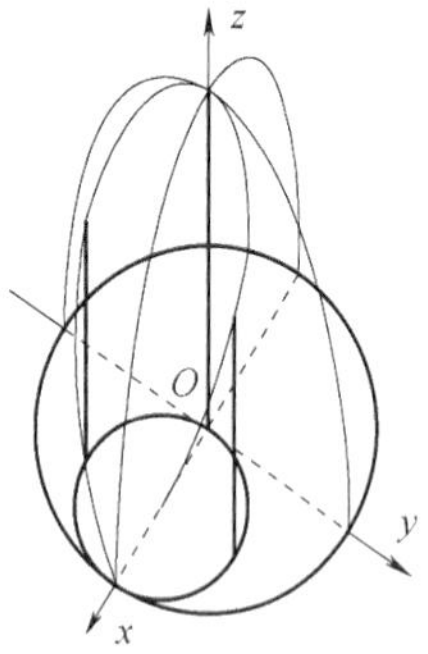

图 6-6-2

解: 方程组中第一个方程表示球心在原点 O，半径为 a 的上半球面. 第二个方程表示母线平行于 z 轴的圆柱面，它的准线是 xOy 面上的圆，该圆的圆心在点 $\left(\dfrac{a}{2},0\right)$，半径为 $\dfrac{a}{2}$. 方程组就是表示上述半球面与圆柱面的交线，如图 6-6-2 所示.

6.6.2 空间曲线的参数方程

与空间直线类似，空间曲线除了一般式方程之外，也可以用参数方程来表示. 一般地，设 x，y，z 是区间 I 上参数 t 的函数，即

$$\begin{cases}x=x(t),\\y=y(t),t\in I,\\z=z(t),\end{cases} \tag{2}$$

当给定 $t=t_0\in I$ 时，就得到一个点 $(x(t_0),y(t_0),z(t_0))$；随着 t 在区间 I 上的变动便可得到全部点组成的整条空间曲线 C. 方程组(2)叫作**空间曲线的参数方程**.

例 3　空间一动点 M 在圆柱面 $x^2+y^2=a^2$ 上以角速度 ω 绕 z 轴旋转，同时又以线速度 v 沿平行于 z 轴的正方向上升(其中 ω，v 都是常数)，则动点 M 的轨迹称为**螺旋线**，试建立其参数方程.

解：取时间 t 为参数. 设当 $t=0$ 时，动点位于 x 轴上的点 $A(a,0,0)$处. 经过时间 t，动点由 A 运动到 $M(x,y,z)$，如图 6-6-3 所示. 显然，点 M 在 xOy 平面上的投影为 $M'(x,y,0)$. 由于动点在圆柱面上以角速度 ω 绕 z 轴旋转，所以经过时间 t，$\angle AOM'=\omega t$，从而

$$x=|OM'|\cos\angle AOM'=a\cos\omega t,$$

$$y=|OM'|\sin\angle AOM'=a\sin\omega t,$$

又因动点同时以线速度 v 沿平行于 z 轴的正方向上升，所以

$$z=|M'M|=vt.$$

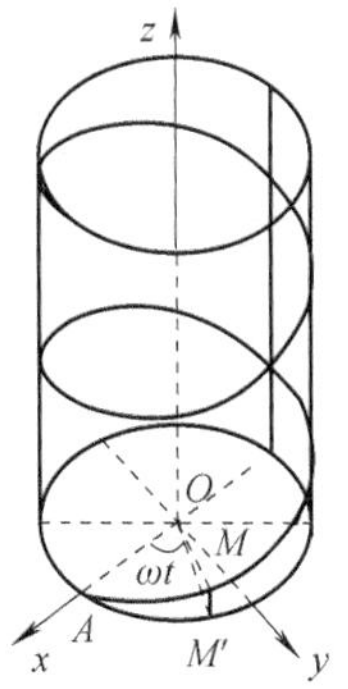

图　6-6-3

因此，螺旋线的参数方程为

$$\begin{cases}x=a\cos\omega t,\\ y=a\sin\omega t,\\ z=vt.\end{cases}$$

除了时间 t 之外，也可以用其他变量作参数. 例如令 $\theta=\omega t$ 为参数，并记 $b=\dfrac{v}{\omega}$，则螺旋线的参数方程又可写为

$$\begin{cases}x=a\cos\theta,\\ y=a\sin\theta,\\ z=b\theta.\end{cases}$$

螺旋线是实践中常用的曲线，如螺栓的螺纹就是螺旋线.

6.6.3　空间曲线在坐标面上的投影

1. 投影柱面与投影(曲线)

设 C 为一空间曲线，以曲线 C 为准线、母线平行于 z 轴(即垂直于 xOy 面)的柱面叫作曲线 C 关于 xOy 面的**投影柱面**. 投影柱面与 xOy 面的交线叫作空间曲线 C 在 xOy 面上的**投影曲线**，或简称**投影**.

曲线 C 关于 yOz、xOz 面的投影柱面及在 yOz、xOz 面上的投影可类似定义.

2. 投影曲线的确定

设空间曲线 C 的一般式方程为

$$\begin{cases}F(x,y,z)=0,\\G(x,y,z)=0.\end{cases}\tag{3}$$

消去方程组(3)中的变量 z，得

$$H(x,y)=0.\tag{4}$$

由于方程(4)是由方程组(3)消去 z 得到的，因此当点 $M(x,y,z)$ 在曲线 C 上时，其坐标 x，y 必满足方程(4)，这表明曲线 C 上的点都在由方程(4)所表示的曲面上.

方程(4)表示一个母线平行于 z 轴的柱面，这柱面必定包含曲线 C，从而柱面(4)必定包含曲线 C 关于 xOy 面的投影柱面，而方程组

$$\begin{cases}H(x,y)=0,\\z=0\end{cases}$$

所表示的曲线必定包含曲线 C 在 xOy 面上的投影.

类似地，消去方程组(3)中的变量 x(或 y)，得 $R(y,z)=0$(或 $T(x,z)=0$)，它所表示的柱面必定包含曲线 C 关于 yOz(或 xOz)面的投影柱面；将此柱面方程与 $x=0$(或 $y=0$)联立，所表示的曲线必定包含曲线 C 在 yOz(或 xOz)面上的投影.

例 4 求曲线 C：$\begin{cases}x^2+y^2+z^2=1,\\z=\dfrac{1}{2}\end{cases}$ 在 xOy 平面和 xOz 平面上的投影.

解：消去变量 z 后所得的方程为

$$x^2+y^2=\frac{3}{4},$$

容易看出，这就是曲线 C 关于 xOy 面的投影柱面方程，故曲线 C 在 xOy 面上的投影为

$$\begin{cases}x^2+y^2=\dfrac{3}{4},\\z=0.\end{cases}$$

方程组中第二个方程不含字母 y，所以曲线 C 关于 xOz 面的投影柱面必定包含在平面 $z=\dfrac{1}{2}$内.

由题设易知，曲线 C 是平面 $z=\dfrac{1}{2}$上的一个圆，所以 C 在 xOz 面上的投影为线段

$$\begin{cases}z=\dfrac{1}{2},\\y=0,\end{cases}\quad -\frac{\sqrt{3}}{2}\leqslant x\leqslant\frac{\sqrt{3}}{2}.$$

在重积分和曲面积分的计算中，往往要确定一个立体或曲面在坐标面上的投影，这时就需要利用投影柱面和投影曲线.

习题 6-6

1. 画出下列曲线的图形：

(1) $\begin{cases}x=2,\\y=1;\end{cases}$　(2) $\begin{cases}z=\sqrt{a^2-x^2-y^2},\\x=y;\end{cases}$

(3) $\begin{cases}x^2+z^2=R^2,\\x^2+y^2=R^2.\end{cases}$

2. 下列方程组在平面解析几何中与空间解析几何中各表示什么图形：

(1) $\begin{cases}y=2x+1,\\y=3x-2;\end{cases}$　(2) $\begin{cases}\dfrac{x^2}{4}-\dfrac{y^2}{9}=1,\\x=3.\end{cases}$

3. 将下列曲线的一般方程化为参数方程：

(1) $\begin{cases}x^2+3y^2+z^2=9,\\x=y;\end{cases}$　(2) $\begin{cases}(x-1)^2+y^2+(z+1)^2=4,\\z=0.\end{cases}$

4. 分别求母线平行于 x 轴及 y 轴且通过曲线 $\begin{cases}x^2+2y^2+z^2=9,\\x^2+y^2-3z^2=0\end{cases}$ 的柱面方程.

5. 求旋转抛物面 $y^2+z^2-3x=0$ 与平面 $y+z=1$ 的交线在 xOy 面上的投影曲线的方程.

6. 已知曲线 $\begin{cases}x=8\cos t,\\y=4\sqrt{2}\sin t,\\z=-4\sqrt{2}\sin t,\end{cases}$ $0\leqslant t\leqslant 2\pi$，求它在三个坐标面上的投影曲线的直角坐标方程.

7. 求上半球 $0\leqslant z\leqslant\sqrt{a^2-x^2-y^2}$ 与圆柱体 $x^2+y^2\leqslant ax\,(a>0)$ 的公共部分在 xOy 面和 xOz 面上的投影.

8. 求抛物面 $z=2x^2+y^2\,(0\leqslant z\leqslant 4)$ 在三个坐标面上的投影.

6.7 二次曲面

在空间解析几何中，变量 x、y、z 的三元二次方程 $F(x,y,z)=0$ 所表示的曲面叫作**二次曲面**. 二次曲面的方程经过坐标系的平移以及旋转总可以化为标准方程，本节就主要的二次曲面的标准方程利用截痕法来讨论其几何形状. 所谓**截痕法**，就是利用坐标面或平行于坐标面的平面去截割曲面，考察其交线(即截痕)的形状，然后加以综合，从而了解曲面全貌的方法.

6.7.1 椭球面

方程

$$\frac{x^2}{a^2}+\frac{y^2}{b^2}+\frac{z^2}{c^2}=1\,(a>0,b>0,c>0) \tag{1}$$

所表示的曲面叫作**椭球面**，其中，a，b，c 叫作**椭球面的半轴**.

由方程(1)可知

$$|x|\leqslant a,\ |y|\leqslant b,\ |z|\leqslant c,$$

这说明椭球面包含在由六个平面 $x=\pm a$，$y=\pm b$，$z=\pm c$ 所围成的长方体内.

下面研究椭球面的形状. 用平面 $z=z_1\,(|z_1|<c)$ 去截割椭球

面，所得截痕是平面 $z=z_1$ 上的椭圆，其方程为

$$\begin{cases}\dfrac{x^2}{\dfrac{a^2}{c^2}(c^2-z_1^2)}+\dfrac{y^2}{\dfrac{b^2}{c^2}(c^2-z_1^2)}=1,\\ z=z_1.\end{cases}$$

它的两个半轴分别为 $\dfrac{a}{c}\sqrt{c^2-z_1^2}$ 与 $\dfrac{b}{c}\sqrt{c^2-z_1^2}$. 显然，当 z_1 变动时，该椭圆的中心都在 z 轴上，当 $|z_1|$ 由 0 逐渐增大到 c 时，椭圆的截面由大到小，最后缩成一点.

用平面 $y=y_1(|y_1|<b)$ 或平面 $x=x_1(|x_1|<a)$ 去截割椭球面，分别可得到上述类似的结果.

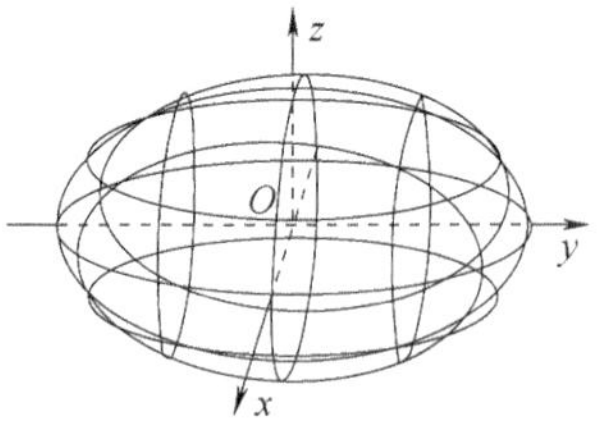

图　6-7-1

综上所述，可得椭球面的形状如图 6-7-1 所示.

如果椭球面有两个半轴相等，如 $a=b\neq c$，则方程(1)变为

$$\frac{x^2+y^2}{a^2}+\frac{z^2}{c^2}=1(a>0,c>0),$$

由旋转曲面的知识可知，该曲面是 xOz 面内的椭圆 $\dfrac{x^2}{a^2}+\dfrac{z^2}{c^2}=1$ 绕 z 轴旋转所成的旋转曲面. 这时我们称其为旋转椭球面. 如果三个半轴都相等，即 $a=b=c$，则方程(1)变为

$$x^2+y^2+z^2=a^2,$$

它表示球心在原点 O，半径为 a 的球面. 这说明球面是椭球面的一种特殊情形.

6.7.2　双曲面

由方程

$$\frac{x^2}{a^2}+\frac{y^2}{b^2}-\frac{z^2}{c^2}=1(a>0,b>0,c>0) \tag{2}$$

所表示的曲面叫作**单叶双曲面**.

用平面 $z=z_1$ 去截割曲面，其截痕为 $z=z_1$ 面上的椭圆，其方程为

$$\begin{cases}\dfrac{x^2}{a^2}+\dfrac{y^2}{b^2}=1+\dfrac{z_1^2}{c^2},\\ z=z_1.\end{cases}$$

该椭圆的中心在 z 轴上，两个半轴分别为 $\dfrac{a}{c}\sqrt{c^2+z_1^2}$ 与 $\dfrac{b}{c}\sqrt{c^2+z_1^2}$. 显然，当 $z_1=0$ 时，截得的椭圆最小，当 $|z_1|$ 由 0 逐渐增大时，椭圆的截面由小变大.

用平面 $y=y_1(y_1\neq\pm b)$ 去截曲面，其截痕为双曲线，方程为

$$\begin{cases}\dfrac{x^2}{a^2}-\dfrac{z^2}{c^2}=1-\dfrac{y_1^2}{b^2},\\ y=y_1.\end{cases}$$

它的中心在 y 轴上，两个半轴的平方分别为 $\dfrac{a^2}{b^2}|b^2-y_1^2|$ 与 $\dfrac{c^2}{b^2}|b^2-y_1^2|$. 当 $y_1^2<b^2$ 时，双曲线的实轴平行于 x 轴，虚轴平行于 z 轴；当 $y_1^2>b^2$ 时，双曲线的实轴平行于 z 轴，虚轴平行于 x 轴.

如果用平面 $y=b$ 去截曲面，所得截痕为一对相交于点 $(0,b,0)$ 的直线，它们是

$$\begin{cases}\dfrac{x}{a}-\dfrac{z}{c}=0,\\ y=b\end{cases} \text{和} \begin{cases}\dfrac{x}{a}+\dfrac{z}{c}=0,\\ y=b.\end{cases}$$

如果用平面 $y=-b$ 去截曲面，所得截痕为一对相交于点 $(0,-b,0)$ 的直线，它们是

$$\begin{cases}\dfrac{x}{a}-\dfrac{z}{c}=0,\\ y=-b\end{cases} \text{和} \begin{cases}\dfrac{x}{a}+\dfrac{z}{c}=0,\\ y=-b.\end{cases}$$

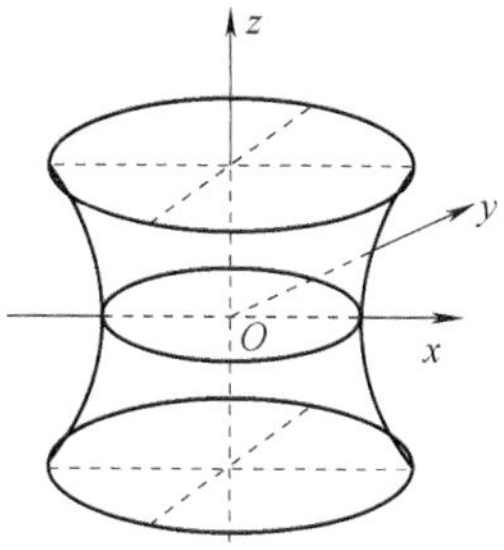

图　6-7-2

类似地，用平面 $x=x_1(x_1\neq\pm a)$ 去截曲面，所得的截痕也是双曲线，而用平面 $x=\pm a$ 去截曲面，其截痕同样为两对相交的直线.

通过上述讨论，可知单叶双曲面的形状如图 6-7-2 所示.

由方程

$$\frac{x^2}{a^2}+\frac{y^2}{b^2}-\frac{z^2}{c^2}=-1(a>0,b>0,c>0) \tag{3}$$

所表示的曲面叫作**双叶双曲面**. 利用截痕法可以判定出它的形状如图 6-7-3 所示.

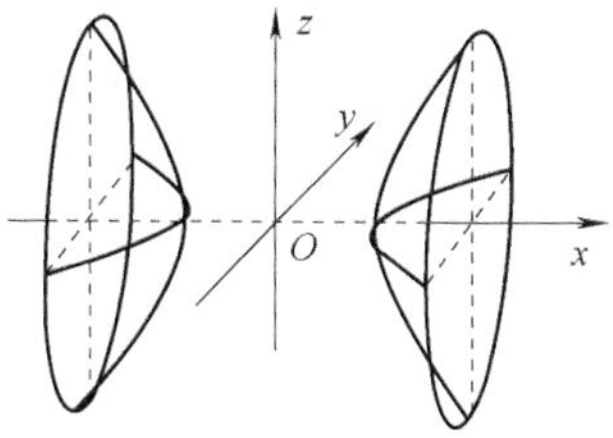

图　6-7-3

6.7.3 椭圆锥面

由方程

$$\frac{x^2}{a^2}+\frac{y^2}{b^2}-\frac{z^2}{c^2}=0\quad(a>0,b>0,c>0) \tag{4}$$

所表示的曲面叫作**椭圆锥面**.

用平面 $z=z_1$ 去截割此曲面，当 $z_1=0$ 时，得到一点 $(0,0,0)$；当 $z_1\neq0$ 时，所得截痕是平面 $z=z_1$ 上的椭圆，其方程为

$$\begin{cases}\dfrac{x^2}{\left(\dfrac{az_1}{c}\right)^2}+\dfrac{y^2}{\left(\dfrac{bz_1}{c}\right)^2}=1,\\ z=z_1.\end{cases}$$

它的两个半轴分别等于$\frac{a|z_1|}{c}$与$\frac{b|z_1|}{c}$，当z_1变动时，该椭圆的中心都在z轴上，当$|z_1|$由小逐渐增大时，椭圆的截面由小到大.

用平面$y=y_1(y_1\neq0)$去截曲面，其截痕为双曲线，方程为

$$\begin{cases}\frac{x^2}{a^2}-\frac{z^2}{c^2}=-\frac{y_1^2}{b^2},\\ y=y_1.\end{cases}$$

它的中心在y轴上，两个半轴的平方为$\frac{a^2y_1^2}{b^2}$与$\frac{c^2y_1^2}{b^2}$，双曲线的实轴平行于z轴，虚轴平行于x轴.

用坐标面$xOz(y=0)$与该曲面相截，所得截痕为一对相交于原点的直线，方程为

$$\begin{cases}\frac{x}{a}-\frac{z}{c}=0,\\ y=0\end{cases}\text{和}\begin{cases}\frac{x}{a}+\frac{z}{c}=0,\\ y=0.\end{cases}$$

用平面$x=x_1(x_1\neq0)$和坐标面$yOz(x=0)$去截曲面，可得到上述类似的结果.

6.7.4 抛物面

由方程

$$\frac{x^2}{2p}+\frac{y^2}{2q}=z\quad(p、q\text{ 同号})\tag{5}$$

所表示的曲面叫作**椭圆抛物面**，下面用截痕法研究$p>0$，$q>0$时椭圆抛物面的形状.

由方程(5)可知，当$p>0$，$q>0$时，$z\geqslant0$，曲面在xOy平面上方.

用平面$z=z_1(z_1\geqslant0)$去截割椭圆抛物面，当$z_1=0$时，截痕仅为坐标原点O，我们把该点叫作椭圆抛物面的顶点；当$z_1>0$时，所得截痕方程为

$$\begin{cases}\frac{x^2}{2pz_1}+\frac{y^2}{2qz_1}=1,\\ z=z_1,\end{cases}$$

这是平面$z=z_1$内的椭圆，半轴分别为$\sqrt{2pz_1}$与$\sqrt{2qz_1}$. 当z_1变动时，这种椭圆的中心都在z轴上，当z_1逐渐增大时椭圆的截面也逐渐增大.

用平面$y=y_1$去截割椭圆抛物面，其截痕方程为

$$\begin{cases}x^2=2p\left(z-\frac{y_1^2}{2q}\right),\\ y=y_1.\end{cases}$$

这是一条抛物线，它的轴平行于 z 轴，顶点为 $\left(0, y_1, \frac{y_1^2}{2q}\right)$.

类似地，用平面 $x=x_1$ 去截割椭圆抛物面，所得的截痕曲线也是抛物线. 因此椭圆抛物面的形状如图 6-7-4 所示.

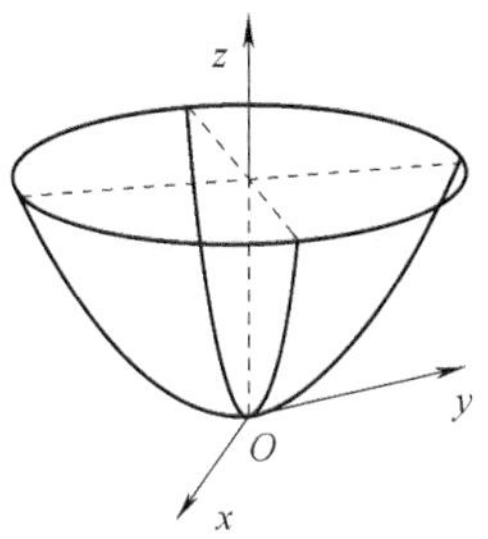

图　6-7-4

由方程

$$-\frac{x^2}{2p}+\frac{y^2}{2q}=z\,(p、q\ \text{同号}) \tag{6}$$

所表示的曲面叫作**双曲抛物面**或**马鞍面**. 下面考虑 $p>0$，$q>0$ 的情况.

用平面 $z=z_1$ 去截割马鞍面，当 $z_1=0$ 时，截痕为一对相交于原点的直线

$$\begin{cases}\dfrac{x}{\sqrt{2p}}-\dfrac{y}{\sqrt{2q}}=0,\\ z=0\end{cases}\text{和}\begin{cases}\dfrac{x}{\sqrt{2p}}+\dfrac{y}{\sqrt{2q}}=0,\\ z=0;\end{cases}$$

当 $z_1\neq 0$ 时，截痕的方程为

$$\begin{cases}-\dfrac{x^2}{2pz_1}+\dfrac{y^2}{2qz_1}=1,\\ z=z_1,\end{cases}$$

这是平面 $z=z_1$ 上的双曲线，其中心都在 z 轴上，半轴分别为 $\sqrt{2p\,|z_1|}$ 与 $\sqrt{2q\,|z_1|}$. 当 $z_1>0$ 时，实轴平行于 y 轴；当 $z_1<0$ 时，实轴平行于 x 轴.

用平面 $y=y_1$ 去截割马鞍面，其截痕是抛物线，方程为

$$\begin{cases}x^2=-2p\left(z-\dfrac{y_1^2}{2q}\right),\\ y=y_1.\end{cases}$$

这条抛物线的顶点为 $\left(0, y_1, \frac{y_1^2}{2q}\right)$，它的轴平行于 z 轴，开口向上.

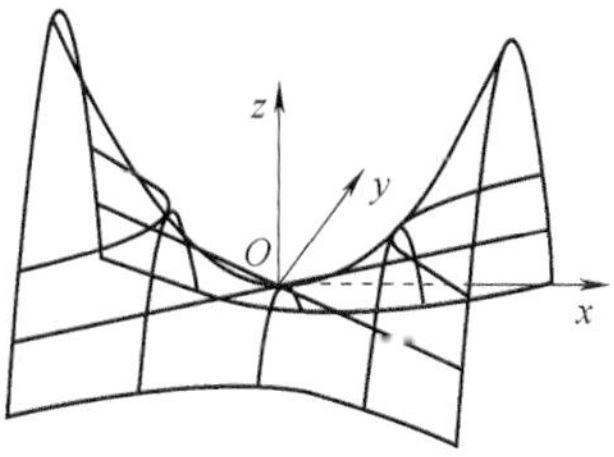

图　6-7-5

类似地，用平面 $x=x_1$ 去截割马鞍面，所得的截痕曲线也是抛物线，不过开口向下. 因此双曲抛物面的形状如图 6-7-5 所示.

习题 6-7

1. 指出下列各方程所表示的曲面：

（1）$x^2+4y^2+9z^2=1$；　（2）$x^2+\frac{y^2}{4}-\frac{z^2}{9}=0$；

（3）$x^2+y^2-4z^2=1$；　（4）$x^2-y^2-4z^2=1$；

（5）$x^2+\frac{y^2}{4}-z=0$.

2. 画出下列方程所表示的二次曲面图形：

（1）$4x^2+9y^2+16z^2=16$；　（2）$x^2+4y^2-z^2=4$；

（3）$4x^2-4y^2-z^2=4$；　（4）$z=\frac{x^2}{3}+\frac{y^2}{4}$；

（5）$z^2=x^2+\frac{y^2}{4}$.

总习题 6

1. 选择题：

（1）设向量 $\boldsymbol{a}$，$\boldsymbol{b}$，$\boldsymbol{c}$ 满足 $\boldsymbol{a}+\boldsymbol{b}+\boldsymbol{c}=\boldsymbol{0}$，则 $\boldsymbol{a}\times\boldsymbol{b}+\boldsymbol{b}\times\boldsymbol{c}+\boldsymbol{c}\times\boldsymbol{a}=$（　　）.

A. $\boldsymbol{0}$　　B. $\boldsymbol{a}\times\boldsymbol{b}\times\boldsymbol{c}$　　C. $3(\boldsymbol{a}\times\boldsymbol{b})$　　D. $\boldsymbol{b}\times\boldsymbol{c}$

（2）设直线 $L:\begin{cases}x+3y+2z+1=0,\\2x-y-10z+3=0\end{cases}$ 及平面 $\pi:4x-2y+z-2=0$，则直线 L（　　）.

A. 平行于平面 π　　B. 在平面 π 上

C. 垂直于平面 π　　D. 与平面 π 斜交

（3）设有直线 $L_1:\dfrac{x-1}{1}=\dfrac{y-5}{-2}=\dfrac{z+8}{1}$ 与 $L_2:\begin{cases}x-y=6,\\2y+z=3,\end{cases}$ 则 L_1 与 L_2 的夹角为（　　）.

A. $\dfrac{\pi}{2}$　　B. $\dfrac{\pi}{3}$　　C. $\dfrac{\pi}{4}$　　D. $\dfrac{\pi}{6}$

（4）直线 $\begin{cases}x+y+z=a,\\x+cy=b\end{cases}$ 在 yOz 面上的投影直线是（　　）.

A. $(b-cy)+y+z=a$　　B. $\begin{cases}x+\dfrac{b-x}{c}+z=a,\\y=0\end{cases}$

C. $x+\dfrac{b-x}{c}+z=a$　　D. $\begin{cases}(1-c)y+z=a-b,\\x=0\end{cases}$

（5）设向量 $\boldsymbol{a}$ 与三个坐标平面 xOy，yOz，zOx 的夹角分别为 $\alpha,\beta,\gamma\left(0\leqslant\alpha,\beta,\gamma\leqslant\dfrac{\pi}{2}\right)$，则 $\cos^2\alpha+\cos^2\beta+\cos^2\gamma=$（　　）.

A. 2　　B. 1　　C. 0　　D. 3

2. 填空题：

（1）已知两直线 $L_1:\dfrac{x-1}{1}=\dfrac{y-2}{0}=\dfrac{z-3}{-1}$，$L_2:\dfrac{x+2}{2}=\dfrac{y-1}{1}=\dfrac{z}{1}$，则过 L_1 且平行于 L_2 的平面方程为_______.

（2）已知向量 $\boldsymbol{a}=(-1,3,0)$，$\boldsymbol{b}=(3,1,0)$，$|\boldsymbol{c}|=r$，则满足条件 $\boldsymbol{a}=\boldsymbol{b}\times\boldsymbol{c}$ 时，r 的最小值为________.

（3）设 $|\boldsymbol{a}|=3$，$|\boldsymbol{b}|=4$，$|\boldsymbol{c}|=5$，满足 $\boldsymbol{a}+\boldsymbol{b}+\boldsymbol{c}=\boldsymbol{0}$，则 $|\boldsymbol{a}\times\boldsymbol{b}+\boldsymbol{b}\times\boldsymbol{c}+\boldsymbol{c}\times\boldsymbol{a}|=$________.

（4）直线 $\dfrac{x}{1}=\dfrac{y+7}{2}=\dfrac{z-3}{-1}$ 与点 $(3,2,6)$ 的距离最近的点是________.

（5）母线平行于 x 轴且通过曲线 $\begin{cases}2x^2+y^2+z^2=16,\\x^2-y^2+z^2=0\end{cases}$ 的柱面方程.

3. 设向量 $\boldsymbol{a}+3\boldsymbol{b}\perp 7\boldsymbol{a}-5\boldsymbol{b}$，$\boldsymbol{a}-4\boldsymbol{b}\perp 7\boldsymbol{a}-2\boldsymbol{b}$，求两向量 $\boldsymbol{a}$ 和 $\boldsymbol{b}$ 的夹角.

4. 已知一平行四边形对角线为向量 $\boldsymbol{c}=\boldsymbol{m}+2\boldsymbol{n}$ 及 $\boldsymbol{d}=3\boldsymbol{m}-4\boldsymbol{n}$，而 $|\boldsymbol{m}|=1$，$|\boldsymbol{n}|=2$，$(\boldsymbol{m},\boldsymbol{n})=30^\circ$，求此平行四边形的面积.

5. 已知动点 $M(x,y,z)$ 到 xOy 平面的距离与点 M 到点 $(1,-1,2)$ 的距离相等，求动点 M 的轨迹方程.

6. 设一平面垂直于平面 $z=0$，并通过从点 $(1,-1,1)$ 到直线 $\begin{cases}y-z+1=0,\\x=0\end{cases}$ 的垂线，求此平面方程.

7. 求过点 $(-1,0,4)$，且平行于平面 $3x-4y+z-10=0$，又与直线：$\dfrac{x+1}{1}=\dfrac{y-3}{1}=\dfrac{z}{2}$ 相交的直线方程.

8. 求锥面 $z=\sqrt{x^2+y^2}$ 与柱面 $z^2=2x$ 所围立体在三个坐标面上的投影.

9. 一架飞机速度为 v_p，向东北目标飞去，现遇到速度为 v_w 的西风吹来，问飞行员应该朝什么方向飞行才能到达目的地？这时的实际速度是多少？是否任何情况下都能飞到目的地？

10. 设 $\overrightarrow{OA}=\boldsymbol{a}$，$\overrightarrow{OB}=\boldsymbol{b}$，$P$ 为线段 AB 上任意一点，证明 $\overrightarrow{OP}$ 总可以表示为

$$\overrightarrow{OP}=(1-\lambda)\boldsymbol{a}+\lambda\boldsymbol{b} \text{ 或}$$

$$\overrightarrow{OP}=\mu\boldsymbol{a}+(1-\mu)\boldsymbol{b}\,(0\leqslant\lambda\leqslant1,\ 0\leqslant\mu\leqslant1).$$

11. 设空间中有两非平行直线 L_1 和 L_2，它们的方程分别为 L_1：$\boldsymbol{r}=\boldsymbol{r}_1+t\boldsymbol{a}_1$，$L_2$：$\boldsymbol{r}=\boldsymbol{r}_2+t\boldsymbol{a}_2$，证明 L_1 与 L_2 之间的最短距离为

$$s=\frac{|(\boldsymbol{r}_2-\boldsymbol{r}_1)\cdot(\boldsymbol{a}_1\times\boldsymbol{a}_2)|}{|\boldsymbol{a}_1\times\boldsymbol{a}_2|},$$

并求直线 $\dfrac{x-5}{-4}=\dfrac{y-1}{1}=\dfrac{z-2}{1}$ 与直线 $\dfrac{x}{2}=\dfrac{y}{2}=\dfrac{z-8}{-3}$ 之间的最短距离.

第7章 多元函数微分学及其应用

“宇宙之大，粒子之微，火箭之速，化工之巧，地球之变，生物之谜，日用之繁，无处不用数学.”

——华罗庚

上册讨论的函数都是只有一个自变量的，即一元函数. 但许多自然科学和工程技术中的实际问题，往往需要考虑多个变量之间的相互关系，反映到数学上，就是一个变量与其他多个变量间的相互关系，由此提出了多元函数以及多元函数的微积分问题.

本章将在一元函数微分学的基础上，讨论多元函数的微分学及其应用. 多元函数微分学是一元函数微分学的推广和发展，二者既有相似之处，又有诸多差别. 由于二元函数的有关概念、理论和方法大多可以比较直观地解释从而便于理解，同时，这些概念、理论和方法大多能类推到二元以上的多元函数，因此，本章讨论中将以二元函数为主要对象.

本章首先讨论多元函数的极限与连续性，然后讨论多元函数的微分法，最后讨论多元函数微分学的应用.

基本要求：

1. 理解二元函数的概念，了解多元函数的概念；了解二元函数的极限与连续性的概念，了解有界闭区域上连续函数的性质；

2. 理解二元函数偏导数与全微分的概念，会求偏导数，了解二元函数连续与偏导数之间的关系以及全微分存在的必要条件与充分条件；

3. 掌握复合函数一阶偏导数的求法，会求复合函数的二阶偏导数(对于求由抽象函数构成的复合函数的二阶偏导数，只要求做简单训练)；

4. 会求由一个方程确定的隐函数或由两个方程构成的方程组确定的隐函数的一阶偏导数，对用雅可比(Jacobi)行列式表示的偏导数公式不做要求；

5. 了解方向导数与梯度的概念及其计算方法；

6. 了解一元向量值函数及其导数的概念与计算方法；了解曲线的切线和法平面以及曲面的切平面与法线，并会求它们的方程；

7. 理解二元函数极值与条件极值的概念，了解二元函数取得极值的必要条件与充分条件，会求二元函数的极值，了解求条件极值的拉格朗日(Lagrange)乘数法，会求解较简单的最大值与最小值的应用问题.

知识结构图：

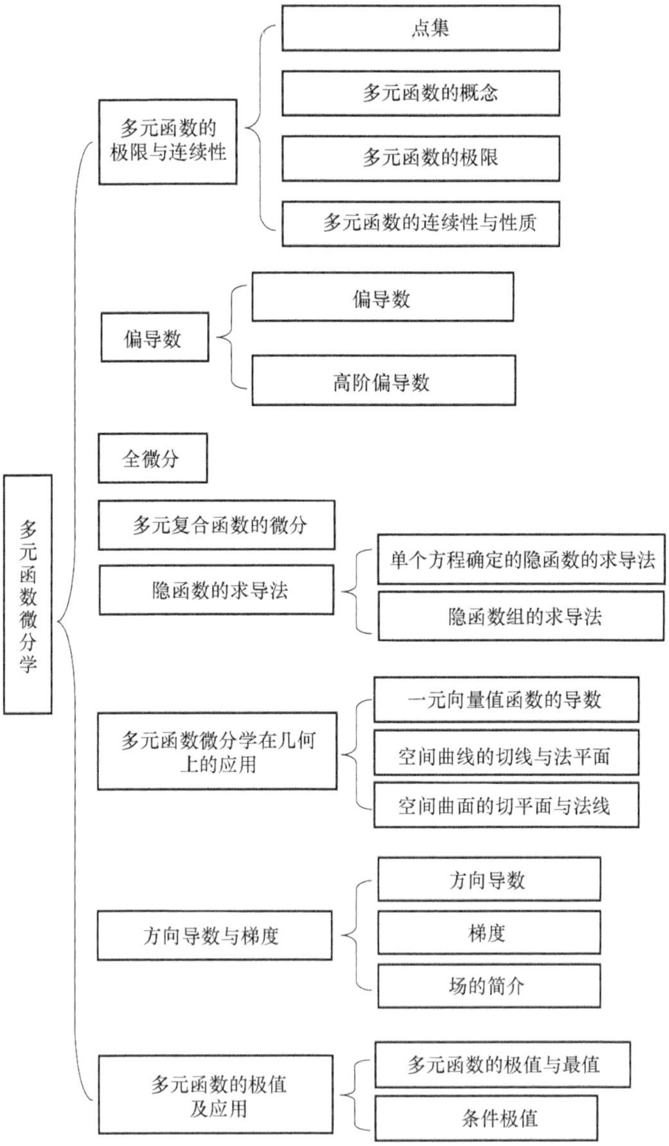

7.1 多元函数的极限与连续性

7.1.1 点集

1. 平面点集

微课视频 7.1
多元函数的概念

一元函数的微积分经常涉及实数集中的点集、区间和邻域等概念. 为了探讨多元函数的微积分，上述概念需要做相应的推广，同时，还需要添加一些其他的概念. 首先，引入平面点集的相关概念.

由几何知识可以知道，当在平面上建立坐标系(如直角坐标系)后，平面上的点 P 就与二元有序实数组(x,y)建立了一一对应关系. 于是，常把平面上的点 P 与有序实数组(x,y)看作是等同的. 这种建立了坐标系的平面称为**坐标平面**，记为 $\mathbf{R}^2$，它可以用二元有序实数组(x,y)的全体来表示，即

$$\mathbf{R}^2=\{(x,y) \mid -\infty<x<+\infty, -\infty<y<+\infty\}.$$

坐标平面上具有某种性质 P 的点的集合称为**平面点集**. 记作

$$E=\{(x,y) \mid (x,y)\text{具有某性质 } P\}.$$

例如，平面上以原点为圆心、以 1 为半径的圆内的所有点的集合(见图 7-1-1)为

$$S=\{(x,y) \mid x^2+y^2<1\}.$$

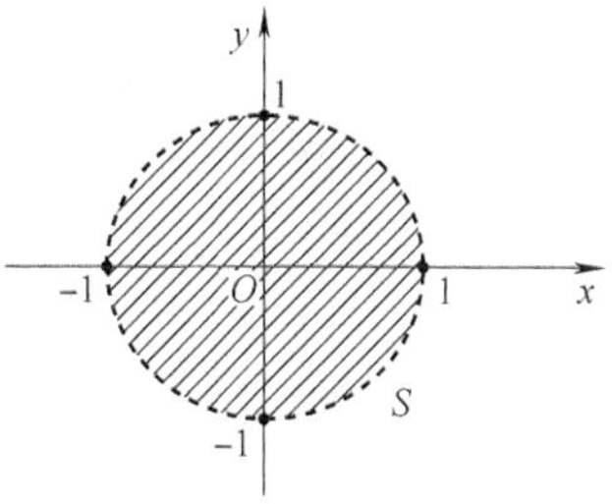

图　7-1-1

下面把数轴上的邻域的概念推广到平面上.

设 $P_0(x_0,y_0)$为直角坐标平面 xOy 上的一个点(记作 $P_0\in\mathbf{R}^2$)，δ 为某一正数. 所有与点 P_0 的距离小于 δ 的点(x,y)构成的平面点集，称为点 P_0 的 **δ 邻域**，记为 $U(P_0,\delta)$，即

$$U(P_0,\delta)=\{(x,y) \mid \sqrt{(x-x_0)^2+(y-y_0)^2}<\delta\}.$$

在几何上，$U(P_0,\delta)$就是以点 P_0 为圆心，δ 为半径的圆的内部(见图 7-1-2).

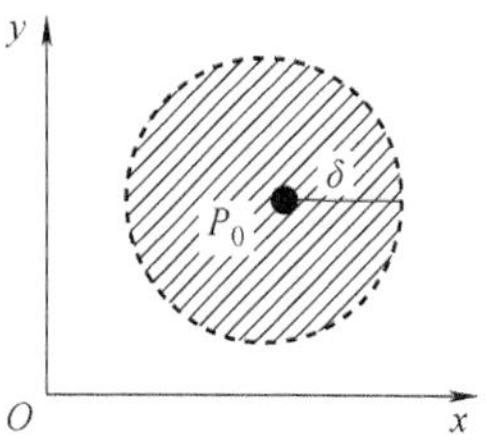

图　7-1-2

点 P_0 的**去心 δ 邻域**记为 $\mathring{U}(P_0,\delta)$，即

$$\mathring{U}(P_0,\delta)=\{(x,y) \mid 0<\sqrt{(x-x_0)^2+(y-y_0)^2}<\delta\}.$$

如果不需要强调邻域的半径，则可用 $U(P_0)$表示点 P_0 的某个邻域，用 $\mathring{U}(P_0)$表示点 P_0 的某个去心邻域.

下面用邻域来描述点与点集之间的关系. 设点 $P_0\in\mathbf{R}^2$，E 为 xOy 面上的一个点集(记作 $E\subset\mathbf{R}^2$)，则点 P_0 与点集 E 之间必存在下列三种关系之一：

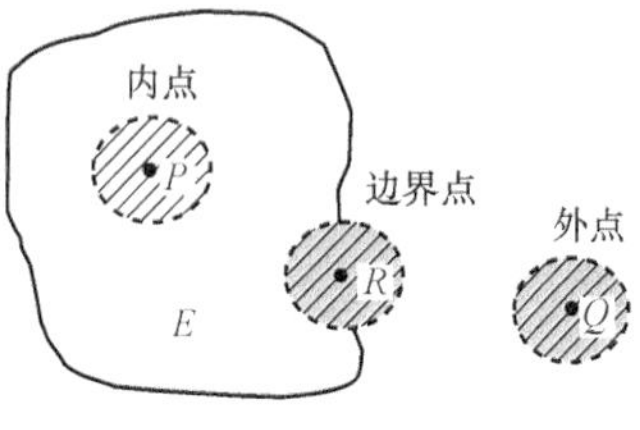

图　7-1-3

（1）**内点**：如果存在点 P_0 的某个邻域 $U(P_0)$，使得 $U(P_0)\subset E$（见图 7-1-3 中的点 P），则称点 P_0 为点集 E 的**内点**. 显然内点 $P_0\in E$. 点集 E 的所有内点构成的集合称为 E 的**内部**.

（2）**外点**：如果存在点 P_0 的某个邻域 $U(P_0)$，使得 $U(P_0)\cap E=\varnothing$（见图 7-1-3 中的点 Q），则称点 P_0 为点集 E 的**外点**. 显然外点 $P_0\notin E$.

（3）**边界点**：如果点 P_0 的任一邻域内既含有属于 E 的点又含有不属于 E 的点（见图 7-1-3 中的点 R），则称点 P_0 为点集 E 的**边界点**. 根据定义易知边界点可能属于点集 E，也可能不属于点集 E. 点集 E 的边界点的全体称为 E 的**边界**.

平面上的任意一点 P_0 与点集 E 之间除了上述三种关系之外，还有下面的关系.

（4）**聚点**：如果对于任意的 $\delta>0$，$\mathring{U}(P_0,\delta)$ 内总有点集 E 中的点，则称点 P_0 为点集 E 的**聚点**. 由聚点的定义可知，聚点可能属于点集 E，也可能不属于点集 E.

根据点集中所属点的特征，可以定义一些重要的平面点集.

（1）**开集**：如果点集 E 中的每一个点都是 E 的内点，则称 E 为**开集**.

（2）**闭集**：如果点集 E 的余集即 $\mathbf{R}^2-E$ 是开集，则称 E 为**闭集**.

例如，$D_1=\{(x,y)\mid x^2+y^2<1\}$ 为开集，$D_2=\{(x,y)\mid x^2+y^2\leqslant 1\}$ 是闭集，$D_3=\{(x,y)\mid 0<x^2+y^2\leqslant 1\}$ 既非开集又非闭集.

（3）**连通集**：如果平面点集 E 中的任意两点之间，都可用完全包含于 E 中的有限条折线相连，则称 E 为**连通集**.

（4）**开区域**：既是连通集又是开集的点集称为**开区域**.

（5）**闭区域**：开区域连同它的边界所构成的点集称为**闭区域**.

（6）**区域**：开区域、闭区域或者开区域连同其一部分边界点组成的点集统称为**区域**.

（7）**有界集和无界集**：记 O 为坐标原点. 如果存在常数 $r>0$，使得 $E\subset U(O,r)$，则称 E 为**有界集**；否则，称 E 为**无界集**.

根据上述概念，前述点集 D_1 为有界开区域；点集 D_2 为有界闭区域；点集 D_3 为有界区域，但它既不是开区域，又不是闭区域；$D_4=\{(x,y)\mid x+y<1\}$ 为无界开区域（见图 7-1-4）.

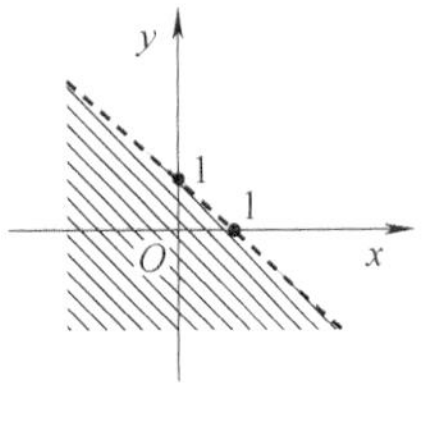

图　7-1-4

为了方便，平面区域经常用二元不等式或不等式组来表示. 例如，$D_1=\{(x,y)\mid x^2+y^2<1\}$ 简单地表示成区域 $D_1:x^2+y^2<1$.

2. *n* 维空间

设 n 为取定的一个正整数，所有 n 元有序实数组 $(x_1,x_2,\cdots,x_n)$

构成的集合记为 $\mathbf{R}^n$，即

$$\mathbf{R}^n=\{(x_1,x_2,\cdots,x_n)\mid x_i\in\mathbf{R},i=1,2,\cdots,n\}.$$

$\mathbf{R}^n$ 中的元素 $(x_1,x_2,\cdots,x_n)$ 有时也用单个字母 $\boldsymbol{x}$ 来表示，即 $\boldsymbol{x}=(x_1,x_2,\cdots,x_n)$. 当所有的 $x_i(i=1,2,\cdots,n)$ 都为零时，称这样的元素为 $\mathbf{R}^n$ 中的零元，记为 $\mathbf{0}$ 或 $\boldsymbol{O}$. 在解析几何中，通过建立直角坐标系，$\mathbf{R}^2$(或 $\mathbf{R}^3$) 中的元素称为平面(或空间)中的点或向量. 类似地，$\mathbf{R}^n$ 中的元素 $\boldsymbol{x}=(x_1,x_2,\cdots,x_n)$ 也称为 $\mathbf{R}^n$ 中的一个点或一个 n 维向量，x_i 称为点 $\boldsymbol{x}$ 的第 i 个坐标或 n 维向量 $\boldsymbol{x}$ 的第 i 个分量. 特别地，$\mathbf{R}^n$ 中的零元 $\mathbf{0}$ 称为 $\mathbf{R}^n$ 中的坐标原点或 n 维零向量.

类似于 $\mathbf{R}^2$ 中元素之间的线性运算，在 $\mathbf{R}^n$ 中定义线性运算如下：

设 $\boldsymbol{x}=(x_1,x_2,\cdots,x_n)$，$y=(y_1,y_2,\cdots,y_n)$ 为 $\mathbf{R}^n$ 中的任意两个元素，$\lambda\in\mathbf{R}$，规定

$$\boldsymbol{x}+\boldsymbol{y}=(x_1+y_1,x_2+y_2,\cdots,x_n+y_n),$$

$$\lambda\boldsymbol{x}=(\lambda x_1,\lambda x_2,\cdots,\lambda x_n),$$

这样定义了线性运算的集合 $\mathbf{R}^n$ 称为 n **维空间**.

$\mathbf{R}^n$ 中点 $\boldsymbol{x}=(x_1,x_2,\cdots,x_n)$ 和点 $\boldsymbol{y}=(y_1,y_2,\cdots,y_n)$ 间的**距离**，记为 $\rho(\boldsymbol{x},\boldsymbol{y})$，规定

$$\rho(\boldsymbol{x},\boldsymbol{y})=\sqrt{(x_1-y_1)^2+(x_2-y_2)^2+\cdots+(x_n-y_n)^2}.$$

显然，当 $n=1,2,3$ 时，上述规定与数轴上、直角坐标系下平面及空间中两点间的距离一致. 特别地，$\mathbf{R}^n$ 中点 $\boldsymbol{x}=(x_1,x_2,\cdots,x_n)$ 与坐标原点 O 之间的距离 $\rho(\boldsymbol{x},O)$ 记作 $\|\boldsymbol{x}\|$，即

$$\|\boldsymbol{x}\|=\sqrt{x_1^2+x_2^2+\cdots+x_n^2}.$$

在 $\mathbf{R}^n$ 中，线性运算和距离的引入，使得前面讨论过的有关平面点集的一系列概念，可以方便地引入到 $n(n\geqslant3)$ 维空间中来，例如，设 $\boldsymbol{a}=(a_1,a_2,\cdots,a_n)\in\mathbf{R}^n$，$\delta$ 为某一正数，则点 $\boldsymbol{a}$ **的 δ 邻域** $U(\boldsymbol{a},\delta)$ 即为 $\mathbf{R}^n$ 中的点集

$$U(\boldsymbol{a},\delta)=\{\boldsymbol{x}\mid\boldsymbol{x}\in\mathbf{R}^n,\ \rho(\boldsymbol{x},\boldsymbol{a})<\delta\}.$$

以邻域为基础，可以定义点集的内点、外点、边界点、聚点、开集、边界、开区域、闭区域等一系列概念，这里不再一一赘述.

7.1.2 多元函数的概念

只考虑一个自变量对因变量的影响，这就是一元函数. 但在很多实际问题中，往往要考虑多个自变量对因变量的影响，此时需要引入多元函数的概念.

例 1 长方形的面积 S 与它的长 x、宽 y 之间有关系

$$S=xy.$$

当(x,y)在点集$\{(x,y)\mid x>0,y>0\}$内取定一对值(x,y)时，S 的对应值随之确定.

例 2 将一笔本金 C(常数)存入银行(假设为活期存款)，所获得的利息 I 与日利率 r 和存款天数 t 有关系

$$I=C(1+r)^{t}-C.$$

当(r,t)在点集$\{(r,t)\mid r>0,\ t \text{ 为正整数}\}$内取定一对值$(r,t)$时，$I$ 的对应值随之确定.

上面两个例子的具体意义虽不同，但它们有共性. 概括出它们的共性，即可得出如下二元函数的概念.

定义 7.1 设非空点集 $D\subset \mathbf{R}^2$. 若存在一个对应法则 f，使得对任意一个点 $P(x,y)\in D$，总有唯一确定的实数 z 按照对应法则 f 与之对应，则称 f 是 D 上的**二元函数**，通常记为 $z=f(x,y)$，$(x,y)\in D$ 或 $z=f(P)$，$P\in D$，其中 x、y 称为**自变量**，z 称为**因变量**，D 称为函数 f 的**定义域**.

设$(x_0,y_0)\in D$，与(x_0,y_0)对应的因变量的值 z_0 称为函数 $z=f(x,y)$在点(x_0,y_0)处的**函数值**，记作 $z\Big|_{\substack{x=x_0\\y=y_0}}$ 或 $f(x_0,y_0)$，即

$$z\Big|_{\substack{x=x_0\\y=y_0}}=f(x_0,y_0)=z_0.$$

称函数值的全体构成的集合$\{z\mid z=f(x,y),(x,y)\in D\}$为函数 $z=f(x,y)$的**值域**.

一元函数 $y=f(x)$ 与二元函数 $z=f(x,y)$ 在本质上是相同的，差别仅在于自变量的个数不同，以及某些性质上略有不同. 例如，定义域和对应法则仍然是二元函数定义中的两个基本要素. 关于二元函数的定义域，同样做如下约定：在一般的讨论用解析式表示的函数 f 时，它的定义域就是使这个解析式有意义的实数对(x,y)所构成的集合，并称其为**自然定义域**；当 f 涉及实际问题时，实数对(x,y)还要使实际问题有意义.

从二元函数到三元函数或更多元函数并无实质的区别. 类似于二元函数，可定义三元及三元以上的函数. 因此，重点讨论二元函数，所得的结果可直接推广到三元及三元以上的函数. 二元及二元以上的函数统称为**多元函数**.

下面来求多元函数的定义域和表达式.

例 3　求二元函数 $z=\arccos\dfrac{x^2+y^2}{4}+\dfrac{1}{\sqrt{x+y-1}}$ 的定义域.

解： 要使二元函数 z 有意义，必须满足

$$\begin{cases}\left|\dfrac{x^2+y^2}{4}\right|\leqslant 1,\\ x+y-1>0.\end{cases}$$

故所求函数的定义域为

$$D=\{(x,y)\mid x^2+y^2\leqslant 4,\ x+y>1\}\text{（见图 7-1-5）}.$$

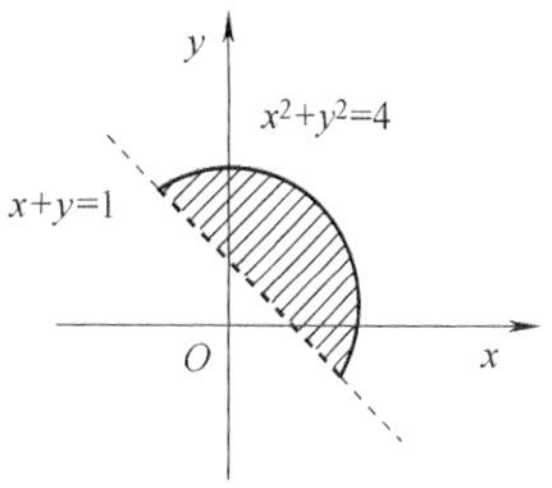

图　7-1-5

例 4　求函数 $u=\ln(1-x^2-y^2-z^2)$ 的定义域.

解： 要使三元函数 u 有意义，必须满足 $1-x^2-y^2-z^2>0$，即 $x^2+y^2+z^2<1$. 故所求函数的定义域为 $\{(x,y,z)\mid x^2+y^2+z^2<1\}$. 此定义域是由以原点为球心、以 1 为半径的球体的内部的所有点构成的，如图 7-1-6 所示.

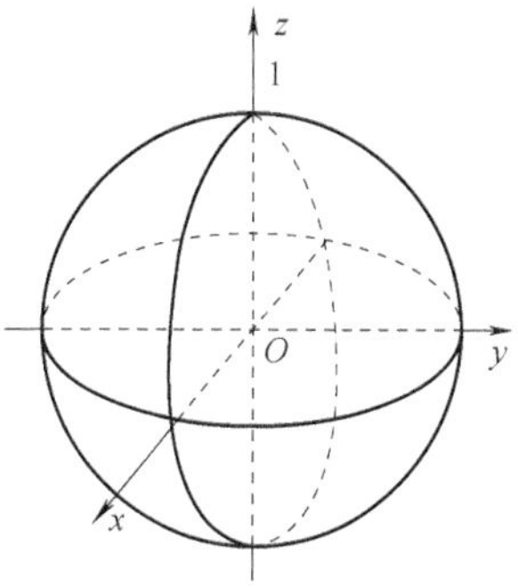

图　7-1-6

例 5　已知 $f(x-y,x+y)=4xy$，求 $f(x,y)$.

解： 设 $u=x-y$，$v=x+y$，则

$$x=\frac{u+v}{2},\quad y=\frac{v-u}{2},$$

所以
$$f(u,v)=4\cdot\frac{u+v}{2}\cdot\frac{v-u}{2}=v^2-u^2,$$

从而
$$f(x,y)=y^2-x^2.$$

二元函数的几何意义： 设二元函数 $z=f(x,y)$ 的定义域为 D. 点集

$$M=\{(x,y,z)\mid z=f(x,y),(x,y)\in D\}$$

称为二元函数 $z=f(x,y)$ 的**图形**. 易知，对任意的点 $P(x,y,z)\in M$（见图 7-1-7），其坐标满足三元方程 $F(x,y,z)=f(x,y)-z=0$. 根据解析几何知识可得，二元函数 $z=f(x,y)$ 的图形是空间曲面，该曲面在 xOy 面上的投影即为函数 $z=f(x,y)$ 的定义域 D.

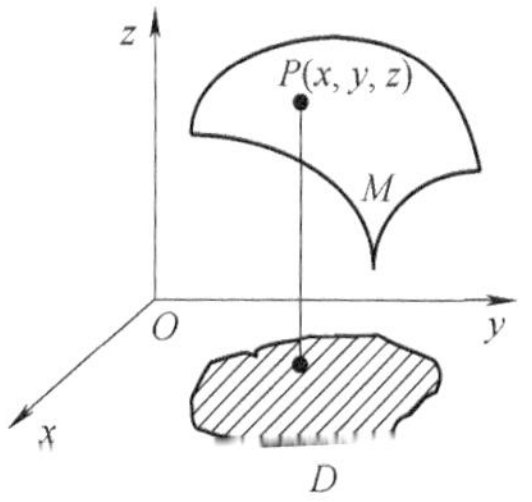

图　7-1-7

例如，二元函数 $z=\sqrt{1-x^2-y^2}$ 的图形是球心在坐标原点、半径为 1 的上半球面；二元函数 $z=2x+y$ 的图形是过坐标原点的平面.

7.1.3　多元函数的极限

与一元函数的极限类似，二元函数的极限也是反映因变量随自变量变化而变化的趋势.

微课视频 7.2
多元函数的极限

先讨论当 $(x,y)\to(x_0,y_0)$ 时，二元函数 $z=f(x,y)$ 的极限.

对于二元函数 $f(x,y)$，如果当点 $P(x,y)$ 无限趋近于点 $P_0(x_0,$

y_0)（记作$(x,y)\to(x_0,y_0)$、$P\to P_0$ 或 $x\to x_0, y\to y_0$）时，对应的函数值$f(x,y)$无限接近于某一确定的常数 A（用 $f(x,y)\to A$ 表示），那么常数 A 就称为二元函数 $f(x,y)$ 当$(x,y)\to(x_0,y_0)$时的极限.

类似于一元函数的极限，下面用“$\varepsilon-\delta$”语言描述二元函数极限的概念. 记点 $P(x,y)$ 与点 $P_0(x_0,y_0)$ 之间的距离为 $\rho(P,P_0)$，即 $\rho(P,P_0)=\sqrt{(x-x_0)^2+(y-y_0)^2}$. $P\to P_0$ 等价于 $\rho(P,P_0)\to 0$.

定义 7.2 设二元函数 $z=f(P)=f(x,y)$ 在点 $P_0(x_0,y_0)$ 的某空心邻域 $\mathring{U}(P_0)$ 内有定义. 若存在常数 A，对于任意给定的正数 ε，总存在正数 δ，使得当 $0<\rho(P,P_0)<\delta$ 时，都有

$$|f(P)-A|=|f(x,y)-A|<\varepsilon,$$

则称常数 A 为函数 $f(x,y)$ 当$(x,y)\to(x_0,y_0)$时的**极限**，记作

$$\lim_{(x,y)\to(x_0,y_0)} f(x,y)=A \text{ 或} \lim_{P\to P_0} f(x,y)=A,$$

或

$$\lim_{\substack{x\to x_0\\ y\to y_0}} f(x,y)=A \text{ 或 } f(x,y)\to A\left((x,y)\to(x_0,y_0)\right).$$

例 6 用定义证明：$\lim\limits_{\substack{x\to 0\\ y\to 0}}\dfrac{xy}{\sqrt{x^2+y^2}}=0$.

证：对于任意 $\varepsilon>0$，由于

$$\left|\frac{xy}{\sqrt{x^2+y^2}}-0\right|\leqslant\frac{1}{2}\sqrt{x^2+y^2}=\frac{1}{2}\rho,$$

故要使 $\left|\dfrac{xy}{\sqrt{x^2+y^2}}-0\right|<\varepsilon$，只要使$\dfrac{1}{2}\rho<\varepsilon$，即使得 $\rho<2\varepsilon$.

于是，取 $\delta=2\varepsilon$，则当 $0<\rho<\delta$ 时，就有 $\left|\dfrac{xy}{\sqrt{x^2+y^2}}-0\right|<\varepsilon$，即

$$\lim_{\substack{x\to 0\\ y\to 0}}\frac{xy}{\sqrt{x^2+y^2}}=0.$$

注意：(1) 为区别于一元函数的极限，称二元函数的极限为**二重极限**.

(2) 点 $P(x,y)$ 趋近于点 $P_0(x_0,y_0)$ 的方式是任意的，可有无穷多种趋近方式（见图 7-1-8），比一元函数仅有左右两种趋近方式要复杂得多.

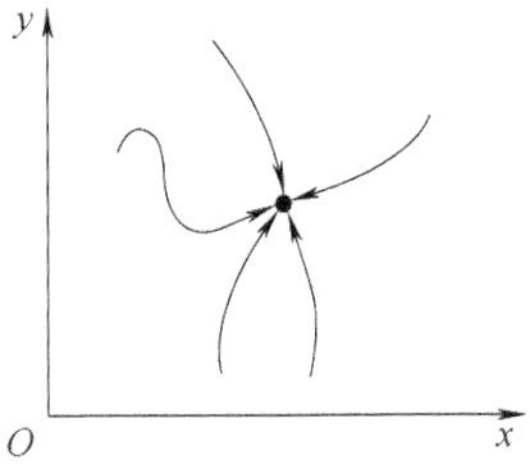

图 7-1-8

(3) 极限值 A 与点 $P(x,y)$ 趋近于点 $P_0(x_0,y_0)$ 的方式无关，

即无论点 P 以哪条路径趋向于 P_0，只要 P 和 P_0 足够接近，都能保证 $f(P)$ 与常数 A 达到预先任意指定的接近程度.

（4）根据定义 7.2，如果点 P 沿着两条特殊路径趋于 P_0 时，$f(P)$ 的极限存在但不相等，或者点 P 沿着某一条特殊路径趋于 P_0 时，$f(P)$ 的极限不存在，则可以判定 $f(P)$ 在 $P\to P_0$ 时的极限不存在.

（5）定义 7.2 中的点 P_0 一定为聚点.

（6）以上二元函数的极限概念，可相应地推广到三元及三元以上的多元函数上去.

类似于一元函数的极限，二元函数也有 $\lim\limits_{(x,y)\to(\infty,\infty)} f(x,y)=A$ 等不同自变量趋近方式的极限定义. 一元函数极限中除了单调有界准则和洛必达法则外，其余的有关性质和结论都适用于二元函数的极限. 例如，当 $(x,y)\to(0,0)$ 时，$\sin(xy)\sim(xy)$，$(\mathrm{e}^{x+y}-1)\sim(x+y)$.

注意：求多元函数的极限时，一般可以借助整体的思想转化为一元函数的极限来求，或利用夹逼准则来求.

例 7　求 $\lim\limits_{\substack{x\to0\\y\to0}}\dfrac{\tan(x+y)-(x+y)}{(x+y)^3}$.

解：令 $u=x+y$，则 $(x,y)\to(0,0)$ 时，$u\to0$. 于是

$$\lim_{\substack{x\to0\\y\to0}}\frac{\tan(x+y)-(x+y)}{(x+y)^3}=\lim_{u\to0}\frac{\tan u-u}{u^3}$$

$$=\lim_{u\to0}\frac{\sec^2u-1}{3u^2}=\lim_{u\to0}\frac{\tan^2u}{3u^2}=\frac{1}{3}.$$

例 8　求 $\lim\limits_{\substack{x\to0\\y\to0}}(x^2+y^2)\sin\dfrac{1}{x^2+y^2}$.

解：因为 $\lim\limits_{\substack{x\to0\\y\to0}}(x^2+y^2)=0$，而 $\sin\dfrac{1}{x^2+y^2}$ 为有界函数，根据无穷小与有界函数的乘积仍为无穷小，可得

$$\lim_{\substack{x\to0\\y\to0}}(x^2+y^2)\sin\frac{1}{x^2+y^2}=0.$$

例 9　求 $\lim\limits_{\substack{x\to\infty\\y\to\infty}}\dfrac{x+y}{x^2+y^2}$.

解：因为

$$0\leqslant\left|\frac{x+y}{x^2+y^2}\right|\leqslant\frac{|x+y|}{2|xy|}\leqslant\frac{|x|+|y|}{2|xy|}=\frac{1}{2}\left(\frac{1}{|y|}+\frac{1}{|x|}\right),$$

又因为

$$\lim_{\substack{x\to\infty\\y\to\infty}}\frac{1}{2}\left(\frac{1}{|y|}+\frac{1}{|x|}\right)=0,$$

故根据夹逼准则，可得

$$\lim_{\substack{x\to\infty\\y\to\infty}}\frac{x+y}{x^2+y^2}=0.$$

例 10

设 $f(x,y)=\begin{cases}\dfrac{xy}{x^2+y^2} & x^2+y^2\neq 0,\\ 0 & x^2+y^2=0,\end{cases}$ 讨论 $\lim\limits_{\substack{x\to0\\y\to0}}f(x,y)$ 是否存在.

解：当 $x^2+y^2\neq0$ 时，考虑函数 $f(x,y)$ 沿 $x\to0$，$y=kx\to0$ 的方式趋于点 $(0,0)$ 时的极限，此时有

$$\lim_{\substack{x\to0\\y=kx\to0}}f(x,y)=\lim_{x\to0}\frac{x\cdot kx}{x^2+k^2x^2}=\frac{k}{1+k^2}.$$

显然，它是随 k 的值的不同而不同的，所以极限 $\lim\limits_{\substack{x\to0\\y\to0}}f(x,y)$ 不存在.

7.1.4 多元函数的连续性与性质

类似于一元函数连续的概念，可以定义多元函数的连续性.

定义 7.3 设函数 $f(x,y)$ 在点 $P_0(x_0,y_0)$ 的某邻域 $U(P_0)$ 内有定义. 如果

$$\lim_{\substack{x\to x_0\\y\to y_0}}f(x,y)=f(x_0,y_0), \tag{1}$$

则称 $f(x,y)$ 在点 $P_0(x_0,y_0)$ 处**连续**，并称点 $P_0(x_0,y_0)$ 为函数 $f(x,y)$ 的一个**连续点**. 记

$$\Delta z=f(x,y)-f(x_0,y_0)=f(x_0+\Delta x,y_0+\Delta y)-f(x_0,y_0),$$

称 Δz 为函数 $f(x,y)$ 在点 $P_0(x_0,y_0)$ 处的**全增量**. 式(1)可改写为

$$\lim_{\substack{\Delta x\to0\\\Delta y\to0}}\Delta z=0.$$

若函数 $f(x,y)$ 在区域 D 的每一点都连续，则称函数 $f(x,y)$ 在**区域 D 上连续**或称 $f(x,y)$ 是区域 D 上的**连续函数**.

如果函数 $f(x,y)$ 在点 $P_0(x_0,y_0)$ 处不连续，则称函数 $f(x,y)$ 在点 $P_0(x_0,y_0)$ 处**间断**，并称 $P_0(x_0,y_0)$ 为 $f(x,y)$ 的一个**间断点**.

例如，对于函数 $f(x,y)=\begin{cases}\dfrac{xy}{x^2+y^2} & x^2+y^2\neq 0,\\ 0 & x^2+y^2=0,\end{cases}$ 由例 10 知极限 $\lim\limits_{\substack{x\to0\\y\to0}}f(x,y)$ 不存在，因此点 $(0,0)$ 为 $f(x,y)$ 的一个间断点.

例 11

讨论二元函数$f(x,y)=\begin{cases}\dfrac{x^3+y^3}{x^2+y^2} & x^2+y^2\neq 0,\\ 0 & x^2+y^2=0\end{cases}$在点(0,0)处的连续性.

解：利用极坐标变换. 令 $x=\rho\cos\theta$，$y=\rho\sin\theta$，$\theta\in[0,2\pi]$，则 $(x,y)\to(0,0)$ 意味着 $\rho\to 0$. 故

$$\lim_{\substack{x\to 0\\ y\to 0}} f(x,y)=\lim_{\substack{x\to 0\\ y\to 0}}\frac{x^3+y^3}{x^2+y^2}=\lim_{\rho\to 0}\rho(\cos^3\theta+\sin^3\theta)=0=f(0,0),$$

从而可知该二元函数在点(0,0)处连续.

多元初等函数是指由常数及不同自变量的一元基本初等函数经过有限次的四则运算和复合运算得到的可用一个式子表示的多元函数. 例如，函数 $z=\arctan(x^2+y^2)$、$z=\ln(1+xy)$ 等都是多元初等函数.

一切多元初等函数在其**定义区域**内都是连续的. 这里所说的定义区域是指包含在定义域内的区域.

由多元函数的连续性及定义 7.3 可知：若函数 $f(x,y)$ 为二元初等函数，点 (x_0,y_0) 在其定义区域内，则有

$$\lim_{\substack{x\to x_0\\ y\to y_0}} f(x,y)=f(x_0,y_0).$$

例 12

求$\lim\limits_{\substack{x\to 0\\ y\to 2}}\left(e^{x^2y}+\dfrac{\sin xy}{x}\right)$.

解：
$$\lim_{\substack{x\to 0\\ y\to 2}}\left(e^{x^2y}+\frac{\sin xy}{x}\right)=\lim_{\substack{x\to 0\\ y\to 2}}e^{x^2y}+\lim_{\substack{x\to 0\\ y\to 2}}\left(\frac{\sin xy}{xy}\cdot y\right)$$
$$=e^0+\lim_{\substack{x\to 0\\ y\to 2}}\frac{\sin xy}{xy}\cdot\lim_{\substack{x\to 0\\ y\to 2}}y=1+2=3.$$

类似于闭区间上一元连续函数的性质，有界闭区域上多元连续函数具有如下性质：

定理 7.1（有界性与最大值最小值定理）　在有界闭区域 D 上的多元连续函数，必定在 D 上有界，且能取得它的最大值和最小值.

定理 7.2（介值定理）　在有界闭区域 D 上的多元连续函数必取得介于最大值和最小值之间的任何值.

以上关于二元函数的连续性概念和性质，可相应地推广到 $n(n\geqslant 3)$ 元函数上去.

习题 7-1

1. 求下列各函数的定义域，并画出定义域的图形：

(1) $z=\sqrt{4-x^2-y^2}\ln(x^2+y^2-1)$；

(2) $z=\dfrac{\arcsin(3-x^2-y^2)}{\sqrt{x-y^2}}$；

(3) $z=\arctan(x-y^2)+\ln\ln(10-x^2-4y^2)$；

(4) $u=\sqrt{x^2+y^2+z^2-a^2}+\dfrac{1}{\sqrt{b^2-x^2-y^2-z^2}}(b>a>0)$；

(5) $u=\sqrt{6-z}-\mathrm{e}^{\sqrt{z-x^2-y^2}}$.

2. 设 $f(x,y)=x^2-y^2$，$\varphi(x)=\cos x$，$\psi(x)=\sin x$，试求 $f(\varphi(x),\psi(x))$.

3. 已知 $f(x,y)=3x+2y$，求 $f(xy,f(x,y))$.

4. 设 $f(x+y,x-y)=x^2+y^2$，求 $f(x,y)$ 及 $f(1,2)$.

5. 求下列函数的极限：

(1) $\lim\limits_{\substack{x\to1\\y\to0}}\dfrac{\ln(x+\mathrm{e}^y)}{\sqrt{x^2+y^2}}$；

(2) $\lim\limits_{\substack{x\to0\\y\to1}}\dfrac{\arctan(x^2+y^2)}{1+\mathrm{e}^{xy}}$；

(3) $\lim\limits_{\substack{x\to0\\y\to0}}\dfrac{2-\sqrt{xy+4}}{xy}$；

(4) $\lim\limits_{\substack{x\to0\\y\to0}}\dfrac{\mathrm{e}^{x^2+y^2}-\sin(x^2+y^2)-1}{(x^2+y^2)^2}$；

(5) $\lim\limits_{\substack{x\to0\\y\to3}}\left[(1-xy)^{\frac{2}{xy}}+\dfrac{\arcsin(xy)}{x}\right]$；

(6) $\lim\limits_{\substack{x\to0\\y\to0}}\dfrac{1-\cos(x+y)}{x+y}\mathrm{e}^{x+2y}$；

(7) $\lim\limits_{\substack{x\to0\\y\to0}}(1+xy)^{\frac{\sin x}{x^2+y^2}}$；

(8) $\lim\limits_{\substack{x\to0\\y\to0}}\dfrac{1-\sqrt{x^2y+1}}{x^3y^2}\sin(xy)$.

6. 证明下列极限不存在：

(1) $\lim\limits_{\substack{x\to0\\y\to0}}\dfrac{x+y}{x-y}$；　　(2) $\lim\limits_{\substack{x\to0\\y\to0}}\dfrac{x^3y}{x^6+y^2}$；

(3) $\lim\limits_{\substack{x\to0\\y\to0}}\dfrac{x^2y^2}{x^2y^2+(x-y)^2}$.

7. 指出下列函数在何处间断：

(1) $z=\dfrac{1}{x^2+y^2}$；　　(2) $z=\dfrac{x^2\ln y}{y-x^2}$.

8. 讨论函数 $f(x,y)=\begin{cases}\dfrac{xy(x^2-y^2)}{x^2+y^2} & x^2+y^2\neq0,\\ 0 & x^2+y^2=0\end{cases}$

在点 $(0,0)$ 处的连续性.

9. 已知函数 $f(x,y)=\begin{cases}\dfrac{\sin6(x^2+y^2)}{x^2+y^2} & x^2+y^2\neq0,\\ a+1 & x^2+y^2=0\end{cases}$

连续，试求常数 a 的值.

7.2 偏导数

7.2.1 偏导数的定义及其计算法

微课视频 7.3
偏导数

在一元函数中，导数的概念从研究函数的变化率中引入. 在自然科学和工程技术讨论的多元函数中，也经常需要考虑类似于一元函数的变化率问题，例如，温度函数 $T=f(x,y,t)$ 对时间 t 的变化率问题. 于是，需要对多元函数讨论在其他变量固定不变时，因变量对某个自变量的变化率的问题，即有必要引入多元函数的偏导数的概念.

以二元函数 $z=f(x,y)$ 为例，如果固定自变量 y(即把 y 看作常数)，则函数 $z=f(x,y)$ 就是 x 的一元函数，该函数对 x 的变化率(即导数)就称为函数 $z=f(x,y)$ 对 x 的偏导数. 根据一元函数导数的定义，引入偏导数的定义.

定义 7.4　设函数 $z=f(x,y)$ 在点 $P_0(x_0,y_0)$ 的某一邻域内有定义，当 y 固定在 y_0，而 x 在 x_0 处取得增量 Δx 时，相应的函数有增量 $f(x_0+\Delta x,y_0)-f(x_0,y_0)$，如果

$$\lim_{\Delta x\to 0}\frac{f(x_0+\Delta x,y_0)-f(x_0,y_0)}{\Delta x}=\lim_{x\to x_0}\frac{f(x,y_0)-f(x_0,y_0)}{x-x_0}$$

存在，则称该极限值为函数 $z=f(x,y)$ 在点 $P_0(x_0,y_0)$ 处**对 x 的偏导数**，记作

$$z'_x(x_0,y_0),\ f'_x(x_0,y_0),\ \left.\frac{\partial z}{\partial x}\right|_{\substack{x=x_0\\ y=y_0}}\text{或}\left.\frac{\partial f(x,y)}{\partial x}\right|_{\substack{x=x_0\\ y=y_0}}.$$

否则，称函数 $z=f(x,y)$ 在点 $P_0(x_0,y_0)$ 处对 x 的偏导数不存在.

如果 $\left.\frac{\mathrm{d}}{\mathrm{d}x}f(x,y_0)\right|_{x=x_0}$ 存在，则

$$\left.\frac{\mathrm{d}}{\mathrm{d}x}f(x,y_0)\right|_{x=x_0}=\lim_{\Delta x\to 0}\frac{f(x_0+\Delta x,y_0)-f(x_0,y_0)}{\Delta x}=f'_x(x_0,y_0),\tag{1}$$

即

$$f'_x(x_0,y_0)=\left.\frac{\mathrm{d}}{\mathrm{d}x}f(x,y_0)\right|_{x=x_0}.$$

类似地，函数 $z=f(x,y)$ 在点 (x_0,y_0) 处**对 y 的偏导数**可定义为

$$\lim_{\Delta y\to 0}\frac{f(x_0,y_0+\Delta y)-f(x_0,y_0)}{\Delta y}=\lim_{y\to y_0}\frac{f(x_0,y)-f(x_0,y_0)}{y-y_0},$$

记作

$$z'_y(x_0,y_0),\ f'_y(x_0,y_0),\ \left.\frac{\partial z}{\partial y}\right|_{\substack{x=x_0\\ y=y_0}}\text{或}\left.\frac{\partial f(x,y)}{\partial y}\right|_{\substack{x=x_0\\ y=y_0}}.$$

如果 $\left.\frac{\mathrm{d}}{\mathrm{d}y}f(x_0,y)\right|_{y=y_0}$ 存在，则有

$$f'_y(x_0,y_0)=\left.\frac{\mathrm{d}}{\mathrm{d}y}f(x_0,y)\right|_{y=y_0}.\tag{2}$$

如果函数 $z=f(x,y)$ 在区域 D 内每一点 (x,y) 处对 x 的偏导数都存在，即极限

$$\lim_{\Delta x\to 0}\frac{f(x+\Delta x,y)-f(x,y)}{\Delta x}$$

存在，那么这个偏导数就是 x，y 的函数，称之为函数 $z=f(x,y)$ 对**自变量 x 的偏导函数**，记作

$$z'_x(x,y),f'_x(x,y), \frac{\partial z}{\partial x}\text{或}\frac{\partial f(x,y)}{\partial x}.$$

类似地，可以定义函数 $z=f(x,y)$ **对自变量 y 的偏导函数**，记作

$$z'_y(x,y),f'_y(x,y), \frac{\partial z}{\partial y}\text{或}\frac{\partial f(x,y)}{\partial y}.$$

注意：(1) 偏导数记号 z'_x,f'_y 也可记为 z_x,f_y，高阶偏导数的记号也类似.

(2) 求 $f'_x(x,y)$，只需要把二元函数 $f(x,y)$ 中的 y 视为常数，相应地，把 $f(x,y)$ 看成 x 的一元函数，对 x 求导数；同理，求 $f'_y(x,y)$，只需要把二元函数 $f(x,y)$ 中的 x 视为常数，相应地，把 $f(x,y)$ 看成 y 的一元函数，对 y 求导数. 因此，一元函数的求导公式和求导法则，对多元函数偏导数的求解仍然适用.

(3) 与导数 $f'(x_0)$ 和 $f'(x)$ 之间的关系类似，如果 $f(x,y)$ 的偏导函数 $f'_x(x,y)$ 存在，则点 (x_0,y_0) 处的偏导数 $f'_x(x_0,y_0)$ 就是偏导函数 $f'_x(x,y)$ 在点 (x_0,y_0) 处的函数值；如果 $f(x,y)$ 的偏导函数 $f'_y(x,y)$ 存在，则偏导数 $f'_y(x_0,y_0)$ 就是偏导函数 $f'_y(x,y)$ 在点 (x_0,y_0) 处的函数值. 就像一元函数的导函数一样，以后在不致发生混淆的地方，也把偏导函数简称为偏导数.

偏导数的概念可推广到二元以上的函数. 例如，三元函数 $u=f(x,y,z)$ 在点 (x,y,z) 对 x 的偏导数定义为

$$f'_x(x,y,z)=\lim_{\Delta x\to 0}\frac{f(x+\Delta x,y,z)-f(x,y,z)}{\Delta x},$$

$$f'_y(x,y,z)=\lim_{\Delta y\to 0}\frac{f(x,y+\Delta y,z)-f(x,y,z)}{\Delta y},$$

$$f'_z(x,y,z)=\lim_{\Delta z\to 0}\frac{f(x,y,z+\Delta z)-f(x,y,z)}{\Delta z}.$$

例 1　设函数 $f(x,y)=x^4+2xy+y$，求 $f'_x(1,2)$ 及 $f'_y(1,2)$.

解：先求出偏导函数. 求 $f'_x(x,y)$ 时，把 y 看作常数，得

$$f'_x(x,y)=(x^4)'_x+(2xy)'_x+(y)'_x=4x^3+2y+0=4x^3+2y.$$

类似地，求 $f'_y(x,y)$ 时，把 x 看作常数，得

$$f'_y(x,y)=(x^4)'_y+(2xy)'_y+(y)'_y=0+2x+1=2x+1.$$

于是，

$$f'_x(1,2)=(4x^3+2y)\Big|_{\substack{x=1\\y=2}}=8,$$

$$f'_y(1,2)=(2x+1)\Big|_{\substack{x=1\\y=2}}=3.$$

注意：此题还可以用偏导数的定义或式(1)和式(2)的方法求

解，请读者自行尝试.

例 2　设函数 $z=x^2\arctan(xy)$，求$\frac{\partial z}{\partial x}$及$\frac{\partial z}{\partial y}$.

解：$\frac{\partial z}{\partial x}=2x\arctan(xy)+x^2\cdot\frac{1}{1+(xy)^2}\cdot y=2x\arctan(xy)+\frac{x^2y}{1+x^2y^2}$,

$$\frac{\partial z}{\partial y}=x^2\cdot\frac{1}{1+(xy)^2}\cdot x=\frac{x^3}{1+x^2y^2}.$$

例 3　设 $r=\sqrt{x^2+y^2+z^2}$，证明：$\left(\frac{\partial r}{\partial x}\right)^2+\left(\frac{\partial r}{\partial y}\right)^2+\left(\frac{\partial r}{\partial z}\right)^2=1$.

证：
$$\frac{\partial r}{\partial x}=\frac{x}{\sqrt{x^2+y^2+z^2}}=\frac{x}{r}.$$

根据对称性，得

$$\frac{\partial r}{\partial y}=\frac{y}{r},\ \frac{\partial r}{\partial z}=\frac{z}{r}.$$

故

$$\left(\frac{\partial r}{\partial x}\right)^2+\left(\frac{\partial r}{\partial y}\right)^2+\left(\frac{\partial r}{\partial z}\right)^2=\frac{x^2}{r^2}+\frac{y^2}{r^2}+\frac{z^2}{r^2}=1.$$

注意：在函数表达式中，如果把两个自变量对调后，函数的表达式没有改变，则称该函数关于这两个自变量具有对称性. 例如：如果 $f(x,y,z)=f(y,x,z)$，则称函数 f 关于变量 x，y 具有对称性.

例 4　已知理想气体的状态方程为 $pV=RT$（R 为常量），证明：

$$\frac{\partial p}{\partial V}\cdot\frac{\partial V}{\partial T}\cdot\frac{\partial T}{\partial p}=-1.$$

证：根据 $pV=RT$，得

$$p=\frac{RT}{V},\ \frac{\partial p}{\partial V}=-\frac{RT}{V^2};$$

$$V=\frac{RT}{p},\ \frac{\partial V}{\partial T}=\frac{R}{p};$$

$$T=\frac{pV}{R},\ \frac{\partial T}{\partial p}=\frac{V}{R},$$

故

$$\frac{\partial p}{\partial V}\cdot\frac{\partial V}{\partial T}\cdot\frac{\partial T}{\partial p}=-\frac{RT}{V^2}\cdot\frac{R}{p}\cdot\frac{V}{R}=-\frac{RT}{pV}=-1.$$

注意：在一元函数中，导数$\frac{\mathrm{d}y}{\mathrm{d}x}$可视为函数的微分 $\mathrm{d}y$ 与自变量的微分 $\mathrm{d}x$ 之商. 例 4 表明，对于多元函数，偏导数记号如$\frac{\partial z}{\partial x}$是一

个整体记号，不能看作∂z与∂x的商，单独的记号∂z和∂x没有意义. $\frac{\partial z}{\partial x}$也可以写成$\frac{\partial}{\partial x}z$.

例 5

求函数 $f(x,y)=\begin{cases}\frac{xy}{x^2+y^2} & x^2+y^2\neq 0,\\ 0 & x^2+y^2=0\end{cases}$ 在点(0,0)处的偏导数.

解： 根据偏导数的定义，得

$$f_x'(0,0)=\lim_{\Delta x\to 0}\frac{f(0+\Delta x,0)-f(0,0)}{\Delta x}=\lim_{\Delta x\to 0}\frac{0}{\Delta x}=0,$$

同理

$$f_y'(0,0)=\lim_{\Delta y\to 0}\frac{f(0,0+\Delta y)-f(0,0)}{\Delta y}=\lim_{\Delta y\to 0}\frac{0}{\Delta y}=0.$$

注意： 一元函数在某点可导必在该点连续. 但对于多元函数，即使在某点处各偏导数都存在，也不能保证函数在该点连续. 如本例中的函数$f(x,y)$，它在点(0,0)处的偏导数都存在，但根据7.1节中例10和定义7.3，该函数在点(0,0)处不连续.

7.2.2 二元函数偏导数的几何意义

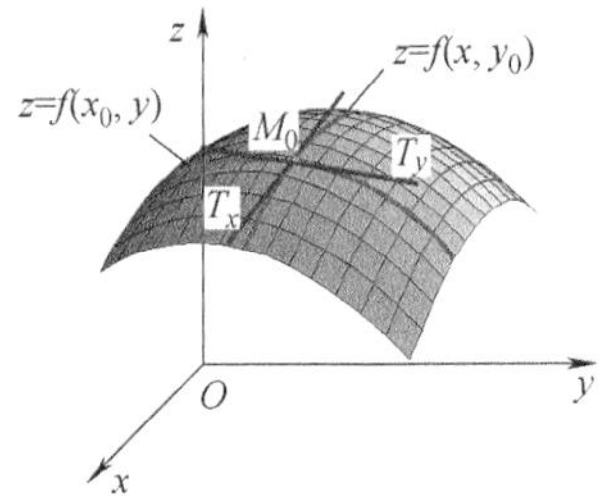

图 7-2-1

设$M_0(x_0,y_0,f(x_0,y_0))$为曲面$z=f(x,y)$上的一点，过点M_0作平面$y=y_0$，截此曲面得一曲线，此曲线在平面$y=y_0$上的方程为$z=f(x,y_0)$. 由$f_x'(x_0,y_0)=\left.\frac{\mathrm{d}f(x,y_0)}{\mathrm{d}x}\right|_{x=x_0}$以及导数的几何意义知：偏导数$f_x'(x_0,y_0)$就是这曲线在点$M_0$处的切线$M_0T_x$对$x$轴的斜率(见图7-2-1). 同样，偏导数$f_y'(x_0,y_0)$的几何意义是曲面$z=f(x,y)$被平面$x=x_0$所截得的曲线在点$M_0$处的切线$M_0T_y$对$y$轴的斜率.

7.2.3 高阶偏导数

微课视频 7.4
高阶偏导数

类似于一元函数的高阶导数，可以定义多元函数的高阶偏导数.

设函数$z=f(x,y)$在区域D内具有偏导数

$$\frac{\partial z}{\partial x}=f_x'(x,y),\ \frac{\partial z}{\partial y}=f_y'(x,y),$$

则在D内$f_x'(x,y)$，$f_y'(x,y)$都是x，y的函数. 如果这两个函数的偏导数也存在，则称$f_x'(x,y)$及$f_y'(x,y)$的偏导数为函数$z=f(x,y)$的**二阶偏导数**. 按照对变量求导次序的不同，$z=f(x,y)$有

下列四个二阶偏导数：

$$\frac{\partial}{\partial x}\left(\frac{\partial z}{\partial x}\right)=\frac{\partial^2 z}{\partial x^2}=\frac{\partial^2 f}{\partial x^2}=z''_{xx}(x,y)=f''_{xx}(x,y),$$

$$\frac{\partial}{\partial y}\left(\frac{\partial z}{\partial x}\right)=\frac{\partial^2 z}{\partial x\partial y}=\frac{\partial^2 f}{\partial x\partial y}=z''_{xy}(x,y)=f''_{xy}(x,y),$$

$$\frac{\partial}{\partial x}\left(\frac{\partial z}{\partial y}\right)=\frac{\partial^2 z}{\partial y\partial x}=\frac{\partial^2 f}{\partial y\partial x}=z''_{yx}(x,y)=f''_{yx}(x,y),$$

$$\frac{\partial}{\partial y}\left(\frac{\partial z}{\partial y}\right)=\frac{\partial^2 z}{\partial y^2}=\frac{\partial^2 f}{\partial y^2}=z''_{yy}(x,y)=f''_{yy}(x,y),$$

其中第二、三两个偏导数称为二阶**混合偏导数**.

类似地，可定义函数 $z=f(x,y)$ 的三阶以及三阶以上的偏导数. 称二阶及二阶以上的偏导数为**高阶偏导数**. 相应地，称偏导数 $f'_x(x,y)$ 及 $f'_y(x,y)$ 为函数 $z=f(x,y)$ 的**一阶偏导数**. 上述二元函数高阶偏导数的定义，可以平推到三元及三元以上的函数的高阶偏导数.

例 6　求 $z=x^4y^3-\sin(x+2y)+y^2$，求 $\frac{\partial^2 z}{\partial x^2}$、$\frac{\partial^2 z}{\partial y^2}$、$\frac{\partial^2 z}{\partial x\partial y}$、$\frac{\partial^2 z}{\partial y\partial x}$、$\frac{\partial^3 z}{\partial y^3}$.

解： $\frac{\partial z}{\partial x}=4x^3y^3-\cos(x+2y)$，$\frac{\partial z}{\partial y}=3x^4y^2-2\cos(x+2y)+2y$.

$\frac{\partial^2 z}{\partial x^2}=12x^2y^3+\sin(x+2y)$，$\frac{\partial^2 z}{\partial y^2}=6x^4y+4\sin(x+2y)+2$.

$\frac{\partial^2 z}{\partial x\partial y}=12x^3y^2+2\sin(x+2y)$，$\frac{\partial^2 z}{\partial y\partial x}=12x^3y^2+2\sin(x+2y)$.

$\frac{\partial^3 z}{\partial y^3}=6x^4+8\cos(x+2y)$.

例 7　设函数 $z=x^y$，求 $\frac{\partial^2 z}{\partial x\partial y}$、$\frac{\partial^2 z}{\partial y\partial x}$、$\frac{\partial^3 z}{\partial x^2\partial y}$、$\frac{\partial^3 z}{\partial x\partial y\partial x}$.

解： $\frac{\partial z}{\partial x}=yx^{y-1}$，$\frac{\partial z}{\partial y}=x^y\ln x$，

$\frac{\partial^2 z}{\partial x\partial y}=x^{y-1}+yx^{y-1}\ln x$，$\frac{\partial^2 z}{\partial y\partial x}=yx^{y-1}\ln x+x^y\cdot\frac{1}{x}=yx^{y-1}\ln x+x^{y-1}$，

$\frac{\partial^2 z}{\partial x^2}=y(y-1)x^{y-2}=(y^2-y)x^{y-2}$，

$$\begin{aligned}\frac{\partial^3 z}{\partial x^2\partial y}&=(2y-1)x^{y-2}+(y^2-y)x^{y-2}\ln x\\&=[2y-1+y(y-1)\ln x]x^{y-2},\end{aligned}$$

$\frac{\partial^3 z}{\partial x\partial y\partial x}=(y-1)x^{y-2}+y(y-1)x^{y-2}\ln x+yx^{y-1}\cdot\frac{1}{x}$

$$=[2y-1+y(y-1)\ln x]x^{y-2}.$$

在例 6、例 7 中，$\frac{\partial^2 z}{\partial x\partial y}=\frac{\partial^2 z}{\partial y\partial x}$，在例 7 中，$\frac{\partial^3 z}{\partial x^2\partial y}=\frac{\partial^3 z}{\partial x\partial y\partial x}$，即这些混合偏导数和求导次序无关，这不是偶然的巧合，这一结论在一定条件下是成立的.

定理 7.3　若函数 $z=f(x,y)$ 的两个二阶混合偏导数 $\frac{\partial^2 z}{\partial x\partial y}$ 和 $\frac{\partial^2 z}{\partial y\partial x}$ 在区域 D 内连续，则在该区域 D 内有 $\frac{\partial^2 z}{\partial x\partial y}=\frac{\partial^2 z}{\partial y\partial x}$.

定理 7.3 的证明从略.

注：定理 7.3 表明，二元函数的二阶混合偏导数在连续的条件下与求导次序无关. 其他高阶混合偏导数也有类似的结论.

例 8　证明函数 $u=\frac{1}{r}$ 满足拉普拉斯(Laplace)方程

$$\frac{\partial^2 u}{\partial x^2}+\frac{\partial^2 u}{\partial y^2}+\frac{\partial^2 u}{\partial z^2}=0,$$

其中，$r=\sqrt{x^2+y^2+z^2}$.

证：$\frac{\partial u}{\partial x}=-\frac{1}{r^2}\frac{\partial r}{\partial x}=-\frac{1}{r^2}\frac{x}{r}=-\frac{x}{r^3}$,

$$\frac{\partial^2 u}{\partial x^2}=-\frac{1}{r^3}+\frac{3x}{r^4}\frac{\partial r}{\partial x}=-\frac{1}{r^3}+\frac{3x^2}{r^5},$$

由函数 u 关于自变量的对称性，有

$$\frac{\partial^2 u}{\partial y^2}=-\frac{1}{r^3}+\frac{3y^2}{r^5},\quad \frac{\partial^2 u}{\partial z^2}=-\frac{1}{r^3}+\frac{3z^2}{r^5}.$$

故

$$\frac{\partial^2 u}{\partial x^2}+\frac{\partial^2 u}{\partial y^2}+\frac{\partial^2 u}{\partial z^2}=-\frac{3}{r^3}+\frac{3(x^2+y^2+z^2)}{r^5}=-\frac{3}{r^3}+\frac{3r^2}{r^5}=0.$$

习题 7-2

1. 求下列函数的偏导数：

(1) $z=x\mathrm{e}^{-xy}$；　(2) $z=x^3\sin y^2+6\ln(1-x+y^2)$；

(3) $z=\frac{x+y}{x^2+y^2}$；　(4) $z=\ln\tan(x-y+\mathrm{e}^2)$；

(5) $z=\arctan y^x$；　(6) $z=\ln\sqrt{4x-y^2}$；

(7) $u=y^{\frac{x}{z}}$；　(8) $u=\sin(x+y^2-\mathrm{e}^z)$.

2. 若 $f(x,y)=x+(y-1)\ln\sin\sqrt{\frac{x}{y}}$，求 $f_x'(x,1)$.

3. 设 $f(x,y)=\mathrm{e}^{\frac{y}{x}}\sin(x+y)$，求 $f_x'(1,-1)$，$f_y'(1,-1)$.

4. 求曲线 $\begin{cases}z=1-x^2-y^2,\\ x=1\end{cases}$ 在点 $\left(1,\frac{1}{2},-\frac{1}{4}\right)$ 处的切线对 y 轴的倾角.

5. 证明：函数 $z=\sqrt{x^2+y^2}$ 在点(0,0)处连续，但 $z'_x(0,0)$ 及 $z'_y(0,0)$ 不存在.

6. 求下列函数的二阶偏导数 $\frac{\partial^2 z}{\partial x^2}$，$\frac{\partial^2 z}{\partial y^2}$，$\frac{\partial^2 z}{\partial x\partial y}$：

(1) $z=\arctan\frac{y}{x}$；　(2) $z=\arcsin(xy)$；

(3) $z=y^{\sin x}$；　　(4) $z=\int_2^{xy}\mathrm{e}^{-t^2}\mathrm{d}t$；

(5) $z=\ln(x^2+xy+y^2)$.

7. 设 $f(x,y,z)=xy^2+yz^2+zx^2$，求 $f''_{xy}(1,-1,0)$ $f''_{xx}(1,1,2)$ 和 $f'''_{zzx}(5,2,0)$.

8. 验证函数 $u(x,y)=\ln\sqrt{x^2+y^2}$ 满足方程 $\frac{\partial^2 u}{\partial x^2}+\frac{\partial^2 u}{\partial y^2}=0$.

9. 设 $z=f(x,y)$，且 $f(x,0)=1$，$f'_y(x,0)=x$，$f''_{yy}=2$，求 $f(x,y)$.

7.3 全微分

7.3.1 全微分的定义

在一元函数中，已经学习了微分的定义和应用. 类似地，需要定义多元函数的微分.

微课视频 7.5
全微分

以二元函数 $z=f(x,y)$ 为例讨论多元函数的微分问题. 由偏导数的定义，二元函数对某个自变量的偏导数表示当另一个自变量固定时，因变量相对于该自变量的变化率. 根据一元函数微分学中增量与微分的关系，可得

$$\Delta_x z=f(x+\Delta x,y)-f(x,y)\approx f_x(x,y)\Delta x; \tag{1}$$

$$\Delta_y z=f(x,y+\Delta y)-f(x,y)\approx f_y(x,y)\Delta y. \tag{2}$$

式(1)和式(2)的"≈"的左端分别称为 $z=f(x,y)$ 对 x 和对 y 的**偏增量**，其右端分别称为 $z=f(x,y)$ 对 x 和对 y 的**偏微分**.

实际问题中，常常还需要研究二元函数中各个自变量都取得增量时因变量所获得的增量的问题，即全增量的问题.

设函数 $z=f(x,y)$ 在点 $P(x,y)$ 的某邻域 $U(P)$ 内有定义，$P'(x+\Delta x,y+\Delta y)$ 为 $U(P)$ 内的任意一点，称

$$f(x+\Delta x,y+\Delta y)-f(x,y)$$

为函数 $z=f(x,y)$ 在点 P 对应于自变量增量 Δx、Δy 的**全增量**，记作 Δz，即

$$\Delta z=f(x+\Delta x,y+\Delta y)-f(x,y). \tag{3}$$

一般情况下，函数的全增量 Δz 的计算较为复杂. 类似于一元函数情形，希望用自变量的增量 Δx 和 Δy 的线性函数近似代替全增量 Δz，其误差又要较小. 先来看一个实例.

引例　考虑矩形面积的变化. 设矩形的长与宽分别为 x 和 y，则其面积为 $S=xy$. 当矩形的长和宽分别获得增量 Δx、Δy 时，矩

形面积的全增量为

$$\Delta S=(x+\Delta x)(y+\Delta y)-xy=y\Delta x+x\Delta y+\Delta x\Delta y.$$

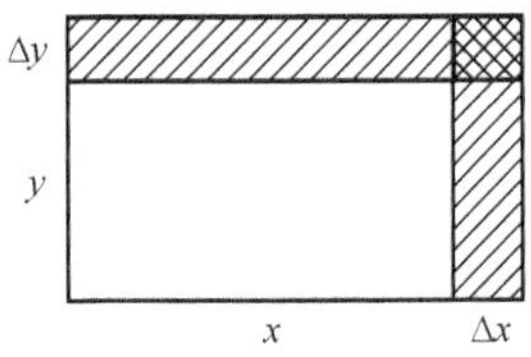

图　7-3-1

ΔS 即为图 7-3-1 中的阴影部分，它是两部分之和. 第一部分（斜线阴影部分）为 $y\Delta x+x\Delta y$，它是增量 Δx、Δy 的线性函数；第二部分（网状阴影部分）为 $\Delta x\Delta y$，由于 $\lim\limits_{\substack{\Delta x\to 0\\ \Delta y\to 0}}\dfrac{\Delta x\Delta y}{\sqrt{(\Delta x)^2+(\Delta y)^2}}=0$，故记 $\rho=\sqrt{(\Delta x)^2+(\Delta y)^2}$，则 $\Delta x\Delta y=o(\rho)\ (\rho\to 0)$.

于是，当 $|\Delta x|$ 及 $|\Delta y|$ 很小时，第二部分 $\Delta x\Delta y$ 是可以忽略不计的，从而有

$$\Delta S=y\Delta x+x\Delta y+o(\rho),\ \text{且}\ \Delta S\approx y\Delta x+x\Delta y.$$

类似于一元函数的情形，称全增量关于 Δx、Δy 的线性函数部分 $y\Delta x+x\Delta y$ 为函数 $S=xy$ 的全微分.

定义 7.5　设函数 $z=f(x,y)$ 在点 (x,y) 的某邻域内有定义，如果函数 $z=f(x,y)$ 在点 (x,y) 的全增量 $\Delta z=f(x+\Delta x,y+\Delta y)-f(x,y)$ 可表示为

$$\Delta z=A\Delta x+B\Delta y+o(\rho)\quad(\rho\to 0),\tag{4}$$

其中 A 和 B 不依赖于 Δx 和 Δy 而仅与 x、y 有关，$\rho=\sqrt{(\Delta x)^2+(\Delta y)^2}$，则称函数 $z=f(x,y)$ 在点 (x,y) **可微分**，而 $A\Delta x+B\Delta y$ 称为函数 $z=f(x,y)$ 在点 (x,y) 的**全微分**，记为 $\mathrm{d}z$，即

$$\mathrm{d}z=A\Delta x+B\Delta y.$$

如果函数 $z=f(x,y)$ 在区域 D 内每一点处都可微分，则称函数 $z=f(x,y)$ **在 D 内可微分**. 函数在区域 D 内任意点 (x,y) 处的全微分也称为该**函数的全微分**.

定理 7.4（可微分与连续的关系）　若函数 $z=f(x,y)$ 在点 (x,y) 可微分，则 $z=f(x,y)$ 在点 (x,y) 处连续.

证：由函数 $z=f(x,y)$ 在点 (x,y) 可微分，知

$$\Delta z=A\Delta x+B\Delta y+o(\rho)\quad(\rho\to 0),$$

其中，A 和 B 是与 Δx 和 Δy 无关的常数，故

$$\lim_{\substack{\Delta x\to 0\\ \Delta y\to 0}}\Delta z=\lim_{\substack{\Delta x\to 0\\ \Delta y\to 0}}(A\Delta x+B\Delta y+o(\rho))=0.$$

所以，函数 $z=f(x,y)$ 在点 (x,y) 处连续.

注意：定理 7.4 表明，若函数 $z=f(x,y)$ 在点 (x,y) 处不连续，则函数 $z=f(x,y)$ 在点 (x,y) 处一定不可微分.

下面讨论函数 $z=f(x,y)$ 在点 (x,y) 处可微分的条件.

定理 7.5(必要条件)　若函数 $z=f(x,y)$ 在点 (x,y) 处可微分，则函数 $z=f(x,y)$ 在点 (x,y) 处的偏导数 $f'_x(x,y)$ 与 $f'_y(x,y)$ 必存在，且函数 $z=f(x,y)$ 在点 (x,y) 处的全微分为

$$dz=f'_x(x,y)\Delta x+f'_y(x,y)\Delta y. \tag{5}$$

证：由函数 $z=f(x,y)$ 在点 (x,y) 处可微分，知

$$\Delta z=f(x+\Delta x,y+\Delta y)-f(x,y)=A\Delta x+B\Delta y+o(\rho)\ (\rho\to 0).$$

特别地，当 $\Delta y=0$ 时，上式也成立，此时 $\rho=|\Delta x|$，即

$$f(x+\Delta x,y)-f(x,y)=A\Delta x+o(|\Delta x|).$$

于是

$$\lim_{\Delta y\to 0}\frac{f(x+\Delta x,y)-f(x,y)}{\Delta y}=\lim_{\Delta y\to 0}\left(A+\frac{o(|\Delta x|)}{\Delta x}\right)=A,$$

从而偏导数 $f'_x(x,y)$ 存在，且 $f'_x(x,y)=A$.同理，当 $\Delta x=0$ 时，有

$$f(x,y+\Delta y)-f(x,y)=B\Delta y+o(|\Delta y|),$$

于是

$$\lim_{\Delta x\to 0}\frac{f(x,y+\Delta y)-f(x,y)}{\Delta x}=\lim_{\Delta x\to 0}\left(B+\frac{o(|\Delta y|)}{\Delta y}\right)=B,$$

从而偏导数 $f'_y(x,y)$ 存在，且 $f'_y(x,y)=B$. 于是式(5)成立.

根据式(5)，$dx=(x)'_x\Delta x+(x)'_y\Delta y=1\cdot\Delta x+0\cdot\Delta y=\Delta x$，同理，$dy=\Delta y$，于是式(5)可以写为

$$dz=f'_x(x,y)dx+f'_y(x,y)dy. \tag{6}$$

注意：一元函数在某点的导数存在是微分存在的充分必要条件，但对于多元函数则不然. 例如，由 7.2 节中例 5 可知函数 $f(x,y)=\begin{cases}\dfrac{xy}{x^2+y^2} & x^2+y^2\neq 0,\\ 0 & x^2+y^2=0\end{cases}$ 在点 $(0,0)$ 的两个偏导数都存在且 $f'_x(0,0)=0$, $f'_y(0,0)=0$. 但由于 $f(x,y)$ 在点 $(0,0)$ 处不连续，因此 $f(x,y)$ 在点 $(0,0)$ 处不可微分. 因此，偏导数存在只是可微分的必要条件，而不是充分条件.

例 1

讨论函数 $f(x,y)=\begin{cases}\dfrac{xy}{\sqrt{x^2+y^2}} & x^2+y^2\neq 0,\\ 0 & x^2+y^2=0\end{cases}$ 在点 $(0,0)$ 处的连续性、可偏导性与可微性.

解：设 $\rho=\sqrt{x^2+y^2}$，$x=\rho\cos\theta$，$y=\rho\sin\theta$，$\theta\in[0,2\pi]$，则

$$\lim_{\substack{x\to 0\\ y\to 0}}f(x,y)=\lim_{\rho\to 0}\rho\cos\theta\sin\theta=0=f(0,0),$$

即函数$f(x,y)$在点$(0,0)$处连续. 又

$$f'_x(0,0)=\lim_{x\to 0}\frac{f(x,0)-f(0,0)}{x}=\lim_{x\to 0}\frac{0}{x}=0,$$

同理$f'_y(0,0)=0$，即函数$f(x,y)$在点$(0,0)$处的偏导数都存在，且都为0. 根据可微分的定义，要判断函数在点$(0,0)$处的可微性，只需看极限$\lim\limits_{\substack{\Delta x\to 0\\ \Delta y\to 0}}\frac{\Delta z-(A\Delta x+B\Delta y)}{\sqrt{(\Delta x)^2+(\Delta y)^2}}$是否为0. 由于

$$\lim_{\substack{\Delta x\to 0\\ \Delta y\to 0}}\frac{\Delta z-(A\Delta x+B\Delta y)}{\sqrt{(\Delta x)^2+(\Delta y)^2}}=\lim_{\substack{\Delta x\to 0\\ \Delta y\to 0}}\frac{\dfrac{\Delta x\Delta y}{\sqrt{(\Delta x)^2+(\Delta y)^2}}-(0\cdot\Delta x+0\cdot\Delta y)}{\sqrt{(\Delta x)^2+(\Delta y)^2}}$$

$$=\lim_{\substack{\Delta x\to 0\\ \Delta y\to 0}}\frac{\Delta x\Delta y}{(\Delta x)^2+(\Delta y)^2},$$

由7.1节中例10可知该极限不存在,所以函数在点(0,0)处不可微分.

注意:由上面讨论可知,二元函数的偏导数即使都存在,函数也不一定可微分.验证二元函数不可微一般有下述方法:

(1) 若$f(x,y)$在点(x,y)处不连续，则$f(x,y)$在点(x,y)处不可微分;

(2) 若$f(x,y)$在点(x,y)处至少有一个偏导数不存在，则$f(x,y)$在点(x,y)处不可微分;

(3) 若$f(x,y)$在点(x,y)处两个偏导数都存在，但$\lim\limits_{\substack{\Delta x\to 0\\ \Delta y\to 0}}\frac{\Delta z-(A\Delta x+B\Delta y)}{\sqrt{(\Delta x)^2+(\Delta y)^2}}$不存在或该极限虽存在但极限不为0，则$f(x,y)$在点$(x,y)$处不可微分.

那么，除了可微分的定义，有没有更实用的方法来判断二元函数在一点可微分呢?

定理7.6(充分条件) 如果函数$z=f(x,y)$的偏导数$f'_x(x,y)$和$f'_y(x,y)$在点(x,y)处连续，那么函数$z=f(x,y)$在点(x,y)处可微分.

证：函数$f(x,y)$在点(x,y)处的全增量

$$\Delta z=f(x+\Delta x,y+\Delta y)-f(x,y)$$
$$=[f(x+\Delta x,y+\Delta y)-f(x,y+\Delta y)]+[f(x,y+\Delta y)-f(x,y)].$$

对上面两个中括号内的表达式，分别应用一元函数的拉格朗日中值定理，有

$$\Delta z=f'_x(x+\theta_1\Delta x,y+\Delta y)\Delta x+f'_y(x,y+\theta_2\Delta y)\Delta y\quad(0<\theta_1,\theta_2<1).$$

对上式进行恒等变形，得

$$\Delta z=f_x'(x,y)\Delta x+[f_x'(x+\theta_1\Delta x,y+\Delta y)-f_x'(x,y)]\Delta x+$$
$$f_y'(x,y)\Delta y+[f_y'(x,y+\theta_2\Delta y)-f_y'(x,y)]\Delta y.$$

记 $\alpha_1=f_x'(x+\theta_1\Delta x,y+\Delta y)-f_x'(x,y)$，$\alpha_2=f_y'(x,y+\theta_2\Delta y)-f_y'(x,y)$，则

$$\Delta z=f_x'(x,y)\Delta x+f_y'(x,y)\Delta y+\alpha_1\Delta x+\alpha_2\Delta y, \tag{7}$$

且因为 $f_x'(x,y)$ 和 $f_y'(x,y)$ 在点 (x,y) 连续，有 $\lim\limits_{\substack{\Delta x\to0\\ \Delta y\to0}}\alpha_1=0$，$\lim\limits_{\substack{\Delta x\to0\\ \Delta x\to0}}\alpha_2=0$. 记 $\rho=\sqrt{(\Delta x)^2+(\Delta y)^2}$，则

$$\lim_{\substack{\Delta x\to0\\ \Delta y\to0}}\frac{\alpha_1\Delta x+\alpha_2\Delta y}{\rho}=\lim_{\substack{\Delta x\to0\\ \Delta y\to0}}\left(\alpha_1\frac{\Delta x}{\sqrt{(\Delta x)^2+(\Delta y)^2}}+\alpha_2\frac{\Delta y}{\sqrt{(\Delta x)^2+(\Delta y)^2}}\right)$$
$$=0+0=0,$$

故当 $\rho\to0$ 时，$\alpha_1\Delta x+\alpha_2\Delta y=o(\rho)$，即式(7)可写为

$$\Delta z=f_x'(x,y)\Delta x+f_y'(x,y)\Delta y+o(\rho),$$

由定义 7.5，函数 $z=f(x,y)$ 在点 (x,y) 处可微分.

全微分的概念和计算公式可以类推到三元及三元以上的函数. 例如，如果三元函数 $u=f(x,y,z)$ 可微分，那么它的全微分为

$$\mathrm{d}u=f_x'(x,y,z)\mathrm{d}x+f_y'(x,y,z)\mathrm{d}y+f_z'(x,y,z)\mathrm{d}z.$$

例 2　求函数 $z=\sin(xy^2)$ 的全微分 $\mathrm{d}z$，并求 $\mathrm{d}z\big|_{(2,1)}$.

解：因为 $\dfrac{\partial z}{\partial x}=y^2\cos(xy^2)$，$\dfrac{\partial z}{\partial y}=2xy\cos(xy^2)$，所以

$$\mathrm{d}z=\frac{\partial z}{\partial x}\mathrm{d}x+\frac{\partial z}{\partial y}\mathrm{d}y=y^2\cos(xy^2)\mathrm{d}x+2xy\cos(xy^2)\mathrm{d}y,$$

$$\mathrm{d}z\Big|_{(2,1)}=y^2\cos(xy^2)\Big|_{(2,1)}\mathrm{d}x+2xy\cos(xy^2)\Big|_{(2,1)}\mathrm{d}y=(\cos2)\mathrm{d}x+(4\cos2)\mathrm{d}y.$$

例 3　求函数 $u=\mathrm{e}^{x^2}+\arctan\dfrac{z}{y}$ 的全微分.

解：因为 $u_x'=2x\mathrm{e}^{x^2}$，$u_y'=-\dfrac{z}{y^2+z^2}$，$u_z'=\dfrac{y}{y^2+z^2}$，所以

$$\mathrm{d}u=2x\mathrm{e}^{x^2}\mathrm{d}x-\frac{z}{y^2+z^2}\mathrm{d}y+\frac{y}{y^2+z^2}\mathrm{d}z.$$

多元函数的全微分也有四则运算法则. 设 u，v 都是多元函数且具有连续的偏导数，则

(1) $\mathrm{d}(u\pm v)=\mathrm{d}u\pm\mathrm{d}v$;

(2) $\mathrm{d}(uv)=v\mathrm{d}u+u\mathrm{d}v$;

(3) $\mathrm{d}\left(\dfrac{u}{v}\right)=\dfrac{v\mathrm{d}u-u\mathrm{d}v}{v^2}$.

上述结论，请读者自行证明.

7.3.2 微分在近似计算中的应用

由全微分的定义知，当 $z=f(x,y)$ 可微分且 $|\Delta x|$ 及 $|\Delta y|$ 很小时，有二元函数的全增量的近似计算公式

$$\Delta z=f(x+\Delta x,y+\Delta y)-f(x,y)\approx \mathrm{d}z=f_x'(x,y)\Delta x+f_y'(x,y)\Delta y \tag{8}$$

及二元函数的函数值近似计算公式

$$f(x+\Delta x,y+\Delta y)\approx f(x,y)+f_x'(x,y)\Delta x+f_y'(x,y)\Delta y. \tag{9}$$

利用式(8)和式(9)，全微分有以下两类应用.

1. 近似计算全增量 Δz 及函数值 $f(x+\Delta x, y+\Delta y)$

例 4 计算$(1.04)^{2.02}$的近似值.

解：取二元函数$f(x,y)=x^y$，令 $x=1$，$y=2$，$\Delta x=0.04$，$\Delta y=0.02$，于是

$$f(1,2)=1,\ f_x'(1,2)=yx^{y-1}\Big|_{(1,2)}=2,\ f_y'(1,2)=x^y\ln x\Big|_{(1,2)}=0.$$

根据式(9)得

$$(1.04)^{2.02}\approx 1+2\times 0.04+0\times 0.02=1.08.$$

例 5 有一圆柱形容器发生形变，它的直径由 30cm 增大到 30.1cm，高度却由 80cm 减少到 79.8cm，求该容器体积变化的近似值.

解：记容器的半径、高和体积分别为 r、h 和 V，则有

$$V=\pi r^2h.$$

由式(8)得

$$\Delta V\approx V_r'\Delta r+V_h'\Delta h=2\pi rh\Delta r+\pi r^2\Delta h.$$

把 $r=\dfrac{30}{2}=15$，$h=80$，$\Delta r=\dfrac{30.1-30}{2}=0.05$，$\Delta h=79.8-80=-0.2$ 代入，得

$$\Delta V\approx 2\pi\times 15\times 80\times 0.05+\pi\times 15^2\times(-0.2)=75\pi(\mathrm{cm}^3).$$

即此容器在受压后体积约增加了 $75\pi\mathrm{cm}^3$.

2. 误差估计

考虑二元函数 $z=f(x,y)$，若测得 x 和 y 的近似值分别为 x_0 和 y_0，此时用 x_0 和 y_0 分别代替 x 和 y 计算函数值 z，会引起**绝对误差**

$$\begin{aligned}|\Delta z|&=|f(x,y)-f(x_0,y_0)|\approx|\mathrm{d}z|=|f_x'(x,y)\Delta x+f_y'(x,y)\Delta y|\\&\leqslant|f_x'(x,y)|\cdot|\Delta x|+|f_y'(x,y)|\cdot|\Delta y|.\end{aligned} \tag{10}$$

设 x 和 y 的绝对误差分别为 δ_x 和 δ_y，即 $|\Delta x|=|x-x_0|\leqslant\delta_x$，$|\Delta y|=|y-y_0|\leqslant\delta_y$，由式(10)，得

$$|\Delta z|\leqslant|f_x'(x,y)|\delta_x+|f_y'(x,y)|\delta_y,$$

且

$$\left|\frac{\Delta z}{z_0}\right| \approx \left|\frac{\mathrm{d}z}{z_0}\right| \leqslant \left|\frac{f'_x(x,y)}{f(x_0,y_0)}\right|\delta_x + \left|\frac{f'_y(x,y)}{f(x_0,y_0)}\right|\delta_y,$$

即 $f(x_0,y_0)$ 代替 $f(x,y)$ 所产生的**最大绝对误差**为

$$|f'_x(x,y)|\delta_x + |f'_y(x,y)|\delta_y, \tag{11}$$

最大相对误差为

$$\left|\frac{f'_x(x,y)}{f(x_0,y_0)}\right|\delta_x + \left|\frac{f'_y(x,y)}{f(x_0,y_0)}\right|\delta_y. \tag{12}$$

例 6　设 $z=xy$，自变量 x 和 y 的绝对误差分别为 δ_x 和 δ_y，求函数 z 的最大绝对误差和最大相对误差.

解：将 $z'_x=y$，$z'_y=x$ 代入式(11)和式(12)，分别得 z 的最大绝对误差为

$$|y|\delta_x + |x|\delta_y;$$

z 的最大相对误差为

$$\left|\frac{y}{xy}\right|\delta_x + \left|\frac{x}{xy}\right|\delta_y = \frac{\delta_x}{|x|} + \frac{\delta_y}{|y|}.$$

习题 7-3

1. 求下列函数的全微分：

(1) $z=\sin(xy)$；　(2) $z=\ln\sqrt{x+y^2}+\mathrm{e}^3$；

(3) $z=xy+\dfrac{x}{y}$；　(4) $z=\arccos\dfrac{x}{\sqrt{x^2+y^2}}$；

(5) $u=\ln(x-2y+3z)$；　(6) $u=y^{xz}$.

2. 求函数 $z=\dfrac{2x-y}{x+2y}$，当 $x=3$，$y=1$ 时的全微分.

3. 求函数 $z=x^2y$ 当 $x=1$，$y=4$，$\Delta x=-0.1$，$\Delta y=0.2$ 时的全增量和全微分.

4. 证明：$z=\sqrt{|xy|}$ 在 $(0,0)$ 处连续，偏导数存在，但不可微分.

5. 设函数 $f(x,y)=\begin{cases}\dfrac{x^2y^2}{(x^2+y^2)^{3/2}}, & x^2+y^2\neq 0,\\ 0, & x^2+y^2=0,\end{cases}$

证明：$f(x,y)$ 在点 $(0,0)$ 处连续且偏导数存在，但不可微分.

6. 设函数 $f(x,y)=\begin{cases}(x^2+y^2)\sin\dfrac{1}{x^2+y^2} & x^2+y^2\neq 0,\\ 0 & x^2+y^2=0,\end{cases}$

证明：$f(x,y)$ 在点 $(0,0)$ 处可微分.

7. 当 $|x|$ 和 $|y|$ 很小时，证明：$\arctan\dfrac{x+y}{1+xy}\approx x+y$.

8. 设有边长为 $x=6\text{m}$ 与 $y=8\text{m}$ 的矩形，若 x 边增加 1cm 而 y 边减少 2cm，求此矩形的对角线变化的近似值.

9. 设 $z=\dfrac{y}{x}$，自变量 x 和 y 的绝对误差分别为 δ_x 和 δ_y，求 z 的最大绝对误差和最大相对误差.

7.4　多元复合函数的微分

多元复合函数在多元函数中非常常见，本节主要介绍多元复合函数的微分.

7.4.1 多元复合函数的求导法则

微课视频 7.6
复合函数的求导法则

多元复合函数的复合情况不胜枚举，本小节将借助非常熟悉的“加法原理”和“乘法原理”介绍求解多元复合函数导数或偏导数的统一方法——多元函数的链式法则.

下面先给出一个定理，然后统一介绍定理所蕴含的链式法则.

定理 7.7 如果函数 $z=f(u,v)$ 在对应点 (u,v) 处具有连续偏导数，函数 $u=\varphi(t)$ 及 $v=\psi(t)$ 在点 t 处可导，则复合函数 $z=f(\varphi(t),\psi(t))$ 在点 t 处可导，且有

$$\frac{\mathrm{d}z}{\mathrm{d}t}=\frac{\partial z}{\partial u}\frac{\mathrm{d}u}{\mathrm{d}t}+\frac{\partial z}{\partial v}\frac{\mathrm{d}v}{\mathrm{d}t}. \tag{1}$$

证：设自变量 t 获得增量 Δt，此时函数 $u=\varphi(t)$ 和 $v=\psi(t)$ 相应获得的增量分别记为 Δu 和 Δv，由此，$z=f(u,v)$ 相应获得了增量记为 Δz. 因为函数 $z=f(u,v)$ 在对应点 (u,v) 处具有连续偏导数，此时根据 7.3 节中式(7)可知

$$\Delta z=\frac{\partial z}{\partial u}\Delta u+\frac{\partial z}{\partial v}\Delta v+\alpha_1\Delta u+\alpha_2\Delta v,\text{其中}\lim_{\substack{\Delta u\to 0\\ \Delta v\to 0}}\alpha_1=0,\lim_{\substack{\Delta u\to 0\\ \Delta v\to 0}}\alpha_2=0.$$

把上式两端同时除以 Δt，得

$$\frac{\Delta z}{\Delta t}=\frac{\partial z}{\partial u}\frac{\Delta u}{\Delta t}+\frac{\partial z}{\partial v}\frac{\Delta v}{\Delta t}+\alpha_1\frac{\Delta u}{\Delta t}+\alpha_2\frac{\Delta v}{\Delta t}. \tag{2}$$

又已知函数 $u=\varphi(t)$ 及 $v=\psi(t)$ 在点 t 处可导，故当 $\Delta t\to 0$ 时，$\Delta u\to 0$，$\Delta v\to 0$，$\frac{\Delta u}{\Delta t}\to\frac{\mathrm{d}u}{\mathrm{d}t}$，$\frac{\Delta v}{\Delta t}\to\frac{\mathrm{d}v}{\mathrm{d}t}$，从而由式(2)可得

$$\lim_{\Delta t\to 0}\frac{\Delta z}{\Delta t}=\frac{\partial z}{\partial u}\frac{\mathrm{d}u}{\mathrm{d}t}+\frac{\partial z}{\partial v}\frac{\mathrm{d}v}{\mathrm{d}t},$$

即复合函数 $z=f(\varphi(t),\psi(t))$ 在点 t 处可导，且其导数可用式(1)计算.

下面我们借助“加法原理”和“乘法原理”，以定理 7.7 中复合函数的复合情况为例，总结出多元复合函数求导或求偏导数的链式法则. 具体步骤如下：

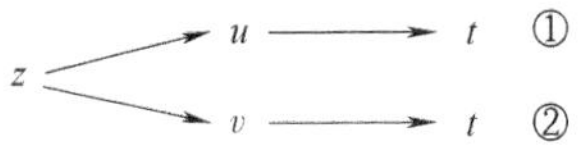

图 7-4-1

(1) 根据复合函数的复合情况，画出链表，如图 7-4-1 所示，其中 $z=f(u,v)$，因此从 z 向右画出两个箭头分别指向变量 u 和 v；$u=\varphi(t)$，因此从 u 向右画出一个箭头指向变量 t，同理 v 也向右画出一个箭头指向变量 t；

(2) 从图 7-4-1 可以看出，经过一系列的复合关系，函数 z 最

终是变量 t 的一元函数，因此，求的是 z 对 t 的导数$\frac{dz}{dt}$；

（3）从图 7-4-1 清楚地看出，链表的末尾最终有两个 t，即有两条路径从函数 z 到自变量 t，因此式(1)中有两项的和(加法原理)；

（4）从图 7-4-1 可知，路径①中，函数 z 经过两步到达自变量 t，因此根据“乘法原理”，路径①对应的求导部分的一项为$\frac{\partial z}{\partial u}\cdot\frac{du}{dt}$；同理，路径②对应的求导部分的另一项为$\frac{\partial z}{\partial v}\cdot\frac{dv}{dt}$；

（5）合并(2)~(4)，即可得到求导式(1).

上述方法适合所有的多元复合函数的求导或求偏导. 式(1)中的导数称为**全导数**.

例 1　设 $z=e^{u-2v}$，$u=\sin x$，$v=x^3$，求全导数$\frac{dz}{dx}$.

解：画出链表，根据链表(见图 7-4-2)，得

$$\frac{dz}{dx}=\frac{\partial z}{\partial u}\cdot\frac{du}{dx}+\frac{\partial z}{\partial v}\cdot\frac{dv}{dx}$$
$$=e^{u-2v}\cdot\cos x+(-2e^{u-2v})\cdot(3x^2)$$
$$=e^{\sin x-2x^3}(\cos x-6x^2).$$

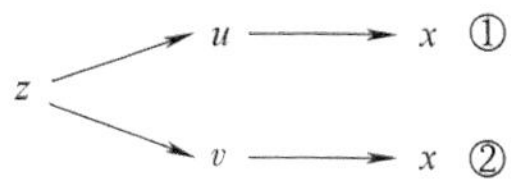

图　7-4-2

例 2　设 $z=e^{u\cos v}$，$u=xy$，$v=x-y$，求$\frac{\partial z}{\partial x}$和$\frac{\partial z}{\partial y}$.

解：画出链表，根据链表(见图 7-4-3)，得

$$\frac{\partial z}{\partial x}=\frac{\partial z}{\partial u}\cdot\frac{\partial u}{\partial x}+\frac{\partial z}{\partial v}\cdot\frac{\partial v}{\partial x}$$
$$=(e^{u\cos v}\cos v)\cdot y+(-e^{u\cos v}u\sin v)\cdot 1$$
$$=e^{xy\cos(x-y)}[y\cos(x-y)-xy\sin(x-y)].$$

同理，

$$\frac{\partial z}{\partial y}=\frac{\partial z}{\partial u}\cdot\frac{\partial u}{\partial y}+\frac{\partial z}{\partial v}\cdot\frac{\partial v}{\partial y}$$
$$=(e^{u\cos v}\cos v)\cdot x+(-e^{u\cos v}u\sin v)\cdot(-1)$$
$$=e^{xy\cos(x-y)}[x\cos(x-y)+xy\sin(x-y)].$$

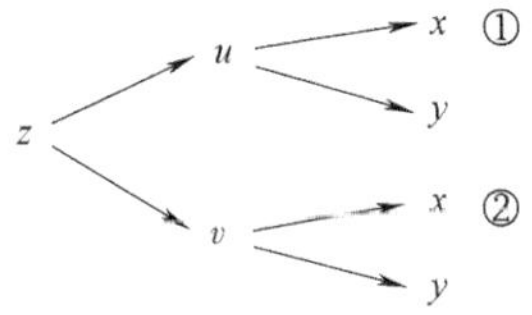

图　7-4-3

例 3　设 $z=uv+\sin x$，$u=e^x$，$v=\cos x$，求全导数$\frac{dz}{dx}$.

解：画出链表，根据链表(见图 7-4-4)，得

$$\frac{dz}{dx}=\frac{\partial z}{\partial u}\cdot\frac{du}{dx}+\frac{\partial z}{\partial v}\cdot\frac{dv}{dx}+\frac{\partial z}{\partial x} \tag{3}$$
$$=v\cdot e^x+u\cdot(-\sin x)+\cos x$$

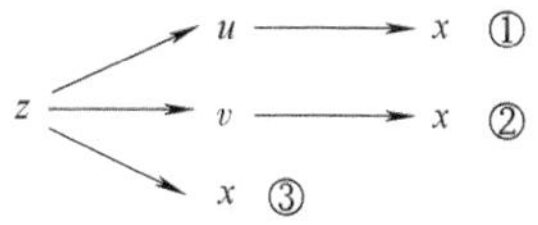

图　7-4-4

$$=e^x(\cos x-\sin x)+\cos x.$$

注意：式(3)中求导与求偏导的记号.

例 4 设 $u=f(x,y,z)=e^{x+y^2+z^3}$，$z=x\cos y$，求$\dfrac{\partial u}{\partial x}$.

解：画出链表，根据链表(见图 7-4-5)，得

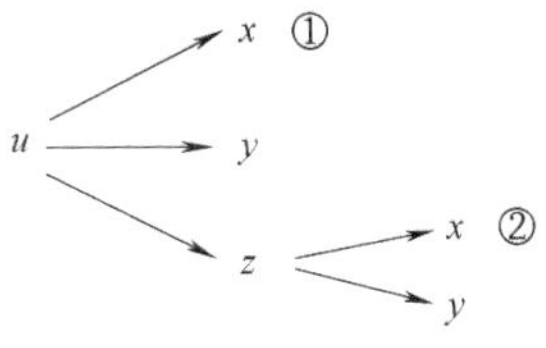

图 7-4-5

$$\frac{\partial u}{\partial x}=\frac{\partial f}{\partial x}+\frac{\partial f}{\partial z}\cdot\frac{\partial z}{\partial x} \tag{4}$$

$$=e^{x+y^2+z^3}+3z^2e^{x+y^2+z^3}\cdot\cos y$$

$$=e^{x+y^2+x^3\cos^3 y}(1+3x^2\cos^3 y).$$

注意：式(4)中$\dfrac{\partial u}{\partial x}$和$\dfrac{\partial f}{\partial x}$是两个不同的概念，其中$\dfrac{\partial u}{\partial x}$表示复合函数 $u=f(x,y,z(x,y))$对自变量 x 的偏导数；而$\dfrac{\partial f}{\partial x}$是函数 $u=f(x,y,z)$对中间变量 x 求偏导数，此时 y 和 z 都要看成常数.

当熟练后，链表就不必画出来了.

例 5 设函数 $u=(\sin x+y^2+z)^{\arctan x}$，求$\dfrac{\partial u}{\partial x}$.

解：设 $v=\sin x+y^2+z$，$w=\arctan x$，则 $u=v^w$，且

$$\frac{\partial u}{\partial x}=\frac{\partial u}{\partial v}\cdot\frac{\partial v}{\partial x}+\frac{\partial u}{\partial w}\cdot\frac{\mathrm{d}w}{\mathrm{d}x}=wv^{w-1}\cdot\cos x+v^w\ln v\cdot\frac{1}{1+x^2}$$

$$=(\sin x+y^2+z)^{\arctan x}\left(\frac{\cos x\cdot\arctan x}{\sin x+y^2+z}+\frac{\ln(\sin x+y^2+z)}{1+x^2}\right).$$

例 6 设函数 $z=f(xy,x^2-y^2)$，f 具有二阶连续偏导数，求$\dfrac{\partial^2 z}{\partial x\partial y}$.

解：设 $u=xy$，$v=x^2-y^2$，则 $z=f(u,v)$，且

$$\frac{\partial z}{\partial x}=yf'_u(u,v)+2xf'_v(u,v).$$

由于$f'_u(u,v)$和$f'_v(u,v)$仍然是以 u，v 为中间变量，x，y 为自变量的复合函数，所以

$$\frac{\partial^2 z}{\partial x\partial y}=\frac{\partial}{\partial y}\left(\frac{\partial z}{\partial x}\right)=\frac{\partial}{\partial y}(yf'_u(u,v)+2xf'_v(u,v))$$

$$=f'_u(u,v)+y\cdot\frac{\partial f'_u(u,v)}{\partial y}+2x\frac{\partial f'_v(u,v)}{\partial y}$$

$$=f'_u(u,v)+y[f''_{uu}(u,v)\cdot x+f''_{uv}(u,v)\cdot(-2y)]+$$
$$2x[f''_{vu}(u,v)\cdot x+f''_{vv}(u,v)\cdot(-2y)]$$

$$=f'_u(u,v)+xyf''_{uu}(u,v)+(2x^2-2y^2)f''_{uv}(u,v)-4xyf''_{vv}(u,v).$$

上面的写法看起来很烦琐，为简便起见，就不再引入中间变

量 u，v 的记号，并约定 $f_1'=f_u'(u,v)$，即 f_1' 表示函数 f 对第一个中间变量求偏导，同理，$f_2'=f_v'(u,v)$ 即 f_2' 表示函数 f 对第二个中间变量求偏导，$f_{12}''=f_{uv}''(u,v)$ 即 f_{12}'' 表示函数 f 先对第一个中间变量求偏导再对第二个中间变量求偏导，同理有 f_{11}''，f_{21}''，f_{22}'' 等. 利用这种记号，例 6 的结果可以表示成

$$\frac{\partial z}{\partial x}=yf_1'+2xf_2',$$

$$\frac{\partial^2 z}{\partial x\partial y}=f_1'+xyf_{11}''+(2x^2-2y^2)f_{12}''-4xyf_{22}''.$$

注意：例 6 中的函数 f 具有二阶连续偏导数，因此，$f_{12}''=f_{21}''$.

例 7　设变换 $\begin{cases}u=x-2y,\\ v=x+ay\end{cases}$ 可把方程 $6\dfrac{\partial^2 z}{\partial x^2}+\dfrac{\partial^2 z}{\partial x\partial y}-\dfrac{\partial^2 z}{\partial y^2}=0$ 简化为 $\dfrac{\partial^2 z}{\partial u\partial v}=0$，且 z 具有二阶连续偏导数，求常数 a.

解：把函数 $z=z(x,y)$ 看成复合函数 $z=z(u,v)$，$u=x-2y$，$v=x+ay$，则

$$\frac{\partial z}{\partial x}=\frac{\partial z}{\partial u}+\frac{\partial z}{\partial v},\ \frac{\partial z}{\partial y}=-2\frac{\partial z}{\partial u}+a\frac{\partial z}{\partial v},$$

$$\frac{\partial^2 z}{\partial x^2}=\frac{\partial^2 z}{\partial u^2}+\frac{\partial^2 z}{\partial u\partial v}+\frac{\partial^2 z}{\partial v\partial u}+\frac{\partial^2 z}{\partial v^2}=\frac{\partial^2 z}{\partial u^2}+2\frac{\partial^2 z}{\partial u\partial v}+\frac{\partial^2 z}{\partial v^2},$$

$$\frac{\partial^2 z}{\partial x\partial y}=\frac{\partial^2 z}{\partial u^2}(-2)+\frac{\partial^2 z}{\partial u\partial v}a+\frac{\partial^2 z}{\partial v\partial u}(-2)+\frac{\partial^2 z}{\partial v^2}a$$

$$=-2\frac{\partial^2 z}{\partial u^2}+(a-2)\frac{\partial^2 z}{\partial u\partial v}+a\frac{\partial^2 z}{\partial v^2},$$

$$\frac{\partial^2 z}{\partial y^2}=-2\left(\frac{\partial^2 z}{\partial u^2}(-2)+\frac{\partial^2 z}{\partial u\partial v}a\right)+a\left(\frac{\partial^2 z}{\partial v\partial u}(-2)+\frac{\partial^2 z}{\partial v^2}a\right)$$

$$=4\frac{\partial^2 z}{\partial u^2}-4a\frac{\partial^2 z}{\partial u\partial v}+a^2\frac{\partial^2 z}{\partial v^2},$$

将以上结果代入原方程，经整理后得

$$(10+5a)\frac{\partial^2 z}{\partial u\partial v}+(6+a-a^2)\frac{\partial^2 z}{\partial v^2}=0,$$

由题意知，常数 a 应满足 $(10+5a)\neq 0$ 且 $6+a-a^2=0$，解得常数 $a=3$.

7.4.2　多元复合函数的全微分

一元函数具有微分形式不变性，那么多元函数是否也有类似的性质呢?

设函数 $z=f(u,v)$ 可微，u，v 是其自变量，则其全微分为

$$\mathrm{d}z=\frac{\partial z}{\partial u}\mathrm{d}u+\frac{\partial z}{\partial v}\mathrm{d}v.$$

若设函数 $z=f(u,v)$，$u=u(x,y)$，$v=v(x,y)$ 都具有连续的偏导数，则复合函数 $z=f(u(x,y),v(x,y))$ 具有连续的偏导数，从而可微，且

$$\mathrm{d}z=\frac{\partial z}{\partial x}\mathrm{d}x+\frac{\partial z}{\partial y}\mathrm{d}y.$$

由于

$$\frac{\partial z}{\partial x}=\frac{\partial z}{\partial u}\cdot\frac{\partial u}{\partial x}+\frac{\partial z}{\partial v}\cdot\frac{\partial v}{\partial x},\ \frac{\partial z}{\partial y}=\frac{\partial z}{\partial u}\cdot\frac{\partial u}{\partial y}+\frac{\partial z}{\partial v}\cdot\frac{\partial v}{\partial y},$$

所以

$$\begin{aligned}\mathrm{d}z&=\left(\frac{\partial z}{\partial u}\cdot\frac{\partial u}{\partial x}+\frac{\partial z}{\partial v}\cdot\frac{\partial v}{\partial x}\right)\mathrm{d}x+\left(\frac{\partial z}{\partial u}\cdot\frac{\partial u}{\partial y}+\frac{\partial z}{\partial v}\cdot\frac{\partial v}{\partial y}\right)\mathrm{d}y\\&=\frac{\partial z}{\partial u}\left(\frac{\partial u}{\partial x}\mathrm{d}x+\frac{\partial u}{\partial y}\mathrm{d}y\right)+\frac{\partial z}{\partial v}\left(\frac{\partial v}{\partial x}\mathrm{d}x+\frac{\partial v}{\partial y}\mathrm{d}y\right)\\&=\frac{\partial z}{\partial u}\mathrm{d}u+\frac{\partial z}{\partial v}\mathrm{d}v.\end{aligned}$$

由上述分析可见，不论 u,v 为自变量还是中间变量，函数 $z=f(u,v)$ 的全微分都可以写成

$$\mathrm{d}z=\frac{\partial z}{\partial u}\mathrm{d}u+\frac{\partial z}{\partial v}\mathrm{d}v$$

的形式. 这个性质称为**全微分形式不变性**. 换句话说，若函数 $z=f(u,v)$ 可微，且其全微分为 $\mathrm{d}z=g(u,v)\mathrm{d}u+h(u,v)\mathrm{d}v$，则

$$\frac{\partial z}{\partial u}=g(u,v),\ \frac{\partial z}{\partial v}=h(u,v).$$

利用全微分形式不变性及全微分的四则运算法则，能更方便地计算较复杂多元函数的全微分及偏导数.

例 8　设函数 $z=\dfrac{y}{f(x^2-y^2)}$，其中函数 $f(u)$ 为可导函数，求 $\mathrm{d}z$，并验证

$$\frac{1}{x}\frac{\partial z}{\partial x}+\frac{1}{y}\frac{\partial z}{\partial y}=\frac{z}{y^2}.$$

解：
$$\begin{aligned}\mathrm{d}z&=\frac{f(x^2-y^2)\mathrm{d}y-y\mathrm{d}f(x^2-y^2)}{[f(x^2-y^2)]^2}\\&=\frac{f(x^2-y^2)\mathrm{d}y-yf'(x^2-y^2)\mathrm{d}(x^2-y^2)}{[f(x^2-y^2)]^2}\\&=\frac{f(x^2-y^2)\mathrm{d}y-yf'(x^2-y^2)(2x\mathrm{d}x-2y\mathrm{d}y)}{[f(x^2-y^2)]^2}\end{aligned}$$

$$=\frac{-2xyf'(x^2-y^2)\,\mathrm{d}x+[f(x^2-y^2)+2y^2f'(x^2-y^2)]\,\mathrm{d}y}{[f(x^2-y^2)]^2}.$$

由上式可得

$$\frac{\partial z}{\partial x}=\frac{-2xyf'(x^2-y^2)}{[f(x^2-y^2)]^2}=\frac{-2xyf'}{f^2},\ \frac{\partial z}{\partial y}=\frac{f(x^2-y^2)+2y^2f'(x^2-y^2)}{[f(x^2-y^2)]^2}=\frac{f+2y^2f'}{f^2},$$

于是

$$\frac{1}{x}\frac{\partial z}{\partial x}+\frac{1}{y}\frac{\partial z}{\partial y}=\frac{-2yf'}{f^2}+\frac{1}{yf}+\frac{2yf'}{f^2}=\frac{1}{yf}=\frac{z}{y^2}.$$

习题 7-4

1. 设 $z=x^2+\sin y$，$x=\cos t$，$y=t^3$，求 $\frac{\mathrm{d}z}{\mathrm{d}t}$.

2. 设 $z=\arctan(xy)+\ln y$，而 $y=\mathrm{e}^x$，求 $\frac{\mathrm{d}z}{\mathrm{d}x}$.

3. 设 $u=\mathrm{e}^{2x}(y-z)$，而 $y=\arcsin x$，$z=\cos^2x$，求 $\frac{\mathrm{d}u}{\mathrm{d}x}$.

4. 设 $z=\ln(u^2+v-2w)$，而 $u=y\mathrm{e}^x$，$v=x^2+y$，$w=\mathrm{e}^{2y}$，求 $\frac{\partial z}{\partial x}$ 和 $\frac{\partial z}{\partial y}$.

5. 设 $z=(x^2-2y^2)^{xy}$，求 $\frac{\partial z}{\partial x}$ 和 $\frac{\partial z}{\partial y}$.

6. 求下列函数的一阶偏导数，其中 f 具有一阶连续偏导数：

(1) $z=f(x^2-y^2,\ln(x-y))$；

(2) $u=f(x^2z+y,y^2z)$；

(3) $z=xyf\left(\frac{x}{y},\frac{y}{x}\right)$；

(4) $u=f\left(\frac{y}{x},x-6y,y\mathrm{e}^x\right)$；

(5) $u=f(x,xy,xyz)$.

7. 设 $z=xy+xF(u)$，而 $u=\frac{y}{x}$，$F(u)$ 为可导函数，证明 $x\frac{\partial z}{\partial x}+y\frac{\partial z}{\partial y}=z+xy$.

8. 已知 $f(x,y)$ 可微分，若 $f(x,2x)=x$，$f_1'(x,2x)=x^2$，求 $f_2'(x,2x)$.

9. 设 f 具有二阶连续偏导数，求下列函数的 $\frac{\partial^2 z}{\partial x^2}$，$\frac{\partial^2 z}{\partial x\partial y}$，$\frac{\partial^2 z}{\partial y^2}$.

(1) $z=f\left(x,\frac{x}{y}\right)$；　　(2) $z=f(x\sin y,xy)$；

(3) $z=f(x\sin y,xy,x+2y)$.

10. 设 $u=f(x+y+z,xyz)$，f 具有二阶连续偏导数，求 $\frac{\partial^2 u}{\partial x\partial z}$.

11. 已知 $u=f(r)$，$r=\ln\sqrt{x^2+y^2+z^2}$，$f''(r)$ 连续，求 $\frac{\partial^2 u}{\partial x^2}+\frac{\partial^2 u}{\partial y^2}+\frac{\partial^2 u}{\partial z^2}$.

12. 设函数 $u=f(xyz)$，其中函数 f 可导，求 $\mathrm{d}u$.

13. 设函数 $u=f\left(\frac{2x}{y},\frac{y}{z}\right)$，其中 f 具有连续的偏导数，求 $\mathrm{d}u$.

14. 设 $z=f(x,y)$，且 f 具有二阶连续偏导数，引进新的自变量 $u=x-ay$，$v=x+ay$ 化简方程 $\frac{\partial^2 z}{\partial y^2}=a^2\frac{\partial^2 z}{\partial x^2}$，其中，$a$ 为非零常数.

7.5 隐函数的求导法

7.5.1 单个方程确定的隐函数的求导法

一元函数微分学中，已经提出了隐函数的概念，并给出了不

微课视频 7.7
隐函数的求导公式

经过显化而直接由方程 $F(x,y)=0$ 求它所确定的隐函数的导数的方法. 但是，当时并没有回答一个方程是否能确定一个隐函数的问题，也没有回答这个隐函数是否可导的问题. 本节将回答上述问题，并进一步把结论推广到多元隐函数和由方程组确定的隐函数.

定理 7.8（隐函数存在定理 1）　如果函数 $F(x,y)$ 满足：①在点 (x_0,y_0) 的某一邻域内具有连续偏导数，② $F(x_0,y_0)=0$，③ $F'_y(x_0,y_0)\neq 0$，则方程 $F(x,y)=0$ 在点 (x_0,y_0) 的某一邻域内能唯一确定一个连续且有连续导数的函数 $y=f(x)$，它满足条件 $y_0=f(x_0)$ 且有

$$\frac{\mathrm{d}y}{\mathrm{d}x}=-\frac{F'_x}{F'_y}. \tag{1}$$

这个定理不做证明，仅就式(1)做如下推导.

由 $F(x,y)=0$ 和 $y=f(x)$ 得

$$F(x,f(x))\equiv 0.$$

因为 $F'_y(x_0,y_0)\neq 0$，故由保号性知，F'_y 在点 (x_0,y_0) 的某一邻域内恒不为 0. 应用复合函数的求导公式，将上式两端同时对 x 求导，有

$$F'_x+F'_y\cdot\frac{\mathrm{d}y}{\mathrm{d}x}=0,$$

解得

$$\frac{\mathrm{d}y}{\mathrm{d}x}=-\frac{F'_x}{F'_y}.$$

如果 $F(x,y)$ 的二阶偏导数也都连续，那么可以把式(1)的右端看作是 x 的复合函数，再一次求导，可得 $\frac{\mathrm{d}^2y}{\mathrm{d}x^2}$.

例 1　验证开普勒(Kepler)方程 $y=x+\varepsilon\sin y\ (0<\varepsilon<1)$ 在点 $(0,0)$ 的某个邻域内能唯一确定一个具有连续导数的函数 $y=f(x)$，它满足 $f(0)=0$，并求 $\frac{\mathrm{d}y}{\mathrm{d}x}$ 和 $\frac{\mathrm{d}^2y}{\mathrm{d}x^2}$.

解： 令 $F(x,y)=y-x-\varepsilon\sin y$，则 $F'_x=-1$，$F'_y=1-\varepsilon\cos y$，$F(0,0)=0$，$F'_y(0,0)=1-\varepsilon\neq 0$. 由定理 7.8 知，方程 $y=x+\varepsilon\sin y\ (0<\varepsilon<1)$ 在点 $(0,0)$ 的某个邻域内能唯一确定一个具有连续导数的函数 $y=f(x)$，它满足 $f(0)=0$. 由式(1)，得

$$\frac{\mathrm{d}y}{\mathrm{d}x}=-\frac{F'_x}{F'_y}=\frac{1}{1-\varepsilon\cos y},$$

从而

$$\frac{d^2y}{dx^2}=\frac{d}{dx}\left(\frac{1}{1-\varepsilon\cos y}\right)=\frac{-\varepsilon\sin y\cdot y'}{(1-\varepsilon\cos y)^2}=\frac{-\varepsilon\sin y}{(1-\varepsilon\cos y)^3}.$$

定理 7.8 可以推广到多元隐函数的情形，即在一定条件下，一个三元方程 $F(x,y,z)=0$ 有可能确定二元隐函数 $z=f(x,y)$，并可由 $F(x,y,z)$ 求出该隐函数的偏导数. 与定理 7.8 类似，同样可以由三元函数 $F(x,y,z)$ 的性质来判断由方程 $F(x,y,z)=0$ 确定的二元隐函数 $z=f(x,y)$ 的存在性及其性质.

定理 7.9(隐函数存在定理 2)　如果函数 $F(x,y,z)$ 满足：①在点 (x_0,y_0,z_0) 的某一邻域内具有连续偏导数，② $F(x_0,y_0,z_0)=0$，③ $F_z'(x_0,y_0,z_0)\neq 0$，那么方程 $F(x,y,z)=0$ 在点 (x_0,y_0,z_0) 的某一邻域内能唯一确定一个连续且有连续偏导数的函数 $z=f(x,y)$，它满足条件 $z_0=f(x_0,y_0)$，并有

$$\frac{\partial z}{\partial x}=-\frac{F_x'}{F_z'},\ \frac{\partial z}{\partial y}=-\frac{F_y'}{F_z'}. \tag{2}$$

这个定理不做证明，仅就式(2)做如下推导.

由 $F(x,y,z)=0$ 和 $z=f(x,y)$ 得

$$F(x,y,f(x,y))\equiv 0.$$

应用复合函数的求导公式，将上式两端分别对 x 和 y 求偏导，得

$$F_x'+F_z'\cdot\frac{\partial z}{\partial x}=0,\ F_y'+F_z'\cdot\frac{\partial z}{\partial y}=0.$$

因为 $F_z'(x_0,y_0,z_0)\neq 0$ 且 F_z' 连续，故由保号性知，F_z' 在点 (x_0,y_0,z_0) 的某一邻域内恒不为 0，从而可得

$$\frac{\partial z}{\partial x}=-\frac{F_x'}{F_z'},\ \frac{\partial z}{\partial y}=-\frac{F_y'}{F_z'}.$$

如果 $F(x,y,z)$ 的二阶偏导数也都连续，那么可以把式(2)的右端看作是 x，y 的复合函数，再一次求导，可得 $\frac{\partial^2 z}{\partial x^2},\frac{\partial^2 z}{\partial x\partial y},\frac{\partial^2 z}{\partial y\partial x},\frac{\partial^2 z}{\partial y^2}$.

例 2　设方程 $x^3y^2+e^z=z^2$ 确定一个二元隐函数 $z=z(x,y)$，求 $\frac{\partial z}{\partial x},\frac{\partial z}{\partial y},\frac{\partial^2 z}{\partial x\partial y}$.

解：令 $F(x,y,z)=x^3y^2+e^z-z^2$，则

$$F_x'=3x^2y^2,\ F_y'=2x^3y,\ F_z'=e^z-2z,$$

所以

$$\frac{\partial z}{\partial x}=-\frac{F_x'}{F_z'}=\frac{3x^2y^2}{2z-e^z},\ \frac{\partial z}{\partial y}=-\frac{F_y'}{F_z'}=\frac{2x^3y}{2z-e^z},$$

$$\frac{\partial^2 z}{\partial x\partial y}=\frac{6x^2y(2z-\mathrm{e}^z)-3x^2y^2(2-\mathrm{e}^z)\cdot z_y'}{(2z-\mathrm{e}^z)^2}=\frac{6x^2y(2z-\mathrm{e}^z)^2-6x^5y^3(2-\mathrm{e}^z)}{(2z-\mathrm{e}^z)^3}.$$

在实际应用中，求方程所确定的隐函数的导数或偏导数时，不一定非要套用式(1)或式(2)，尤其在方程中含有抽象函数时，利用复合函数求导数或偏导数则过程更为清楚.

例 3 设 $F(xyz,x^2+y^2+z^2)=0$ 确定二元隐函数 $y=y(x,z)$，且 F 具有连续偏导数，求$\frac{\partial y}{\partial x}$，$\frac{\partial y}{\partial z}$.

解：把 y 看成 $y=y(x,z)$，运用复合函数的求导法则，方程两端同时对 x 求偏导，得

$$F_1'\cdot\left(yz+xz\frac{\partial y}{\partial x}\right)+F_2'\cdot\left(2x+2y\frac{\partial y}{\partial x}\right)=0,$$

解得

$$\frac{\partial y}{\partial x}=-\frac{yzF_1'+2xF_2'}{xzF_1'+2yF_2'}.$$

由对称性，得

$$\frac{\partial y}{\partial z}=-\frac{yxF_1'+2zF_2'}{xzF_1'+2yF_2'}.$$

例 4 设 $F(x-y,y-z,z-x)=0$ 确定二元隐函数 $z=z(x,y)$，且 F 具有连续偏导数，$F_2'-F_3'\neq0$，证明：$\frac{\partial z}{\partial x}+\frac{\partial z}{\partial y}=1$.

证：方程 $F(x-y,y-z,z-x)=0$ 两端同时求微分，得

$$\mathrm{d}F(x-y,y-z,z-x)=\mathrm{d}0=0,$$

即

$$F_1'\mathrm{d}(x-y)+F_2'\mathrm{d}(y-z)+F_3'\mathrm{d}(z-x)=0,$$

于是

$$F_1'(\mathrm{d}x-\mathrm{d}y)+F_2'(\mathrm{d}y-\mathrm{d}z)+F_3'(\mathrm{d}z-\mathrm{d}x)=0,$$

整理得

$$(F_2'-F_3')\mathrm{d}z=(F_1'-F_3')\mathrm{d}x+(F_2'-F_1')\mathrm{d}y.$$

由于 $F_2'-F_3'\neq0$，故

$$\mathrm{d}z=\frac{F_1'-F_3'}{F_2'-F_3'}\mathrm{d}x+\frac{F_2'-F_1'}{F_2'-F_3'}\mathrm{d}y,$$

从而得

$$\frac{\partial z}{\partial x}=\frac{F_1'-F_3'}{F_2'-F_3'},\qquad \frac{\partial z}{\partial y}=\frac{F_2'-F_1'}{F_2'-F_3'},$$

故

$$\frac{\partial z}{\partial x}+\frac{\partial z}{\partial y}=\frac{F_2'-F_3'}{F_2'-F_3'}=1.$$

由例 2~例 4 可知，在求方程所确定的隐函数的偏导数时，根据实际情况，可选用公式(2)，可采用复合函数求偏导的方法，或用求微分的方法.

7.5.2 隐函数组的求导法

定理 7.8 还可以推广到方程组的情形. 例如，设方程组

$$\begin{cases} F(x,y,u,v)=0, \\ G(x,y,u,v)=0. \end{cases} \tag{3}$$

一般而言，四个变量 x，y，u，v 中，通常只有两个变量独立变化. 在一定条件下，方程组(3)可以确定两个二元函数 $u=u(x,y)$，$v=v(x,y)$，并可由函数 F 和 G 的性质来判断出这两个函数的存在性以及它们的性质.

定理 7.10(隐函数存在定理 3)　如果函数 $F(x,y,u,v)$，$G(x,y,u,v)$满足：①在点(x_0,y_0,u_0,v_0)的某一邻域内对每个变量具有连续偏导数，②$F(x_0,y_0,u_0,v_0)=0$ 且 $G(x_0,y_0,u_0,v_0)=0$，③函数行列式(或称雅可比行列式)$J=\dfrac{\partial(F,G)}{\partial(u,v)}=\begin{vmatrix} F'_u & F'_v \\ G'_u & G'_v \end{vmatrix}$在点$(x_0,y_0,u_0,v_0)$处不等于零，则方程组$\begin{cases} F(x,y,u,v)=0, \\ G(x,y,u,v)=0 \end{cases}$在点$(x_0,y_0,u_0,v_0)$的某一邻域内能唯一确定一组连续且有连续偏导数的函数 $u=u(x,y)$，$v=v(x,y)$，它们满足条件 $u_0=u(x_0,y_0)$，$v_0=v(x_0,y_0)$，并有

$$\frac{\partial u}{\partial x}=-\frac{1}{J}\frac{\partial(F,G)}{\partial(x,v)}=-\frac{\begin{vmatrix} F'_x & F'_v \\ G'_x & G'_v \end{vmatrix}}{\begin{vmatrix} F'_u & F'_v \\ G'_u & G'_v \end{vmatrix}},\quad \frac{\partial v}{\partial x}=-\frac{1}{J}\frac{\partial(F,G)}{\partial(u,x)}=-\frac{\begin{vmatrix} F'_u & F'_x \\ G'_u & G'_x \end{vmatrix}}{\begin{vmatrix} F'_u & F'_v \\ G'_u & G'_v \end{vmatrix}}, \tag{4}$$

$$\frac{\partial u}{\partial y}=-\frac{1}{J}\frac{\partial(F,G)}{\partial(y,v)}=-\frac{\begin{vmatrix} F'_y & F'_v \\ G'_y & G'_v \end{vmatrix}}{\begin{vmatrix} F'_u & F'_v \\ G'_u & G'_v \end{vmatrix}},\quad \frac{\partial v}{\partial y}=-\frac{1}{J}\frac{\partial(F,G)}{\partial(u,y)}=-\frac{\begin{vmatrix} F'_u & F'_y \\ G'_u & G'_y \end{vmatrix}}{\begin{vmatrix} F'_u & F'_v \\ G'_u & G'_v \end{vmatrix}}. \tag{5}$$

这个定理不做证明. 下面仅就式(4)做如下推导.

由于

$F(x,y,u(x,y),v(x,y))\equiv 0$，$G(x,y,u(x,y),v(x,y))\equiv 0$，

将恒等式两边分别对 x 求偏导，应用复合函数求导法则得

$$\begin{cases} F'_x+F'_u\dfrac{\partial u}{\partial x}+F'_v\dfrac{\partial v}{\partial x}=0, \\ G'_x+G'_u\dfrac{\partial u}{\partial x}+G'_v\dfrac{\partial v}{\partial x}=0. \end{cases} \tag{6}$$

这是以$\dfrac{\partial u}{\partial x}$和$\dfrac{\partial v}{\partial x}$为未知函数的线性方程组，由假设知在点$(x_0,y_0,u_0,v_0)$的某个邻域内方程组(6)的系数行列式 $J=\dfrac{\partial(F,G)}{\partial(u,v)}=\begin{vmatrix} F'_u & F'_v \\ G'_u & G'_v \end{vmatrix}\neq 0$，从而由式(6)解得

$$\frac{\partial u}{\partial x}=-\frac{1}{J}\frac{\partial(F,G)}{\partial(x,v)},\ \frac{\partial v}{\partial x}=-\frac{1}{J}\frac{\partial(F,G)}{\partial(u,x)}.$$

同理，可得

$$\frac{\partial u}{\partial y}=-\frac{1}{J}\frac{\partial(F,G)}{\partial(y,v)},\ \frac{\partial v}{\partial y}=-\frac{1}{J}\frac{\partial(F,G)}{\partial(u,y)}.$$

在实际计算时，可以直接用式(4)和式(5)求解，也可以用复合函数求导法并结合线性方程组的求解方法计算.

例 5 设方程组$\begin{cases} v^2-u^2-2x=0, \\ uv-6y=0 \end{cases}$确定二元隐函数 $u=u(x,y)$，$v=v(x,y)$，求$\dfrac{\partial u}{\partial x}$，$\dfrac{\partial u}{\partial y}$，$\dfrac{\partial v}{\partial x}$和$\dfrac{\partial v}{\partial y}$.

解： 方程组两端分别对 x 求偏导，得

$$\begin{cases} -2u\dfrac{\partial u}{\partial x}+2v\dfrac{\partial v}{\partial x}=2, \\ v\dfrac{\partial u}{\partial x}+u\dfrac{\partial v}{\partial x}=0, \end{cases}$$

当 $u^2+v^2\neq 0$ 时，解得

$$\frac{\partial u}{\partial x}=\frac{\begin{vmatrix} 2 & 2v \\ 0 & u \end{vmatrix}}{\begin{vmatrix} -2u & 2v \\ v & u \end{vmatrix}}=-\frac{u}{u^2+v^2},\ \frac{\partial v}{\partial x}=\frac{\begin{vmatrix} -2u & 2 \\ v & 0 \end{vmatrix}}{\begin{vmatrix} -2u & 2v \\ v & u \end{vmatrix}}=\frac{v}{u^2+v^2}.$$

方程组的两端分别对 y 求偏导，得

$$\begin{cases} -2u\dfrac{\partial u}{\partial y}+2v\dfrac{\partial v}{\partial y}=0, \\ v\dfrac{\partial u}{\partial y}+u\dfrac{\partial v}{\partial y}=6, \end{cases}$$

当 $u^2+v^2\neq 0$ 时，解得

$$\frac{\partial u}{\partial y}=\frac{\begin{vmatrix}0 & 2v\\6 & u\end{vmatrix}}{\begin{vmatrix}-2u & 2v\\v & u\end{vmatrix}}=\frac{6v}{u^2+v^2},\quad \frac{\partial v}{\partial y}=\frac{\begin{vmatrix}-2u & 0\\v & 6\end{vmatrix}}{\begin{vmatrix}-2u & 2v\\v & u\end{vmatrix}}=\frac{6u}{u^2+v^2}.$$

习题 7-5

1. 设方程 $xe^{2y}-ye^{2x}=1$ 确定函数 $y=f(x)$，求 $\frac{dy}{dx}$.

2. 设 $\arctan\frac{y}{x}=\ln\sqrt{x^2+y^2}$，求 $\frac{dy}{dx}$.

3. 设 $e^{x+y}=xy$，证明：$\frac{d^2y}{dx^2}=-\frac{y[(x-1)^2+(y-1)^2]}{x^2(y-1)^3}$.

4. 设 $z^3-2xz+y=0$ 确定了函数 $z=z(x,y)$，求 $\frac{\partial^2 z}{\partial x^2}$，$\frac{\partial^2 z}{\partial y^2}$.

5. 设 $z^5-xz^4+yz^3=1$ 确定了函数 $z=z(x,y)$，求 $\left.\frac{\partial^2 z}{\partial x\partial y}\right|_{(0,0)}$.

6. 设 $e^{xy}-\arctan z+z=3$ 确定了隐函数 $z=z(x,y)$，求全微分 dz.

7. 设 $z=f(x+y+z,xyz)$，求 $\frac{\partial z}{\partial x}$，$\frac{\partial x}{\partial y}$ 和 $\frac{\partial y}{\partial z}$.

8. 设 $x+z=yf(x^2-z^2)$，其中 f 有连续导数，求 $\frac{\partial z}{\partial x}$ 和 $\frac{\partial z}{\partial y}$.

9. 设方程 $F\left(x+\frac{z}{y},y+\frac{z}{x}\right)=0$ 确定了函数 $z=z(x,y)$，证明：$x\frac{\partial z}{\partial x}+y\frac{\partial z}{\partial y}=z-xy$.

10. 设方程组 $\begin{cases}x+y+z+z^2=0,\\x+y^2+z+z^3=0\end{cases}$ 确定了函数 $y=y(x)$，$z=z(x)$，求 $\frac{dy}{dx}$ 和 $\frac{dz}{dx}$.

11. 设 $\begin{cases}x=e^u+u\sin v,\\y=e^u-u\cos v\end{cases}$ 确定了函数 $u=u(x,y)$，$v=v(x,y)$，求 $\frac{\partial u}{\partial x}$，$\frac{\partial u}{\partial y}$，$\frac{\partial v}{\partial x}$，$\frac{\partial v}{\partial y}$.

12. 设 $\begin{cases}u^2+v^2-x^2-y=0,\\-u+v-xy+1=0\end{cases}$ 确定了函数 $x=x(u,v)$，$y=y(u,v)$，求 $\frac{\partial x}{\partial u}$，$\frac{\partial y}{\partial u}$.

13. 设 $z=uv$，而 $u=u(x,y)$，$v=v(x,y)$ 由方程组 $\begin{cases}x=e^u\cos v,\\y=e^u\sin v\end{cases}$ 确定，求 $\frac{\partial z}{\partial x}$ 及 $\frac{\partial z}{\partial y}$.

7.6　多元函数微分学在几何上的应用

7.6.1　一元向量值函数的导数

1. 一元向量值函数的概念

实际问题中，常常需要同时考虑与某个自变量有关的一组因变量的改变情况. 例如，空间中质点的运动轨迹一般情况下是一条空间曲线. 如果建立了空间直角坐标系 $Oxyz$，并设动点 P 在时刻 t 的坐标为 (x,y,z)，则该质点的运动方程为

$$x=x(t),\ y=y(t),\ z=z(t),\tag{1}$$

其中，$t\in[\gamma,\beta]$，$x(t)$，$y(t)$，$z(t)$ 是时间 t 的函数，γ，β 为常数.

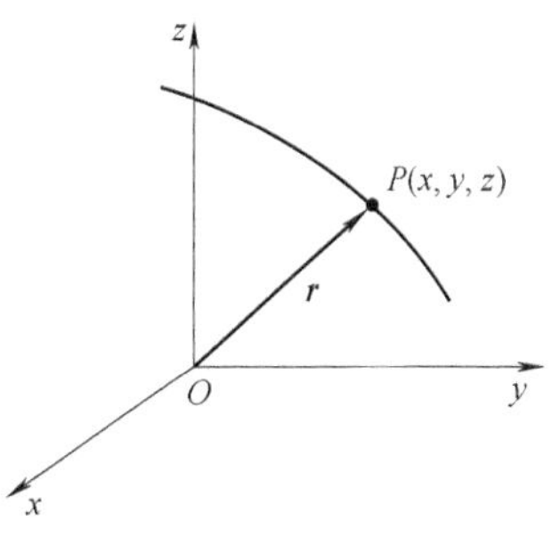

图　7-6-1

如果把动点 P 与坐标原点 O 连接起来(见图 7-6-1)，就得到一个以原点为起点，以动点 P 为终点的向量(向径) $\boldsymbol{r}=\overrightarrow{OP}$，此时

动点 P 的运动方程可写成

$$\boldsymbol{r}(t)=x(t)\boldsymbol{i}+y(t)\boldsymbol{j}+z(t)\boldsymbol{k}=(x(t),y(t),z(t)) \tag{2}$$

当 t 变动时，每一个时刻 t 都有唯一一个式(2)所示的向量 $\boldsymbol{r}(t)$ 与之对应，这就确定了一个映射 $\boldsymbol{f}:[\alpha,\beta]\to\mathbf{R}^3$，即 $\boldsymbol{r}(t)=\boldsymbol{f}(t)=(x(t),y(t),z(t))$. 由于这个映射 $\boldsymbol{f}$ 把每一个 $t\in[\alpha,\beta]$ 映射成一个向量，故称该映射 $\boldsymbol{f}$ 为**一元向量值函数**，动点 P 的运动轨迹是一条空间曲线，称其为一元向量值函数的**终端曲线**. 一般地，有如下定义：

定义 7.6　设数集 $D\subset\mathbf{R}$，n 为正整数，称映射 $\boldsymbol{f}: D\to\mathbf{R}^n$ 为**一元向量值函数**，通常记为 $\boldsymbol{r}(t)=\boldsymbol{f}(t)$，$t\in D$，其中数集 D 称为函数的定义域，t 称为自变量，$\boldsymbol{r}(t)$ 称为因变量.

注意：（1）一元向量值函数是一元函数的推广. 本教材中仅讨论一元向量值函数，并以因变量为三维向量的情况介绍. 为简便起见，以下把一元向量值函数简称为向量值函数，而把上册中熟悉的一元函数称为数量函数.

（2）向量值函数 $\boldsymbol{r}(t)=\boldsymbol{f}(t)\,(t\in D)$ 与空间曲线 Γ 一一对应，因此，$\boldsymbol{r}(t)=\boldsymbol{f}(t)$ 称为**曲线 Γ 的向量方程**.

2. 一元向量值函数的导数

数量函数的极限、连续、导数等概念的形式可以类推到向量值函数，这里不一一介绍，仅简要讨论向量值函数的导数.

设向量值函数 $\boldsymbol{r}=\boldsymbol{r}(t)=\boldsymbol{f}(t)=(x(t),y(t),z(t))$，当自变量 t 获得增量 Δt 时，$\boldsymbol{r}$ 相应地获得增量

$$\Delta\boldsymbol{r}=\boldsymbol{r}(t+\Delta t)-\boldsymbol{r}(t)=(x(t+\Delta t)-x(t),\ y(t+\Delta t)-y(t),\ z(t+\Delta t)-z(t))=(\Delta x,\Delta y,\Delta z).$$

定义 7.7　设向量值函数 $\boldsymbol{r}=\boldsymbol{r}(t)$ 在点 t 的某一邻域内有定义，如果

$$\lim_{\Delta t\to0}\frac{\Delta\boldsymbol{r}}{\Delta t}=\lim_{\Delta t\to0}\frac{(\Delta x,\Delta y,\Delta z)}{\Delta t}=\left(\lim_{\Delta t\to0}\frac{\Delta x}{\Delta t},\ \lim_{\Delta t\to0}\frac{\Delta y}{\Delta t},\ \lim_{\Delta t\to0}\frac{\Delta z}{\Delta t}\right)$$

存在，则称该极限向量为向量值函数 $\boldsymbol{r}=\boldsymbol{r}(t)$ 在点 t 处的导数或导向量，记为 $\boldsymbol{r}'(t)$ 或 $\dfrac{\mathrm{d}\boldsymbol{r}'(t)}{\mathrm{d}t}$.

如果向量值函数 $\boldsymbol{r}=\boldsymbol{r}(t)$ 在定义区间 D 中的每一点处都存在导向量，则称 $\boldsymbol{r}=\boldsymbol{r}(t)$ 在区间 D 上可导.

由定义 7.7 可以得出，**向量值函数 $\boldsymbol{r}=\boldsymbol{r}(t)$ 在点 t 处可导的充分必要条件是：$\boldsymbol{r}(t)$ 的三个分量 $x(t)$，$y(t)$，$z(t)$ 在点 t 处都可导，且**

$$\boldsymbol{r}'(t)=(x'(t),y'(t),z'(t)). \tag{3}$$

向量值函数的导数与数量函数的导数具有类似的运算法则，现列举如下：

设 $\boldsymbol{u}(t)$、$\boldsymbol{v}(t)$ 是可导的向量值函数，$\boldsymbol{C}$ 为常向量，k 是任一常数，$h(t)$ 是可导的数量函数，则

(1) $\boldsymbol{C}'=\boldsymbol{0}$；

(2) $[k\boldsymbol{u}(t)]'=k\boldsymbol{u}'(t)$；

(3) $[\boldsymbol{u}(t)\pm\boldsymbol{v}(t)]'=\boldsymbol{u}'(t)\pm\boldsymbol{v}'(t)$；

(4) $[h(t)\boldsymbol{u}(t)]'=h'(t)\boldsymbol{u}(t)+h(t)\boldsymbol{u}'(t)$；

(5) $[\boldsymbol{u}(t)\cdot\boldsymbol{v}(t)]'=\boldsymbol{u}'(t)\cdot\boldsymbol{v}(t)+\boldsymbol{u}(t)\cdot\boldsymbol{v}'(t)$；

(6) $[\boldsymbol{u}(t)\times\boldsymbol{v}(t)]'=\boldsymbol{u}'(t)\times\boldsymbol{v}(t)+\boldsymbol{u}(t)\times\boldsymbol{v}'(t)$；

(7) $[\boldsymbol{u}(h(t))]'=h'(t)\boldsymbol{u}'[h(t)]$.

以上求导法则请读者仿照数量函数的导数运算法则的证明方法自行证明.

向量值函数的导数的**物理意义**：

$\boldsymbol{r}=\boldsymbol{r}(t)$ 表示质点 P 的运动方程，如图 7-6-2 所示，在时间间隔 $[t,t+\Delta t]$ 内，质点 P 的位移为 $\Delta\boldsymbol{r}=\boldsymbol{r}(t+\Delta t)-\boldsymbol{r}(t)$，平均速度为 $\dfrac{\Delta\boldsymbol{r}}{\Delta t}=\dfrac{\boldsymbol{r}(t+\Delta t)-\boldsymbol{r}(t)}{\Delta t}$，质点在时刻 t 的瞬时速度为 $\boldsymbol{v}(t)=\lim\limits_{\Delta t\to 0}\dfrac{\Delta\boldsymbol{r}}{\Delta t}=\boldsymbol{r}'(t)$，质点在时刻 t 运动的加速度为 $\boldsymbol{a}(t)=\lim\limits_{\Delta t\to 0}\dfrac{\Delta\boldsymbol{v}}{\Delta t}=\boldsymbol{r}''(t)$.

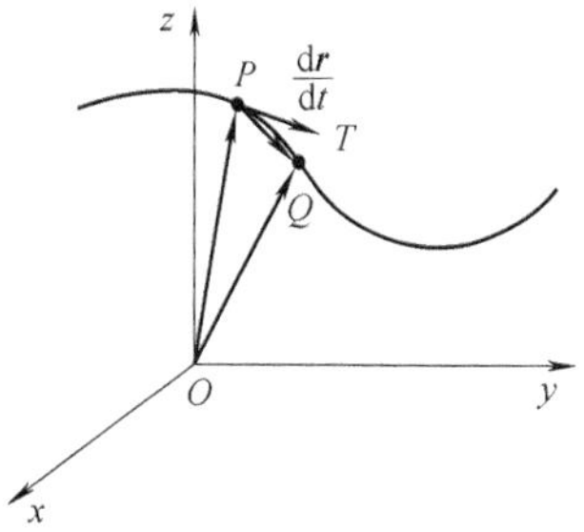

图　7-6-2

向量值函数的导数的**几何意义**：

设 $\boldsymbol{r}'(t)$ 不是零向量，曲线在点 P 处的切线存在. 由 $\Delta\boldsymbol{r}/\!/\overrightarrow{PQ}$，故 $\dfrac{\Delta\boldsymbol{r}}{\Delta t}/\!/\overrightarrow{PQ}$，割线 PQ 当 $Q\to P$ 时的极限位置就是切线 PT，从而 $\lim\limits_{\Delta t\to 0}\dfrac{\Delta\boldsymbol{r}}{\Delta t}=\boldsymbol{r}'(t)$ 是平行于切线 PT 的向量，即 $\boldsymbol{r}'(t)$ 是曲线在点 P 处的**切线的方向向量**，简称**切向量**.

例 1　设空间曲线 Γ 的向量方程为 $\boldsymbol{r}=\boldsymbol{r}(t)=(e^t,6t-1,t^3)$，求曲线 Γ 在参数 $t=1$ 对应点处的切向量.

解：因为 $\boldsymbol{r}'(t)=(e^t,6,3t^2)$，所以 $\boldsymbol{r}'(1)=(e,6,3)$.

由向量值函数的导数的几何意义知，曲线 Γ 在 $t=1$ 对应点处的切向量为 $\pm(e,6,3)$，其中切向量 $(e,6,3)$ 的指向与参数 t 增长的方向一致，而另一个切向量 $-(e,6,3)$ 的指向与参数 t 增长的方向相反.

7.6.2　空间曲线的切线与法平面

1. 空间曲线方程为参数方程的情形

设空间曲线 Γ 的参数方程为

微课视频 7.8
空间曲线的切线与法平面

$$\begin{cases} x=x(t), \\ y=y(t), \\ z=z(t), \end{cases} \tag{4}$$

这里假定式(4)中的三个函数 $x=x(t)$，$y=y(t)$，$z=z(t)$ 都可导，且导数不同时为零.

现在求曲线 Γ 在其上一点 $M_0(x_0,y_0,z_0)$ 处的切线和法平面方程. 设点 M_0 对应的参数为 $t=t_0$，即 $(x_0,y_0,z_0)=(x(t_0),y(t_0),z(t_0))$.由向量值函数的导数的几何意义知，曲线 Γ 在点 M_0 处的一个切向量为

$$\boldsymbol{T}=(x'(t_0),\ y'(t_0),z'(t_0)), \tag{5}$$

从而可得曲线 Γ 在点 M_0 处**切线** M_0T 的**方程**

$$\frac{x-x_0}{x'(t_0)}=\frac{y-y_0}{y'(t_0)}=\frac{z-z_0}{z'(t_0)}. \tag{6}$$

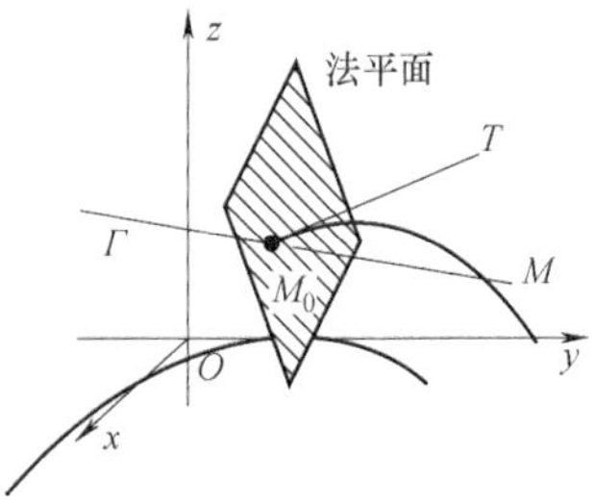

图 7-6-3

过点 M_0 且与切线垂直的平面称为曲线 Γ 在点 M_0 处的**法平面**（见图 7-6-3），它是以式(5)中的切向量为法向量并且过点 M_0 的平面，因此，曲线 Γ 在点 $M_0(x_0,y_0,z_0)$处的**法平面方程**为

$$x'(t_0)(x-x_0)+y'(t_0)(y-y_0)+z'(t_0)(z-z_0)=0. \tag{7}$$

注意：曲线 Γ 在点 $M_0(x_0,y_0,z_0)$处的切线方程也可以用另一种形式得出. 设曲线 Γ 上点 $M_0(x_0,y_0,z_0)$ 及 $M(x_0+\Delta x,y_0+\Delta y,z_0+\Delta z)$ 分别对应于参数 $t=t_0$ 及 $t=t_0+\Delta t$，显然割线 M_0M 的方向向量为 $\boldsymbol{s}=\overrightarrow{M_0M}=(\Delta x,\Delta y,\Delta z)$，于是割线 M_0M 的方程为

$$\frac{x-x_0}{\Delta x}=\frac{y-y_0}{\Delta y}=\frac{z-z_0}{\Delta z}.$$

上式两端同除以 Δt，得

$$\frac{x-x_0}{\frac{\Delta x}{\Delta t}}=\frac{y-y_0}{\frac{\Delta y}{\Delta t}}=\frac{z-z_0}{\frac{\Delta z}{\Delta t}}.$$

令 $M\xrightarrow{\text{沿曲线}\ \Gamma}M_0$（此时 $\Delta t\to 0$），对上式取极限，即得切线 M_0T 的方程

$$\frac{x-x_0}{x'(t_0)}=\frac{y-y_0}{y'(t_0)}=\frac{z-z_0}{z'(t_0)}.$$

例 2 求曲线 $x=\sin t$，$y=\cos t$，$z=2t$ 在点$(1,0,\pi)$处的切线方程和法平面方程.

解：点$(1,0,\pi)$对应的参数 $t=\dfrac{\pi}{2}$，而

$$x'\left(\frac{\pi}{2}\right)=\cos t\Big|_{\frac{\pi}{2}}=0,\ y'\left(\frac{\pi}{2}\right)=-\sin t\Big|_{\frac{\pi}{2}}=-1,\ z'\left(\frac{\pi}{2}\right)=2.$$

故曲线在点$(1,0,\pi)$处的切向量为 $\boldsymbol{T}=(0,-1,2)$，所求切线方

程为

$$\frac{x-1}{0}=\frac{y-0}{-1}=\frac{z-\pi}{2},\ 即\frac{x-1}{0}=\frac{y}{-1}=\frac{z-\pi}{2};$$

法平面方程为

$$0\cdot(x-1)+(-1)\cdot y+2\cdot(z-\pi)=0,$$

即
$$y-2z+2\pi=0.$$

特别地，如果空间曲线的方程以

$$\begin{cases}y=y(x),\\ z=z(x)\end{cases}\tag{8}$$

的形式给出，则取 x 为参数，式(8)可表示为参数方程的形式

$$\begin{cases}x=x,\\ y=y(x),\\ z=z(x).\end{cases}$$

当 $y'(x_0)$ 和 $z'(x_0)$ 都存在时，根据上面的讨论可知，该曲线在点 $(x_0,y_0,z_0)=(x_0,y(x_0),z(x_0))$ 处的切向量为 $\boldsymbol{T}=(1,\ y'(x_0),\ z'(x_0))$，因此曲线在点 (x_0,y_0,z_0) 处的切线方程为

$$\frac{x-x_0}{1}=\frac{y-y_0}{y'(x_0)}=\frac{z-z_0}{z'(x_0)},\tag{9}$$

法平面方程为

$$(x-x_0)+y'(x_0)(y-y_0)+z'(x_0)(z-z_0)=0.\tag{10}$$

类似地，如果空间曲线的方程以 $\begin{cases}x=x(y),\\ z=z(y)\end{cases}$ 或 $\begin{cases}x=x(z),\\ y=y(z)\end{cases}$ 的形式给出时，可分别取 y 或 z 为参数，从而得出曲线在点 (x_0,y_0,z_0) 处的切线方程和法平面方程.

2. 空间曲线方程为一般方程的情形

设空间曲线 Γ 的方程以

$$\begin{cases}F(x,y,z)=0,\\ G(x,y,z)=0\end{cases}\tag{11}$$

的形式给出，$M_0(x_0,y_0,z_0)$ 是曲线 Γ 上一点，函数 F，G 具有连续偏导数. 由式(11)可得

$$\begin{cases}F_x'\mathrm{d}x+F_y'\mathrm{d}y+F_z'\mathrm{d}z=0,\\ G_x'\mathrm{d}x+G_y'\mathrm{d}y+G_z'\mathrm{d}z=0.\end{cases}\tag{12}$$

如果式(12)中 $\left.\begin{vmatrix}F_y' & F_z'\\ G_y' & G_z'\end{vmatrix}\right|_{M_0}\neq 0$，则式(11)能确定一元隐函数 $y=y(x)$，$z=z(x)$，从而可以由式(8)描述的曲线方程的切线方程和法平面方程的方法进行讨论，即根据由方程组所确定的隐函数的导数，求出 $y'(x_0)$ 和 $z'(x_0)$，然后根据式(9)和式(10)写出曲

线 Γ 在点 $M_0(x_0,y_0,z_0)$ 处的切线方程和法平面方程.

如果式(12)中 $\left.\begin{vmatrix} F'_x & F'_z \\ G'_x & G'_z \end{vmatrix}\right|_{M_0} \neq 0$，则式(11)能确定一元隐函数 $x=x(y)$，$z=z(y)$；如果式(12)中 $\left.\begin{vmatrix} F'_x & F'_y \\ G'_x & G'_y \end{vmatrix}\right|_{M_0} \neq 0$，则式(11)能确定一元隐函数 $x=x(z)$，$y=y(z)$. 这两种情况，可根据上述方法求出曲线 Γ 在点 $M_0(x_0,y_0,z_0)$ 处的切线方程和法平面方程.

例 3 求曲线 $\begin{cases} x^2+y^2+z^2-3x=0, \\ 2x-3y-3z+4=0 \end{cases}$ 在点 $P(1,1,1)$ 处的切线方程和法平面方程.

解：由曲线方程得

$$\begin{cases} (2x-3)\,\mathrm{d}x+2y\mathrm{d}y+2z\mathrm{d}z=0, \\ 2\mathrm{d}x-3\mathrm{d}y-3\mathrm{d}z=0. \end{cases} \tag{13}$$

由于 $\left.\begin{vmatrix} 2y & 2z \\ -3 & -3 \end{vmatrix}\right|_P = \begin{vmatrix} 2 & 2 \\ -3 & -3 \end{vmatrix} = 0$，故不能选择 x 为参数来描述该曲线. 类似地，由于 $\left.\begin{vmatrix} 2x-3 & 2z \\ 2 & -3 \end{vmatrix}\right|_P = \begin{vmatrix} -1 & 2 \\ 2 & -3 \end{vmatrix} = -1 \neq 0$，故可以选择 y 为参数来描述该曲线. 由式(13)，知

$$\begin{cases} (2x-3)x'(y)+2z\cdot z'(y)=-2y, \\ 2x'(y)-3z'(y)=3. \end{cases} \tag{14}$$

把点 $\boldsymbol{P}(1,1,1)$ 代入式(14)，得

$$\begin{cases} -1x'(1)+2z'(1)=-2, \\ 2x'(1)-3z'(1)=3, \end{cases}$$

解得 $x'(1)=0$，$z'(1)=-1$，于是曲线在点 $P(1,1,1)$ 处的切向量 $\boldsymbol{T}=(0,1,-1)$，所求切线方程为

$$\frac{x-1}{0}=\frac{y-1}{1}=\frac{z-1}{-1},$$

法平面方程为

$$0(x-1)+(y-1)-(z-1)=0,$$

即

$$y-z=0.$$

7.6.3 空间曲面的切平面与法线

微课视频 7.9
曲面的切平面与法线

设空间曲面 Σ 的方程为

$$F(x,y,z)=0, \tag{15}$$

$M_0(x_0,y_0,z_0)$是曲面Σ上的一点，函数$F(x,y,z)$在点M_0处有连续的偏导数且不同时为零. 在曲面Σ上过点M_0可以作无数条曲线，设其中的任意一条曲线为Γ(见图 7-6-4)，假定其参数方程为

$$x=x(t),\ y=y(t),\ z=z(t),$$

且点$M_0(x_0,y_0,z_0)$对应的参数为$t=t_0$，$x'(t_0)$，$y'(t_0)$，$z'(t_0)$不同时为零. 由前述内容，曲线Γ在点$M_0(x_0,y_0,z_0)$处的切向量为$\boldsymbol{T}=(x'(t_0),\ y'(t_0),\ z'(t_0))$.

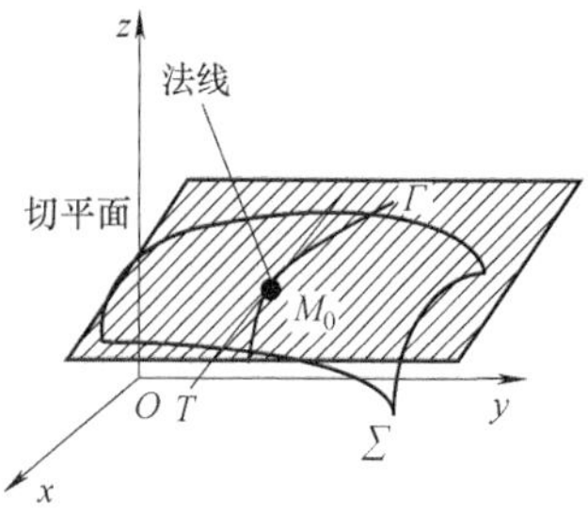

图　7-6-4

由于曲线Γ在曲面Σ上，所以有

$$F(x(t),y(t),z(t))\equiv 0.$$

因为函数$F(x,y,z)$在点M_0处有连续的偏导数，故上式两边在$t=t_0$处求导，得

$$\frac{\mathrm{d}}{\mathrm{d}t}F(x(t),y(t),z(t))\Big|_{t=t_0}=0,$$

即

$$F'_x(x_0,y_0,z_0)x'(t_0)+F'_y(x_0,y_0,z_0)y'(t_0)+F'_z(x_0,y_0,z_0)z'(t_0)=0.$$

记向量$\boldsymbol{n}=(F'_x(x_0,y_0,z_0),\ F'_y(x_0,y_0,z_0),\ F'_z(x_0,y_0,z_0))$，上式即变为$\boldsymbol{n}\cdot\boldsymbol{T}=0$，从而

$$\boldsymbol{T}\perp\boldsymbol{n}. \tag{16}$$

由于$\boldsymbol{T}$是曲面Σ上过点M_0的任意一条曲线Γ在点M_0处的一个切向量，因此，式(16)表明：曲面Σ上通过点M_0的任何曲线在点M_0处的切线与非零向量$\boldsymbol{n}$垂直，由Γ的任意性知，曲面Σ上通过点M_0的任何曲线在点M_0处的切线都在同一平面上，称这个平面为曲面Σ在点M_0处的**切平面**. 显然，切平面与非零向量$\boldsymbol{n}$垂直，故向量

$$\boldsymbol{n}=(F'_x(x_0,y_0,z_0),\ F'_y(x_0,y_0,z_0),\ F'_z(x_0,y_0,z_0)) \tag{17}$$

就是该切平面的一个法向量，从而，曲面Σ在点$M_0(x_0,y_0,z_0)$处的切平面方程为

$$F'_x(x_0,y_0,z_0)(x-x_0)+F'_y(x_0,y_0,z_0)(y-y_0)+F'_z(x_0,y_0,z_0)(z-z_0)=0. \tag{18}$$

过点M_0且与该点的切平面垂直的直线称为曲面Σ在点M_0处的**法线**. 法线的方向向量可取切平面的法向量$\boldsymbol{n}$，因此，曲面Σ在点M_0处的法线方程为

$$\frac{x-x_0}{F'_x(x_0,y_0,z_0)}=\frac{y-y_0}{F'_y(x_0,y_0,z_0)}=\frac{z-z_0}{F'_z(x_0,y_0,z_0)}. \tag{19}$$

称曲面Σ在点$M_0(x_0,y_0,z_0)$处的切平面的法向量为曲面Σ在点$M_0(x_0,y_0,z_0)$处的**法线向量**，简称**法向量**. 向量$\boldsymbol{n}=(F'_x(x_0,y_0,z_0),\ F'_y(x_0,y_0,z_0),\ F'_z(x_0,y_0,z_0))$就是曲面$\Sigma$在点$M_0(x_0,y_0,z_0)$处的一个

法向量.

例 4 求椭球面 $3x^2+4y^2+5z^2=12$ 在点$(1,-1,-1)$处的切平面及法线方程.

解： 令 $F(x,y,z)=3x^2+4y^2+5z^2-12$，得

$$F_x'=6x,\ F_y'=8y,\ F_z'=10z,$$

故椭球面在点$(1,-1,-1)$处的一个法向量为

$$\boldsymbol{n}=(6,-8,-10),$$

所求切平面方程为

$$6(x-1)-8(y+1)-10(z+1)=0,$$

即

$$3x-4y-5z=12;$$

法线方程为

$$\frac{x-1}{3}=\frac{y+1}{-4}=\frac{z+1}{-5}.$$

例 5 求旋转抛物面 $z=x^2+y^2$ 的切平面，使它与曲线$\dfrac{x-1}{2}=\dfrac{y}{4}=\dfrac{z+2}{-1}$垂直.

解： 令 $F(x,y,z)=x^2+y^2-z$，则 $F_x'=2x$，$F_y'=2y$，$F_z'=-1$. 设切点为(x_0,y_0,z_0)，则该曲面在切点处的一个法向量为 $\boldsymbol{n}=(2x_0,2y_0,-1)$. 由题意，所求切平面的法向量与已知曲线的方向向量平行，于是

$$\begin{cases}\dfrac{2x_0}{2}=\dfrac{2y_0}{4}=\dfrac{-1}{-1},\\ x_0^2+y_0^2-z_0=0,\end{cases}$$

解上述方程组得 $x_0=1$，$y_0=2$，$z_0=5$，因此

$$\boldsymbol{n}=(2,4,-1).$$

所求切平面方程为

$$2(x-1)+4(y-2)-(z-5)=0,$$

即

$$2x+4y-z-5=0.$$

特别地，如果曲面 Σ 的方程为显函数的形式，例如，Σ 的方程为 $z=f(x,y)$，且函数 f 的偏导数在点(x_0,y_0)处连续，此时可以把 Σ 的方程转换成式(15)，即令

$$F(x,y,z)=z-f(x,y)=0,$$

则

$$F_x'=-f_x',\ F_y'=-f_y',\ F_z'=1.$$

于是，曲面 Σ 在点 $M_0(x_0,y_0,z_0)$处的一个法向量为

$$\boldsymbol{n}=(-f_x'(x_0,y_0),-f_y'(x_0,y_0),1),$$

曲面 Σ 在点 $M_0(x_0,y_0,z_0)$处的切平面方程为

$$-f_x'(x_0,y_0)(x-x_0)-f_y'(x_0,y_0)(y-y_0)+(z-z_0)=0,$$

或

$$z-z_0=f_x'(x_0,y_0)(x-x_0)+f_y'(x_0,y_0)(y-y_0). \tag{20}$$

法线方程为

$$\frac{x-x_0}{-f_x'(x_0,y_0)}=\frac{y-y_0}{-f_y'(x_0,y_0)}=\frac{z-z_0}{1}. \tag{21}$$

注意：式(20)的右端恰好是函数 $z=f(x,y)$ 在点 (x_0,y_0) 处的全微分，而左端是切平面上点的竖坐标的增量. 因此，函数 $z=f(x,y)$ 在点 (x_0,y_0) 处的全微分在几何上表示曲面 $z=f(x,y)$ 在点 (x_0,y_0,z_0) 处的切平面上点的竖坐标的增量. 所以在点 (x_0,y_0,z_0) 附近，可以用切平面近似代替曲面 Σ.

有了曲面的切平面方程，可以方便地求解形如式(11)方程描述的空间曲线

$$\Gamma:\begin{cases}F(x,y,z)=0,\\G(x,y,z)=0\end{cases}$$

在点 $M_0(x_0,y_0,z_0)$ 处的切线方程及法平面方程.

由前面的讨论知，曲面 $F(x,y,z)=0$ 及曲面 $G(x,y,z)=0$ 在点 $M_0(x_0,y_0,z_0)$ 处的一个法向量分别为

$$\begin{aligned}\boldsymbol{n}_1&=(F_x'(x_0,y_0,z_0),F_y'(x_0,y_0,z_0),F_z'(x_0,y_0,z_0))\\&=(F_x'(M_0),F_y'(M_0),F_z'(M_0)),\end{aligned} \tag{22}$$

$$\begin{aligned}\boldsymbol{n}_2&=(G_x'(x_0,y_0,z_0),G_y'(x_0,y_0,z_0),G_z'(x_0,y_0,z_0))\\&=(G_x'(M_0),G_y'(M_0),G_z'(M_0)).\end{aligned} \tag{23}$$

由于曲线 Γ 在点 M_0 处的切线就是曲面 $F(x,y,z)=0$ 及 $G(x,y,z)=0$ 在点 M_0 处的切平面的交线，因此，曲线 Γ 在点 M_0 处的切线方程为

$$\begin{cases}F_x'(M_0)(x-x_0)+F_y'(M_0)(y-y_0)+F_z'(M_0)(z-z_0)=0,\\G_x'(M_0)(x-x_0)+G_y'(M_0)(y-y_0)+G_z'(M_0)(z-z_0)=0.\end{cases}$$

由式(22)和式(23)也可以方便地求出切线的一个方向向量

$$\boldsymbol{T}=\boldsymbol{n}_1\times\boldsymbol{n}_2=\begin{vmatrix}\boldsymbol{i}&\boldsymbol{j}&\boldsymbol{k}\\F_x'(M_0)&F_y'(M_0)&F_z'(M_0)\\G_x'(M_0)&G_y'(M_0)&G_z'(M_0)\end{vmatrix}, \tag{24}$$

其为曲线 Γ 在点 M_0 处的一个切向量，从而可以求出曲线 Γ 在点 M_0 处的切线方程和法平面方程.

例6　求曲线 $\begin{cases}x^2+2y^2+3z^2=6,\\x+2y+z=0\end{cases}$ 在点 $(1,-1,1)$ 处的切线方程和法平面方程.

解：曲面 $x^2+2y^2+3z^2=6$ 在点(1,-1,1)处的一个法向量为 $\boldsymbol{n}_1=(2,-4,6)$，平面 $x+2y+z=0$ 在点(1,-1,1)处的一个法向量为 $\boldsymbol{n}_2=(1,2,1)$，根据式(24)，曲线在点(1,-1,1)处的一个切向量为

$$\boldsymbol{T}=\boldsymbol{n}_1\times\boldsymbol{n}_2=\begin{vmatrix}\boldsymbol{i} & \boldsymbol{j} & \boldsymbol{k}\\ 2 & -4 & 6\\ 1 & 2 & 1\end{vmatrix}=-16\boldsymbol{i}+4\boldsymbol{j}+8\boldsymbol{k}=4(-4,1,2).$$

故所求切线方程为

$$\frac{x-1}{-4}=\frac{y+1}{1}=\frac{z-1}{2};$$

法平面方程为

$$-4(x-1)+(y+1)+2(z-1)=0,$$

即

$$-4x+y+2z+3=0.$$

习题 7-6

1. 求下列空间曲线在指定点处的切线方程和法平面方程：

（1）曲线 $x=t$，$y=t^2$，$z=t^3$ 在点(1,1,1)处；

（2）螺旋线 $x=R\cos t$，$y=R\sin t$，$z=bt$(其中 R、b 为正常数)在 $t=\frac{\pi}{2}$ 对应点处；

（3）曲线 $x=t-\sin t$，$y=1-\cos t$，$z=4\sin\frac{t}{2}$ 在点 $\left(\frac{\pi}{2}-1,1,2\sqrt{2}\right)$ 处；

（4）曲线 $x=e^t\cos t$，$y=e^t\sin t$，$z=2e^t$ 在相应于 $t=0$ 对应点处.

2. 螺旋线 $x=a\cos\theta$，$y=a\sin\theta$，$z=b\theta$ 在点 $(a,0,0)$ 处的切线和法平面方程，并证明其上任一点的切向量与 z 轴成一定角.

3. 求曲线 $\begin{cases}x^2+y^2+z^2=50,\\ x^2+y^2=z^2\end{cases}$ 在点(3,4,5)处的切线和法平面方程.

4. 求下列曲面在指定点处的切平面与法线方程：

（1）曲面 $z-e^z+2xy=3$ 在点(1,2,0)处；

（2）旋转抛物面 $z=x^2+y^2-1$ 在点 $P_0(2,1,4)$ 处.

5. 在曲面 $z=xy$ 上求一点，使该点处的法线垂直于平面 $x+3y+z+9=0$，并写出该法线方程.

6. 证明锥面 $z=\sqrt{x^2+y^2}+3$ 上任意一点处的切平面都通过锥面的顶点(0,0,3).

7. 试证曲面 $\sqrt{x}+\sqrt{y}+\sqrt{z}=\sqrt{a}$ $(a>0)$ 上的任何点处的切平面在各坐标轴上的截距之和等于 a.

8. 求曲面 $2x^2+3y^2+z^2=9$ 上平行于平面 $2x-3y+2z+1=0$ 的切平面方程.

9. 证明曲面 $x+2y-\ln z+4=0$ 和 $x^2-xy-8x+z+5=0$ 在点 $P(2,-3,1)$ 处相切(即有公共切平面).

10. 证明：曲面 $F(nx-lz,ny-mz)=0$ 在任一点处的切平面都平行于直线

$$\frac{x-1}{l}=\frac{y-2}{m}=\frac{z-3}{n},$$

其中 F 具有连续的偏导数，l，m，n 为常数.

11. 求曲面 $x^2+y^2+z^2=2$ 的切平面方程，使得该切平面同时垂直于平面 $z=0$ 与 $x+y+1=0$.

12. 证明：曲面 $xyz=1$ 上任一点 (x_0,y_0,z_0) 处的切平面与三个坐标面围成的立体的体积 V 为一定值.

7.7 方向导数与梯度

7.7.1 方向导数

多元函数的偏导数只能表示函数沿坐标轴方向的变化率，而在实际问题中，仅知道这一点是远远不够的. 例如，用混凝土来浇筑水坝时，水坝中各点的温度不一样，由热胀冷缩产生的温度应力会使水坝发生裂缝. 如果温度沿某一方向变化得太快，那么裂缝很可能在这个方向发生. 再如，热空气要向冷的地方流动，气象学中就要确定大气温度、气压沿某些方向的变化率. 由此可见，需要考虑多元函数在某点处沿着指定方向的变化率的问题，即方向导数. 下面以二元函数为例来介绍多元函数的方向导数.

微课视频 7.10
方向导数

定义 7.8　设函数 $z=f(x,y)$ 在点 $P_0(x_0,y_0)$ 的某一邻域 $U(P_0)$ 内有定义，以点 P_0 为起点引射线 $\boldsymbol{l}$(见图 7-7-1)，$P(x_0+\Delta x,y_0+\Delta y)\in U(P_0)$ 且为射线 $\boldsymbol{l}$ 上另一点. 当点 P 沿 $\boldsymbol{l}$ 趋于 P_0 时，若函数 $z=f(x,y)$ 的增量 $f(x_0+\Delta x,y_0+\Delta y)-f(x_0,y_0)$ 与 P 到 P_0 的距离 $\rho=|PP_0|=\sqrt{(\Delta x)^2+(\Delta y)^2}$ 之比的极限

$$\lim_{\rho\to 0}\frac{f(x_0+\Delta x,y_0+\Delta y)-f(x_0,y_0)}{\rho}$$

存在，则称此极限值为 $f(x,y)$ 在点 $P_0(x_0,y_0)$ 沿方向 $\boldsymbol{l}$ 的**方向导数**，记为 $\left.\frac{\partial f}{\partial l}\right|_{P_0}$ 或 $\left.\frac{\partial z}{\partial l}\right|_{P_0}$，即

$$\left.\frac{\partial f}{\partial l}\right|_{P_0}=\lim_{\rho\to 0}\frac{f(x_0+\Delta x,y_0+\Delta y)-f(x_0,y_0)}{\rho}. \tag{1}$$

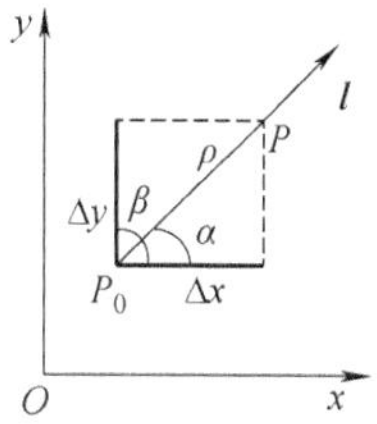

图　7-7-1

从方向导数的定义 7.8 知，方向导数 $\left.\frac{\partial z}{\partial l}\right|_{P_0}$ 就是函数 $f(x,y)$ 在点 P_0 沿方向 $\boldsymbol{l}$ 的变化率，如果方向导数存在，那么它是一个确定的数. 特别地，根据方向导数和偏导数的定义，若函数 $z=f(x,y)$ 在点 P_0 处对 x 的偏导数存在，则函数 z 在点 P_0 处沿 x 轴正向的方向导数(见图 7-7-2)必存在且 $\left.\frac{\partial z}{\partial l}\right|_{P_0}=\left.\frac{\partial z}{\partial x}\right|_{P_0}$，函数 z 在点 P_0 处沿 x 轴负向的方向导数 $\left.\frac{\partial z}{\partial l}\right|_{P_0}=-\left.\frac{\partial z}{\partial x}\right|_{P_0}$. 类似地，如果函数 $z=f(x,y)$ 点

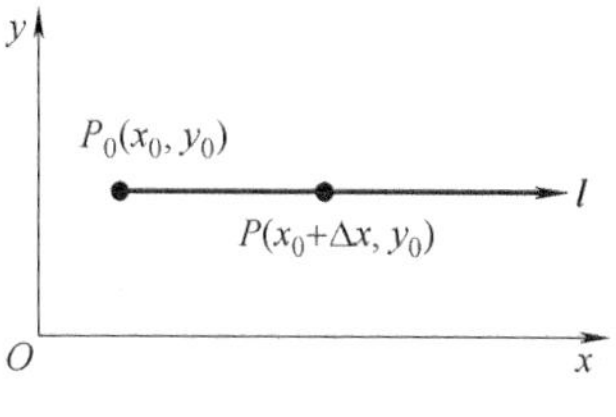

图　7-7-2

P_0 处对 y 的偏导数存在，则函数 z 在点 P_0 处沿 y 轴正向的方向导数必存在且等于偏导数 $\left.\frac{\partial z}{\partial l}\right|_{P_0}=\left.\frac{\partial z}{\partial y}\right|_{P_0}$，函数 z 在点 P_0 处沿 y 轴负向的方向导数 $\left.\frac{\partial z}{\partial l}\right|_{P_0}=-\left.\frac{\partial z}{\partial y}\right|_{P_0}$.

反之，函数 $z=f(x,y)$ 在点 P_0 处沿 x 轴正向的方向导数存在，并不能保证 $z=f(x,y)$ 在点 P_0 处对 x 的偏导数存在. 例如，函数 $z=f(x,y)=\sqrt{x^2+y^2}$ 在点 $(0,0)$ 处沿 $\boldsymbol{l}=\boldsymbol{i}$（$x$ 轴正向）的方向导数为

$$\left.\frac{\partial z}{\partial l}\right|_{(0,0)}=\lim_{\rho\to 0}\frac{f(0+\Delta x,0+\Delta y)-f(0,0)}{\rho}\ (\text{这里 } \Delta y=0,\ \rho=\Delta x)$$

$$=\lim_{\Delta x\to 0^+}\frac{\sqrt{(\Delta x)^2}-0}{\Delta x}=\lim_{\Delta x\to 0^+}\frac{\Delta x-0}{\Delta x}=1,$$

但该函数在点 $(0,0)$ 的偏导数

$$\left.\frac{\partial z}{\partial x}\right|_{(0,0)}=\lim_{\Delta x\to 0}\frac{f(0+\Delta x,0)-f(0,0)}{\Delta x}=\lim_{\Delta x\to 0}\frac{|\Delta x|}{\Delta x}$$

不存在.

一般情况下，函数的方向导数与偏导数之间有什么关系呢？如果方向导数存在，如何方便地计算方向导数呢？

定理 7.11 如果函数 $f(x,y)$ 在点 $P_0(x_0,y_0)$ 处可微分，那么函数在该点处沿任意方向 $\boldsymbol{l}$ 的方向导数必存在，且有

$$\left.\frac{\partial f}{\partial l}\right|_{P_0}=\left.\frac{\partial f}{\partial x}\right|_{P_0}\cos\alpha+\left.\frac{\partial f}{\partial y}\right|_{P_0}\cos\beta, \tag{2}$$

其中，$\cos\alpha$，$\cos\beta$ 为方向 $\boldsymbol{l}$ 的方向余弦.

证： 在 $\boldsymbol{l}$ 上另取一点 $P(x_0+\Delta x,y_0+\Delta y)$（见图 7-7-1）. 由

$$\overrightarrow{P_0P}=(x-x_0,y-y_0)=(\Delta x,\Delta y)$$

得 $\rho=\sqrt{(\Delta x)^2+(\Delta y)^2}$，且 $\frac{\Delta x}{\rho}=\cos\alpha$，$\frac{\Delta y}{\rho}=\cos\beta$.

由 $z=f(x,y)$ 在点 P_0 可微，得

$$f(x_0+\Delta x,y_0+\Delta y)-f(x_0,y_0)=f'_x(x_0,y_0)\Delta x+f'_y(x_0,y_0)\Delta y+o(\rho), \tag{3}$$

其中，$o(\rho)$ 是 $\rho\to 0$ 时的高阶无穷小.

式(3)两边除以 ρ 并取极限得

$$\lim_{\rho\to 0}\frac{f(x_0+\Delta x,y_0+\Delta y)-f(x_0,y_0)}{\rho}=\lim_{\rho\to 0}\left(f'_x(x_0,y_0)\frac{\Delta x}{\rho}+f'_y(x_0,y_0)\frac{\Delta y}{\rho}+\frac{o(\rho)}{\rho}\right)$$

$$=f'_x(x_0,y_0)\cos\alpha+f'_y(x_0,y_0)\cos\beta.$$

于是可得方向导数$\left.\frac{\partial f}{\partial l}\right|_{P_0}$存在，且

$$\left.\frac{\partial f}{\partial l}\right|_{P_0}=f_x'(x_0,y_0)\cos\alpha+f_y'(x_0,y_0)\cos\beta=\left.\frac{\partial f}{\partial x}\right|_{P_0}\cos\alpha+\left.\frac{\partial f}{\partial y}\right|_{P_0}\cos\beta.$$

例 1　求函数 $z=xe^{x+y}$ 在点 $P(1,1)$ 处沿从点 $P(1,1)$ 到点 $Q(4,-3)$ 的方向的方向导数.

解：记方向 $\boldsymbol{l}=\overrightarrow{PQ}=(4-1,-3-1)=(3,-4)$，则该方向的方向余弦为

$$\cos\alpha=\frac{3}{\sqrt{3^2+(-4)^2}}=\frac{3}{5},\ \cos\beta=\frac{-4}{\sqrt{3^2+(-4)^2}}=\frac{-4}{5}.$$

又

$$z_x'(1,1)=(1+x)e^{x+y}\big|_{(1,1)}=2e^2,\ z_y'(1,1)=xe^{x+y}\big|_{(1,1)}=e^2,$$

于是由式(2)，得所求方向导数为

$$\left.\frac{\partial f}{\partial x}\right|_{P(1,1)}=z_x'(1,1)\cos\alpha+z_y'(1,1)\cos\beta=\frac{2}{5}e^2.$$

类似地，可定义三元函数 $u=f(x,y,z)$ 在点 $P_0(x_0,y_0,z_0)$ 处沿方向 $\boldsymbol{l}$ 的方向导数$\left.\frac{\partial f}{\partial l}\right|_{P_0}$，并且当 $u=f(x,y,z)$ 在点 $P_0(x_0,y_0,z_0)$ 处可微分时，有计算公式

$$\left.\frac{\partial f}{\partial l}\right|_{P_0}=f_x'(x_0,y_0,z_0)\cos\alpha+f_y'(x_0,y_0,z_0)\cos\beta+f_z'(x_0,y_0,z_0)\cos\gamma, \tag{4}$$

其中，$\cos\alpha$，$\cos\beta$，$\cos\gamma$ 为方向 $\boldsymbol{l}$ 的方向余弦.

例 2　求函数 $f(x,y,z)=x+y^2+z^3$ 在点 $P(1,1,1)$ 处分别沿以下方向的方向导数，其中：(1)方向 $\boldsymbol{l}_1$ 为$(2,-2,1)$；(2)$\boldsymbol{l}_2$ 为从点 $P(1,1,1)$ 到点 $Q(2,-2,1)$的方向.

解：$f_x'(1,1,1)=1$，$f_y'(1,1,1)=2y\big|_{(1,1,1)}=2$，$f_z'(1,1,1)=3z^2\big|_{(1,1,1)}=3$.

(1) 方向 $\boldsymbol{l}_1$ 的方向余弦为

$$(\cos\alpha,\cos\beta,\cos\gamma)=\frac{(2,-2,1)}{\sqrt{2^2+(-2)^2+1^2}}=\left(\frac{2}{3},\ -\frac{2}{3},\frac{1}{3}\right).$$

于是

$$\left.\frac{\partial f}{\partial l_1}\right|_P=1\times\frac{2}{3}+2\times\left(-\frac{2}{3}\right)+3\times\frac{1}{3}=\frac{1}{3}.$$

(2) 方向 $\boldsymbol{l}_2$ 为$\overrightarrow{PQ}=(2-1,-2-1,1-1)=(1,-3,0)$，其方向余

弦为

$$(\cos\alpha,\cos\beta,\cos\gamma)=\frac{(1,-3,0)}{\sqrt{1^2+(-3)^2+0^2}}=\left(\frac{1}{\sqrt{10}},-\frac{3}{\sqrt{10}},0\right).$$

于是

$$\left.\frac{\partial f}{\partial l_2}\right|_P=1\times\frac{1}{\sqrt{10}}+2\times\left(-\frac{3}{\sqrt{10}}\right)+3\times 0=\frac{-5}{\sqrt{10}}.$$

从例 2 看出，同一个函数在同一个点处沿不同方向的方向导数一般是不同的. 而以某给定点出发的方向有无数多个，那么是否存在某个方向，函数在给定点处沿该方向的方向导数取得最大值呢？如果有，这个方向是谁？最大的变化率又是多少呢？这是实际中经常需要探讨的问题. 此类问题涉及下面要讨论的梯度的概念.

7.7.2 梯度

微课视频 7.11 梯度

以三元函数为例，介绍这部分内容. 我们从另一个角度看式(4)：

$$\begin{aligned}\left.\frac{\partial f}{\partial l}\right|_{P_0}&=f'_x(x_0,y_0,z_0)\cos\alpha+f'_y(x_0,y_0,z_0)\cos\beta+f'_z(x_0,y_0,z_0)\cos\gamma\\&=(f'_x(x_0,y_0,z_0),f'_y(x_0,y_0,z_0),f'_z(x_0,y_0,z_0))\cdot\\&\quad(\cos\alpha,\cos\beta,\cos\gamma)\\&=(f'_x,f'_y,f'_z)|_{P_0}\cdot(\cos\alpha,\cos\beta,\cos\gamma),\end{aligned}\tag{5}$$

即 $\left.\frac{\partial f}{\partial l}\right|_{P_0}$ 可以看成是与 $\boldsymbol{l}$ 同方向的单位向量 $\boldsymbol{e}_l=(\cos\alpha,\cos\beta,\cos\gamma)$ 和向量 $(f'_x,f'_y,f'_z)|_{P_0}$ 的数量积. 记向量 $\boldsymbol{e}_l$(或方向 $\boldsymbol{l}$)和 $(f'_x,f'_y,f'_z)|_{P_0}$ 的夹角为 θ，根据数量积的定义，由式(5)得

$$\begin{aligned}\left.\frac{\partial f}{\partial l}\right|_{P_0}&=\left|(f'_x,f'_y,f'_z)|_{P_0}\right|\cdot|(\cos\alpha,\cos\beta,\cos\gamma)|\cdot\cos\theta\\&=\left|(f'_x,f'_y,f'_z)|_{P_0}\right|\cos\theta.\end{aligned}\tag{6}$$

式(6)表明，当函数 $f(x,y,z)$ 和定点 P_0 给定后，$\left.\frac{\partial f}{\partial l}\right|_{P_0}$ 的值由向量 $\boldsymbol{e}_l$ 与 $(f'_x,f'_y,f'_z)|_{P_0}$ 的夹角为 θ 唯一决定. 向量 $(f'_x,f'_y,f'_z)|_{P_0}$ 定义为函数 $f(x,y,z)$ 在点 P_0 处的梯度.

定义 7.9 设函数 $f(x,y,z)$ 在点 (x,y,z) 处具有连续偏导数，则称向量

$$f'_x(x,y,z)\boldsymbol{i}+f'_y(x,y,z)\boldsymbol{j}+f'_z(x,y,z)\boldsymbol{k}$$

为函数 $f(x,y,z)$ 在点 (x,y,z) 处的**梯度**，记作 $\mathbf{grad}f(x,y,z)$，即

$$\begin{aligned}\mathbf{grad}f(x,y,z)&=f_x'(x,y,z)\boldsymbol{i}+f_y'(x,y,z)\boldsymbol{j}+f_z'(x,y,z)\boldsymbol{k}\\&=(f_x'(x,y,z),f_y'(x,y,z),f_z'(x,y,z)).\end{aligned}\tag{7}$$

注意：梯度是一个向量.

引入定义 7.9 后，式(6)可改写为

$$\left.\frac{\partial f}{\partial l}\right|_{P_0}=|\mathbf{grad}f(x_0,y_0,z_0)|\cos\theta.\tag{8}$$

从式(8)可以得到以下**结论**：

1）当 $\boldsymbol{l}$ 与 $\mathbf{grad}f(x_0,y_0,z_0)$ 同向 $(\theta=0)$ 时，方向导数 $\left.\frac{\partial f}{\partial l}\right|_{P_0}$ 最大，且方向导数的最大值为 $|\mathbf{grad}f(x_0,y_0,z_0)|$，换言之，梯度是使得函数在给定点处方向导数取得最大值的方向，且梯度的模就是方向导数的最大值；

2）当 $\boldsymbol{l}$ 与 $\mathbf{grad}f(x_0,y_0,z_0)$ 反向 $(\theta=\pi)$ 时，方向导数 $\left.\frac{\partial f}{\partial l}\right|_{P_0}$ 最小，且方向导数的最小值为 $-|\mathbf{grad}f(x_0,y_0,z_0)|$；

3）当 $\boldsymbol{l}$ 与 $\mathbf{grad}f(x_0,y_0,z_0)$ 垂直 $\left(\theta=\frac{\pi}{2}\right)$ 时，方向导数 $\left.\frac{\partial f}{\partial l}\right|_{P_0}=0$.

例 3　求函数 $f(x,y,z)=z^5(x-y^2)$ 在点 $(0,1,-1)$ 的梯度和最大方向导数.

解：因为

$$f_x'(0,1,-1)=z^5|_{(0,1,-1)}=-1,$$
$$f_y'(0,1,-1)=-2yz^5|_{(0,1,-1)}=2,$$
$$f_z'(0,1,-1)=5z^4(x-y^2)|_{(0,1,-1)}=-5,$$

于是

$$\mathbf{grad}f(0,1,-1)=-\boldsymbol{i}+2\boldsymbol{j}-5\boldsymbol{k}=(-1,2,-5).$$

由结论 1)知，该函数在点 $(0,1,-1)$ 处的最大方向导数为梯度的模，即最大方向导数为

$$|\mathbf{grad}f(0,1,-1)|=\sqrt{30}.$$

设函数 u，v 可微，a，b 为常数，梯度具有以下运算性质：

(1) $\mathbf{grad}(au+bv)=a\,\mathbf{grad}u+b\,\mathbf{grad}v$;

(2) $\mathbf{grad}(uv)=v\,\mathbf{grad}u+u\,\mathbf{grad}v$;

(3) $\mathbf{grad}f(u)=f'(u)\,\mathbf{grad}u$.

以上性质请读者自行证明.

7.7.3　场的简介

某一物理量在空间或平面的分布称为**场**. 例如：温度在空间

的分布称为温度场，电磁强度在空间的分布称为磁场.

如果场中对应的物理量是数量(或向量)，则称这种场为**数量场**(或**向量场**). 例如温度场及密度场是数量场，力场、磁场、速度场是向量场.

在数学中通常用函数来表示场. 假定有关的物理量不随时间变化，而仅与场中点的位置有关，那么，在三维空间中，数量场就可以用数量函数 $u=f(x,y,z)$ 表示，向量场就可以用向量函数 $\boldsymbol{A}=P(x,y,z)\boldsymbol{i}+Q(x,y,z)\boldsymbol{j}+R(x,y,z)\boldsymbol{k}$ 来表示. 函数 $f(x,y,z)$ 的梯度 $\mathbf{grad}f(x,y,z)$ 确定了空间的一个向量场，这种场称为**梯度场**.

若向量场 $\boldsymbol{A}(M)$ 是某个数量函数 $u(M)$ 的梯度，即 $\boldsymbol{A}(M)=\mathbf{grad}u(M)$，则称此向量场 $\boldsymbol{A}(M)$ 为**势场**，函数 $u(M)$ 称为这个向量场的**势**(或**势函数**)，这里的 M 是平面或空间的点. 显然，梯度场是势场. 但需注意，任意一个向量场并不一定都是势场，因为它不一定是某个数量函数的梯度.

例 4　试求数量场 $\dfrac{m}{r}$ 所产生的梯度场，其中 $r=\sqrt{x^2+y^2+z^2}$，$m>0$ 是常数.

解：

$$\frac{\partial}{\partial x}\left(\frac{m}{r}\right)=-\frac{m}{r^2}\frac{\partial r}{\partial x}=-\frac{mx}{r^3},$$

由对称性，

$$\frac{\partial}{\partial y}\left(\frac{m}{r}\right)=-\frac{my}{r^3},\ \frac{\partial}{\partial z}\left(\frac{m}{r}\right)=-\frac{mz}{r^3}.$$

故所求梯度场为

$$\mathbf{grad}\left(\frac{m}{r}\right)=-\frac{m}{r^3}(x\boldsymbol{i}+y\boldsymbol{j}+z\boldsymbol{k}).$$

习题 7-7

1. 求函数 $z=-x^3y^2+y\ln x$ 在点 $P(1,-1)$ 处沿从点 $P(1,-1)$ 到点 $Q(2,-2)$ 的方向的方向导数.

2. 求函数 $z=2x^2+3y^2$ 在点 $(1,1)$ 处沿从 x 轴正向逆时针旋转 $60°$ 角的方向 $\boldsymbol{l}$ 的方向导数.

3. 求 $f(x,y,z)=xy+yz+zx$ 在点 $A(1,1,1)$ 处，沿从点 A 到点 $B(2,-1,0)$ 的方向的方向导数.

4. 求函数 $u=\ln(x+\sqrt{y^2+z^2})$ 在点 $A(1,0,1)$ 处沿点 A 指向点 $B(3,-2,2)$ 的方向的方向导数.

5. 设函数 $f(x,y)=x^2-2xy+y^2$，求 $f(x,y)$ 在点 $(1,2)$ 处的最大方向导数.

6. 求函数 $u=x^2+2y^2+3z^2+3x-2y$ 在点 $(1,1,2)$ 处的梯度，并问在哪些点处的梯度为零向量?

7. 设 $f(r)$ 为可微函数，其中 $r=|\boldsymbol{r}|\neq 0$，$\boldsymbol{r}=x\boldsymbol{i}+y\boldsymbol{j}+z\boldsymbol{k}$，求 $\mathbf{grad}f(r)$.

8. 求函数 $u=x^2+y^2-z^2$ 在点 $M_1(1,0,1)$ 和 $M_2(0,1,0)$ 的梯度之间的夹角.

9. 设 $\boldsymbol{n}$ 是曲面 $x^2+2y^2+z^2=4$ 在点 $M(1,1,1)$ 处的指向外侧的法线向量，求函数 $u=xy^2z^3$ 在点 M 处沿方向 $\boldsymbol{n}$ 的方向导数，并求函数 u 在点 M 处的方向导数的最大值.

10. 求函数 $u=x^2yz$ 在点 $A(1,1,2)$ 处，沿曲线 $x=t$，$y=t^2$，$z=t^2+t$ 在点 A 处的切线正方向(对应于 t 增大的方向)的方向导数.

11. 问函数 $u=x^2-2yz$ 在点 $(-1,1,2)$ 处沿什么方向变化最快？在这个方向的变化率是多少？

7.8 多元函数的极值及其应用

在实际应用中，经常会碰到求多元函数的最大值、最小值问题. 与一元函数的最值类似，多元函数的最大值、最小值与它的极大值、极小值密切相关. 以二元函数为例，先介绍极值的概念，并类比一元函数极值的性质，推导出多元函数极值的性质.

7.8.1 多元函数极值的概念

微课视频 7.12
二元函数的极值求解

定义 7.10 设函数 $z=f(x,y)$ 的定义域为 D，点 $P_0(x_0,y_0)$ 为 D 的内点，点 P_0 的某一邻域 $U(P_0)\subset D$(见图 7-8-1)，

(1) 如果对于 $U(P_0)$ 中任何异于 $P_0(x_0,y_0)$ 的点 $P(x,y)$，总有不等式 $f(x,y)<f(x_0,y_0)$ 成立，那么称 $f(x_0,y_0)$ 为 $f(x,y)$ 的一个**极大值**，点 (x_0,y_0) 称为 $f(x,y)$ 的一个**极大值点**；

(2) 如果对于 $U(P_0)$ 中任何异于 $P_0(x_0,y_0)$ 的点 $P(x,y)$，总有不等式 $f(x,y)>f(x_0,y_0)$ 成立，那么称 $f(x_0,y_0)$ 为 $f(x,y)$ 的一个**极小值**，点 (x_0,y_0) 称为 $f(x,y)$ 的一个**极小值点**.

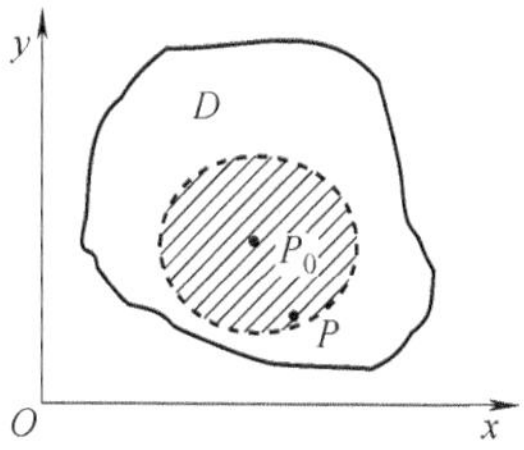

图 7-8-1

函数的极大值与极小值统称为函数的**极值**；函数的极大值点与极小值点统称为函数的**极值点**.

例 1 对于函数 $z=f(x,y)=2x^2+y^2$，$f(0,0)=0$ 为 $f(x,y)$ 的一个极小值，这是因为对于任何异于 $(0,0)$ 的点 $P(x,y)$，总有不等式 $f(x,y)>f(0,0)$ 成立. 从几何上看，曲面 $z=2x^2+y^2$ 是开口向上的椭圆抛物面，点 $(0,0,0)$ 是它的顶点(见图 7-8-2).

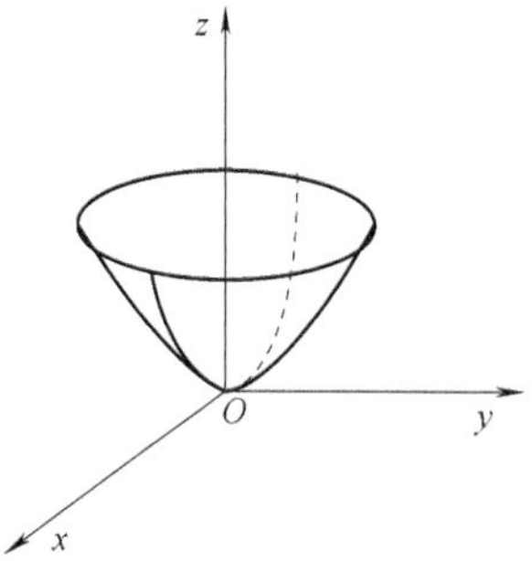

图 7-8-2

例 2 对于函数 $z=f(x,y)=y^2-x^2$，因为在点 $P_0(0,0)$ 的任一邻域内，函数值总是有正的也有负的，所以函数值 $f(0,0)=0$ 既不是 $f(x,y)$ 的极小值，也不是它的极大值. 这一点从几何上看是显然的(见图 7-8-3).

由定义 7.10 知，若函数 $f(x,y)$ 在点 (x_0,y_0) 处取得极值，则当

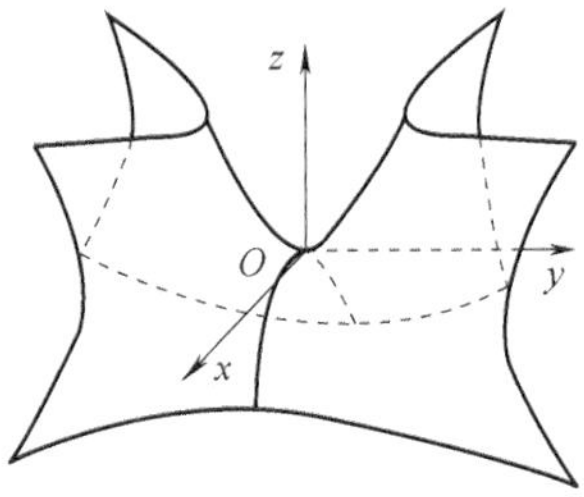

图　7-8-3

固定 $y=y_0$ 时，一元函数 $f(x,y_0)$ 必定在 $x=x_0$ 取得极值 $f(x_0,y_0)$. 若 $\left.\dfrac{\mathrm{d}f(x,y_0)}{\mathrm{d}x}\right|_{x=x_0}$ 即 $f_x'(x_0,y_0)$ 存在，则根据一元函数取得极值的必要条件得 $\left.\dfrac{\mathrm{d}f(x,y_0)}{\mathrm{d}x}\right|_{x=x_0}=0$，即 $f_x'(x_0,y_0)=0$. 同理，$f(x_0,y)$ 也在 $y=y_0$ 取得极值 $f(x_0,y_0)$，若 $f_y'(x_0,y_0)$ 存在，则 $f_y'(x_0,y_0)=0$. 于是，有：

定理 7.12（极值的必要条件）　设函数 $z=f(x,y)$ 在点 (x_0,y_0) 具有偏导数，且在点 (x_0,y_0) 处取得极值，则有

$$f_x'(x_0,y_0)=0,\ f_y'(x_0,y_0)=0. \tag{1}$$

类似一元函数驻点的概念，使等式 $f_x'(x_0,y_0)=0$，$f_y'(x_0,y_0)=0$ 同时成立的点 (x_0,y_0) 称为函数 $z=f(x,y)$ 的**驻点**. 例如，函数 $z=xy$ 的偏导数为 $z_x'=y$，$z_y'=x$，令它们同时为 0，可得 $z=xy$ 的驻点为点 $(0,0)$.

定理 7.12 表明，在偏导数存在的条件下，函数的极值点一定是它的驻点，但是，函数的驻点却不一定是它的极值点. 例如，根据上面的讨论知点 $(0,0)$ 为函数 $z=xy$ 的驻点，但它不是该函数的极值点，因为在驻点 $O(0,0)$ 的任何一个去心邻域 $\mathring{U}(O)$ 中的点 P，当点 P 在一、三象限时，$z(P)>0$，当点 P 在二、四象限时，$z(P)<0$.

根据上述讨论，若函数 $f(x,y)$ 在点 (x_0,y_0) 处取得极值，则函数 $f(x,y)$ 在点 (x_0,y_0) 处的偏导数只有两种情况：

（1）偏导数 $f_x'(x_0,y_0)$，$f_y'(x_0,y_0)$ 都存在，且 $f_x'(x_0,y_0)=0$，$f_y'(x_0,y_0)=0$；

（2）偏导数 $f_x'(x_0,y_0)$，$f_y'(x_0,y_0)$ 至少有一个不存在，

即：函数的极值点一定包含在驻点和偏导数不存在的点中，简称函数的驻点和偏导数不存在的点为函数的可能极值点. 那么，怎么判断函数的可能极值点是否为极值点呢？先给出函数极值的充分条件.

定理 7.13（极值的充分条件）　设函数 $z=f(x,y)$ 在点 (x_0,y_0) 的某个邻域内连续且有一阶及二阶连续偏导数，又 $f_x'(x_0,y_0)=0$，$f_y'(x_0,y_0)=0$，令

$$A=f_{xx}''(x_0,y_0),\ B=f_{xy}''(x_0,y_0),\ C=f_{yy}''(x_0,y_0),$$

则：

（1）若 $AC-B^2>0$，则 $f(x_0,y_0)$ 一定是极值，且当 $A<0$ 时，$f(x_0,y_0)$ 为极大值；当 $A>0$ 时，$f(x_0,y_0)$ 为极小值；

（2）若 $AC-B^2<0$，则 $f(x_0,y_0)$ 不是极值；

（3）若 $AC-B^2=0$，则 $f(x_0,y_0)$ 可能是极值，也可能不是极值，需另外讨论.

定理 7.13 这里不予证明，其证明请读者查阅相关书籍.

关于定理 7.13 中的情形(3)，我们考察函数 $f(x,y)=x^2y$ 及 $g(x,y)=-(x^4+y^4)$，显然点 $(0,0)$ 是这两个函数的驻点，且在点 $(0,0)$ 处都有 $AC-B^2=0$，但易知 $f(0,0)$ 不是极值，而 $g(0,0)$ 是极大值. 因此，若 $AC-B^2=0$，则 $f(x_0,y_0)$ 可能是极值，也可能不是极值.

根据上述讨论，求二元函数 $f(x,y)$ 的极值的一般步骤为：

（1）求出函数 $f(x,y)$ 的驻点和偏导数不存在的点，即所有的可能极值点；

（2）如果在可能极值点处，函数 $f(x,y)$ 具有二阶连续的偏导数，则借助定理 7.13 判断这些可能极值点是否为极值点及是否为极大值点或极小值点；

（3）对(2)中无法判断的可能极值点，可根据定义 7.10 判断.

例 3　函数 $f(x,y)=\sqrt{x^2+y^2}$ 在点 $(0,0)$ 处的偏导数不存在，但对任意的点 $(x,y)\neq(0,0)$，$f(x,y)>f(0,0)$，因此 $f(0,0)$ 是函数 $f(x,y)=\sqrt{x^2+y^2}$ 的极小值.

例 4　求函数 $f(x,y)=8+12y-x^2-y^3$ 的极值.

解：解方程组

$$\begin{cases} f'_x=-2x=0, \\ f'_y=12-3y^2=0 \end{cases}$$

得驻点为 $(0,2)$，$(0,-2)$.

函数的二阶偏导数为

$$f''_{xx}(x,y)=-2,\ f''_{xy}(x,y)=0,\ f''_{yy}(x,y)=-6y.$$

在点 $(0,2)$ 处，$A=f''_{xx}(0,2)=-2$，$B=f''_{xy}(0,2)=0$，$C=f''_{yy}(0,2)=-12$，故 $AC-B^2=24>0$，函数在点 $(0,2)$ 处取得极值；又因为 $A<0$，所以函数在点 $(0,2)$ 处取得极大值 $f(0,2)=24$.

在点 $(0,-2)$ 处，$A=f''_{xx}(0,-2)=-2$，$B=f''_{xy}(0,-2)=0$，$C=f''_{yy}(0,-2)=12$，故 $AC-B^2=-24<0$，所以 $f(0,-2)=-8$ 不是函数的极值.

7.8.2 多元函数的最大值和最小值

由 7.1 节内容知，若多元函数在有界闭区域 D 上连续，则该函数一定存在最大值和最小值. 类似于闭区间上一元连续函数的最值，多元函数在有界闭区域 D 上的最值可能在区域 D 的内部取得，也可能在 D 的边界点上取得. 因此，求多元函数在有界闭区域 D 上的最值时，可以按以下步骤：先求出函数在 D 内(指除边界之外的部分)的所有驻点及偏导数不存在的点处的函数值，再求出函数在区域 D 边界上的最大值和最小值，将上述这些函数值进行比较，其中最大者即为函数的最大值，最小者即为函数的最小值.

例 5 求函数 $f(x,y)=x^2-2xy+2y$ 在矩形区域 $D=\{(x,y)\mid 0\leqslant x\leqslant 3,0\leqslant y\leqslant 2\}$ 上的最大值和最小值.

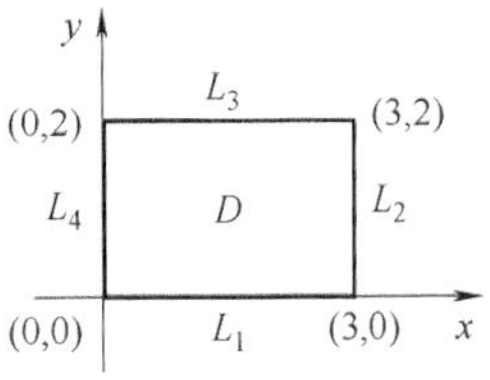

图 7-8-4

解：先解方程组 $\begin{cases} f'_x=2x-2y=0, \\ f'_y=-2x+2=0, \end{cases}$ 得函数 f 在 D 内仅有唯一的驻点 $(1,1)$，无偏导数不存在的点，且函数值 $f(1,1)=1$.

再考虑函数 f 在闭区域 D 的边界上的最值情况.

如图 7-8-4 所示，闭区域 D 的边界包含四条直线段，依次记为 L_1，L_2，L_3，L_4. 下面分别求函数 f 在这四条边界线段上的最值.

L_1 的方程为 $y=0$，$0\leqslant x\leqslant 3$，于是，在 L_1 上，$f(x,y)=f(x,0)=x^2$，$0\leqslant x\leqslant 3$，这是 x 的单调增加函数，故在 L_1 上，函数 $f(x,y)$ 的最大值为 $f(3,0)=9$，最小值为 $f(0,0)=0$.

L_2 的方程为 $x=3$，$0\leqslant y\leqslant 2$，在 L_2 上，$f(x,y)=f(3,y)=9-4y$，$0\leqslant y\leqslant 2$，故在 L_2 上，函数 $f(x,y)$ 的最大值为 $f(3,0)=9$，最小值为 $f(3,2)=1$.

L_3 的方程为 $y=2$，$0\leqslant x\leqslant 3$，在 L_3 上，$f(x,y)=f(x,2)=x^2-4x+4$，$0\leqslant x\leqslant 3$，故在 L_3 上，函数 $f(x,y)$ 的最大值为 $f(0,2)=4$，最小值为 $f(2,2)=0$.

L_4 的方程为 $x=0$，$0\leqslant y\leqslant 2$，在 L_4 上，$f(x,y)=f(0,y)=2y$，$0\leqslant y\leqslant 2$，故在 L_4 上，函数 $f(x,y)$ 的最大值为 $f(0,2)=4$，最小值为 $f(0,0)=0$.

比较函数 f 在驻点处的函数值以及它在闭区域 D 的四条边界线段上的最值，得函数 f 在闭区域 D 上的最大值为 $f(3,0)=9$，最小值为 $f(2,2)=f(0,0)=0$.

在实际问题中，若根据实际问题知函数 f 一定有最大值(或最小值)，而可微分函数 f 在区域 D 内只有唯一的驻点，则此驻点处的函数值无须判断，它一定就是最大值(或最小值).

例 6　某工厂要用铁板制作一个体积为 8m^3 的有盖长方体水箱. 问：怎样设计长方体的长、宽、高，才能使得制作成本最低?

解：制作长方体水箱的成本最低，也就是用料最省，即长方体水箱的表面积最小. 设长方体水箱的长和宽分别为 xm 和 ym，则它的高为 $\frac{8}{xy}$m，表面积为

$$S=2\left(xy+x\cdot\frac{8}{xy}+y\cdot\frac{8}{xy}\right)=2\left(xy+\frac{8}{y}+\frac{8}{x}\right)\text{，其中 } x>0,\ y>0.$$

下面求使得函数 S 取得最小值的 x 和 y.

解方程组 $\begin{cases}S'_x=2\left(y-\dfrac{8}{x^2}\right)=0,\\ S'_y=2\left(x-\dfrac{8}{y^2}\right)=0.\end{cases}$，得函数 S 的唯一驻点为 $(x,y)=(2,2)$. 根据题意知函数 S 的最小值一定存在，而函数 S 在定义域内只有唯一的驻点，故该驻点就是所求的最小值点，即：当水箱的长为 2m，宽为 2m，高为 $\frac{8}{xy}=2$m 时，长方体水箱的表面积最小，此时制作该长方体水箱的成本最低.

7.8.3　多元函数的条件极值

前面讨论的极值问题，对于函数的自变量，仅限制在定义域中取值，并无其他约束条件. 但在实际问题中，对函数的自变量的取值往往还有其他附加的约束条件.

微课视频 7.13
条件极值

例如，例 6 中，设长方体水箱的长、宽、高分别为 xm、ym、zm，则表面积为

$$S=2(xy+xz+yz)\text{，其中 } x>0,\ y>0,\ z>0, \tag{2}$$

题目要求的就是式(2)中函数 S 的最小值，此函数通常称为**目标函数**. 该目标函数的定义域为 $D=\{(x,y,z)\mid x>0,y>0,z>0\}$，同时自变量需要满足条件

$$xyz=8. \tag{3}$$

式(3)是对自变量除了在定义域内取值外，还需要满足的限制条件，通常称为**约束条件**. 像这类附有约束条件的极值问题称为**条件极值问题**. 相对应的，不带约束条件的极值问题称为**无条件极值问题**.

如何求条件极值呢？在某些时候，条件极值可化为无条件极值来求解. 如例 6 就是将式(2)、式(3)所描述的条件极值问题转化为无条件极值问题解决的. 但在很多情况下，将条件极值转化为无条件极值并非易事，甚至根本不可能. 因此，需要开辟解决问题的新方法，下面介绍一种直接求条件极值的方法，这种方法称之为**拉格朗日乘数法**. 为了便于理解，先看一个类似于式(2)、式(3)的条件极值问题的一般情形，即求目标函数

$$u=f(x,y,z) \tag{4}$$

在约束条件

$$G(x,y,z)=0 \tag{5}$$

下的极值.

一般来说，从式(5)解出 $z=z(x,y)$ 往往非常困难，考虑借助隐函数的偏导数来讨论. 如果目标函数 $u=f(x,y,z)$ 在点 $P(x_0,y_0,z_0)$ 取得所求的极值，那么一定有

$$G(x_0,y_0,z_0)=0. \tag{6}$$

假设在点 $P(x_0,y_0,z_0)$ 的某邻域内，函数 f 和 G 具有连续偏导数且 $G'_z(x_0,y_0,z_0)\neq 0$. 由隐函数存在定理，式(5)确定一个隐函数 $z=z(x,y)$，且它的偏导数为 $\dfrac{\partial z}{\partial x}=-\dfrac{G'_x}{G'_z}$，$\dfrac{\partial z}{\partial y}=-\dfrac{G'_y}{G'_z}$，于是所求的条件极值问题转化为求函数

$$u=f(x,y,z(x,y)) \tag{7}$$

的无条件极值问题. 由极值的必要条件和复合函数的求导法则知，目标函数 $u=f(x,y,z)$ 在点 $P(x_0,y_0,z_0)$ 取得所求的极值，则点 P 除满足式(6)外，还一定要满足

$$\begin{cases}\left.\dfrac{\partial u}{\partial x}\right|_P=\left.\left(f'_x+f'_z\dfrac{\partial z}{\partial x}\right)\right|_P=f'_x(P)-f'_z(P)\cdot\dfrac{G'_x(P)}{G'_z(P)}=0,\\[2ex] \left.\dfrac{\partial u}{\partial y}\right|_P=\left.\left(f'_y+f'_z\dfrac{\partial z}{\partial y}\right)\right|_P=f'_y(P)-f'_z(P)\cdot\dfrac{G'_y(P)}{G'_z(P)}=0,\end{cases}$$

即满足关系式

$$\frac{f'_x(x_0,y_0,z_0)}{G'_x(x_0,y_0,z_0)}=\frac{f'_y(x_0,y_0,z_0)}{G'_y(x_0,y_0,z_0)}=\frac{f'_z(x_0,y_0,z_0)}{G'_z(x_0,y_0,z_0)}.$$

若令上式的公共比值为 $-\lambda$，则极值点 $P(x_0,y_0,z_0)$ 要满足

$$\begin{cases}f'_x(x_0,y_0,z_0)+\lambda G'_x(x_0,y_0,z_0)=0,\\ f'_y(x_0,y_0,z_0)+\lambda G'_y(x_0,y_0,z_0)=0,\\ f'_z(x_0,y_0,z_0)+\lambda G'_z(x_0,y_0,z_0)=0.\end{cases} \tag{8}$$

由上述讨论知，极值点 $P(x_0,y_0,z_0)$ 要同时满足式(6)和式(8). 换句话说，目标函数 $u=f(x,y,z)$ 在约束条件 $G(x,y,z)=0$ 下的极值点 $P(x_0,y_0,z_0)$ 是方程组

$$\begin{cases} f'_x(x,y,z)+\lambda G'_x(x,y,z)=0, \\ f'_y(x,y,z)+\lambda G'_y(x,y,z)=0, \\ f'_z(x,y,z)+\lambda G'_z(x,y,z)=0, \\ G(x,y,z)=0 \end{cases} \tag{9}$$

的解. 容易看出，式(9)恰好是四个独立变量 x，y，z，λ 的函数

$$L(x,y,z,\lambda)=f(x,y,z)+\lambda G(x,y,z) \tag{10}$$

取得极值的必要条件. 式(10)中引进的函数 $L(x,y,z,\lambda)$ 称为**拉格朗日函数**，它成功地将式(4)和式(5)描述的条件极值问题转化为无条件极值问题. 通过解方程组(9)得 x，y，z，λ，然后再讨论相应的点 (x,y,z) 是否是问题的极值点. 这种讨论条件极值的方法，称为**拉格朗日乘数法**，参数 λ 相应地称为**拉格朗日乘数**. 拉格朗日乘数法可以推广到多个变量与多个约束条件的条件极值情形中，有几个约束条件就引入几个拉格朗日乘数. 例如：

求目标函数 $u=f(x,y,z)$ 在两个约束条件 $G(x,y,z)=0$，$H(x,y,z)=0$ 下的极值的步骤为：

(1) 作拉格朗日函数

$$L(x,y,z,\lambda,\mu)=f(x,y,z)+\lambda G(x,y,z)+\mu H(x,y,z),$$

其中，数 λ 及 μ 为拉格朗日乘数.

(2) 求出五元函数 $L(x,y,z,\lambda,\mu)$ 的驻点 $(x_0,y_0,z_0,\lambda_0,\mu_0)$，其中，$(x_0,y_0,z_0)$ 为函数 $u=f(x,y,z)$ 在条件 $G(x,y,z)=0$，$H(x,y,z)=0$ 下的可能极值点.

(3) 判定 $f(x_0,y_0,z_0)$ 是否为极值.

下面用拉格朗日乘数法重新求解例 6.

例 7　用拉格朗日乘数法求解例 6.

解： 设长方体水箱的长、宽、高分别为 xm、ym、zm，则长方体的表面积即目标函数为

$$S=2(xy+xz+yz),\ 其中\ x>0,\ y>0,\ z>0,$$

约束条件为

$$xyz=8.$$

作拉格朗日函数 $L(x,y,z,\lambda)=2(xy+xz+yz)+\lambda(xyz-8)$，令

$$\begin{cases} L'_x=2y+2z+\lambda yz=0, \\ L'_y=2x+2z+\lambda xz=0, \\ L'_z=2x+2y+\lambda xy=0, \\ L'_\lambda=xyz-8=0, \end{cases}$$

解之得 $x=2$，$y=2$，$z=2$，$\lambda=-2$.

由题意知，目标函数 S 的最小值一定存在，所以，其最小值只能在唯一可能的极值点 $(2,2,2)$ 处取得，即当水箱的长为 2m，宽为 2m，高为 2m 时，长方体水箱的表面积最小，此时制作该长方体水箱的成本最低.

例 8　在经过点 $(1,1,1)$ 的所有平面中，求出一个平面，使该平面与三个坐标面在第一卦限所围的立体的体积最小，并求出此最小体积.

解： 设所求平面为 $\frac{x}{a}+\frac{y}{b}+\frac{z}{c}=1$，其中常数 $a>0$，$b>0$，$c>0$，则该平面与三个坐标面所围立体的体积为 $V=\frac{1}{6}abc$，此为目标函数. 由于该平面过点 $(1,1,1)$，故有 $\frac{1}{a}+\frac{1}{b}+\frac{1}{c}=1$，此为约束条件.

作拉格朗日函数

$$L(a,b,c,\lambda)=\frac{1}{6}abc+\lambda\left(\frac{1}{a}+\frac{1}{b}+\frac{1}{c}-1\right),$$

令

$$\begin{cases} L'_a=\frac{1}{6}bc-\frac{\lambda}{a^2}=0, \\ L'_b=\frac{1}{6}ac-\frac{\lambda}{b^2}=0, \\ L'_c=\frac{1}{6}ab-\frac{\lambda}{c^2}=0, \\ L'_\lambda=\frac{1}{a}+\frac{1}{b}+\frac{1}{c}-1=0, \end{cases}$$

解上述方程组得 $a=b=c=3$，$\lambda=13.5$（在条件极值问题中，可以不用求出拉格朗日乘数的值）.

由题意知，体积 V 的最小值一定存在，所以最小值只能在唯一可能的极值点 $(3,3,3)$ 处取得，即当过点 $(1,1,1)$ 的平面为 $x+y+z=3$ 时，该平面与三个坐标面在第一卦限所围的立体的体积最小，此时最小体积为

$$V=\frac{1}{6}\times3^3=\frac{9}{2}.$$

习题 7-8

1. 求函数 $f(x,y)=4(x-y)-x^2-y^2$ 的极值.
2. 求函数 $f(x,y)=e^{2x}(x+2y+y^2)$ 的极值.
3. 求函数 $f(x,y)=x^3+y^2-2xy$ 的极值.
4. 求函数 $z=\sin x+\sin y+\cos(x+y)$，$0\leqslant x$，$y\leqslant\frac{\pi}{2}$ 的极值.

5. 求函数 $z=xy$ 在闭区域 $D=\{(x,y)\mid x\geqslant 0, y\geqslant 0, x+y\leqslant 1\}$ 上的最值.

6. 求函数 $f(x,y)=4x^2+3y^2-x^3$ 在区域 $D=\{(x,y)\mid x^2+3y^2\leqslant 16\}$ 上的最值.

7. 把正数 a 分成三个正数之和，问这三个正数分别为多少时，它们的乘积最大?

8. 求表面积为 a^2 而体积为最大的长方体的体积，其中常数 a 为正数.

9. 求原点到曲面 $xyz=a^3$ 的最短距离.

10. 将周长为 $2p$ 的矩形绕它的一边旋转得一圆柱体，问矩形的长和宽各为多少及如何旋转时，所得圆柱体的体积为最大?

11. 设椭球面 $\Sigma: 2x^2+y^2+z^2=1$，平面 $\pi: 2x+y-z=6$，求曲面 Σ 上的点 $P(x,y,z)$ 到平面 π 的最近距离及最远距离.

12. 抛物面 $z=x^2+y^2$ 与平面 $x+y+z-4=0$ 的交线是一个椭圆，求此椭圆上的点到原点距离的最大值和最小值.

13. 求平面 $\dfrac{x}{3}+\dfrac{y}{4}+\dfrac{z}{5}=1$ 和柱面 $x^2+y^2=1$ 的交线上与 xOy 平面距离最短的点.

总习题 7

1. 选择题:

(1) 设函数 $z=f(x,y)$ 在点 (x_0,y_0) 处可微，且 $f_x'(x_0,y_0)=0$，$f_y'(x_0,y_0)=0$，则函数 $f(x,y)$ 在 (x_0,y_0) 处(　　).

A. 必有极值，可能是极大值，也可能是极小值

B. 可能有极值，也可能无极值

C. 必有极大值

D. 必有极小值

(2) 若函数 $f(x,y)$ 在点 (x_0,y_0) 处(　　).

A. 偏导数存在，则 $f(x,y)$ 在该点一定可微分

B. 连续，则 $f(x,y)$ 在该点偏导数一定存在

C. 有极限，则 $f(x,y)$ 在该点一定连续

D. 可微，则 $f(x,y)$ 在该点连续且偏导数一定存在

(3) $\lim\limits_{\substack{x\to 0\\ y\to 0}}\dfrac{3xy}{\sqrt{xy+1}-1}=$(　　).

A. 3　　B. 6

C. 不存在　　D. ∞

(4) 曲线 $x=\sin t$，$y=\cos^2 t$，$z=\sin t\cos t$ 在对应于 $t=\pi$ 处的切线与 xOy 面的夹角是(　　).

A. $\dfrac{\pi}{2}$　　B. $\dfrac{\pi}{3}$

C. $\dfrac{\pi}{4}$　　D. $\arccos\dfrac{1}{\sqrt{3}}$

(5) 设 $x=x(y,z)$，$y=y(x,z)$，$z=z(x,y)$ 都是由方程 $F(x,y,z)=0$ 所确定的隐函数，则(　　).

A. $\dfrac{\partial x}{\partial y}+\dfrac{\partial y}{\partial z}+\dfrac{\partial z}{\partial x}=1$　　B. $\dfrac{\partial x}{\partial y}+\dfrac{\partial y}{\partial z}+\dfrac{\partial z}{\partial x}=-1$

C. $\dfrac{\partial x}{\partial y}\dfrac{\partial y}{\partial z}\dfrac{\partial z}{\partial x}=1$　　D. $\dfrac{\partial x}{\partial y}\dfrac{\partial y}{\partial z}\dfrac{\partial z}{\partial x}=-1$

(6) 函数 $z=f(x,y)$ 有 $\dfrac{\partial z}{\partial y}=x^2+2y$，且 $f(x,x^2)=1$，则 $f(x,y)=$(　　).

A. $-1+x^2y+y^2-2x^4$　　B. $1+x^2y+y^2-2x^4$

C. $1+x^2y^2+y^2+2x^4$　　D. $1+x^2+y^2+2x^4$

(7) 设函数 $f(x,y)$ 在点 $(0,0)$ 的某个邻域内连续，且 $\lim\limits_{(x,y)\to(0,0)}\dfrac{f(x,y)-xy}{\sqrt{x^2+y^2}}=1$，则下列选项中正确的是(　　).

A. 点 $(0,0)$ 不是 $f(x,y)$ 的极值点

B. 点 $(0,0)$ 是 $f(x,y)$ 的极大值点

C. 点 $(0,0)$ 是 $f(x,y)$ 的极小值点

D. 无法判断点 $(0,0)$ 是否为 $f(x,y)$ 的极值点

2. 填空题:

(1) 设 $u=z^{xy}$，则 $\mathrm{d}u=$________.

(2) 设 $z=z(x,y)$ 是由方程 $f(x-z,y-z)=0$ 所确定的隐函数，其中 $f(u,v)$ 具有连续的偏导数，且 $\dfrac{\partial f}{\partial u}+\dfrac{\partial f}{\partial v}\neq 0$，则 $\dfrac{\partial z}{\partial x}+\dfrac{\partial z}{\partial y}=$________.

(3) 已知 $u=xy+yz+zx$，则 $\mathbf{grad}\,u\big|_{(1,2,3)}=$________.

(4) 曲面 $z=x^2+3y^2$ 在点 $(1,1,4)$ 处的法线方程是________.

(5) 设 $(2xy-y^4+3)\,\mathrm{d}x+(x^2-axy^3)\,\mathrm{d}y$ 是函数 $z=$

$f(x,y)$的全微分，则 $a=$________.

3. 设函数 $f(x,y)=\begin{cases}\dfrac{x^2y^2}{(x^2+y^2)^{3/2}} & x^2+y^2\neq 0,\\ 0 & x^2+y^2=0,\end{cases}$ 证明：$f(x,y)$在点$(0,0)$处连续且偏导数存在，但不可微分.

4. 已知 $f(x,y)=x^2\arctan\dfrac{y}{x}-y^2\arctan\dfrac{x}{y}$，求$\dfrac{\partial^2 f}{\partial x\partial y}$.

5. 已知 $u=\dfrac{z^2}{y}\mathrm{e}^x$，其中 $z=z(x,y)$ 由方程 $2x+y-z+xyz=0$ 确定，求$\dfrac{\partial u}{\partial x}$.

6. 曲线$\begin{cases}xyz=2,\\ x-y-z=0\end{cases}$上点$(2,1,1)$处的一个切向量与 z 轴正向成锐角，求此切向量与 y 轴正向的夹角.

7. 设 $z=z(x,y)$ 由方程 $z=x^2+\int_{\sqrt{z}}^{y-x}\mathrm{e}^{t^2}\mathrm{d}t$ 确定，求$\dfrac{\partial z}{\partial x}$，$\dfrac{\partial z}{\partial y}$.

8. 设 $z=xy+x^2f\left(\dfrac{y}{x}\right)$，且 $f(u)$ 可微，求 $x\dfrac{\partial z}{\partial x}+y\dfrac{\partial z}{\partial y}$.

9. 设一元函数 $u=f(r)$ 在$(0,+\infty)$上具有二阶连续导数，且 $f(1)=0$，$f'(1)=1$，又 $u=f(\sqrt{x^2+y^2+z^2})$ 满足方程$\dfrac{\partial^2 u}{\partial x^2}+\dfrac{\partial^2 u}{\partial y^2}+\dfrac{\partial^2 u}{\partial z^2}=0$，试求 $f(r)$ 的表达式.

10. 设函数 $z=f(xy,yg(x))$，其中 f 具有二阶连续的偏导数，函数 $g(x)$ 可导且在 $x=1$ 处取得极值 $g(1)=1$. 求$\left.\dfrac{\partial^2 z}{\partial x\partial y}\right|_{\substack{x=1\\y=1}}$.

11. 求二元函数 $f(x,y)=x^2(2+y^2)+y\ln y$ 的极值.

12. 求函数 $f(x,y)=x^2+2y^2-x^2y^2$ 在区域 $D=\{(x,y)\mid x^2+y^2\leqslant 4,y\geqslant 0\}$ 上的最大值和最小值.

13. 在椭球面 $2x^2+2y^2+z^2=6$ 上求一点，使函数 $f(x,y,z)=y^2-xz$ 在该点处沿 $\boldsymbol{l}=(1,-1,0)$ 的方向导数最大.

14. 设直线 L：$\begin{cases}x+y+b=0,\\ x+ay-z-3=0\end{cases}$ 在平面 π 上，而平面 π 与曲面 $z=x^2+y^2$ 相切于点$(1,-2,5)$，求 a，b 的值.

15. 设 $\Phi(u,v)$ 具有连续偏导数，证明由方程 $\Phi(cx-az,cy-bz)=0$ 所确定的函数 $z=f(x,y)$ 满足 $a\dfrac{\partial z}{\partial x}+b\dfrac{\partial z}{\partial y}=c$.

16. 证明曲面 $z=xf\left(\dfrac{y}{x}\right)$ 在任一点处的切平面都通过原点.

17. 设函数 $F(x,y,z)$ 具有连续的偏导数，且对任意实数 t 有 $F(tx,ty,tz)=t^kF(x,y,z)$（k 是正整数），并假设在任意点处$(F'_x)^2+(F'_y)^2+(F'_z)^2\neq 0$，试证：曲面 $F(x,y,z)=0$ 上任意一点处的切平面相交于一定点.

18. 设 $\boldsymbol{n}$ 是曲面 $2x^2+3y^2+z^2=6$ 在点 $P(1,1,1)$ 处的指向外侧的法向量，求函数 $u=\dfrac{\sqrt{6x^2+8y^2}}{z}$ 在点 P 处沿方向 $\boldsymbol{n}$ 的方向导数.

19. 试证当 $|\lambda|<2$ 时，函数 $f(x,y)=\lambda(\mathrm{e}^y-1)\sin x-\cos x\cos 2y$ 在原点一定有极小值.

20. 设函数 $f(x,y)=|x-y|g(x,y)$，其中函数 $g(x,y)$ 在点$(0,0)$的某邻域内连续，试问 $g(0,0)$ 为何值时，函数 $f(x,y)$ 在点$(0,0)$的两个偏导数存在？$g(0,0)$ 为何值时，函数 $f(x,y)$ 在点$(0,0)$可微分？

第 8 章 重积分

“因为宇宙的结构是最完善的而且是最明智的上帝的创造，因此，如果在宇宙里没有某种极大的或极小的法则，那就根本不会发生任何事情.”

——欧拉

在第 4 章中我们知道，定积分是某种确定形式的和式的极限. 当这种和式的极限定义在区域、曲线及曲面上的多元函数，便得到重积分、曲线积分及曲面积分的概念. 本章介绍重积分的概念、性质、计算方法以及它们的一些应用.

基本要求：

1. 理解二重积分的概念，了解三重积分的概念，了解重积分的性质.

2. 掌握二重积分的计算方法(直角坐标、极坐标).

3. 会计算简单的三重积分(直角坐标、柱面坐标、球面坐标).

4. 了解科学技术问题中建立重积分表达式的微元法(也称元素法)的思想，会计算某些简单的几何量和物理量的积分表达式.

知识结构图：

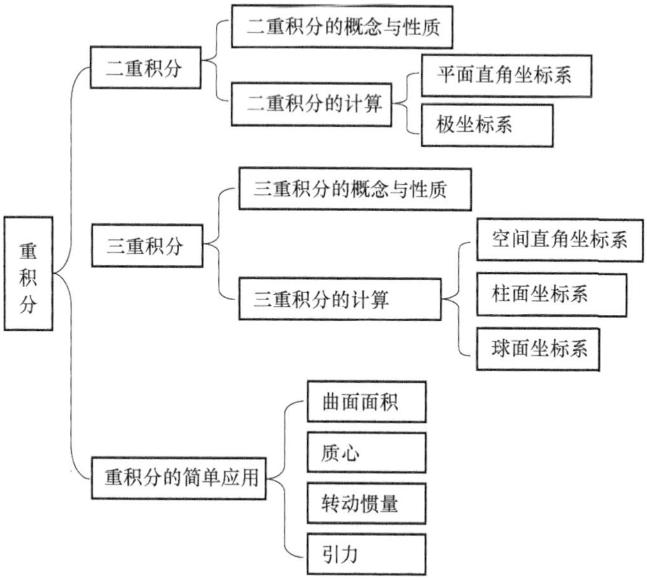

8.1 二重积分的概念和性质

微课视频 8.1
二重积分的概念与性质

本节主要介绍二重积分的概念与性质. 学习本节内容时，要求理解二重积分的概念、几何意义及其性质.

8.1.1 引例

引例 1　曲顶柱体的体积

设有一立体，它的底是 xOy 面上的有界闭区域 D，侧面是以 D 的边界曲线为准线而母线平行于 z 轴的柱面，它的顶是曲面 $z=f(x,y)$，这里 $f(x,y)\geqslant 0$ 且在 D 上连续(见图 8-1-1). 这种立体称为曲顶柱体，试求这个曲顶柱体的体积.

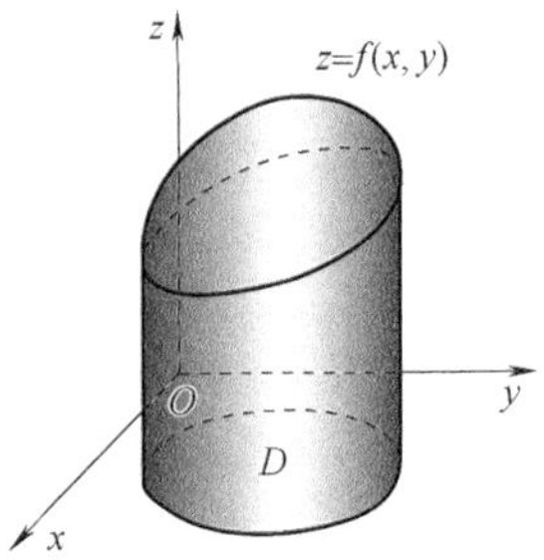

图　8-1-1

我们知道，高不变的平顶柱体的体积为

$$\text{体积}=\text{高}\times\text{底面积}.$$

但对曲顶柱体，当点(x,y)在闭区域 D 上变动时，所对应的高 $f(x,y)$是个变量，所以其体积不能用平顶柱体的体积来计算. 回顾第 4 章中求曲边梯形的面积的问题，曲顶柱体类似于曲边梯形，顶部曲面相当于曲边梯形的曲边，底面闭区域相当于曲边梯形的底所在的区间，于是可仿效求曲边梯形的面积的思想方法，来解决曲顶柱体体积的问题.

第一步：分割.

用任意曲线网把闭区域 D 分割成 n 个小闭区域

$$\Delta\sigma_1,\ \Delta\sigma_2,\ \cdots,\ \Delta\sigma_n,$$

分别以这些小闭区域的边界曲线为准线，作母线平行于 z 轴的柱面，这些柱面把原来的曲顶柱体分为 n 个小曲顶柱体.

第二步：取近似.

由于$f(x,y)$连续，故对同一个小闭区域来说，$f(x,y)$变化很小，在每个小闭区域 $\Delta\sigma_i$(其面积也记作 $\Delta\sigma_i$)上任取一点(ξ_i,η_i)，这时小曲顶柱体可近似看作以$f(\xi_i,\eta_i)$为高而底为 $\Delta\sigma_i$ 的平顶柱体(见图 8-1-2)，其体积 ΔV_i 的近似值为

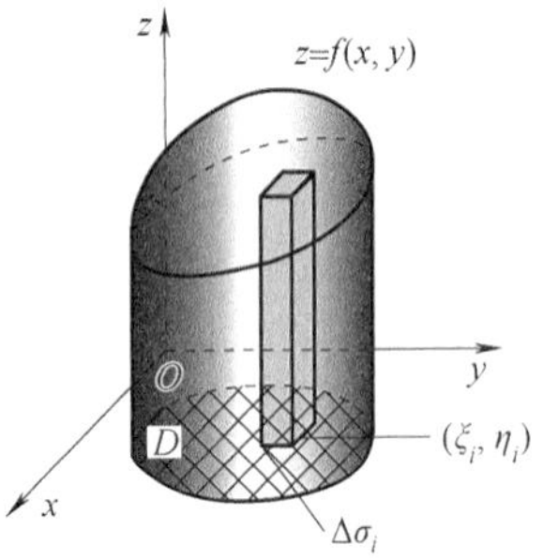

图　8-1-2

$$\Delta V_i\approx f(\xi_i,\eta_i)\Delta\sigma_i\quad(i=1,2,\cdots,n).$$

第三步：求和.

这 n 个小平顶柱体体积之和可以认为是整个曲顶柱体体积的近似值，即

$$V=\sum_{i=1}^{n}\Delta V\approx\sum_{i=1}^{n}f(\xi_i,\eta_i)\Delta\sigma_i.$$

第四步：取极限.

显然，当对闭区域 D 的分割无限变细，即当各小闭区域 $\Delta\sigma_i$ 的直径($\Delta\sigma_i$ 中任意两点间的最大距离)中的最大值 λ 趋于零时，

上述和式的极限就是所求曲顶柱体的体积，即

$$V=\lim_{\lambda\to 0}\sum_{i=1}^{n}f(\xi_i,\eta_i)\Delta\sigma_i.$$

引例 2 平面薄片的质量

设有一平面薄片占有 xOy 面上的闭区域 D，它在 D 上点 (x,y) 处的面密度为连续函数 $\mu(x,y)$，现在要计算该薄片的质量 M.

面密度是常数的均匀薄片的质量为

质量=面密度×面积.

如果面密度不是常数，薄片的质量就不能直接用上式来计算. 容易知道，上面用来处理曲顶柱体体积问题的方法完全适用于本问题.

将薄片任意分成 n 个小块 $\Delta\sigma_i$，其面积也记作 $\Delta\sigma_i(i=1,2,\cdots,n)$（见图 8-1-3），当 $\Delta\sigma_i$ 的直径很小时，由于 $\mu(x,y)$ 连续，$\Delta\sigma_i$ 中各点面密度变化不大，可以近似看作常数. 任取 $(\xi_i,\eta_i)\in\Delta\sigma_i$，将该点处的面密度 $\mu(\xi_i,\eta_i)$ 作为这个常数，于是 $\Delta\sigma_i$ 的质量

$$\Delta M_i\approx\mu(\xi_i,\eta_i)\Delta\sigma_i\quad(i=1,2,\cdots,n),$$

通过求和、取极限，便得出

$$M=\lim_{\lambda\to 0}\sum_{i=1}^{n}\mu(\xi_i,\mu_i)\Delta\sigma_i.$$

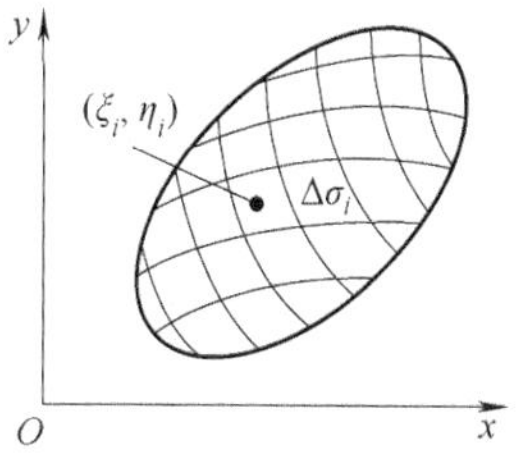

图 8-1-3

8.1.2 二重积分的概念

上面两个问题的实际意义虽然不同，但处理它们的思想方法都相似，所求量都归结为同一形式的和的极限. 在几何、物理和工程技术中，许多量都可归结为这一形式的和的极限. 为更一般地研究这种和的极限，抽象出如下二重积分的定义.

定义 8.1 设 $f(x,y)$ 是有界闭区域 D 上的有界函数. 将闭区域 D 任意分成 n 个小闭区域

$$\Delta\sigma_1,\Delta\sigma_2,\cdots,\Delta\sigma_n.$$

并仍用 $\Delta\sigma_i$ 表示第 i 个小闭区域 $\Delta\sigma_i$ 的面积. 在每个 $\Delta\sigma_i$ 上任取一点 (ξ_i,η_i)，作乘积 $f(\xi_i,\eta_i)\Delta\sigma_i(i=1,2,\cdots,n)$，并求和 $\sum\limits_{i=1}^{n}f(\xi_i,\eta_i)\Delta\sigma_i$，如果当各小闭区域的直径中的最大值 λ 趋于零时，该和式的极限总存在，则称此极限为函数 $f(x,y)$ 在闭区域 D 上的**二重积分**，记作 $\iint\limits_D f(x,y)\mathrm{d}\sigma$，即

$$\iint\limits_D f(x,y)\mathrm{d}\sigma=\lim_{\lambda\to 0}\sum_{i=1}^{n}f(\xi_i,\eta_i)\Delta\sigma_i,\tag{1}$$

其中，$f(x,y)$ 称为**被积函数**，$f(x,y)\mathrm{d}\sigma$ 称为**被积表达式**，$\mathrm{d}\sigma$ 称为

面积微元，x 与 y 称为**积分变量**，D 称为**积分区域**，$\sum\limits_{i=1}^{n} f(\xi_i,\eta_i)\Delta\sigma_i$ 称为**积分和**.

在二重积分的定义中对闭区域 D 的划分是任意的，如果在直角坐标系中用平行于坐标轴的直线网来划分 D，那么除了包含边界点的一些小闭区域外[⊖]，其余的小闭区域都是矩形闭区域. 如果矩形小闭区域 $\Delta\sigma_i$ 的边长为 Δx_j 和 Δy_k，则其面积 $\Delta\sigma_i=\Delta x_j\cdot\Delta y_k$. 因此在直角坐标系中，有时也把面积微元 $\mathrm{d}\sigma$ 记作 $\mathrm{d}x\mathrm{d}y$，而把二重积分 $\iint\limits_D f(x,y)\,\mathrm{d}\sigma$ 记作

$$\iint\limits_D f(x,y)\,\mathrm{d}x\mathrm{d}y,$$

其中，$\mathrm{d}x\mathrm{d}y$ 称为**直角坐标系中的面积微元**.

当 $f(x,y)$ 在闭区域 D 上连续时，式(1)右端的和式的极限必定存在，也就是说，函数 $f(x,y)$ 在 D 上的二重积分必定存在. 在以后的讨论中，总假定 $f(x,y)$ 在闭区域 D 上连续.

由二重积分的定义可知，曲顶柱体的体积是函数 $f(x,y)$ 在底 D 上的二重积分

$$V=\iint\limits_D f(x,y)\,\mathrm{d}\sigma.$$

平面薄片的质量是它的面密度 $\mu(x,y)$ 在薄片所占闭区域 D 上的二重积分

$$M=\iint\limits_D \mu(x,y)\,\mathrm{d}\sigma.$$

8.1.3 二重积分的性质

比较定积分与二重积分的定义可以想到，二重积分与定积分有类似的性质，现叙述如下.

性质 1 设 k 为常数，则

$$\iint\limits_D kf(x,y)\,\mathrm{d}\sigma=k\iint\limits_D f(x,y)\,\mathrm{d}\sigma.$$

性质 2 $$\iint\limits_D [f(x,y)\pm g(x,y)]\,\mathrm{d}\sigma=\iint\limits_D f(x,y)\,\mathrm{d}\sigma\pm\iint\limits_D g(x,y)\,\mathrm{d}\sigma.$$

性质 3（积分区域的可加性） 如果闭区域 D 被有限条曲线分为有限个部分闭区域，则在 D 上的二重积分等于在各部分闭区域

⊖ 求和的极限时，这些小闭区域所对应的项的和的极限为零，因此这些小闭区域可以略去不计. ——作者注

上的二重积分的和. 例如，D 分为两个闭区域 D_1 与 D_2 时，则

$$\iint_D f(x,y)\,\mathrm{d}\sigma = \iint_{D_1} f(x,y)\,\mathrm{d}\sigma + \iint_{D_2} f(x,y)\,\mathrm{d}\sigma.$$

性质 4 如果在 D 上，$f(x,y)=1$，σ 为 D 的面积，则

$$\iint_D 1\cdot\mathrm{d}\sigma = \iint_D \mathrm{d}\sigma = \sigma.$$

由二重积分的几何意义知，高为 1 的平顶柱体的体积在数值上就等于柱体的底面积.

性质 5 如果在 D 上，$f(x,y)\leqslant g(x,y)$，则有

$$\iint_D f(x,y)\,\mathrm{d}\sigma \leqslant \iint_D g(x,y)\,\mathrm{d}\sigma.$$

特殊地，由于

$$-f(x,y) \leqslant |f(x,y)| \leqslant f(x,y),$$

又有

$$\left|\iint_D f(x,y)\,\mathrm{d}\sigma\right| \leqslant \iint_D |f(x,y)|\,\mathrm{d}\sigma.$$

性质 6 设 M、m 分别是 $f(x,y)$ 在闭区域 D 上的最大值和最小值，σ 是 D 的面积，则有

$$m\sigma \leqslant \iint_D f(x,y)\,\mathrm{d}\sigma \leqslant M\sigma.$$

上式也称为二重积分的估值不等式.

性质 7(二重积分的中值定理) 设函数 $f(x,y)$ 在闭区域 D 上连续，σ 为 D 的面积，则在 D 上至少存在一点 (ξ,η)，使得

$$\iint_D f(x,y)\,\mathrm{d}\sigma = f(\xi,\eta)\cdot\sigma.$$

证： 由面积 $\sigma\neq0$ 和性质 6 得

$$m \leqslant \frac{1}{\sigma}\iint_D f(x,y)\,\mathrm{d}\sigma \leqslant M,$$

上式表明 $\frac{1}{\sigma}\iint_D f(x,y)\,\mathrm{d}\sigma$ 介于函数 $f(x,y)$ 在闭区域 D 上的最小值 m 和最大值 M 之间，根据闭区域上连续函数的介值定理，在 D 上至

少存在一点(ξ,η)，使得

$$\frac{1}{\sigma}\iint_D f(x,y)\,\mathrm{d}\sigma=f(\xi,\eta),$$

即

$$\iint_D f(x,y)\,\mathrm{d}\sigma=f(\xi,\eta)\cdot\sigma.$$

例 1 比较二重积分 $\iint_D \ln(x+y)\,\mathrm{d}\sigma$ 与 $\iint_D [\ln(x+y)]^2\mathrm{d}\sigma$ 的大小，其中，D 是三角形闭区域，三顶点分别为$(1,0)$，$(1,1)$，$(2,0)$.

解： 如图 8-1-4 所示，三角形斜边的方程为 $x+y=2$. 在积分区域 D 上有

$$1\leqslant x+y\leqslant 2,$$

所以 $0\leqslant \ln(x+y)<1$，故

$$\ln(x+y)>[\ln(x+y)]^2,$$

由性质 5，得

$$\iint_D \ln(x+y)\,\mathrm{d}\sigma>\iint_D [\ln(x+y)]^2\mathrm{d}\sigma.$$

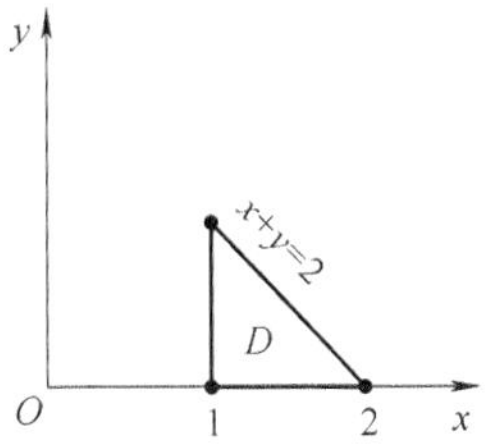

图 8-1-4

例 2 估计二重积分 $I=\iint_D (x^2+y^2)\,\mathrm{d}x\mathrm{d}y$ 的值，其中积分区域为椭圆闭区域 D：$\frac{x^2}{a^2}+\frac{y^2}{b^2}\leqslant 1\ (a>b>0)$.

解： 显然，积分区域 D 的面积 $\sigma=\pi ab$，在 D 上，$f(x,y)=x^2+y^2$ 的最大值和最小值分别为

$$M=f(a,0)=a^2,\ m=f(0,0)=0,$$

由性质 6，得

$$0\leqslant I\leqslant \pi a^3 b.$$

例 3 设 $f(x,y)$ 为 D 上的连续函数，求极限 $\lim\limits_{\rho\to 0}\frac{1}{\pi\rho^2}\iint_D f(x,y)\,\mathrm{d}x\mathrm{d}y$，其中，$D$：$(x-x_0)^2+(y-y_0)^2\leqslant \rho^2$.

解： 由二重积分的中值定理，$\exists(\xi,\eta)\in D$，使 $\iint_D f(x,y)\,\mathrm{d}x\mathrm{d}y=f(\xi,\eta)\sigma$，其中 σ 为区域 D 的面积. 原极限可化为

$$\lim_{\rho\to 0}\frac{1}{\pi\rho^2}\iint_D f(x,y)\,\mathrm{d}x\mathrm{d}y=\lim_{\rho\to 0}\frac{1}{\pi\rho^2}f(\xi,\eta)\sigma=\lim_{\rho\to 0}f(\xi,\eta),$$

当 $\rho\to 0$ 时，$(\xi,\eta)\to(x_0,y_0)$，又原函数连续，故

$$\lim_{\rho\to 0}f(\xi,\eta)=\lim_{(\xi,\eta)\to(x_0,y_0)}f(\xi,\eta)=f(x_0,y_0).$$

习题 8-1

1. xOy 平面上的有界闭区域 D 上分布着面密度为 $\mu=\mu(x,y)$ 的电荷，且 $\mu(x,y)$ 在 D 上连续，试用二重积分表达该区域上的全部电荷 Q.

2. 利用二重积分的定义证明：

(1) $\iint\limits_D \mathrm{d}\sigma=\sigma$（其中 σ 为 D 的面积）；

(2) $\iint\limits_D kf(x,y)\mathrm{d}\sigma=k\iint\limits_D f(x,y)\mathrm{d}\sigma$（其中 k 为常数）；

(3) $\iint\limits_D f(x,y)\mathrm{d}\sigma\leqslant M\sigma$（其中 M 是 $f(x,y)$ 在 D 上的最大值，σ 是 D 的面积）.

3. 利用二重积分的几何意义，求下列二重积分：

(1) $I=\iint\limits_D \mathrm{d}\sigma$，其中 D 是 $x^2+y^2\leqslant R^2$；

(2) $I=\iint\limits_D \sqrt{R^2-x^2-y^2}\,\mathrm{d}\sigma$，其中 D 是 $x^2+y^2\leqslant R^2$.

4. 根据二重积分的性质，比较下列积分的大小：

(1) $I_1=\iint\limits_{D_1}\mathrm{d}\sigma$，$I_2=\iint\limits_{D_2}\mathrm{d}\sigma$，其中 $D_1=\{(x,y)\mid x^2+y^2\leqslant 6\}$，$D_2=\{(x,y)\mid |x|+|y|\leqslant\pi\}$；

(2) $I_1=\iint\limits_D (x+y)^3\mathrm{d}\sigma$，$I_2=\iint\limits_D (x+y)^2\mathrm{d}\sigma$，其中 D 是圆周 $(x-2)^2+(y-1)^2=2$ 围成的闭区域；

(3) $I_1=\iint\limits_D \ln(x+y)\mathrm{d}\sigma$，$I_2=\iint\limits_D (x+y)^2\mathrm{d}\sigma$，$I_3=\iint\limits_D \sqrt{x+y}\,\mathrm{d}\sigma$，其中 D 是由直线 $x=0$，$y=0$，$x+y=\dfrac{1}{2}$，$x+y=1$ 围成的闭区域；

(4) $I_1=\iint\limits_D \cos\sqrt{x^2+y^2}\,\mathrm{d}\sigma$，$I_2=\iint\limits_D \cos(x^2+y^2)\mathrm{d}\sigma$，$I_3=\iint\limits_D \cos(x^2+y^2)^2\mathrm{d}\sigma$，其中 D 是 $x^2+y^2\leqslant 1$.

5. 利用二重积分的性质，估计下列积分的值：

(1) $I=\iint\limits_D \sqrt{4+xy}\,\mathrm{d}\sigma$，其中 $D=\{(x,y)\mid 0\leqslant x\leqslant 2,0\leqslant y\leqslant 2\}$；

(2) $I=\iint\limits_D (y-x)\mathrm{d}\sigma$，其中 $D=\{(x,y)\mid x^2+y^2\leqslant 1\}$；

(3) $I=\iint\limits_D (2x^2+y^2+1)\mathrm{d}\sigma$，其中 D 是两坐标轴与直线 $x+y=1$ 围成的闭区域.

6. 设 $f(x,y)$ 在区域 D: $x^2+y^2\leqslant r^2$ 上连续，且 $f(0,0)=2$，用二重积分的中值定理证明：

$$\lim_{r\to 0}\frac{1}{r^2}\iint\limits_D f(x,y)\mathrm{d}\sigma=2\pi.$$

7. 设函数 $f(x,y)$ 和 $g(x,y)$ 在平面有界闭区域 D 上连续，且 $g(x,y)$ 在 D 上不变号，求证：至少存在一点 $(\xi,\eta)\in D$，使得

$$\iint\limits_D f(x,y)g(x,y)\mathrm{d}\sigma=f(\xi,\eta)\iint\limits_D g(x,y)\mathrm{d}\sigma.$$

8.2 二重积分的计算法

直接按二重积分的定义来计算二重积分，通常都很复杂，不是一种切实可行的方法. 本节讨论二重积分的计算方法，其基本思想是把二重积分化为累次积分(即两次定积分)来计算. 学习本节内容，要求掌握二重积分在直角坐标系和极坐标系下的计算方法，会交换累次积分的次序.

8.2.1 利用直角坐标计算二重积分

微课视频 8.2
直角坐标

下面利用二重积分的几何意义来阐明怎样把二重积分 $\iint\limits_D f(x,$

$y)\mathrm{d}\sigma$ 化为累次积分. 设积分区域 D 可以用不等式 $\varphi_1(x)\leqslant y\leqslant\varphi_2(x)$，$a\leqslant x\leqslant b$ 来表示(见图 8-2-1a、b)，其中函数 $\varphi_1(x)$，$\varphi_2(x)$ 在区间$[a,b]$上连续.

设$f(x,y)\geqslant0$，由二重积分的几何意义，$\iint\limits_D f(x,y)\mathrm{d}\sigma$ 表示区域 D 上以曲面 $z=f(x,y)$ 为顶的曲顶柱体的体积. 因此只要求出曲顶柱体的体积，便得到了二重积分的值. 下面应用定积分中计算“平行截面面积为已知的立体的体积”的方法，来计算曲顶柱体的体积.

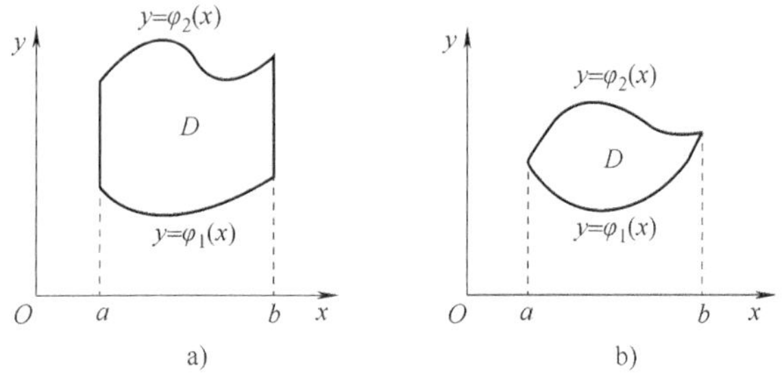

图 8-2-1

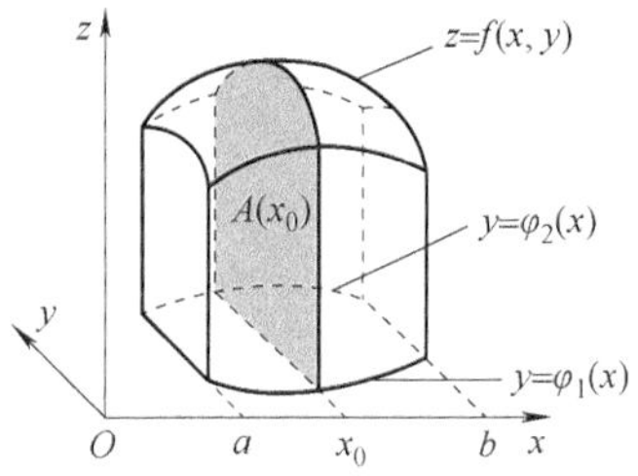

图 8-2-2

先计算截面面积. 为此，在区间$[a,b]$上任意取定一点 x_0，过该点作平行于 yOz 面的平面，这个平面截曲顶柱体所得的截面是一个以区间$[\varphi_1(x_0),\varphi_2(x_0)]$为底、曲线 $z=f(x_0,y)$ 为曲边的曲边梯形(见图 8-2-2 中阴影部分)，由定积分的几何意义知，这一截面的面积为

$$A(x_0)=\int_{\varphi_1(x_0)}^{\varphi_2(x_0)}f(x_0,y)\,\mathrm{d}y.$$

一般地，过区间$[a,b]$上任一点 x 且平行于 yOz 面的平面截曲顶柱体所得截面的面积为

$$A(x)=\int_{\varphi_1(x)}^{\varphi_2(x)}f(x,y)\,\mathrm{d}y,$$

于是，应用计算平行截面面积为已知的立体体积的方法，得曲顶柱体体积为

$$V=\int_a^b A(x)\,\mathrm{d}x=\int_a^b\left[\int_{\varphi_1(x)}^{\varphi_2(x)}f(x,y)\,\mathrm{d}y\right]\mathrm{d}x.$$

这个体积也就是所求二重积分的值，故

$$\iint\limits_D f(x,y)\,\mathrm{d}\sigma=\int_a^b\left[\int_{\varphi_1(x)}^{\varphi_2(x)}f(x,y)\,\mathrm{d}y\right]\mathrm{d}x. \tag{1}$$

式(1)右端的积分叫作先对 y，后对 x 的**累次积分**. 它的意思是，先把 x 看作固定的，$f(x,y)$ 作为 y 的一元函数在$[\varphi_1(x),\varphi_2(x)]$上对 y 求定积分，然后把算得的结果(是 x 的函数)再在$[a,b]$上对 x 求定积分. 这个先对 y、后对 x 的累次积分也常记作

$$\int_a^b dx\int_{\varphi_1(x)}^{\varphi_2(x)} f(x,y)\,dy.$$

因此，式(1)也写成

$$\iint\limits_D f(x,y)\,d\sigma=\int_a^b dx\int_{\varphi_1(x)}^{\varphi_2(x)} f(x,y)\,dy. \tag{2}$$

这就是把二重积分化为先对 y、后对 x 的累次积分的公式.

在上述讨论中，先假定了 $f(x,y)\geqslant 0$，但实际上式(2)对任意连续函数 $f(x,y)$ 都成立.

类似地，如果积分区域 D 可以用不等式

$$\psi_1(y)\leqslant x\leqslant\psi_2(y),\ c\leqslant y\leqslant d$$

来表示(见图 8-2-3a、b)，其中函数 $\psi_1(y)$，$\psi_2(y)$ 在区间 $[c,d]$ 上连续，那么就有

$$\iint\limits_D f(x,y)\,d\sigma=\int_c^d dy\int_{\psi_1(y)}^{\psi_2(y)} f(x,y)\,dx. \tag{3}$$

式(3)右端的积分叫作先对 x、后对 y 的累次积分.

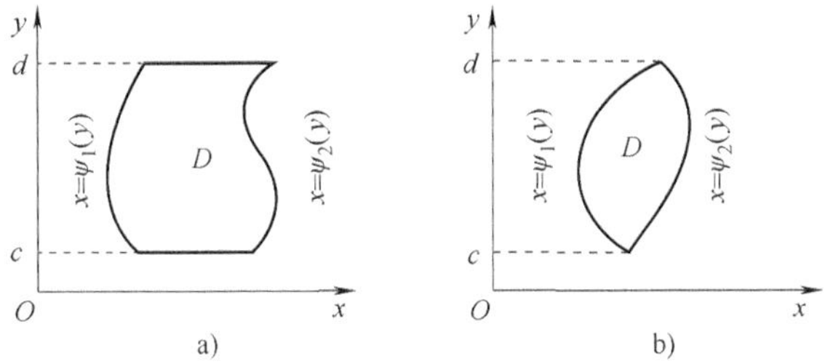

图 8-2-3

一般地，称图 8-2-1 所示的积分区域为 X 型区域，X 型区域 D 的特点是：穿过 D 内部且平行于 y 轴的直线与 D 的边界至多有两个交点；对 X 型区域 D，可用式(2)把原二重积分化为先对 y、后对 x 的累次积分. 类似地，称图 8-2-3 所示的积分区域为 Y 型区域，Y 型区域 D 的特点是：穿过 D 内部且平行于 x 轴的直线与 D 的边界至多有两个交点；对 Y 型区域 D，可用式(3)把原二重积分化为先对 x、后对 y 的累次积分.

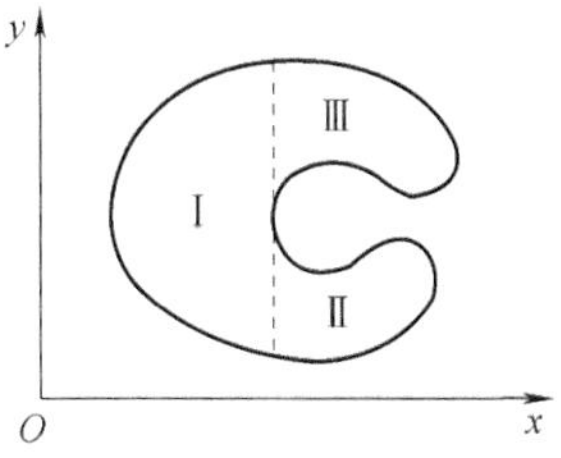

图 8-2-4

需要指出的是，如果区域 D 如图 8-2-4 所示，既不是 X 型区域，又不是 Y 型区域，则可以把 D 分割成几个小部分，使每个部分是 X 型区域或是 Y 型区域. 例如，在图 8-2-4 中，把 D 分成三部分，它们都是 X 型区域，从而在这三部分上的二重积分都可应用式(2). 求出各部分上的二重积分后，根据二重积分的性质 3，它们的和就是在 D 上的二重积分.

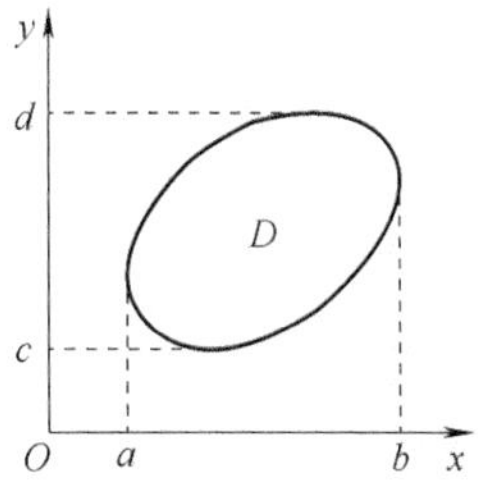

图 8-2-5

如果积分区域 D 既是 X 型的，可用不等式 $\varphi_1(x)\leqslant y\leqslant\varphi_2(x)$，$a\leqslant x\leqslant b$ 表示，又是 Y 型的，可用不等式 $\psi_1(y)\leqslant x\leqslant\psi_2(y)$，$c\leqslant y\leqslant d$ 表示(见图 8-2-5)，则由式(2)及式(3)得

$$\int_a^b dx\int_{\varphi_1(x)}^{\varphi_2(x)} f(x,y)\,dy = \int_c^d dy\int_{\psi_1(y)}^{\psi_2(y)} f(x,y)\,dx.$$

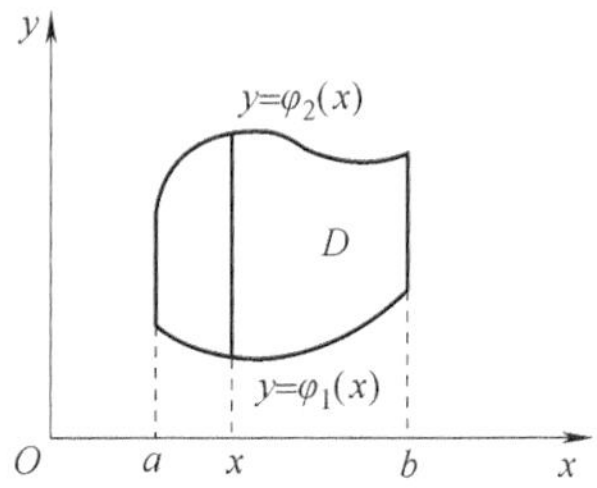

图 8-2-6

上式表明，这两个不同次序的累次积分相等，都等于同一个二重积分. 由此可知，在具体计算一个二重积分时，可以有目的地选择其中一种累次积分，使计算更为简便.

将二重积分化为累次积分时，确定积分限是一个关键，其一般步骤是:

(1) 画出积分区域 D 的图形;

(2) 确定积分限.

若积分区域 D 是 X 型的(见图 8-2-6)，则先确定区域 D 上点的横坐标的变化范围$[a,b]$，a 与 b 就是后对 x 积分的下限与上限；再用平行于 y 轴的直线自下往上穿过 D 的内部，穿入曲线和穿出曲线所确定的 $y=\varphi_1(x)$ 和 $y=\varphi_2(x)$ 分别为先对 y 积分的下限与上限.

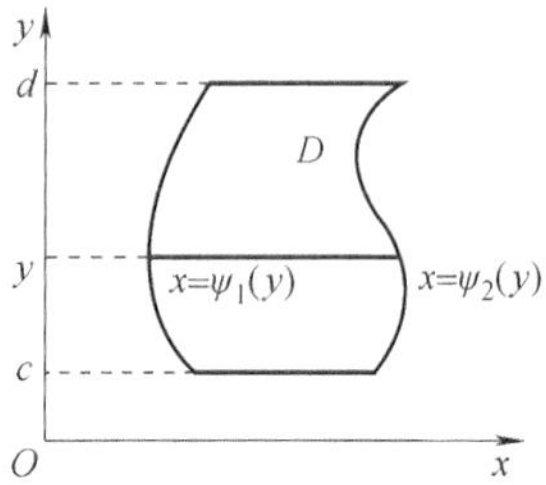

图 8-2-7

类似地，若积分区域 D 是 Y 型的(见图 8-2-7)，则先确定 D 上点的纵坐标的变化范围$[c,d]$，c 与 d 就是后对 y 积分的下限与上限；再用平行于 x 轴的直线自左往右穿过 D 的内部，穿入曲线和穿出曲线所确定的 $x=\psi_1(y)$ 和 $x=\psi_2(y)$，分别为先对 x 积分的下限与上限.

(3) 计算累次积分.

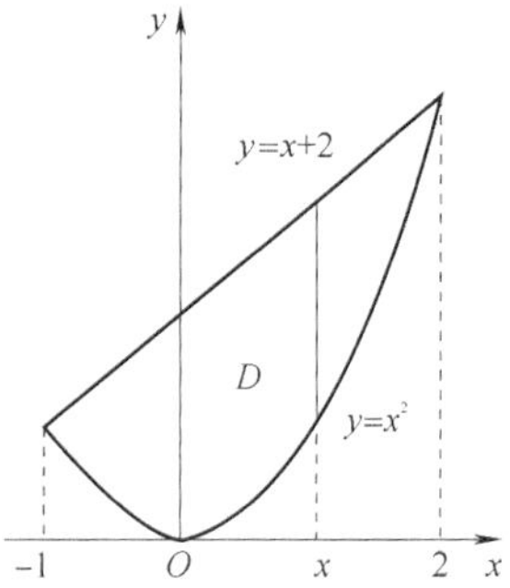

图 8-2-8

例 1 计算 $\iint\limits_D y\,dx\,dy$，其中 D 是由直线 $y=x+2$ 及抛物线 $y=x^2$ 所围成的闭区域.

解: 画出积分区域 D 的图形(见图 8-2-8)，D 既是 X 型区域又是 Y 型区域. 先将 D 看作 X 型区域，利用式(2)，则有

$$\begin{aligned}\iint\limits_D y\,dx\,dy &= \int_{-1}^2 dx\int_{x^2}^{x+2} y\,dy = \frac{1}{2}\int_{-1}^2 [y^2]_{x^2}^{x+2}dx\\ &= \frac{1}{2}\int_{-1}^2[(x+2)^2-x^4]dx\\ &= \frac{1}{2}\left[\frac{1}{3}x^3+2x^2+4x-\frac{1}{5}x^5\right]_{-1}^2 = \frac{36}{5}.\end{aligned}$$

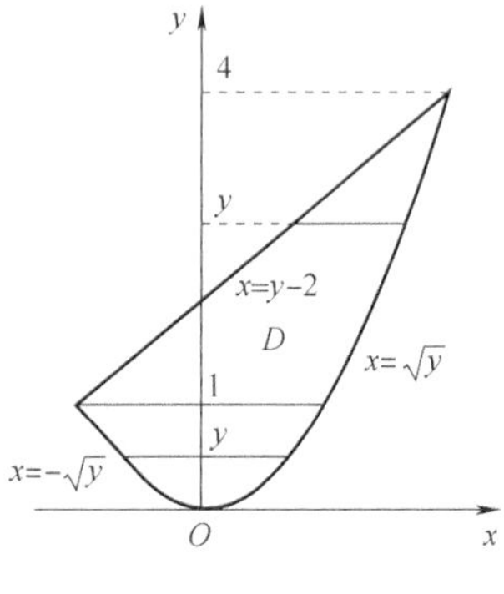

图 8-2-9

若将 D 看作 Y 型区域，则需用经过点$(-1,1)$且平行于 x 轴的直线 $y=1$ 把区域 D 分成 D_1 与 D_2 两部分(见图 8-2-9)，其中

$$D_1=\{(x,y)\mid -\sqrt{y}\leqslant x\leqslant\sqrt{y},0\leqslant y\leqslant 1\},$$

$$D_2=\{(x,y)\mid y-2\leqslant x\leqslant\sqrt{y},1\leqslant y\leqslant 4\}.$$

根据二重积分关于积分区域的可加性及式(3)，就有

$$\iint\limits_D y\,dx\,dy = \iint\limits_{D_1} y\,dx\,dy + \iint\limits_{D_2} y\,dx\,dy$$

$$=\int_0^1 dy\int_{-\sqrt{y}}^{\sqrt{y}} y dx+\int_1^4 dy\int_{y-2}^{\sqrt{y}} y dx.$$

由此可见，本题若将 D 看作 Y 型区域用式(3)计算比较麻烦.

例 2 计算 $\iint\limits_D \frac{\sin y}{y}dxdy$，其中 D 是由直线 $y=x$ 及抛物线 $y^2=x$ 所围成的闭区域.

解：画出积分区域 D 的图形(见图 8-2-10)，D 既是 X 型区域又是 Y 型区域. 如果将 D 看作 X 型区域，先对 y 后对 x 积分，则有

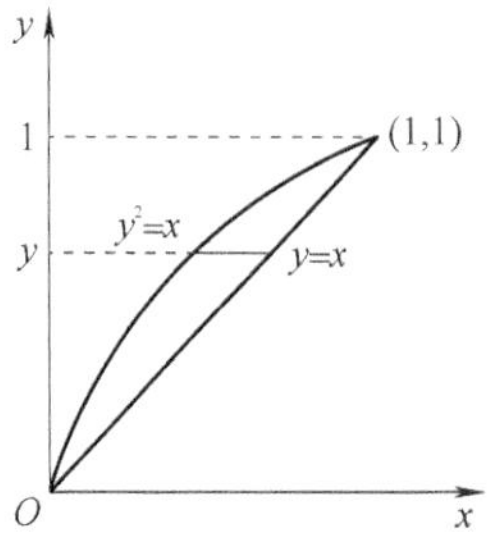

图 8-2-10

$$\iint\limits_D \frac{\sin y}{y}dxdy=\int_0^1 dx\int_x^{\sqrt{x}}\frac{\sin y}{y}dy,$$

由于 $\frac{\sin y}{y}$ 的原函数不能用初等函数来表达，所以上式就无法往下计算了. 我们按 Y 型区域来计算，先对 x 后对 y 积分，得

$$\iint\limits_D \frac{\sin y}{y}dxdy=\int_0^1 dy\int_{y^2}^{y}\frac{\sin y}{y}dx$$

$$=\int_0^1\frac{\sin y}{y}[x]_{y^2}^{y}dy=\int_0^1(1-y)\sin y dy=1-\sin 1.$$

上述两例说明，在将二重积分化为累次积分时，为了计算简便可行，需要选择恰当的累次积分的次序. 这时，既要考虑积分区域 D 的形状，又要考虑被积函数 $f(x,y)$ 的特性.

例 3 交换累次积分 $\int_1^2 dx\int_{\frac{1}{x}}^{x} f(x,y)dy$ 的次序.

解：由题设知积分区域为

$$D:\quad 1\leqslant x\leqslant 2,\ \frac{1}{x}\leqslant y\leqslant x,$$

于是可作出 D 的图形(见图 8-2-11)，再将 D 看作 Y 型区域，先对 x 后对 y 积分，则有

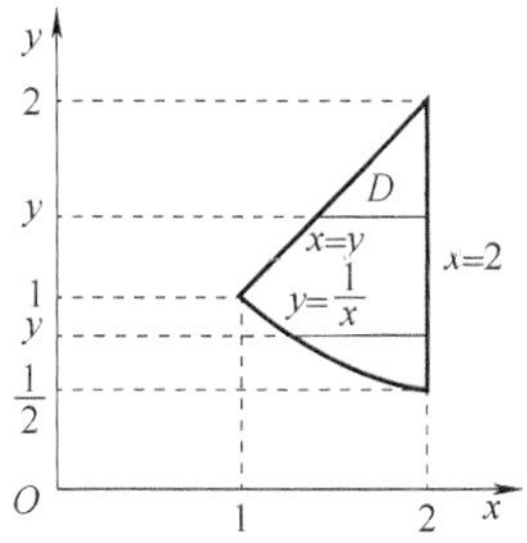

图 8-2-11

$$\int_1^2 dx\int_{\frac{1}{x}}^{x} f(x,y)dy=\int_{\frac{1}{2}}^{1}dy\int_{\frac{1}{y}}^{2} f(x,y)dx+\int_1^2 dy\int_y^2 f(x,y)dx.$$

例 4 计算 $\int_0^a dy\int_y^a e^{-x^2}dx\ (a>0)$.

解：因为积分 $\int e^{-x^2}dx$ 不能用初等函数表示，所以应考虑交换原累次积分的次序. 由于

$$D:\quad 0\leqslant y\leqslant a,\ y\leqslant x\leqslant a,$$

故 D 的图形如图 8-2-12 所示，将 D 看作 X 型区域，先对 y 后对 x 积分，则有

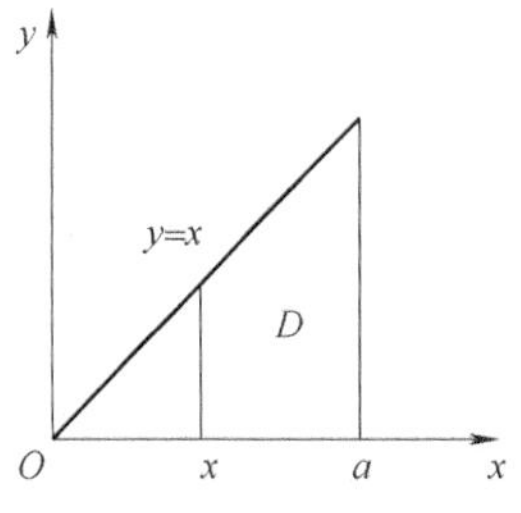

图 8-2-12

$$\int_0^a dy\int_y^a e^{-x^2}dx=\int_0^a dx\int_0^x e^{-x^2}dy$$

$$= \int_0^a e^{-x^2} [y]_0^x dx = \int_0^a x e^{-x^2} dx = \frac{1}{2}(1 - e^{-a^2}).$$

例 5 求两个圆柱面 $x^2 + y^2 = R^2$，$x^2 + z^2 = R^2$ 所围成的立体的体积.

解： 由于立体关于坐标平面对称，只要算出它在第一卦限部分(见图 8-2-13a)的体积 V_1.

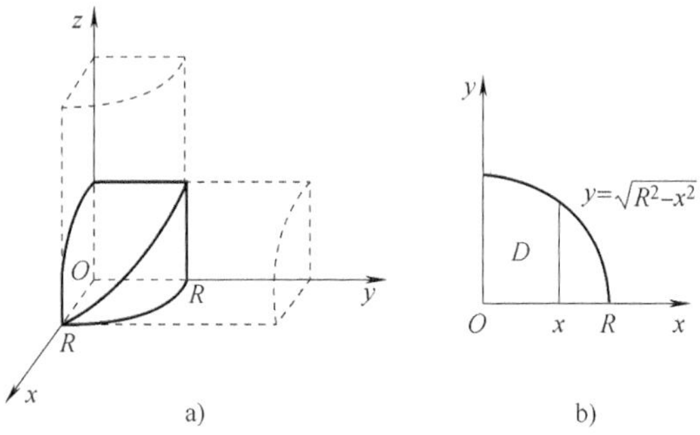

图 8-2-13

易见所求立体在第一卦限部分可以看成一个曲顶柱体，它在 xOy 面上的投影为

$$D = \{(x,y) \mid 0 \leqslant y \leqslant \sqrt{R^2 - x^2}, 0 \leqslant x \leqslant R\},$$

其图形如图 8-2-13b 所示. 它的顶为曲面

$$z = \sqrt{R^2 - x^2},$$

于是

$$V_1 = \iint_D \sqrt{R^2 - x^2} d\sigma = \int_0^R dx \int_0^{\sqrt{R^2-x^2}} \sqrt{R^2 - x^2} dy$$

$$= \int_0^R (R^2 - x^2) dx = \frac{2}{3} R^3,$$

从而所求体积为

$$V = 8V_1 = \frac{16}{3} R^3.$$

例 6 设 $f(x,y)$ 连续，且 $f(x,y) = xy + \iint_D f(u,v) du dv$，其中 D 是由 $y=0$，$y=x^2$，$x=1$ 所围成的区域，求 $f(x,y)$.

解： 由于 $D = \{(x,y) \mid 0 \leqslant x \leqslant 1, 0 \leqslant y \leqslant x^2\}$，设 $\iint_D f(u,v) du dv = A$，

则

$$f(x,y) = xy + A.$$

代入得

$$A = \iint_D (xy + A) d\sigma = \int_0^1 dx \int_0^{x^2} (xy + A) dy = \int_0^1 \left(\frac{1}{2}x^5 + Ax^2\right) dx = \frac{1}{12} + \frac{A}{3},$$

解得，$A=\frac{1}{8}$，因此，$f(x,y)=xy+\frac{1}{8}$.

在定积分的计算中，如果积分区间关于原点对称且被积函数是奇(偶)函数，则定积分的计算往往可大大简化. 对二重积分也有类似结论，且也必须同时兼顾积分区域的对称性和被积函数的奇偶性. 为应用方便，简述如下：

(1) 如果积分区域 D 关于 x 轴对称，即 $(x,y)\in D$，有 $(x,-y)\in D$.则

$$\iint\limits_D f(x,y)\,\mathrm{d}x\mathrm{d}y=\begin{cases}0 & f(x,-y)=-f(x,y),\\ 2\iint\limits_{D_1} f(x,y)\,\mathrm{d}x\mathrm{d}y & f(x,-y)=f(x,y),\end{cases}$$

其中，D_1 是 D 在 x 轴某一侧的部分(例如取 x 轴上方的部分). 这里，$f(x,-y)=-f(x,y)$，称 f 关于 y 是奇函数.

(2) 如果积分区域 D 关于 y 轴对称，即 $(x,y)\in D$，有 $(-x,y)\in D$. 则

$$\iint\limits_D f(x,y)\,\mathrm{d}x\mathrm{d}y=\begin{cases}0 & f(-x,y)=-f(x,y),\\ 2\iint\limits_{D_1} f(x,y)\,\mathrm{d}x\mathrm{d}y & f(-x,y)=f(x,y),\end{cases}$$

其中，D_1 是 D 在 y 轴某一侧的部分.

(3) 如果积分区域 D 关于原点对称，即 $(x,y)\in D$，有 $(-x,-y)\in D$. 则

$$\iint\limits_D f(x,y)\,\mathrm{d}x\mathrm{d}y=\begin{cases}0 & f(-x,-y)=-f(x,y),\\ 2\iint\limits_{D_1} f(x,y)\,\mathrm{d}x\mathrm{d}y & f(-x,-y)=f(x,y),\end{cases}$$

其中，D_1 是 D 关于原点对称的一半的部分.

(4) 如果积分区域 D 关于直线 $x=y$ 对称，即 $(x,y)\in D$，有 $(y,x)\in D$. 则 $\iint\limits_D f(x,y)\,\mathrm{d}x\mathrm{d}y=\iint\limits_D f(y,x)\,\mathrm{d}x\mathrm{d}y$. 该对称性也称为坐标轮换法.

例 7 计算 $\iint\limits_{|x|+|y|\leqslant 1} x(3x-y^2)\,\mathrm{d}x\mathrm{d}y$.

解：积分区域 D 的图形如图 8-2-14 所示，其第一象限部分记为 D_1. 由于 D 关于 x 轴和 y 轴都对称，且函数 $f(x,y)=3x^2$ 关于 x 和 y 都是偶函数，故有

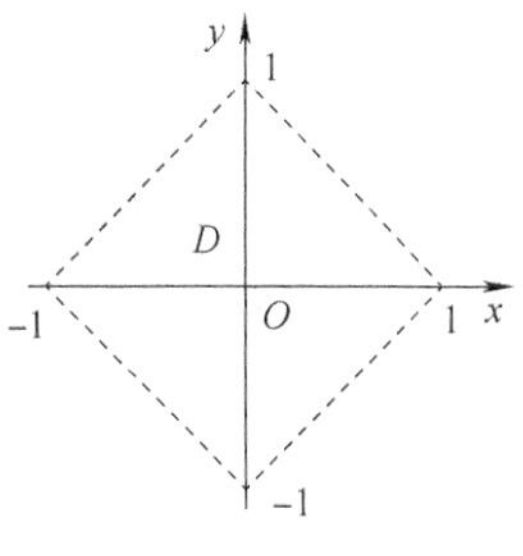

图 8-2-14

$$\begin{aligned}\iint\limits_{|x|+|y|\leqslant 1} 3x^2\,\mathrm{d}x\mathrm{d}y&=4\iint\limits_{D_1}3x^2\,\mathrm{d}x\mathrm{d}y\\&=4\int_0^1\mathrm{d}x\int_0^{1-x}3x^2\,\mathrm{d}y=4\int_0^1 3x^2(1-x)\,\mathrm{d}x=1;\end{aligned}$$

又因为 D 关于 y 轴对称，函数 $g(x,y)=xy^2$ 关于 x 是奇函数，故有

$$\iint\limits_{|x|+|y|\leqslant 1} xy^2\mathrm{d}x\mathrm{d}y = 0,$$

所以

$$\iint\limits_{|x|+|y|\leqslant 1} x(3x-y^2)\mathrm{d}x\mathrm{d}y = \iint\limits_{|x|+|y|\leqslant 1} 3x^2\mathrm{d}x\mathrm{d}y - \iint\limits_{|x|+|y|\leqslant 1} xy^2\mathrm{d}x\mathrm{d}y$$

$$= 1 - 0 = 1.$$

8.2.2 利用极坐标计算二重积分

微课视频 8.3
极坐标

有些二重积分，积分区域的边界曲线用极坐标方程来表示比较方便，且被积函数在极坐标系下的表达式也比较简单，此时就可以考虑利用极坐标来计算二重积分.

依二重积分的定义

$$\iint\limits_D f(x,y)\mathrm{d}\sigma = \lim_{\lambda\to 0}\sum_{i=1}^{n} f(\xi_i,\eta_i)\Delta\sigma_i,$$

下面来研究上式右端的和的极限在极坐标系中的表达式.

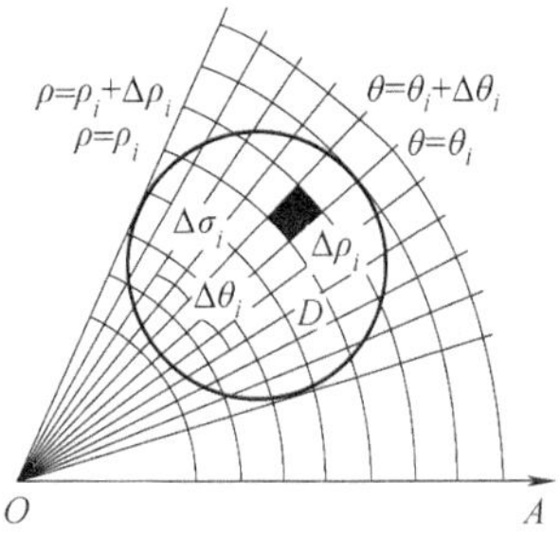

图 8-2-15

假定从极点 O 出发且穿过闭区域 D 内部的射线与 D 的边界曲线相交不多于两点. 用一族同心圆：$\rho=$常数，以及一族射线：$\theta=$常数，把 D 分成 n 个小闭区域(见图 8-2-15). 除了包含边界点的一些小闭区域外，小闭区域的面积为

$$\Delta\sigma_i=\frac{1}{2}(\rho_i+\Delta\rho_i)^2\Delta\theta_i-\frac{1}{2}\rho_i^2\Delta\theta_i=\frac{1}{2}(2\rho_i+\Delta\rho_i)\Delta\rho_i\cdot\Delta\theta_i$$

$$=\frac{\rho_i+(\rho_i+\Delta\rho_i)}{2}\cdot\Delta\rho_i\cdot\Delta\theta_i$$

$$=\bar{\rho}_i\cdot\Delta\rho_i\cdot\Delta\theta_i,$$

其中，$\bar{\rho}_i=\dfrac{\rho_i+(\rho_i+\Delta\rho_i)}{2}$是相邻两个同心圆半径的平均值.

在小区域 $\Delta\sigma_i$ 内取圆周 $\rho=\bar{\rho}_i$ 上的点$(\bar{\rho}_i,\bar{\theta}_i)$，则由直角坐标与极坐标之间的关系得

$$\xi_i=\bar{\rho}_i\cos\bar{\theta}_i,\ \eta_i=\bar{\rho}_i\sin\bar{\theta}_i.$$

于是

$$\iint\limits_D f(x,y)\mathrm{d}\sigma=\lim_{\lambda\to 0}\sum_{i=1}^{n} f(\xi_i,\eta_i)\Delta\sigma_i$$

$$=\lim_{\lambda\to 0}\sum_{i=1}^{n} f(\bar{\rho}_i\cos\bar{\theta}_i,\ \bar{\rho}_i\sin\bar{\theta}_i)\cdot\bar{\rho}_i\Delta\rho_i\Delta\theta_i$$

$$=\iint\limits_D f(\rho\cos\theta,\ \rho\sin\theta)\rho\mathrm{d}\rho\mathrm{d}\theta.$$

为了便于记忆，把上式看成是二重积分的一种变量代换：$x=$

$\rho\cos\theta$，$y=\rho\sin\theta$，在此代换下，面积微元 $d\sigma=\rho d\rho d\theta$.

与直角坐标系下二重积分的计算类似，极坐标系下二重积分的计算同样可以化为累次积分来计算. 设积分区域 D 可以用不等式

$$\varphi_1(\theta)\leqslant\rho\leqslant\varphi_2(\theta),\alpha\leqslant\theta\leqslant\beta$$

来表示(见图 8-2-16a、b)，其中 $\varphi_1(\theta),\varphi_2(\theta)$ 连续，则

$$\iint\limits_D f(\rho\cos\theta,\ \rho\sin\theta)\rho d\rho d\theta=\int_\alpha^\beta d\theta\int_{\varphi_1(\theta)}^{\varphi_2(\theta)} f(\rho\cos\theta,\ \rho\sin\theta)\rho d\rho. \quad (4)$$

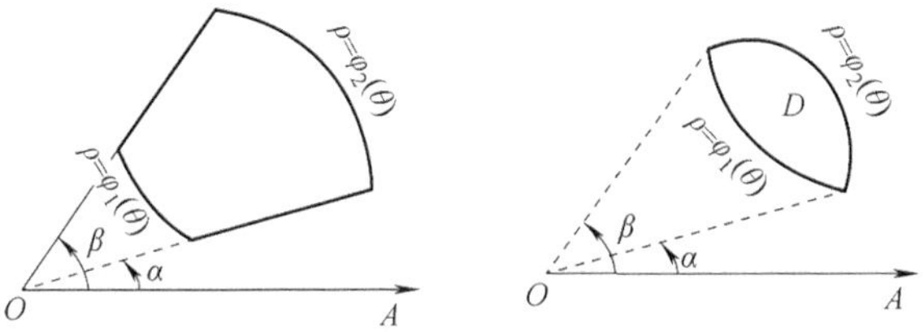

a)　　b)

图　8-2-16

在极坐标下二重积分化为累次积分的上述公式中，关键是积分上下限的确定，其基本方法是：

(1) 确定区域 D 上点的极角的变化范围$[\alpha,\beta]$，α，β 就是后对 θ 积分的下限与上限；

(2) 在$[\alpha,\beta]$内任意取定一个 θ 值，从极点出发作极角为 θ 的射线穿过 D 的内部，其中穿入曲线和穿出曲线所确定的 $\rho=\varphi_1(\theta)$ 和 $\rho=\varphi_2(\theta)$(见图 8-2-17)分别为先对 ρ 积分的下限与上限.

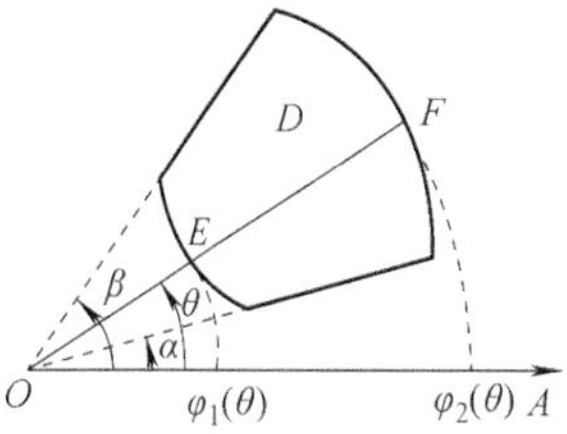

图　8-2-17

特别地，当积分区域 D 是图 8-2-18 所示的曲边扇形时，可以把它看作图 8-2-16a 中 $\varphi_1(\theta)=0$，$\varphi_2(\theta)=\varphi(\theta)$ 的特例. 此时区域 D 可表示为

$$0\leqslant\rho\leqslant\varphi(\theta),\alpha\leqslant\theta\leqslant\beta,$$

而式(4)成为

$$\iint\limits_D f(\rho\cos\theta,\ \rho\sin\theta)\rho d\rho d\theta=\int_\alpha^\beta d\theta\int_0^{\varphi(\theta)} f(\rho\cos\theta,\ \rho\sin\theta)\rho d\rho.$$

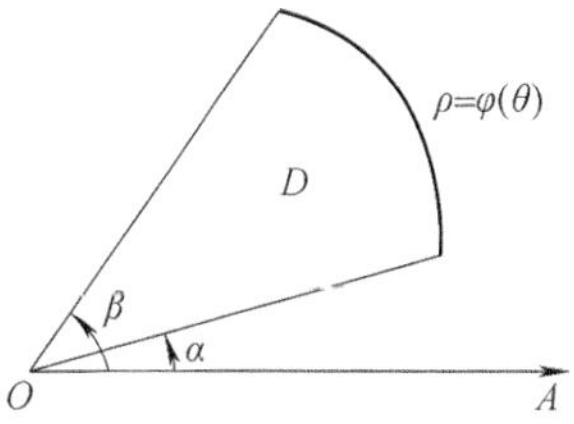

图　8-2-18

当积分区域 D 如图 8-2-19 所示，极点在 D 的内部时，可以把它看作图 8-2-18 中 $\alpha=0$，$\beta=2\pi$ 的特例. 此时区域 D 可表示为

$$0\leqslant\rho\leqslant\varphi(\theta),0\leqslant\theta\leqslant 2\pi,$$

而式(4)成为

$$\iint\limits_D f(\rho\cos\theta,\ \rho\sin\theta)\rho d\rho d\theta=\int_0^{2\pi} d\theta\int_0^{\varphi(\theta)} f(\rho\cos\theta,\ \rho\sin\theta)\rho d\rho.$$

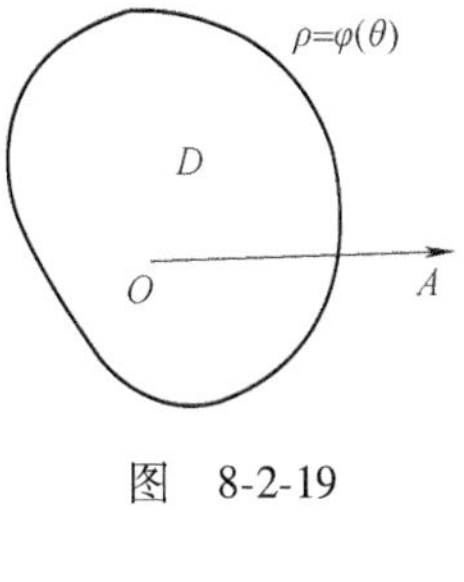

图　8-2-19

例 8　将二重积分 $\iint\limits_D f(x,y)d\sigma$ 化为极坐标下累次积分，其中 $D:x^2+y^2\leqslant 1$.

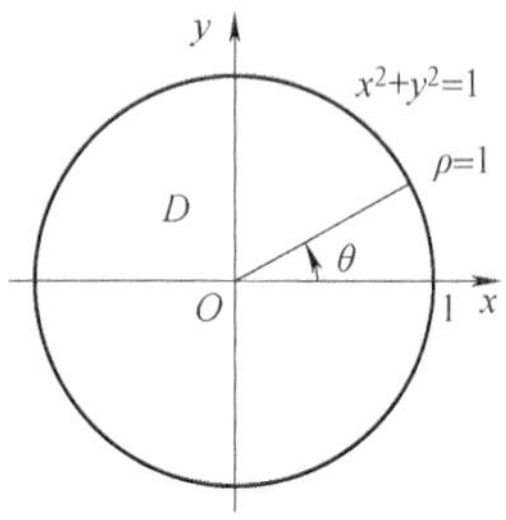

图　8-2-20

解：画出积分区域 D 的图形(见图 8-2-20)，则 D：$0\leqslant\theta\leqslant 2\pi$，$0\leqslant\rho\leqslant 1$. 由式(4)得

$$\iint_D f(x,y)\,\mathrm{d}\sigma=\iint_D f(\rho\cos\theta,\ \rho\sin\theta)\rho\,\mathrm{d}\rho\,\mathrm{d}\theta$$
$$=\int_0^{2\pi}\mathrm{d}\theta\int_0^1 f(\rho\cos\theta,\ \rho\sin\theta)\rho\,\mathrm{d}\rho.$$

例 9　计算二重积分 $\iint_D\left|\frac{y}{x}\right|\mathrm{d}\sigma$，其中 $D=\{(x,y)\mid x^2+y^2\leqslant 2x,\ x\geqslant 1\}$.

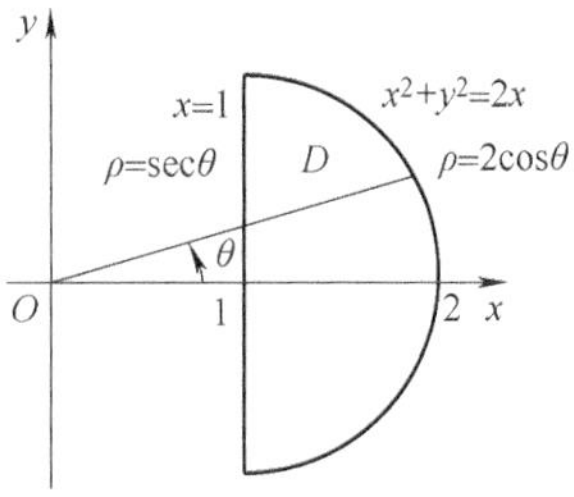

图　8-2-21

解：积分区域 D 的图形如图 8-2-21 所示，又圆 $x^2+y^2=2x$ 对应的极坐标方程为 $\rho=2\cos\theta$，直线 $x=1$ 对应的极坐标方程为 $\rho=\sec\theta$. 故积分区域 D：$-\frac{\pi}{4}\leqslant\theta\leqslant\frac{\pi}{4}$，$\sec\theta\leqslant\rho\leqslant 2\cos\theta$. 由式(4)得

$$\iint_D\left|\frac{y}{x}\right|\mathrm{d}\sigma=\iint_D\rho\cdot|\tan\theta|\,\mathrm{d}\rho\,\mathrm{d}\theta=\int_{-\frac{\pi}{4}}^{\frac{\pi}{4}}|\tan\theta|\,\mathrm{d}\theta\int_{\sec\theta}^{2\cos\theta}\rho\,\mathrm{d}\rho$$
$$=\frac{1}{2}\int_{-\frac{\pi}{4}}^{\frac{\pi}{4}}(4\cos^2\theta-\sec^2\theta)\,|\tan\theta|\,\mathrm{d}\theta$$
$$=\int_0^{\frac{\pi}{4}}(4\sin\theta\cos\theta-\sec^2\theta\tan\theta)\,\mathrm{d}\theta$$
$$=\left[2\sin^2\theta-\frac{1}{2}\tan^2\theta\right]_0^{\frac{\pi}{4}}=\frac{1}{2}.$$

例 10　(1) 计算二重积分 $\iint_D \mathrm{e}^{-x^2-y^2}\mathrm{d}\sigma$，其中 D 是 $x^2+y^2\leqslant a^2$ 的第一象限部分；

(2) 计算反常积分 $\int_0^{+\infty}\mathrm{e}^{-x^2}\mathrm{d}x$.

解：(1) $\iint_D \mathrm{e}^{-x^2-y^2}\mathrm{d}\sigma=\int_0^{\frac{\pi}{2}}\mathrm{d}\theta\int_0^a\rho\mathrm{e}^{-\rho^2}\mathrm{d}\rho=\int_0^{\frac{\pi}{2}}\left[-\frac{1}{2}\mathrm{e}^{-\rho^2}\right]_0^a\mathrm{d}\theta$

$$=\frac{1}{2}(1-\mathrm{e}^{-a^2})\int_0^{\frac{\pi}{2}}\mathrm{d}\theta=\frac{\pi}{4}(1-\mathrm{e}^{-a^2}).$$

(2) 由(1)知，若积分区域 D 为第一象限部分，即

$$D=\{(x,y)\mid 0\leqslant x<+\infty,\ 0\leqslant y<+\infty\}.$$

则

$$\iint_D \mathrm{e}^{-x^2-y^2}\mathrm{d}\sigma=\int_0^{+\infty}\mathrm{e}^{-x^2}\mathrm{d}x\int_0^{+\infty}\mathrm{e}^{-y^2}\mathrm{d}y=\left(\int_0^{+\infty}\mathrm{e}^{-x^2}\mathrm{d}x\right)^2,$$

用极坐标计算，得

$$\iint_D \mathrm{e}^{-x^2-y^2}\mathrm{d}\sigma=\int_0^{\frac{\pi}{2}}\mathrm{d}\theta\int_0^{+\infty}\rho\mathrm{e}^{-\rho^2}\mathrm{d}\rho$$

$$=-\frac{\pi}{4}e^{-\rho^2}\Big|_0^{+\infty}=\frac{\pi}{4}.$$

故

$$\int_0^{+\infty}e^{-x^2}dx=\sqrt{\iint_D e^{-x^2-y^2}d\sigma}=\frac{\sqrt{\pi}}{2}.$$

例11 计算$I=\iint_D\left(\frac{x^2}{a^2}+\frac{y^2}{b^2}\right)d\sigma$，其中$D$为圆形闭区域：$x^2+y^2\leqslant 1$.

解：积分区域D关于直线$y=x$对称，故$I=\iint_D\left(\frac{y^2}{a^2}+\frac{x^2}{b^2}\right)d\sigma$.

因此，

$$2I=\left(\frac{1}{a^2}+\frac{1}{b^2}\right)\iint_D(x^2+y^2)d\sigma$$

$$=\left(\frac{1}{a^2}+\frac{1}{b^2}\right)\int_0^{2\pi}d\theta\int_0^1\rho^3d\rho=\frac{\pi}{2}\left(\frac{1}{a^2}+\frac{1}{b^2}\right).$$

所求积分 $$I=\frac{\pi}{4}\left(\frac{1}{a^2}+\frac{1}{b^2}\right).$$

习题8-2

1. 计算下列二重积分：

(1) $\iint_D(x-y)d\sigma$，其中$D=\{(x,y)\mid 0\leqslant x\leqslant 2, 0\leqslant y\leqslant 1\}$；

(2) $\iint_D(x^2+y^2)d\sigma$，其中D是由两坐标轴及直线$x+y=1$所围成的闭区域；

(3) $\iint_D x\cos(x+y)d\sigma$，其中$D$是顶点分别为$(0,0)$，$(\pi,0)$，$(\pi,\pi)$的三角形闭区域；

(4) $\iint_D(x+2y-1)d\sigma$，其中$D=\{(x,y)\mid 0\leqslant x\leqslant 2y^2, 0\leqslant y\leqslant 1\}$；

(5) $\iint_D xd\sigma$，其中D是由曲线$y=x^2-1$和直线$y=-x+1$所围成的平面区域；

(6) $\iint_D yd\sigma$，其中D是由抛物线$y^2=-2x$和直线$y=x+4$所围成的闭区域.

2. 画出积分区域，并计算下列二重积分：

(1) $\iint_D\frac{\sin x}{x}d\sigma$，其中$D$是由$x=y$，$x=2y$，$x=2$所围成的闭区域；

(2) $\iint_D e^{x+y}d\sigma$，其中$D=\{(x,y)\mid |x|+|y|\leqslant 1\}$；

(3) $\iint_D(x^2-y^2)d\sigma$，其中D是由直线$y=x$，$y=2x$，$y=2$所围成的闭区域；

(4) $\iint_D\frac{y^2}{x^2}d\sigma$ 其中D是由直线$y=2$，$y=x$及曲线$xy=1$所围成的闭区域；

(5) $\iint_D(x-1)d\sigma$，其中D是由$y=x$，$y=x^3$所围成的闭区域；

(6) $\iint_D\frac{x}{y}d\sigma$，其中$D$是由$y=\sqrt{x}$，$y=\frac{\sqrt{x}}{2}$，$y=1$，$y=2$所围成的闭区域.

3. 化二重积分$I=\iint_D f(x,y)d\sigma$为累次积分（分别给出两种不同的积分次序），其中积分区域D分别为：

(1) 由两坐标轴及直线$2x+y=2$所围成的闭

区域；

（2）由 $y^2=x$ 及 $x=1$ 所围成的闭区域；

（3）由 $y=\dfrac{1}{x}$，$y=x$ 及 $x=3$ 所围成的闭区域；

（4）上半环形闭区域 $D=\{(x,y)\mid 1\leqslant x^2+y^2\leqslant 4, y\geqslant 0\}$.

4. 如果二重积分 $\iint\limits_D f(x,y)\mathrm{d}\sigma$ 的被积函数 $f(x,y)$ 是两个单变量函数 $f_1(x)$ 与 $f_2(y)$ 的乘积，即 $f(x,y)=f_1(x)\cdot f_2(y)$，积分区域是矩形区域 $D=\{(x,y)\mid a\leqslant x\leqslant b, c\leqslant y\leqslant d\}$，证明这个二重积分等于两个单积分的乘积，即

$$\iint\limits_D f_1(x)\cdot f_2(y)\mathrm{d}\sigma=\left[\int_a^b f_1(x)\mathrm{d}x\right]\cdot\left[\int_c^d f_2(y)\mathrm{d}y\right].$$

5. 交换下列累次积分的次序：

（1）$\int_0^1\mathrm{d}x\int_0^x f(x,y)\mathrm{d}y$；

（2）$\int_0^2\mathrm{d}y\int_{y^2}^{2y} f(x,y)\mathrm{d}x$；

（3）$\int_{-1}^1\mathrm{d}x\int_1^{\sqrt{2-x^2}} f(x,y)\mathrm{d}y$；

（4）$\int_0^1\mathrm{d}y\int_y^{2-y} f(x,y)\mathrm{d}x$；

（5）$\int_0^{\frac{1}{2}}\mathrm{d}x\int_x^{2x} f(x,y)\mathrm{d}y+\int_{\frac{1}{2}}^1\mathrm{d}x\int_x^1 f(x,y)\mathrm{d}y$.

6. 通过交换积分次序计算下列二重积分：

（1）$\int_0^1\mathrm{d}y\int_{\sqrt{y}}^1 \mathrm{e}^{\frac{y}{x}}\mathrm{d}x$；　　（2）$\int_0^{\sqrt{\pi}} x\mathrm{d}x\int_{x^2}^{\pi}\dfrac{\sin y}{y}\mathrm{d}y$.

7. 设 $f(x)$ 为连续函数，证明：$\int_0^1\mathrm{d}y\int_0^{\sqrt{y}}\mathrm{e}^y f(x)\mathrm{d}x=\int_0^1(\mathrm{e}-\mathrm{e}^{x^2})f(x)\mathrm{d}x$.

8. 设 $f(x)$ 为连续函数，$F(t)=\int_1^t\mathrm{d}y\int_y^t f(x)\mathrm{d}x$，求 $F'(2)$ 的值.

9. 设函数 $f(x,y)$ 在区域 $D=\{(x,y)\mid 0\leqslant x\leqslant 1, 0\leqslant y\leqslant 1\}$ 上连续，且 $xy\left(\iint\limits_D f(x,y)\mathrm{d}x\mathrm{d}y\right)^2=f(x,y)-1$，求 $f(x,y)$.

10. 设平面薄片所占的闭区域 D 由直线 $x+y=2$，$y=x$ 和 x 轴所围成，它的面密度 $\rho(x,y)=x^2+y^2$，求该薄片的质量.

11. 计算由四个平面 $x=0$，$x=1$，$y=0$，$y=1$ 所围成的柱体被平面 $z=0$ 及 $x+y+z=2$ 截得的立体的体积.

12. 求由平面 $x=0$，$y=0$，$z=0$，$2x+y=4$ 及抛物面 $z=x^2+y^2$ 所围成的立体的体积.

13. 求由曲面 $z=2x^2+y^2$ 及 $z=6-x^2-2y^2$ 所围成的立体的体积.

14. 求圆柱面 $x^2+y^2=ay$ 被平面 $z=0$ 及抛物面 $z=x^2+y^2$ 截得的立体的体积.

15. 利用对称性计算下列二重积分：

（1）$\iint\limits_D x^3\cos(x^2+y)\mathrm{d}\sigma$，其中 $D=\{(x,y)\mid x^2+y^2\leqslant y\}$；

（2）$\iint\limits_D(5xy^2+3x^2y)\mathrm{d}x\mathrm{d}y$，其中 $D=\{(x,y)\mid x^2+y^2\leqslant 1, x\geqslant 0\}$；

（3）$\iint\limits_D(|x|+|y|)\mathrm{d}x\mathrm{d}y$，其中 $D=\{(x,y)\mid |x|+|y|\leqslant 1\}$；

（4）$\iint\limits_D\dfrac{af(x)+bf(y)}{f(x)+f(y)}\mathrm{d}x\mathrm{d}y$，其中 $f(x)$ 为 D 上的正值连续函数，a，b 为常数，D 为圆形闭区域 $x^2+y^2\leqslant 1$ 在第一象限部分.

16. 画出积分区域，把积分 $\iint\limits_D f(x,y)\mathrm{d}x\mathrm{d}y$ 表示为极坐标形式的累次积分，其中积分区域 D 是：

（1）$\{(x,y)\mid x^2+y^2\leqslant 9\}$；

（2）$\{(x,y)\mid a^2\leqslant x^2+y^2\leqslant b^2\}(b>a>0)$；

（3）$\{(x,y)\mid x^2+y^2\leqslant y\}$；

（4）$\{(x,y)\mid x^2+y^2\leqslant 2x, x+y\geqslant 2\}$.

17. 化下列累次积分为极坐标形式的累次积分：

（1）$\int_0^1\mathrm{d}x\int_x^{\sqrt{3x}} f(x,y)\mathrm{d}y$；

（2）$\int_0^a\mathrm{d}x\int_0^a f(x^2+y^2)\mathrm{d}y\,(a>0)$；

（3）$\int_0^2\mathrm{d}y\int_0^{\sqrt{2y-y^2}} f(x,y)\mathrm{d}x$；

（4）$\int_0^1\mathrm{d}y\int_{\sqrt{y}}^1 f(x-y)\mathrm{d}x$.

18. 把下列积分化为极坐标形式，并计算积分值：

（1）$\int_{-2}^2\mathrm{d}x\int_0^{\sqrt{4-x^2}}(x^2+y^2)\mathrm{d}y$；

（2）$\int_0^1\mathrm{d}x\int_{x^2}^x(x^2+y^2)^{-\frac{1}{2}}\mathrm{d}y$；

(3) $\int_0^2 dx \int_0^{\sqrt{2x-x^2}} \sqrt{x^2+y^2}\,dy$;

(4) $\int_0^a dy \int_{-\sqrt{a^2-y^2}}^{\sqrt{a^2-y^2}} e^{-(x^2+y^2)}\,dx\ (a>0)$.

19. 利用极坐标计算下列二重积分：

(1) $\iint\limits_D \sqrt{x^2+y^2}\,d\sigma$，其中 D 是由圆周 $x^2+y^2=9$ 所围成的闭区域；

(2) $\iint\limits_D \sin(x^2+y^2)\,d\sigma$，其中 $D=\{(x,y)\mid \pi^2\leqslant x^2+y^2\leqslant 4\pi^2\}$；

(3) $\iint\limits_D \arctan\frac{y}{x}\,d\sigma$，其中 D 是由圆周 $x^2+y^2=4$，$x^2+y^2=1$ 及直线 $y=0$，$y=x$ 所围成的在第一象限内的闭区域；

(4) $\iint\limits_D \ln(1+x^2+y^2)\,d\sigma$，其中 $D=\{(x,y)\mid x^2+y^2\leqslant 1, x\geqslant 0, y\geqslant 0\}$；

(5) $\iint\limits_D (x+y)\,dxdy$，其中 D 为 $x^2+y^2\leqslant 2x$；

(6) $\iint\limits_D \frac{x+y}{x^2+y^2}\,dxdy$，其中 $D=\{(x,y)\mid x^2+y^2\leqslant 1, x+y\geqslant 1\}$.

20. 选用适当的坐标计算下列各题：

(1) $\iint\limits_D (x^2+y^2)\,d\sigma$，其中 D 是由直线 $y=x$，$y=3x$，$x=1$ 所围成的闭区域；

(2) $\iint\limits_D \sqrt{\frac{1-x^2-y^2}{1+x^2+y^2}}\,d\sigma$，其中 D 是由圆周 $x^2+y^2=1$ 及坐标轴所围成的在第一象限内的闭区域；

(3) $\iint\limits_D (x+y)\,dxdy$，其中 $D=\{(x,y)\mid x^2+y^2\leqslant 2Rx\}$；

(4) $\iint\limits_D |x^2+y^2-1|\,dxdy$，其中 $D=\{(x,y)\mid x^2+y^2\leqslant 2\}$；

(5) $\iint\limits_D \left(\sqrt[3]{x^2+y^2}-\frac{x\cos y}{\sqrt{1+3x^2+y^2}}\right)dxdy$，其中 $D=\{(x,y)\mid x^2+y^2\leqslant 1\}$；

(6) $\iint\limits_D |\cos(x+y)|\,dxdy$，其中 $D=\{(x,y)\mid 0\leqslant x\leqslant \frac{\pi}{2}, 0\leqslant y\leqslant \frac{\pi}{2}\}$.

21. 设 $f(x)$ 是闭区间 $[a,b]$ 上的连续函数，证明：$\left(\int_a^b f(x)\,dx\right)^2\leqslant (b-a)\int_a^b f^2(x)\,dx$.

8.3 三重积分

本节将介绍三重积分的概念、性质以及计算. 学习本节时，要求理解三重积分的概念、物理意义及性质，掌握三重积分在空间直角坐标系和柱面坐标系下的计算方法，了解三重积分在球面坐标系下的计算方法.

微课视频 8.4
三重积分

8.3.1 三重积分的概念

定积分及二重积分作为一种特殊和的极限的概念，可以很自然地推广到三重积分.

定义 8.2 设 $f(x,y,z)$ 是空间有界闭区域 Ω 上的有界函数. 将 Ω 任意分割成 n 个小闭区域

$$\Delta v_1, \Delta v_2, \cdots, \Delta v_n,$$

其中，Δv_i 表示第 i 个小闭区域，也表示它的体积. 在每个 Δv_i 上任取一点 $(\xi_i,\eta_i,\varsigma_i)$，作乘积 $f(\xi_i,\eta_i,\varsigma_i)\Delta v_i (i=1,2,\cdots,n)$，并作和 $\sum\limits_{i=1}^{n} f(\xi_i,\eta_i,\varsigma_i)\Delta v_i$. 如果当各小闭区域直径中的最大值 λ 趋于

零时，该和的极限总存在，且与闭区域 Ω 的分法及点$(\xi_i,\eta_i,\varsigma_i)$的取法无关，则称此极限为函数$f(x,y,z)$在闭区域 Ω 上的**三重积分**，记作 $\iiint\limits_{\Omega} f(x,y,z)\,\mathrm{d}v$，即

$$\iiint\limits_{\Omega} f(x,y,z)\,\mathrm{d}v=\lim_{\lambda\to 0}\sum_{i=1}^{n} f(\xi_i,\eta_i,\varsigma_i)\Delta v_i,$$

其中，$\mathrm{d}v$ 称为**体积微元**.

上述定义中对 Ω 的分割方法是任意的，如在直角坐标系中用平行于坐标面的平面来分割 Ω，那么除了包含 Ω 的边界点的一些不规则小闭区域外，得到的小闭区域 Δv_i 均为长方体，当该长方体的边长为 Δx_j，Δy_k，Δz_l 时，体积 $\Delta v_i=\Delta x_j\Delta y_k\Delta z_l$. 因此在直角坐标系中，体积微元 $\mathrm{d}v$ 也常记作 $\mathrm{d}x\mathrm{d}y\mathrm{d}z$，而把三重积分记作

$$\iiint\limits_{\Omega} f(x,y,z)\,\mathrm{d}x\mathrm{d}y\mathrm{d}z,$$

其中，$\mathrm{d}x\mathrm{d}y\mathrm{d}z$ 叫作**直角坐标系中的体积微元**.

当函数$f(x,y,z)$在闭区域 Ω 上连续时，$f(x,y,z)$在 Ω 上的三重积分必定存在. 在下面的讨论中，我们总假定函数$f(x,y,z)$在闭区域 Ω 上是连续的. 关于二重积分的一些术语，例如被积函数、积分区域等，也可相应地用到三重积分上.

由三重积分的定义可知，当函数$f(x,y,z)$表示空间物体 Ω 在点(x,y,z)处的密度时，三重积分 $\iiint\limits_{\Omega} f(x,y,z)\,\mathrm{d}v$ 表示该物体的总质量 M，即

$$M=\iiint\limits_{\Omega} f(x,y,z)\,\mathrm{d}v.$$

三重积分具有与二重积分完全类似的性质，例如：

当$f(x,y,z)\equiv 1$时，$f(x,y,z)$在闭区域 Ω 上的三重积分在数值上等于 Ω 的体积 V，即

$$V=\iiint\limits_{\Omega} 1\cdot\mathrm{d}v=\iiint\limits_{\Omega}\mathrm{d}v.$$

8.3.2 三重积分的计算

与计算二重积分的方法类似，计算三重积分的基本方法是将三重积分化为三次积分来计算. 下面按利用不同的坐标来分别讨论将三重积分化为三次积分的方法，且只限于叙述方法.

1. 利用直角坐标计算三重积分

(1) 先一后二法

假设平行于 z 轴且穿过闭区域 Ω 内部的任一直线与闭区域 Ω

的边界曲面 S 相交不多于两点. 把闭区域 Ω 投影到 xOy 面上，得一平面闭区域 D_{xy}(见图 8-3-1). 以 D_{xy} 的边界为准线作母线平行于 z 轴的柱面，该柱面与边界曲面 S 的交线将 S 分成上、下两部分，它们的方程分别为

$$S_1:\quad z=z_1(x,y),$$

$$S_2:\quad z=z_2(x,y),$$

其中，$z_1(x,y)$ 与 $z_2(x,y)$ 都是 D_{xy} 上的连续函数，且 $z_1(x,y)\leqslant z_2(x,y)$. 在这种情形下，积分区域 Ω 可表示为

$$\Omega=\{(x,y,z)\mid z_1(x,y)\leqslant z\leqslant z_2(x,y),(x,y)\in D_{xy}\}.$$

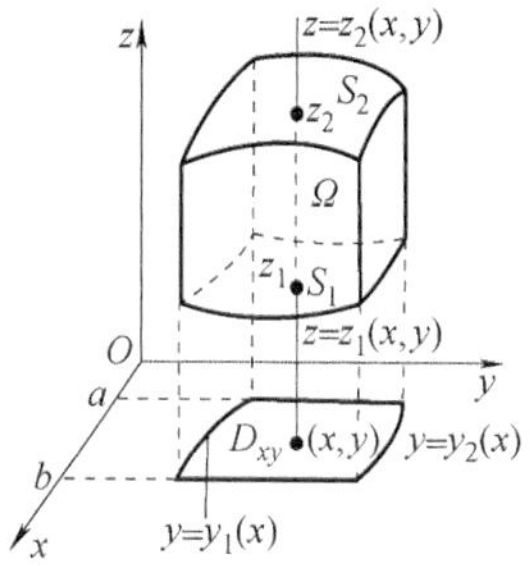

图　8-3-1

先将 x、y 看作定值，将 $f(x,y,z)$ 只看作 z 的函数，计算定积分 $\int_{z_1(x,y)}^{z_2(x,y)}f(x,y,z)\,\mathrm{d}z$ (积分的结果是 x、y 的二元函数)，然后计算 $\int_{z_1(x,y)}^{z_2(x,y)}f(x,y,z)\,\mathrm{d}z$ 在 D_{xy} 上的二重积分

$$\iint\limits_{D_{xy}}\left[\int_{z_1(x,y)}^{z_2(x,y)}f(x,y,z)\,\mathrm{d}z\right]\mathrm{d}\sigma.$$

若闭区域 D_{xy} 又可表示为

$$D_{xy}=\{(x,y)\mid y_1(x)\leqslant y\leqslant y_2(x),a\leqslant x\leqslant b\},$$

则进一步把这个二重积分化为二次积分，于是得到三重积分的计算公式

$$\iiint\limits_{\Omega}f(x,y,z)\,\mathrm{d}v=\int_a^b\mathrm{d}x\int_{y_1(x)}^{y_2(x)}\mathrm{d}y\int_{z_1(x,y)}^{z_2(x,y)}f(x,y,z)\,\mathrm{d}z.\qquad(1)$$

式(1)把三重积分化为先对 z、次对 y、最后对 x 的**三次积分**.

如果平行于 x 轴或 y 轴且穿过闭区域 Ω 内部的直线与 Ω 的边界曲面 S 相交不多于两点，也可把闭区域 Ω 投影到 yOz 面上或 xOz 面上，这样便可把三重积分化为按其他次序的三次积分. 如果平行于坐标轴且穿过闭区域 Ω 内部的直线与边界曲面 S 的交点多于两个，也可像处理二重积分那样，把 Ω 分成若干部分，保证每个部分与坐标轴平行且穿过 Ω 内部的直线与 Ω 的边界曲面相交不多于两点，这样，Ω 上的三重积分就化为各部分闭区域上的三重积分的和.

在把三重积分化为三次积分的式(1)中，关键是确定各次积分的上下限，确定上下限的一般方法是：

1) 画出空间闭区域 Ω 及 Ω 在 xOy 平面上的投影区域 D_{xy} 的图形；

2) 过 D_{xy} 内任意一点 (x,y)，作 z 轴的平行线，自下往上穿过 Ω 的内部，穿入点的竖坐标为 $z_1(x,y)$，穿出点的竖坐标为 $z_2(x,y)$，则它们就是先对 z 积分的下限与上限；

3）后对 x、y 积分的积分上下限由 D_{xy} 确定，确定方法与直角坐标下二重积分化为二次积分时上下限的确定方法完全一样.

例 1 计算三重积分 $\iiint\limits_{\Omega} x\mathrm{d}v$，其中 Ω 为三个坐标面及平面 $x+2y+2z-2=0$ 所围成的闭区域(见图 8-3-2a).

解： 作闭区域 Ω 及 Ω 在 xOy 平面上的投影区域 D_{xy} 的图形(见图 8-3-2).

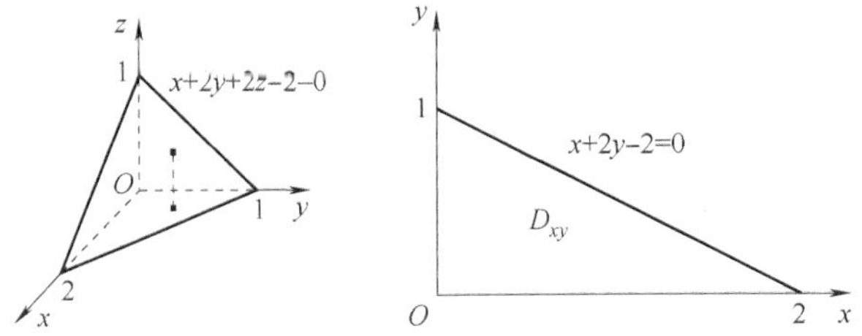

a) b)

图 8-3-2

在 D_{xy} 内任取一点 (x,y)，过此点作 z 轴的平行线，自下往上穿过 Ω 内的点的竖坐标从 0 变到 $\dfrac{2-x-2y}{2}$. 又因为 $D_{xy}=\left\{(x,y)\mid 0\leqslant y\leqslant\dfrac{2-x}{2},0\leqslant x\leqslant 2\right\}$，由式(1)得

$$\iiint\limits_{\Omega} x\mathrm{d}v=\int_0^2\mathrm{d}x\int_0^{\frac{2-x}{2}}\mathrm{d}y\int_0^{\frac{2-x-2y}{2}}x\mathrm{d}z=\frac{1}{2}\int_0^2\mathrm{d}x\int_0^{\frac{2-x}{2}}x(2-x-2y)\mathrm{d}y$$

$$=\frac{1}{8}\int_0^2 x(2-x)^2\mathrm{d}x=\frac{1}{6}.$$

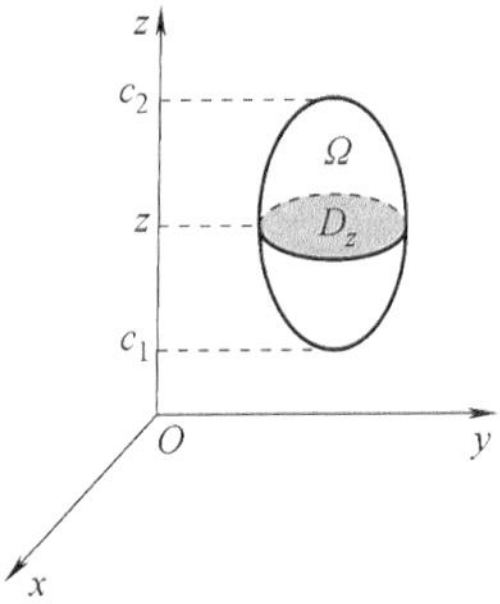

图 8-3-3

(2) 先二后一法

设空间闭区域 Ω 介于两个平面 $z=c_1$，$z=c_2$ 之间$(c_1<c_2)$，过 z 轴上任意点 $(0,0,z)(z\in[c_1,c_2])$ 作垂直于 z 轴的平面，该平面与 Ω 相截得一截面 D_z(见图 8-3-3)，即区域 Ω 可表示为

$$\Omega=\{(x,y,z)\mid(x,y)\in D_z,c_1\leqslant z\leqslant c_2\},$$

则有

$$\iiint\limits_{\Omega} f(x,y,z)\mathrm{d}v=\int_{c_1}^{c_2}\mathrm{d}z\iint\limits_{D_z} f(x,y,z)\mathrm{d}x\mathrm{d}y. \tag{2}$$

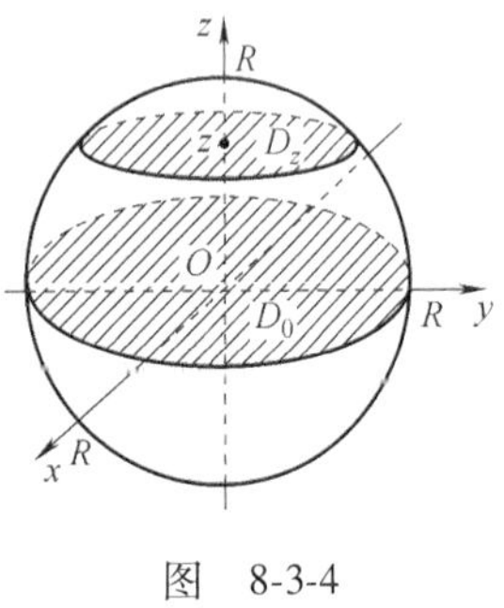

图 8-3-4

例 2 计算三重积分 $\iiint\limits_{\Omega}(x^2+z^2)\mathrm{d}v$，其中 Ω 为球面 $x^2+y^2+z^2=R^2$ 所围成的空间闭区域.

解： 空间区域 Ω 及区域 D_z 的图形如图 8-3-4 所示，Ω 可表示为

$$\Omega=\{(x,y,z)\mid x^2+y^2\leqslant R^2-z^2,-R\leqslant z\leqslant R\},$$

由式(2)得

$$\iiint_{\Omega} z^2 \mathrm{d}v = \int_{-R}^{R} z^2 \mathrm{d}z \iint_{D_z} \mathrm{d}x\mathrm{d}y = \pi \int_{-R}^{R} z^2 (R^2 - z^2) \mathrm{d}z = \frac{4}{15}\pi R^5.$$

同理，可算得 $\iiint_{\Omega} x^2 \mathrm{d}v = \frac{4}{15}\pi R^5$. 故

$$\iiint_{\Omega} (x^2 + z^2) \mathrm{d}v = \frac{8}{15}\pi R^5.$$

与二重积分的情况类似，如果同时兼顾三重积分的积分区域的对称性和被积函数的奇偶性，有如下结论：

1）如果积分区域 Ω 关于 xOy 面对称，即 $(x,y,z)\in\Omega$，有 $(x,y,-z)\in\Omega$. 则

$$\iiint_{\Omega} f(x,y,z)\mathrm{d}v = \begin{cases} 0 & f(x,y,-z) = -f(x,y,z), \\ 2\iiint_{\Omega_1} f(x,y,z)\mathrm{d}v & f(x,y,-z) = f(x,y,z), \end{cases}$$

其中，Ω_1 是 Ω 在 xOy 面某一侧的部分(例如取 xOy 面上方的部分). 当 $f(x, y, -z) = -f(x, y, z)$ 时，称 f 关于 z 是奇函数. 当积分区域 Ω 关于 yOz 面或 zOx 面对称时，有类似结论.

2）如果积分区域 Ω 关于 x 轴对称，即 $(x,y,z)\in\Omega$，有 $(x,-y,-z)\in\Omega$. 则

$$\iiint_{\Omega} f(x,y,z)\mathrm{d}v = \begin{cases} 0 & f(x,-y,-z) = -f(x,y,z), \\ 2\iiint_{\Omega_1} f(x,y,z)\mathrm{d}v & f(x,-y,-z) = f(x,y,z), \end{cases}$$

其中，Ω_1 是 Ω 在 x 轴某一侧的部分. 当积分区域 Ω 关于 y 轴或 z 轴对称时，有类似结论.

3）如果积分区域 Ω 关于原点对称，即 $(x,y,z)\in\Omega$，有 $(-x,-y,-z)\in\Omega$. 则

$$\iiint_{\Omega} f(x,y,z)\mathrm{d}v = \begin{cases} 0 & f(-x,-y,-z) = -f(x,y,z), \\ 2\iiint_{\Omega_1} f(x,y,z)\mathrm{d}v & f(-x,-y,-z) = f(x,y,z), \end{cases}$$

其中，Ω_1 是 Ω 关于原点对称的一半部分.

例3 计算三重积分 $\iiint_{\Omega} (xz - \sin y\cos z + 3)\mathrm{d}v$，其中 Ω: $x^2+y^2+z^2 \leqslant 2Rz$.

解：显然，积分区域 Ω 关于 yOz 面对称，$f(x,y,z) = xz$ 关于 x 是奇函数，所以

$$\iiint_{\Omega} xz\mathrm{d}v = 0;$$

又因为 Ω 关于 zOx 面也对称，$g(x,y,z)=\sin y\cos z$ 关于 y 是奇函数，所以

$$\iiint\limits_{\Omega}\sin y\cos z\,\mathrm{d}v=0;$$

从而

$$\begin{aligned}\iiint\limits_{\Omega}(xz-\sin y\cos z+3)\,\mathrm{d}v&=\iiint\limits_{\Omega}xz\,\mathrm{d}v-\iiint\limits_{\Omega}\sin y\cos z\,\mathrm{d}v+\iiint\limits_{\Omega}3\,\mathrm{d}v\\&=0-0+3\cdot\frac{4}{3}\pi R^3=4\pi R^3.\end{aligned}$$

2. 利用柱面坐标计算三重积分

微课视频 8.5
柱坐标球坐标

设 $M(x,y,z)$ 为空间直角坐标中一点，并设点 M 在 xOy 面上的投影点 P 的极坐标为 ρ，θ，则称 (ρ,θ,z) 为点 M 的**柱面坐标**（见图 8-3-5），其中 ρ，θ，z 的取值范围分别是

$$0\leqslant\rho<+\infty,\quad 0\leqslant\theta\leqslant2\pi,\quad -\infty<z<+\infty.$$

显然，空间点 M 的直角坐标与其柱面坐标的关系为

$$\begin{cases}x=\rho\cos\theta,\\y=\rho\sin\theta,\\z=z.\end{cases}\tag{3}$$

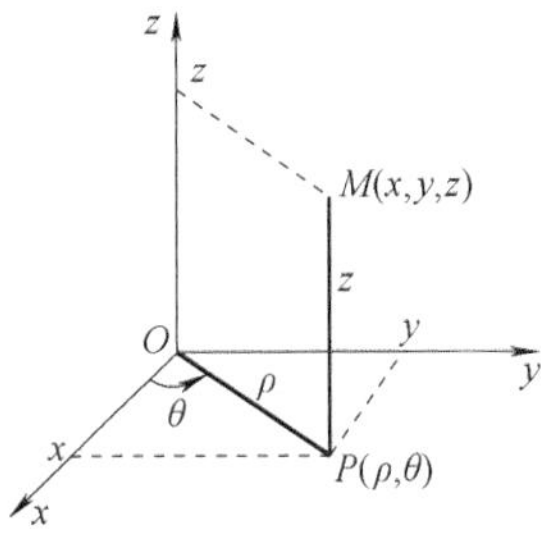

图　8-3-5

现分析三重积分 $\iiint\limits_{\Omega}f(x,y,z)\,\mathrm{d}v$ 在柱面坐标下的表达式. 我们用柱面坐标系中的下列三组坐标面

$\rho=$常数（以 z 轴为中心的圆柱面），

$\theta=$常数（过 z 轴的半平面），

$z=$常数（与 xOy 面平行的平面），

把 Ω 分割成许多小闭区域，除了包含边界点的一些不规则小闭区域外，这种小闭区域都是柱体. 今考虑由 ρ，θ，z 各取得微小增量 $\mathrm{d}\rho$，$\mathrm{d}\theta$，$\mathrm{d}z$ 所成的柱体的体积（见图 8-3-6）. 这个体积等于高与底面积的乘积. 现在高为 $\mathrm{d}z$，底面积在不计高阶无穷小时可看作以 $\mathrm{d}\rho$ 和 $\rho\mathrm{d}\theta$ 为邻边的小矩形的面积，于是得

$$\mathrm{d}v=\rho\,\mathrm{d}\rho\,\mathrm{d}\theta\,\mathrm{d}z,$$

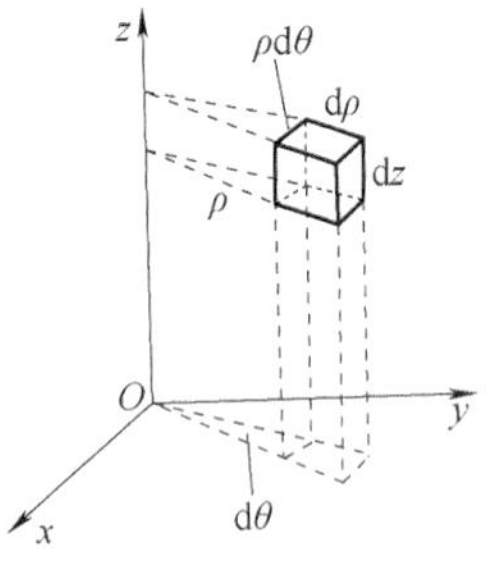

图　8-3-6

这就是柱面坐标系中的体积微元. 再注意到式(3)，就推得三重积分由直角坐标到柱面坐标的转换公式

$$\iiint\limits_{\Omega}f(x,y,z)\,\mathrm{d}x\mathrm{d}y\mathrm{d}z=\iiint\limits_{\Omega}f(\rho\cos\theta,\ \rho\sin\theta,z)\rho\,\mathrm{d}\rho\,\mathrm{d}\theta\,\mathrm{d}z.\tag{4}$$

其中，式(4)右端的三重积分的计算，仍可化为三次积分来进行.

柱面坐标下把三重积分化为三次积分的方法如下：

1）画出空间闭区域 Ω 及 Ω 在 xOy 平面上的投影区域 D_{xy} 的图形；

2）过 D_{xy} 内任意一点 (x,y)，作 z 轴的平行线，若该直线上 Ω

内的点的竖坐标从 $z_1(x,y)$ 变到 $z_2(x,y)$，则 $z_1(\rho\cos\theta, \rho\sin\theta)$ 与 $z_2(\rho\cos\theta, \rho\sin\theta)$ 就是先对 z 积分的下限与上限；

3）然后对 ρ、最后对 θ 积分，积分上下限由 D_{xy} 确定，确定方法与极坐标下二重积分化为二次积分时上下限的确定方法完全一样.

例 4　利用柱面坐标计算三重积分 $\iiint\limits_{\Omega}\sqrt{x^2+y^2}\,\mathrm{d}v$，其中 Ω 是由圆柱面 $x^2+y^2=a^2$，平面 $z=0$ 和 $z=1$ 所围成的闭区域.

解：空间闭区域 Ω 及 Ω 在 xOy 平面上的投影区域 D_{xy} 的图形如图 8-3-7 所示，过 D_{xy} 内任意一点 (x,y)，作 z 轴的平行线，该直线上 Ω 内的点的竖坐标从 0 变到 1，故

$$\iiint\limits_{\Omega}\sqrt{x^2+y^2}\,\mathrm{d}v = \iiint\limits_{\Omega}\rho\cdot\rho\,\mathrm{d}\rho\,\mathrm{d}\theta\,\mathrm{d}z$$
$$=\int_0^{2\pi}\mathrm{d}\theta\int_0^a\rho^2\,\mathrm{d}\rho\int_0^1\mathrm{d}z$$
$$=2\pi\left[\frac{1}{3}\rho^3\right]_0^a=\frac{2}{3}\pi a^3.$$

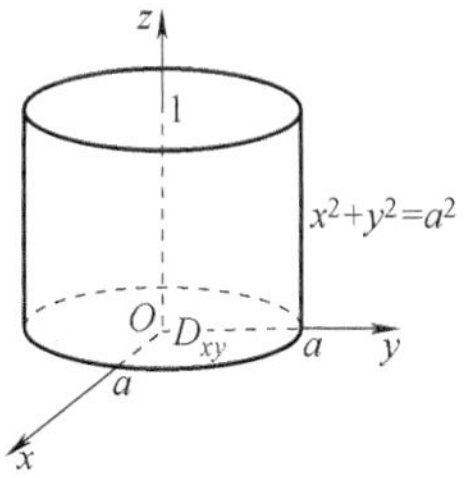

图　8-3-7

例 5　计算三重积分 $\iiint\limits_{\Omega}z\,\mathrm{d}x\,\mathrm{d}y\,\mathrm{d}z$，其中 Ω 是由上半球面 $z=\sqrt{2-x^2-y^2}$ 与抛物面 $z=x^2+y^2$ 所围成的闭区域.

解：空间闭区域 Ω 及 Ω 在 xOy 平面上的投影区域 D_{xy} 的图形如图 8-3-8 所示，过 D_{xy} 内任意一点 (x,y)，作 z 轴的平行线，该直线上 Ω 内的点的竖坐标从 x^2+y^2 变到 $\sqrt{2-x^2-y^2}$，即从 ρ^2 变到 $\sqrt{2-\rho^2}$，所以

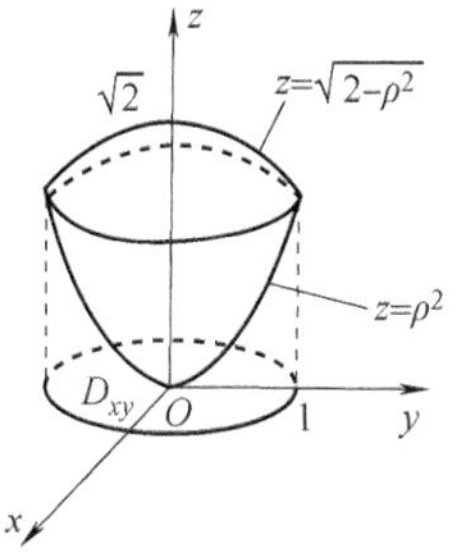

图　8-3-8

$$\iiint\limits_{\Omega}z\,\mathrm{d}x\,\mathrm{d}y\,\mathrm{d}z=\iiint\limits_{\Omega}z\cdot\rho\,\mathrm{d}\rho\,\mathrm{d}\theta\,\mathrm{d}z$$
$$=\int_0^{2\pi}\mathrm{d}\theta\int_0^1\rho\,\mathrm{d}\rho\int_{\rho^2}^{\sqrt{2-\rho^2}}z\,\mathrm{d}z$$
$$=\frac{1}{2}\int_0^{2\pi}\mathrm{d}\theta\int_0^1\rho(2-\rho^2-\rho^4)\,\mathrm{d}\rho$$
$$=\frac{1}{2}\cdot 2\pi\left[\rho^2-\frac{1}{4}\rho^4-\frac{1}{6}\rho^6\right]_0^1=\frac{7}{12}\pi.$$

3. 利用球面坐标计算三重积分

设 $M(x,y,z)$ 为空间直角坐标中一点，则点 M 也可以用三个有序数 r，φ，θ 来确定，其中 r 为原点 O 与点 M 间的距离，φ 为有向线段 $\overrightarrow{OM}$ 与 z 轴正向的夹角，θ 为点 M 在 xOy 面上的投影点的极角（见图 8-3-9），称 (r,φ,θ) 为点 M 的**球面坐标**，其中 r，φ，θ 的取值范围分别是

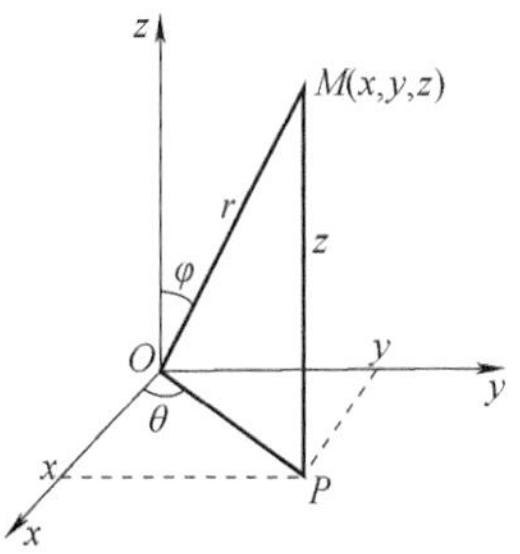

图　8-3-9

$$0 \leqslant r < +\infty,\quad 0 \leqslant \varphi \leqslant \pi,\quad 0 \leqslant \theta \leqslant 2\pi.$$

显然，空间点 M 的直角坐标与其球面坐标的关系为

$$\begin{cases} x = r\sin\varphi\cos\theta, \\ y = r\sin\varphi\sin\theta, \\ z = r\cos\varphi. \end{cases} \tag{5}$$

现分析三重积分 $\iiint\limits_{\Omega} f(x,y,z)\,\mathrm{d}v$ 在球面坐标下的表达式. 用球面坐标系中的下列三组坐标面

$r=$常数(以原点为中心的球面)，

$\varphi=$常数(以原点为顶点，z 轴为旋转轴的圆锥面)，

$\theta=$常数(过 z 轴的半平面)，

把 Ω 分割成许多小闭区域. 今考虑由 r，φ，θ 各取得微小增量 $\mathrm{d}r$，$\mathrm{d}\varphi$，$\mathrm{d}\theta$ 所成的小六面体(见图 8-3-10)的体积. 在不计高阶无穷小时，可把这个六面体看作长方体，且长方体的长、宽、高分别为 $\mathrm{d}r$，$r\sin\varphi\mathrm{d}\theta$，$r\mathrm{d}\varphi$，于是得

$$\mathrm{d}v = r^2\sin\varphi\mathrm{d}r\mathrm{d}\varphi\mathrm{d}\theta,$$

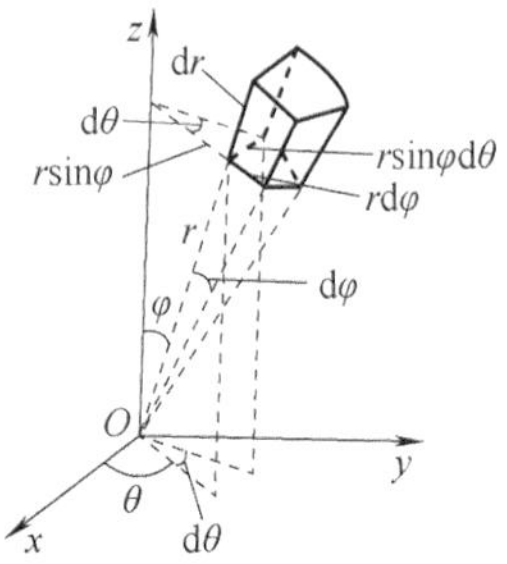

图　8-3-10

这就是**球面坐标系中的体积微元**. 再注意到式(5)，就推得三重积分由直角坐标到球面坐标的转换公式

$$\iiint\limits_{\Omega} f(x,y,z)\,\mathrm{d}v = \iiint\limits_{\Omega} f(r\sin\varphi\cos\theta, r\sin\varphi\sin\theta, r\cos\varphi)\,r^2\sin\varphi\mathrm{d}r\mathrm{d}\varphi\mathrm{d}\theta, \tag{6}$$

其中，式(6)右端的三重积分的计算，仍可化为三次积分来进行.

球面坐标下把三重积分化为三次积分的方法如下：

1) 画出空间闭区域 Ω 及 Ω 在 xOy 平面上的投影区域 D_{xy} 的图形；

2) 先对 r 积分. 作从原点出发穿过 Ω 的任意射线 OM(它与 z 轴正向的夹角为 φ，在 xOy 面上的投影射线 OP 与 x 轴正向的夹角为 θ)，若射线 OM 上 Ω 内的点的 r 值从 $r_1(\varphi,\theta)$ 变到 $r_2(\varphi,\theta)$，则它们就是对 r 积分的下限与上限；

3) 再对 φ 积分. 在极角为 θ 的半平面内，若上述射线 OM 与 z 轴正向的夹角从 $\varphi_1(\theta)$ 变到 $\varphi_2(\theta)$ $(\varphi_1(\theta)<\varphi_2(\theta))$，则它们就是对 φ 积分的下限与上限；

4) 最后对 θ 积分，积分上下限的确定方法与柱面坐标下 θ 的上下限的确定方法完全一样.

例 6　计算 $\iiint\limits_{\Omega}(x^2+y^2+z^2)\,\mathrm{d}v$，其中 Ω 是圆锥面 $z=\sqrt{x^2+y^2}$ 与上半球面 $x^2+y^2+z^2=R^2(z\geqslant 0)$ 所围成的闭区域.

解：区域 Ω 及 Ω 在 xOy 平面上的投影区域 D_{xy} 的图形如图 8-3-11 所示，圆锥面方程 $z=\sqrt{x^2+y^2}$ 可转化为 $\varphi=\dfrac{\pi}{4}$，球面方程 $x^2+y^2+z^2=R^2$ 可转化为 $r=R$. 故 Ω：$0\leqslant\theta\leqslant2\pi$，$0\leqslant\varphi\leqslant\dfrac{\pi}{4}$，$0\leqslant r\leqslant R$，因而

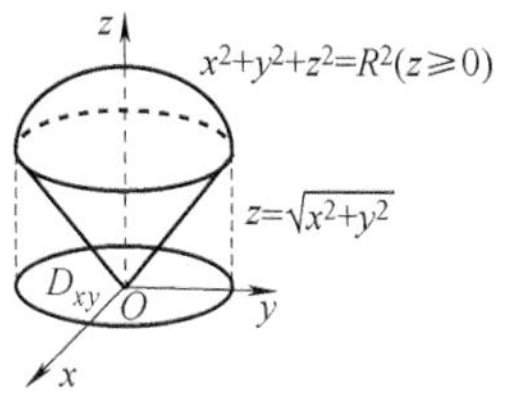

图 8-3-11

$$\iiint_{\Omega}(x^2+y^2+z^2)\,\mathrm{d}v=\iiint_{\Omega}r^2\cdot r^2\sin\varphi\,\mathrm{d}r\mathrm{d}\varphi\mathrm{d}\theta$$
$$=\int_0^{2\pi}\mathrm{d}\theta\int_0^{\frac{\pi}{4}}\sin\varphi\,\mathrm{d}\varphi\int_0^R r^4\,\mathrm{d}r=\frac{2-\sqrt{2}}{5}\pi R^5.$$

例 7 计算 $\iiint_{\Omega}(xy+z)\,\mathrm{d}x\mathrm{d}y\mathrm{d}z$，其中闭区域 Ω 由不等式 $x^2+y^2+z^2\leqslant2z$ 确定.

解：由对称性，知 $\iiint_{\Omega}(xy+z)\,\mathrm{d}x\mathrm{d}y\mathrm{d}z=\iiint_{\Omega}z\,\mathrm{d}x\mathrm{d}y\mathrm{d}z$. 又球面方程 $x^2+y^2+z^2=2z$ 可转化为 $r=2\cos\varphi$，Ω 及 D_{xy} 的图形如图 8-3-12 所示. 故 Ω：$0\leqslant\theta\leqslant2\pi$，$0\leqslant\varphi\leqslant\dfrac{\pi}{2}$，$0\leqslant r\leqslant2\cos\varphi$. 因而

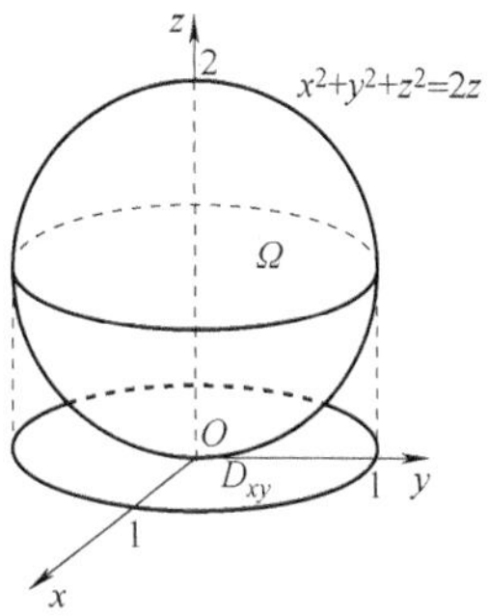

图 8-3-12

$$\iiint_{\Omega}z\,\mathrm{d}x\mathrm{d}y\mathrm{d}z=\iiint_{\Omega}r\cos\varphi\cdot r^2\sin\varphi\,\mathrm{d}r\mathrm{d}\varphi\mathrm{d}\theta$$
$$=\int_0^{2\pi}\mathrm{d}\theta\int_0^{\frac{\pi}{2}}\cos\varphi\sin\varphi\,\mathrm{d}\varphi\int_0^{2\cos\varphi}r^3\,\mathrm{d}r$$
$$=4\int_0^{2\pi}\mathrm{d}\theta\int_0^{\frac{\pi}{2}}\cos^5\varphi\sin\varphi\,\mathrm{d}\varphi=\frac{4}{3}\pi.$$

故
$$\iiint_{\Omega}(xy+z)\,\mathrm{d}x\mathrm{d}y\mathrm{d}z=\iiint_{\Omega}z\,\mathrm{d}x\mathrm{d}y\mathrm{d}z=\frac{4}{3}\pi.$$

习题 8-3

1. 化三重积分 $\iiint_{\Omega}f(x,y,z)\,\mathrm{d}x\mathrm{d}y\mathrm{d}z$ 为三次积分，其中积分区域 Ω 分别是：

（1）$\Omega=\{(x,y,z)\mid 0\leqslant x\leqslant1,0\leqslant y\leqslant2,-1\leqslant z\leqslant3\}$；

（2）由抛物面 $2z=x^2+y^2$ 及平面 $z=2$ 所围成的闭区域；

（3）由曲面 $z=xy$ 及平面 $x+y=1$，$z=0$ 所围成的闭区域；

（4）由平面 $x=1$，$y=1$，锥面 $z=\sqrt{x^2+y^2}$ 及三个坐标面所围成的第一卦限内闭区域；

（5）由六个平面 $x=0$，$x=2$，$y=1$，$x+2y=4$，$z=x$，$z=2$ 所围成的闭区域.

2. 设有一物体，占有空间闭区域 $\Omega=\{(x,y,z)\mid 0\leqslant x\leqslant1,0\leqslant y\leqslant1,0\leqslant z\leqslant1\}$，在点 (x,y,z) 处的密度 $\rho(x,y,z)=x+y+z$，求该物体的质量.

3. 设积分区域 $\Omega=\{(x,y,z)\mid a\leqslant x\leqslant b,c\leqslant y\leqslant d,l\leqslant z\leqslant m\}$，证明：

$$\iiint_{\Omega}f_1(x)f_2(y)f_3(z)\,\mathrm{d}x\mathrm{d}y\mathrm{d}z=\left[\int_a^b f_1(x)\,\mathrm{d}x\right]\cdot\left[\int_c^d f_2(y)\,\mathrm{d}y\right]\cdot\left[\int_l^m f_3(z)\,\mathrm{d}z\right].$$

4. 计算下列三重积分：

（1）$\iiint\limits_{\Omega}(x+z)\mathrm{d}x\mathrm{d}y\mathrm{d}z$，其中 Ω 为平面 $x=0$，$y=0$，$z=0$，$x+y+z=1$ 所围成的四面体；

（2）$\iiint\limits_{\Omega}\dfrac{\mathrm{d}x\mathrm{d}y\mathrm{d}z}{(1+x+y+z)^2}$，其中 Ω 是由平面 $x+y+z=1$ 与三个坐标面所围成的四面体；

（3）$\iiint\limits_{\Omega}y\sin(x+z)\mathrm{d}x\mathrm{d}y\mathrm{d}z$，其中 Ω 为平面 $y=0$，$z=0$，$x+z=\dfrac{\pi}{2}$ 及抛物柱面 $y=\sqrt{x}$ 所围成的闭区域；

（4）$\iiint\limits_{\Omega}xyz\mathrm{d}x\mathrm{d}y\mathrm{d}z$，其中 Ω 为曲面 $z=xy$ 及平面 $x=1$，$y=1$ 及三个坐标面所围成的闭区域；

（5）$\iiint\limits_{\Omega}(1+x^4)\mathrm{d}x\mathrm{d}y\mathrm{d}z$，其中 Ω 是由圆锥面 $x^2=z^2+y^2$ 与平面 $x=1$，$x=2$ 所围成的闭区域；

（6）$\iiint\limits_{\Omega}z^2\mathrm{d}v$，其中 Ω 是由抛物面 $z=1-x^2-y^2$ 与平面 $z=0$ 所围成的闭区域.

5. 利用柱面坐标计算下列三重积分：

（1）$\iiint\limits_{\Omega}z\mathrm{d}x\mathrm{d}y\mathrm{d}z$，其中 Ω 是由平面 $z=4$ 及曲面 $z=x^2+y^2$ 所围成的闭区域；

（2）$\iiint\limits_{\Omega}(x+y+z)\mathrm{d}v$，其中 $\Omega=\{(x,y,z)\mid z\leqslant 1-\sqrt{x^2+y^2},\ z\geqslant 0\}$；

（3）$\iiint\limits_{\Omega}z\sqrt{x^2+y^2}\mathrm{d}v$，其中 Ω 是由柱面 $y=\sqrt{2x-x^2}$ 及平面 $z=0$，$z=1$，$y=0$ 所围成的闭区域；

（4）$\iiint\limits_{\Omega}x\mathrm{d}x\mathrm{d}y\mathrm{d}z$，其中 Ω 为曲面 $z=x^2+y^2$，$z^2=x^2+y^2$ 所围成的闭区域.

6. 利用球面坐标计算下列三重积分：

（1）$\iiint\limits_{\Omega}(x^2+y^2+z^2)\mathrm{d}v$，其中 Ω 是由球面 $x^2+y^2+z^2=R^2$ 所围成的闭区域；

（2）$\iiint\limits_{\Omega}z\sqrt{x^2+y^2+z^2}\mathrm{d}v$，其中 $\Omega=\{(x,y,z)\mid x^2+y^2+z^2\leqslant 1,\ z\geqslant\sqrt{3(x^2+y^2)}\}$；

（3）$\iiint\limits_{\Omega}(x^2+y^2)\mathrm{d}v$，其中 $\Omega=\{(x,y,z)\mid 1\leqslant x^2+y^2+z^2\leqslant 4,\ z\geqslant 0\}$.

7. 选用适当的坐标计算下列各题：

（1）$\iiint\limits_{\Omega}xy\mathrm{d}v$，其中 Ω 是由圆柱面 $x^2+y^2=1$，平面 $z=1$ 及坐标面所围成的在第一卦限内的闭区域；

（2）$\iiint\limits_{\Omega}\dfrac{\mathrm{d}v}{1+x^2+y^2}$，其中 Ω 是由圆锥面 $x^2+y^2=z^2$ 与平面 $z=1$ 所围成的闭区域；

（3）$\iiint\limits_{\Omega}\dfrac{1}{x^2+y^2+z^2}\mathrm{d}x\mathrm{d}y\mathrm{d}z$，其中 Ω 为 $z=\sqrt{x^2+y^2}$，$z=\dfrac{1}{2}$，$z=1$ 所围立体；

（4）$\iiint\limits_{\Omega}z\mathrm{d}v$，其中 $\Omega=\{(x,y,z)\mid x^2+y^2\leqslant z,\ 1\leqslant z\leqslant 4\}$；

（5）$\iiint\limits_{\Omega}\sqrt{x^2+y^2+z^2}\mathrm{d}x\mathrm{d}y\mathrm{d}z$，其中 Ω 是由球面 $x^2+y^2+z^2=z$ 所围成的闭区域；

（6）$\iiint\limits_{\Omega}|z|\mathrm{d}v$，其中 $\Omega=\{(x,y,z)\mid x^2+y^2+z^2\leqslant 9,\ -1\leqslant z\leqslant 1\}$；

（7）$\iiint\limits_{\Omega}(x^2+y^2)\mathrm{d}v$，其中 Ω 为曲线 $\begin{cases}y^2=2z,\\x=0\end{cases}$ 绕 z 轴旋转一周而成的曲面与平面 $z=8$，$z=2$ 所围成的立体；

（8）$\iiint\limits_{\Omega}\mathrm{e}^y\mathrm{d}x\mathrm{d}y\mathrm{d}z$，其中 Ω 是由 $x^2-y^2+z^2=1$ 及 $y=0$，$y=2$ 所围成的闭区域；

（9）$\iiint\limits_{\Omega}|xyz|\mathrm{d}x\mathrm{d}y\mathrm{d}z$，其中 Ω 是由 $z=\sqrt{x^2+y^2}$ 与 $z=\sqrt{4-x^2-y^2}$ 所围成的闭区域.

8. 求极限

$$\lim_{r\to 0^+}\frac{1}{r^6}\iiint\limits_{\Omega}\left(\sqrt{x^2+y^2+z^2}-\sin\sqrt{x^2+y^2+z^2}\right)\mathrm{d}v,$$

其中，Ω 为 $x^2+y^2+z^2\leqslant r^2\ (r>0)$.

9. 设 $f(x)$ 为连续函数，$F(t)=\iiint\limits_{\Omega}f(x^2+y^2+z^2)\mathrm{d}x\mathrm{d}y\mathrm{d}z$，其中 Ω 为 $x^2+y^2+z^2\leqslant t^2\ (t>0)$，试证：$F'(t)=4\pi t^2f(t^2)$.

10. 曲面 $x^2+y^2+az=4a^2$ 将球体 $x^2+y^2+z^2\leqslant 4az$ 分成两部分，试求两部分的体积之比.

8.4 重积分的应用

本节讨论二重积分和三重积分在几何、物理上的一些应用，从中读者可加深对重积分的概念的理解，熟练重积分的计算方法. 学习本节内容，要求了解重积分微元法的思想，会建立某些简单几何量(如立体体积、曲面面积等)和物理量(如质量、质心、转动惯量、引力等)的重积分表达式.

微课视频 8.6
重积分的应用

8.4.1 曲面的面积

设曲面 S 的方程为

$$z=f(x,y)$$

它在 xOy 面上的投影区域是 D_{xy}，函数 $f(x,y)$ 在 D_{xy} 上具有连续的一阶偏导数. 我们用类似于定积分微元法的二重积分微元法来计算曲面 S 的面积 A.

在闭区域 D_{xy} 上任取一直径很小的闭区域 $\mathrm{d}\sigma$(这小闭区域的面积也记作 $\mathrm{d}\sigma$). 在 $\mathrm{d}\sigma$ 上取一点 $P(x,y)$，对应地曲面 S 上有一点 $M(x,y,f(x,y))$，过点 M 作曲面 S 的切平面 T. 以小闭区域 $\mathrm{d}\sigma$ 的边界为准线作母线平行于 z 轴的柱面，此柱面在曲面 S 上截下一小片曲面(面积记作 $\mathrm{d}S$)，在切平面 T 上截下一小片平面(面积记作 $\mathrm{d}A$)(见图 8-4-1). 由于 $\mathrm{d}\sigma$ 的直径很小，可用 $\mathrm{d}A$ 来近似代替 $\mathrm{d}S$. 又曲面 $S:z=f(x,y)$ 在点 M 处指向朝上的一个法向量是

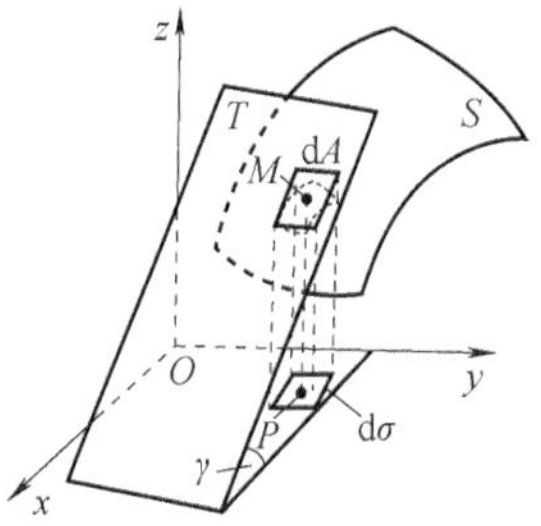

图 8-4-1

$$\boldsymbol{n}=(-f_x(x,y),-f_y(x,y),1),$$

故 $\boldsymbol{n}$ 与 z 轴正向的夹角 γ 的余弦为

$$\cos\gamma=\frac{1}{\sqrt{1+f_x^2(x,y)+f_y^2(x,y)}},$$

而 $\mathrm{d}A$ 满足关系式(证明从略，几何上是明显的)

$$\mathrm{d}A=\frac{\mathrm{d}\sigma}{\cos\gamma},$$

所以

$$\mathrm{d}A=\sqrt{1+f_x^2(x,y)+f_y^2(x,y)}\,\mathrm{d}\sigma,$$

这就是曲面 S 的面积微元，以它为被积表达式在闭区域 D_{xy} 上积分，便得曲面的面积公式

$$A=\iint_{D_{xy}}\sqrt{1+f_x^2(x,y)+f_y^2(x,y)}\,\mathrm{d}\sigma=\iint_{D_{xy}}\sqrt{1+\left(\frac{\partial z}{\partial x}\right)^2+\left(\frac{\partial z}{\partial y}\right)^2}\,\mathrm{d}x\mathrm{d}y. \tag{1}$$

类似地，若曲面的方程为 $x=g(y,z)$ 或 $y=g(z,x)$，则分别把曲面投影到 yOz 面或 zOx 面，其投影区域分别为 D_{yz} 或 D_{zx}，曲面的面积为

$$A=\iint\limits_{D_{yz}}\sqrt{1+\left(\frac{\partial x}{\partial y}\right)^2+\left(\frac{\partial x}{\partial z}\right)^2}\,\mathrm{d}y\mathrm{d}z \tag{2}$$

或

$$A=\iint\limits_{D_{zx}}\sqrt{1+\left(\frac{\partial y}{\partial z}\right)^2+\left(\frac{\partial y}{\partial x}\right)^2}\,\mathrm{d}z\mathrm{d}x. \tag{3}$$

例 1 求平面 $z=x+y$ 被圆柱面 x^2+y^2-1 所割下部分的面积.

解： 由 $z=x+y$ 得 $\frac{\partial z}{\partial x}=1$，$\frac{\partial z}{\partial y}=1$，按式(1)得

$$A=\iint\limits_{D_{xy}}\sqrt{1+\left(\frac{\partial z}{\partial x}\right)^2+\left(\frac{\partial z}{\partial y}\right)^2}\,\mathrm{d}x\mathrm{d}y=\iint\limits_{D_{xy}}\sqrt{3}\,\mathrm{d}x\mathrm{d}y,$$

其中，$D_{xy}=\{(x,y)\mid x^2+y^2\leqslant 1\}$，利用二重积分的性质，得

$$A=\iint\limits_{D_{xy}}\sqrt{3}\,\mathrm{d}x\mathrm{d}y=\sqrt{3}S_D=\sqrt{3}\pi.$$

其中，S_D 表示区域 D_{xy} 的面积.

例 2 求圆柱面 $x^2+y^2=R^2$ 被圆柱面 $x^2+z^2=R^2$ 所割下部分的面积.

解： 利用曲面关于坐标平面的对称性，只要计算它在第一卦限部分的面积 A_1，然后再乘以 8 就行了(见图 8-4-2).

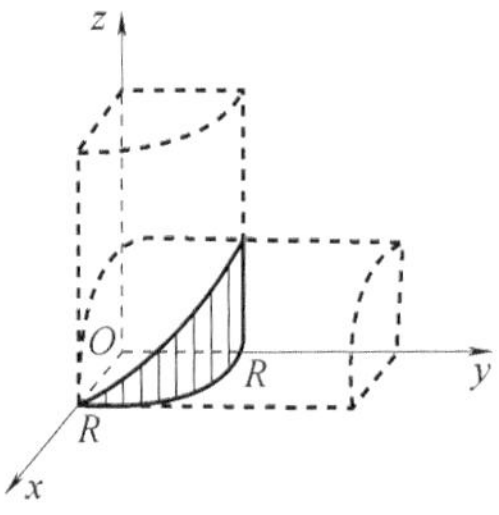

图 8-4-2

圆柱面 $x^2+y^2=R^2$ 在第一卦限部分可表示为

$$x=\sqrt{R^2-y^2},$$

按式(2)得

$$A_1=\iint\limits_{D_{yz}}\sqrt{1+\left(\frac{\partial x}{\partial y}\right)^2+\left(\frac{\partial x}{\partial z}\right)^2}\,\mathrm{d}y\mathrm{d}z=\iint\limits_{D_{yz}}\frac{R}{\sqrt{R^2-y^2}}\mathrm{d}y\mathrm{d}z,$$

其中，$D_{yz}=\{(y,z)\mid 0\leqslant z\leqslant y,0\leqslant y\leqslant R\}$. 利用直角坐标计算上述二重积分，得

$$A_1=\int_0^R\mathrm{d}y\int_0^y\frac{R}{\sqrt{R^2-y^2}}\mathrm{d}z=R\int_0^R\frac{y}{\sqrt{R^2-y^2}}\mathrm{d}y=R^2,$$

所以，所求曲面的面积为

$$A=8A_1=8R^2.$$

8.4.2 质心

1. 平面薄片的质心

由力学知道，位于 xOy 平面上的 n 个质点，如果其坐标分别

为(x_1,y_1)，(x_2,y_2)，…，(x_n,y_n)，质量依次为m_1，m_2，…，m_n，则该质点系的质心坐标为

$$\bar{x}=\frac{M_y}{M}=\frac{\sum_{i=1}^{n}m_ix_i}{\sum_{i=1}^{n}m_i},\bar{y}=\frac{M_x}{M}=\frac{\sum_{i=1}^{n}m_iy_i}{\sum_{i=1}^{n}m_i},$$

其中，$M=\sum_{i=1}^{n}m_i$ 为该质点系的总质量，

$$M_y=\sum_{i=1}^{n}m_ix_i,M_x=\sum_{i=1}^{n}m_iy_i$$

分别为该质点系对 y 轴和 x 轴的**静矩**.

设平面薄片占有 xOy 面上的有界闭区域 D，在点(x,y)处的面密度为$\mu(x,y)$，其中$\mu(x,y)$在 D 上连续，求该薄片的质心坐标.

将平面薄片看作有界闭区域 D，在 D 上任取一直径很小的薄片 $\mathrm{d}\sigma$(这小薄片的面积也记作 $\mathrm{d}\sigma$)，(x,y)是这小薄片上的一个点. 由于 $\mathrm{d}\sigma$ 的直径很小，且$\mu(x,y)$在 D 上连续，所以小薄片 $\mathrm{d}\sigma$ 的质量近似等于$\mu(x,y)\mathrm{d}\sigma$，且其质量可近似看作集中在点(x,y)上，于是对 y 轴和 x 轴的静矩微元为

$$\mathrm{d}M_y=x\mu(x,y)\mathrm{d}\sigma,\ \mathrm{d}M_x=y\mu(x,y)\mathrm{d}\sigma,$$

以这些微元为被积表达式，在闭区域 D 上积分，便得

$$M_y=\iint_D x\mu(x,y)\mathrm{d}\sigma,\ M_x=\iint_D y\mu(x,y)\mathrm{d}\sigma,$$

又由 8.1 节知道，平面薄片的质量为

$$M=\iint_D \mu(x,y)\mathrm{d}\sigma,$$

所以，薄片的质心的坐标为

$$\bar{x}=\frac{M_y}{M}=\frac{\iint_D x\mu(x,y)\mathrm{d}\sigma}{\iint_D \mu(x,y)\mathrm{d}\sigma},\quad \bar{y}=\frac{M_x}{M}=\frac{\iint_D y\mu(x,y)\mathrm{d}\sigma}{\iint_D \mu(x,y)\mathrm{d}\sigma}.\tag{4}$$

特别地，若薄片是均匀的，即面密度$\mu(x,y)=$常数，所求平面薄片的质心也就是它的形状中心(称为形心)，其坐标为

$$\bar{x}=\frac{1}{A}\iint_D x\mathrm{d}\sigma,\quad \bar{y}=\frac{1}{A}\iint_D y\mathrm{d}\sigma,\tag{5}$$

其中，$A=\iint_D \mathrm{d}\sigma$ 为闭区域 D 的面积.

例 3　求位于两圆 $\rho=2\cos\theta$ 和 $\rho=4\cos\theta$ 之间的均匀薄片的质心(见图 8-4-3).

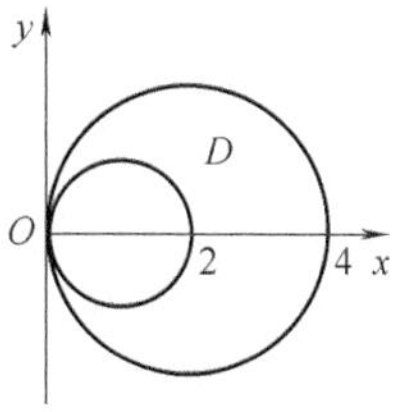

图　8-4-3

解：因为两圆 $\rho=2\cos\theta$ 和 $\rho=4\cos\theta$ 围成的闭区域关于 x 轴对

称，所以质心 $C(\bar{x},\bar{y})$ 必位于 x 轴上，于是 $\bar{y}=0$.

再按式(5)

$$\bar{x}=\frac{1}{A}\iint_D x\mathrm{d}\sigma$$

计算 $\bar{x}$. 由于两圆的半径分别为 1 和 2，故闭区域 D 的面积 $A=3\pi$. 利用极坐标计算上式右端的二重积分，得

$$\begin{aligned}\iint_D x\mathrm{d}\sigma &= \iint_D \rho^2\cos\theta\mathrm{d}\rho\mathrm{d}\theta = \int_{-\frac{\pi}{2}}^{\frac{\pi}{2}}\cos\theta\mathrm{d}\theta\int_{2\cos\theta}^{4\cos\theta}\rho^2\mathrm{d}\rho \\ &= \frac{56}{3}\int_{-\frac{\pi}{2}}^{\frac{\pi}{2}}\cos^4\theta\mathrm{d}\theta = 7\pi.\end{aligned}$$

因此

$$\bar{x}=\frac{7\pi}{3\pi}=\frac{7}{3},$$

所求质心为 $C\left(\frac{7}{3},\ 0\right)$.

例 4　求 $\iint_D(2x-4y)\mathrm{d}\sigma$，其中 $D:(x-1)^2+(y+2)^2\leqslant 1$.

解：D 是以点 $(1,-2)$ 为圆心，1 为半径的圆，故其形心在圆心，即 $(\bar{x},\bar{y})=(1,-2)$. 由式(5)得

$$A\bar{x}=\iint_D x\mathrm{d}\sigma,\ A\bar{y}=\iint_D y\mathrm{d}\sigma,$$

其中，A 为闭区域 D 的面积. 即 $A=\pi$. 由上，得

$$\begin{aligned}\iint_D(2x-4y)\mathrm{d}\sigma &= 2\iint_D x\mathrm{d}\sigma-4\iint_D y\mathrm{d}\sigma \\ &= 2A\bar{x}-4A\bar{y}=10\pi.\end{aligned}$$

2. 空间物体的质心

设空间物体占有有界闭区域 Ω，在点 (x,y,z) 处的密度为 $\rho(x,y,z)$，其中 $\rho(x,y,z)$ 在 Ω 上连续，类似于二重积分的微元法，可用三重积分的微元法求得该物体的质心的坐标为

$$\bar{x}=\frac{1}{M}\iiint_\Omega x\rho(x,y,z)\mathrm{d}v,\ \bar{y}=\frac{1}{M}\iiint_\Omega y\rho(x,y,z)\mathrm{d}v,\ \bar{z}=\frac{1}{M}\iiint_\Omega z\rho(x,y,z)\mathrm{d}v, \tag{6}$$

其中，$M=\iiint_\Omega\rho(x,y,z)\mathrm{d}v$ 为物体的质量.

例 5　求均匀立体 $\Omega:1\leqslant x^2+y^2+z^2\leqslant 16$，$z\geqslant\sqrt{\frac{x^2+y^2}{3}}$ 的质心（设密度为 $\rho=1$）.

解： 显然，质心在 z 轴上，故 $\bar{x}=\bar{y}=0$. 由式(6)，得

$$\bar{z}=\frac{1}{M}\iiint_{\Omega}z\rho(x,y,z)\mathrm{d}v=\frac{1}{V}\iiint_{\Omega}z\mathrm{d}v,$$

因为 $\Omega=\left\{(r,\varphi,\theta)\mid 0\leqslant\theta\leqslant2\pi,\ 0\leqslant\varphi\leqslant\frac{\pi}{3},\ 1\leqslant r\leqslant4\right\}$，用球面坐标计算，又

$$V=\iiint_{\Omega}\mathrm{d}v=\int_0^{2\pi}\mathrm{d}\theta\int_0^{\frac{\pi}{3}}\sin\varphi\mathrm{d}\varphi\int_1^4 r^2\mathrm{d}r=21\pi.$$

且

$$\iiint_{\Omega}z\mathrm{d}v=\int_0^{2\pi}\mathrm{d}\theta\int_0^{\frac{\pi}{3}}\sin\varphi\cos\varphi\mathrm{d}\varphi\int_1^4 r^3\mathrm{d}r=\frac{765}{16}\pi.$$

所以 $\bar{z}=\frac{1}{V}\iiint_{\Omega}z\mathrm{d}v=\frac{255}{112}$，从而质心为$\left(0,0,\frac{255}{112}\right)$.

8.4.3 转动惯量

1. 平面薄片的转动惯量

由力学知道，位于 xOy 平面上的 n 个质点，如果其坐标分别为(x_1,y_1)，(x_2,y_2)，…，(x_n,y_n)，质量依次为 $m_1,m_2,\cdots,m_n$，则该质点系对于 x 轴以及 y 轴的转动惯量依次为

$$I_x=\sum_{i=1}^{n}y_i^2m_i,\ I_y=\sum_{i=1}^{n}x_i^2m_i.$$

现设平面薄片占有 xOy 面上的有界闭区域 D，在点(x,y)处的面密度为$\mu(x,y)$，其中$\mu(x,y)$在 D 上连续，求该薄片对于 x 轴的转动惯量 I_x 以及对于 y 轴的转动惯量 I_y.

与上一小节类似，用微元法. 在闭区域 D 上任取一直径很小的薄片 $\mathrm{d}\sigma$(这小薄片的面积也记作 $\mathrm{d}\sigma$)，(x,y)是这小薄片上的一个点. 小薄片 $\mathrm{d}\sigma$ 的质量近似等于 $\mu(x,y)\mathrm{d}\sigma$，这部分质量可近似看作集中在点(x,y)上，于是薄片对于 x 轴和 y 轴的转动惯量微元为

$$\mathrm{d}I_x=y^2\mu(x,y)\mathrm{d}\sigma,\ \mathrm{d}I_y=x^2\mu(x,y)\mathrm{d}\sigma,$$

以这些微元为被积表达式，在闭区域 D 上积分，便得

$$I_x=\iint_D y^2\mu(x,y)\mathrm{d}\sigma,\ I_y=\iint_D x^2\mu(x,y)\mathrm{d}\sigma. \tag{7}$$

例 6 设一均匀的直角三角形薄板(面密度为常数 μ)，两直角边长分别为 a，b，求该三角形薄板对其任一条直角边的转动惯量.

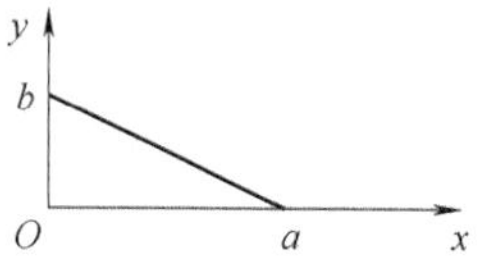

图 8-4-4

解： 设三角形的边长为 a 的直角边在 x 轴上，边长为 b 的直角边在 y 轴上，如图 8-4-4 所示. 由式(7)，得转动惯量

$$I_x=\iint\limits_D y^2\mu(x,y)\,\mathrm{d}\sigma=\mu\int_0^b\mathrm{d}y\int_0^{a\left(1-\frac{y}{b}\right)}y^2\,\mathrm{d}x=\frac{1}{12}ab^3\mu,$$

$$I_y=\iint\limits_D x^2\mu(x,y)\,\mathrm{d}\sigma=\mu\int_0^b\mathrm{d}y\int_0^{a\left(1-\frac{y}{b}\right)}x^2\,\mathrm{d}x=\frac{1}{12}a^3b\mu.$$

2. 空间物体的转动惯量

设空间物体占有有界闭区域 Ω，在点 (x,y,z) 处的密度为 $\rho(x,y,z)$，其中 $\rho(x,y,z)$ 在 Ω 上连续，类似于平面薄片的转动惯量的推导，可得该空间物体对于 x、y、z 轴的转动惯量为

$$I_x=\iiint\limits_\Omega(y^2+z^2)\rho(x,y,z)\,\mathrm{d}v,$$

$$I_y=\iiint\limits_\Omega(z^2+x^2)\rho(x,y,z)\,\mathrm{d}v,$$

$$I_z=\iiint\limits_\Omega(x^2+y^2)\rho(x,y,z)\,\mathrm{d}v.$$

例 7　均匀圆柱体（面密度 $\rho=1$）的底面半径为 R，高为 H，求其对圆柱中心轴的转动惯量.

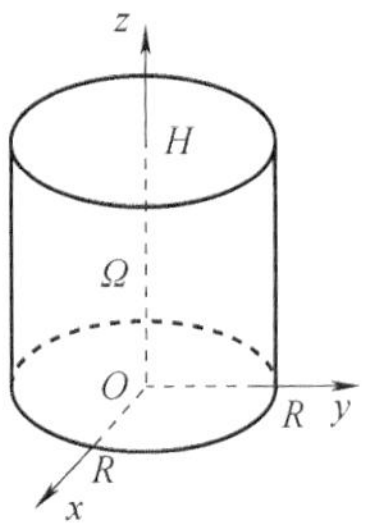

图 8-4-5

解：如图 8-4-5 所示，建立空间直角坐标系，则圆柱体所占闭区域为

$$\Omega=\{(x,y,z)\mid x^2+y^2\leqslant R^2,0\leqslant z\leqslant H\},$$

所求转动惯量即圆柱体对于 z 轴的转动惯量，故

$$\begin{aligned}I_z&=\iiint\limits_\Omega(x^2+y^2)\rho(x,y,z)\,\mathrm{d}v=\iiint\limits_\Omega(x^2+y^2)\,\mathrm{d}v\\&=\iiint\limits_\Omega\rho^2\cdot\rho\,\mathrm{d}\rho\,\mathrm{d}\theta\,\mathrm{d}z=\int_0^{2\pi}\mathrm{d}\theta\int_0^R\rho^3\,\mathrm{d}\rho\int_0^H\mathrm{d}z\\&=\frac{1}{2}\pi R^4H.\end{aligned}$$

8.4.4 引力

设空间物体占有有界闭区域 Ω，它在点 (x,y,z) 处的密度为 $\rho(x,y,z)$，其中 $\rho(x,y,z)$ 在 Ω 上连续，在 Ω 外一点 $P_0(x_0,y_0,z_0)$ 处有一质量为 m 的质点，求物体 Ω 对质点 P_0 的引力.

在闭区域 Ω 内任取一直径很小的闭区域 $\mathrm{d}v$（这小闭区域的体积也记作 $\mathrm{d}v$），(x,y,z) 是这小闭区域上的一个点. 由于 $\mathrm{d}v$ 的直径很小，且 $\rho(x,y,z)$ 在 Ω 上连续，所以物体上相应于 $\mathrm{d}v$ 的部分的质量近似等于 $\rho(x,y,z)\mathrm{d}v$，这部分质量可近似看作集中在点 (x,y,z) 上，于是物体对质点 P_0 的引力微元为

$$\mathrm{d}\boldsymbol{F}=(\mathrm{d}F_x,\mathrm{d}F_y,\mathrm{d}F_z)$$

$$= \left(Gm\frac{\rho(x,y,z)(x-x_0)}{r^3}\mathrm{d}v, Gm\frac{\rho(x,y,z)(y-y_0)}{r^3}\mathrm{d}v, Gm\frac{\rho(x,y,z)(z-z_0)}{r^3}\mathrm{d}v \right),$$

其中，$\mathrm{d}F_x,\mathrm{d}F_y,\mathrm{d}F_z$ 为引力微元 $\mathrm{d}\boldsymbol{F}$ 在三个坐标轴上的分量，$r=\sqrt{(x-x_0)^2+(y-y_0)^2+(z-z_0)^2}$，$G$ 为引力常数.将 $\mathrm{d}F_x,\mathrm{d}F_y,\mathrm{d}F_z$ 在 Ω 上分别积分，得引力

$$\boldsymbol{F}=(F_x,F_y,F_z)$$
$$=\left(\iiint\limits_{\Omega} Gm\frac{\rho(x,y,z)(x-x_0)}{r^3}\mathrm{d}v, \iiint\limits_{\Omega} Gm\frac{\rho(x,y,z)(y-y_0)}{r^3}\mathrm{d}v, \iiint\limits_{\Omega} Gm\frac{\rho(x,y,z)(z-z_0)}{r^3}\mathrm{d}v \right).$$

下面考虑平面薄片对薄片外一点 $P_0(x_0,y_0,z_0)$ 处的质量为 m 的质点的引力 $\boldsymbol{F}$. 设平面薄片占有 xOy 平面上的区域 D，其面密度为 $\mu(x,y)$，则类似上述推导立得

$$\boldsymbol{F}=(F_x,F_y,F_z)$$
$$=\left(\iint\limits_{D} Gm\frac{\mu(x,y)(x-x_0)}{r^3}\mathrm{d}\sigma, \iint\limits_{D} Gm\frac{\mu(x,y)(y-y_0)}{r^3}\mathrm{d}\sigma, \iint\limits_{D} Gm\frac{\mu(x,y)(0-z_0)}{r^3}\mathrm{d}\sigma \right)$$

其中，$r=\sqrt{(x-x_0)^2+(y-y_0)^2+(0-z_0)^2}$，$G$ 为引力常数.

例 8 求面密度为常量、半径为 R 的均匀圆形薄片 D：$x^2+y^2\leqslant R^2, z=0$ 对于位于 z 轴上的点 $M_0(0,0,a)$ 处的单位质点的引力($a>0$).

解：由区域的对称性知，$F_x=F_y=0$，记圆形薄片的密度为 μ，则所求引力在 z 轴上的分量为

$$F_z=\iint\limits_{D} G\frac{(0-a)\mu}{r^3}\mathrm{d}\sigma$$
$$=-a\mu G\iint\limits_{D}\frac{1}{(x^2+y^2+a^2)^{\frac{3}{2}}}\mathrm{d}\sigma$$
$$=-a\mu G\int_0^{2\pi}\mathrm{d}\theta\int_0^R\frac{\rho\mathrm{d}\rho}{(\rho^2+a^2)^{\frac{3}{2}}}$$
$$=2\pi a\mu G\left(\frac{1}{\sqrt{R^2+a^2}}-\frac{1}{a}\right),$$

所求引力为

$$\boldsymbol{F}=2\pi a\mu G\left(\frac{1}{\sqrt{R^2+a^2}}-\frac{1}{a}\right)\boldsymbol{k}.$$

习题 8-4

1. 求平面 $x+2y-2z=1$ 含在椭圆柱面$\frac{x^2}{4}+\frac{y^2}{9}=1$内的面积.

2. 求抛物面 $z=x^2+y^2$ 含在圆柱面 $x^2+y^2=R^2$ 内部的那部分面积.

3. 求半球面 $z=\sqrt{25-x^2-y^2}$ 被平面 $z=3$ 截得的上半部分的面积.

4. 求球面 $x^2+y^2+z^2=4$ 含在圆柱面 $x^2+y^2=2x$ 内部的那部分面积.

5. 求由曲面 $az=x^2+y^2$ 和 $z=2a-\sqrt{x^2+y^2}$（$a>0$）所围立体的表面积.

6. 一颗地球的同步轨道通信卫星，其轨道位于地球的赤道平面内，且可近似认为是圆轨道. 该卫星运行的角速率与地球自转的角速率相同（即人们看到它在天空不动），若地球半径为 R，问卫星距地面高度为 h 时，通信卫星的覆盖面积是多大？

7. 求下列均匀薄板的质心，其中薄板所占的闭区域 D 如下：

（1）D 由 $y^2=x$，$x=4$ 围成；

（2）D 由 $y=x^2$，$y=x$ 围成.

8. 设平面薄板所占的闭区域 D 是由 $x+y=1$，$x=1$，$y=1$ 所围成，在 (x,y) 处的密度 $\mu(x,y)=2x+y^2$，求此薄板的质心.

9. 设平面薄板由$\begin{cases}x=a(t-\sin t),\\y=a(1-\cos t)\end{cases}$（$0\leqslant t\leqslant 2\pi$）和 x 轴围成，面密度 $\rho=1$，求此薄板的质心.

10. 利用三重积分计算下列由曲面所围立体的质心（设密度 $\rho=1$）：

（1）$z=\sqrt{4-x^2-y^2}$，$z=1$；

（2）$y^2+z^2=2x$，$x=2$.

11. 设有一半径为 R 的球体，P_0 是球面上的一个定点，球体上任一点的密度与该点到 P_0 距离的平方成正比（比例常数 $k>0$），求球体的质心坐标.

12. 设均匀薄片（面密度为常数 1）所占的闭区域 D 如下，求指定的转动惯量：

（1）D 由 $y=1-x^2$，$y=0$ 围成，求 I_x 和 I_y；

（2）$D=\{(x,y)\mid -a\leqslant x\leqslant a,\ 0\leqslant y\leqslant \sqrt{a^2-x^2}\}$，求 I_y.

13. 求均匀半圆盘 $x^2+y^2\leqslant a^2(y\geqslant 0)$ 对直线 $y=x$ 的转动惯量（面密度为 $\rho=1$）.

14. 求由抛物线 $y=x^2$ 及直线 $y=1$ 所围成的均匀薄片（面密度为常数 1）对于直线 $y=-1$ 的转动惯量.

15. 求均匀球体对于过球心一条轴 l 的转动惯量（密度为 $\rho=1$）.

16. yOz 平面内的曲线 $z=y^2$ 绕 z 轴旋转得一旋转曲面，这个曲面与平面 $z=2$ 所围立体上点 (x,y,z) 处的密度 $\rho(x,y,z)=\sqrt{x^2+y^2}$，求该立体关于 z 轴的转动惯量.

17. 求密度为 ρ 的均匀半球体对于在其球心的一单位质量的质点的引力.

18. 设半径为 R、质量为 M 的均匀球体占有空间闭区域 $\Omega=\{(x,y,z)\mid x^2+y^2+z^2\leqslant R^2\}$，求它对位于点 $P(0,0,a)$（$a>R$）处的质量为 m 的质点的引力.

总习题 8

1. 选择题：

（1）下列结论中正确的是（　　）.

A. 若闭区域 D 由圆周 $x^2+y^2=a^2$ 围成，则 $\iint\limits_D (x^2+y^2)\mathrm{d}\sigma=\iint\limits_D a^2\mathrm{d}\sigma$

B. $\int_0^1\mathrm{d}y\int_{-\sqrt{1-y^2}}^{\sqrt{1-y^2}}x^2y^2\mathrm{d}x=\int_0^1\mathrm{d}x\int_{-\sqrt{1-x^2}}^{\sqrt{1-x^2}}x^2y^2\mathrm{d}y$

C. 若 $D=\{(x,y)\mid x^2+y^2\leqslant 1,x\geqslant 0\}$，则 $\iint\limits_D (x+x^3y)\mathrm{d}\sigma=0$

D. 若 $D=\{(x,y)\mid x^2+y^2\leqslant x+y\}$，则 $\iint\limits_D f(x^2+y^2)\mathrm{d}\sigma=\int_{-\frac{\pi}{2}}^{\pi}\mathrm{d}\theta\int_0^{\sin\theta+\cos\theta}\rho f(\rho^2)\mathrm{d}\rho$

（2）设 $\Omega=\{(x,y,z)\mid x^2+y^2+z^2\leqslant 2z, x^2+y^2\leqslant z\}$，则 $\iiint\limits_{\Omega} f(x^2+y^2)\mathrm{d}v=($　　).

A. $\int_0^{2\pi}\mathrm{d}\theta\int_0^1\rho\mathrm{d}\rho\int_\rho^{\sqrt{1-\rho^2}}f(\rho^2)\mathrm{d}z$

B. $\int_0^{2\pi}\mathrm{d}\theta\int_0^1\rho\mathrm{d}\rho\int_1^{1+\sqrt{1-\rho^2}}f(\rho^2)\mathrm{d}z$

C. $\int_0^{2\pi}\mathrm{d}\theta\int_0^1\rho\mathrm{d}\rho\int_{1-\sqrt{1-\rho^2}}^{\rho^2}f(x^2+y^2)\mathrm{d}z$

D. $\int_0^{2\pi}\mathrm{d}\theta\int_0^1\rho\mathrm{d}\rho\int_{\rho^2}^{1+\sqrt{1-\rho^2}}f(\rho^2)\mathrm{d}z$

（3）设平面区域 $D=\{(x,y)\mid -a\leqslant x\leqslant a, x\leqslant y\leqslant a\}$，$D_1=\{(x,y)\mid 0\leqslant x\leqslant a, x\leqslant y\leqslant a\}$，则 $\iint\limits_D(xy+\cos x\sin y)\mathrm{d}x\mathrm{d}y=($　　).

A. $2\iint\limits_{D_1}\cos x\sin y\mathrm{d}x\mathrm{d}y$　　B. $2\iint\limits_{D_1}xy\mathrm{d}x\mathrm{d}y$

C. $4\iint\limits_{D_1}(xy+\cos x\sin y)\mathrm{d}x\mathrm{d}y$　　D. 0

（4）$\lim\limits_{n\to\infty}\sum\limits_{i=1}^n\sum\limits_{j=1}^n\dfrac{n}{(n+i)(n^2+j^2)}=($　　).

A. $\int_0^1\mathrm{d}x\int_0^x\dfrac{1}{(1+x)(1+y^2)}\mathrm{d}y$

B. $\int_0^1\mathrm{d}x\int_0^x\dfrac{1}{(1+x)(1+y)}\mathrm{d}y$

C. $\int_0^1\mathrm{d}x\int_0^1\dfrac{1}{(1+x)(1+y)}\mathrm{d}y$

D. $\int_0^1\mathrm{d}x\int_0^1\dfrac{1}{(1+x)(1+y^2)}\mathrm{d}y$

（5）设函数 $f(x,y)$ 连续，则 $\int_1^2\mathrm{d}x\int_x^2 f(x,y)\mathrm{d}y+\int_1^2\mathrm{d}y\int_y^{4-y}f(x,y)\mathrm{d}x=($　　).

A. $\int_1^2\mathrm{d}x\int_1^{4-x}f(x,y)\mathrm{d}y$　　B. $\int_1^2\mathrm{d}x\int_x^{4-x}f(x,y)\mathrm{d}y$

C. $\int_1^2\mathrm{d}y\int_1^{4-y}f(x,y)\mathrm{d}x$　　D. $\int_1^2\mathrm{d}y\int_y^2 f(x,y)\mathrm{d}x$

2. 填空题：

（1）将 $I=\int_{-a}^a\mathrm{d}x\int_{a-\sqrt{a^2-x^2}}^{a+\sqrt{a^2-x^2}}f(x,y)\mathrm{d}y$ 化为极坐标下的二次积分，得 $I=$ ________.

（2）三次积分 $\int_{-1}^1\mathrm{d}x\int_{-\sqrt{1-x^2}}^{\sqrt{1-x^2}}\mathrm{d}y\int_0^{\sqrt{1-x^2-y^2}}(x^2+y^2)\mathrm{d}z=$ ________.

（3）设 $\Omega=\{(x,y,z)\mid x^2+y^2+z^2\leqslant R^2\}$，则 $\iiint\limits_\Omega\left(\dfrac{z\ln(1+x^2)}{1+x^2+y^2+z^2}-2\right)\mathrm{d}v=$ ________.

3. 计算下列二重积分：

（1）$\iint\limits_D(x^2-y^2)\mathrm{d}\sigma$，其中 $D=\{(x,y)\mid 0\leqslant y\leqslant\sin x, 0\leqslant x\leqslant\pi\}$；

（2）$\iint\limits_D\dfrac{\sin(\pi\sqrt{x^2+y^2})}{\sqrt{x^2+y^2}}\mathrm{d}\sigma$，其中 D 是由 $1\leqslant x^2+y^2\leqslant 4$ 所确定的区域；

（3）$\iint\limits_D|x-y^2|\mathrm{d}\sigma$，其中 $D=\{(x,y)\mid 0\leqslant x\leqslant 1, -1\leqslant y\leqslant 1\}$；

（4）$\iint\limits_D x[1+yf(x^2+y^2)]\mathrm{d}\sigma$，其中 D 是由 $y=x^3$，$y=1$，$x=-1$ 所围成的闭区域，$f(x)$ 为连续函数；

（5）$\iint\limits_D(x^2+y^2)\mathrm{d}\sigma$，其中 $D=\{(x,y)\mid(x^2+y^2)^2\leqslant a^2(x^2-y^2), a>0\}$；

（6）$\iint\limits_D\dfrac{\mathrm{d}\sigma}{(x^2+y^2)^{\frac{3}{2}}}$，其中 D 由 $x+y=1$，$x=0$，$y=0$，$y=\sqrt{\dfrac{1}{4}-x^2}$ 围成.

4. 交换下列二次积分的次序：

（1）$\int_0^{\frac{\pi}{6}}\mathrm{d}y\int_y^{\frac{\pi}{6}}\dfrac{\cos x}{x}\mathrm{d}x$；

（2）$\int_0^2\mathrm{d}x\int_0^x f(x,y)\mathrm{d}y+\int_2^{\sqrt{8}}\mathrm{d}x\int_0^{\sqrt{8-x^2}}f(x,y)\mathrm{d}y$；

（3）$\int_1^2\mathrm{d}x\int_{\frac{1}{x}}^x f(x,y)\mathrm{d}y$.

5. 计算下列三重积分：

（1）$\iiint\limits_\Omega z\mathrm{d}v$，其中 Ω 是由 $z=\sqrt{4-x^2-y^2}$ 与 $x^2+y^2=3z$ 所围成的区域；

（2）$\iiint\limits_\Omega(x^2+y^2+z)\mathrm{d}v$，其中 Ω 是由曲线 $\begin{cases}y^2=2z,\\x=0\end{cases}$ 绕 z 轴旋转一周而成旋转面与平面 $z=4$ 所围成的闭区域；

（3）$\iiint\limits_\Omega\left(\dfrac{x^2}{a^2}+\dfrac{y^2}{b^2}+\dfrac{z^2}{c^2}\right)\mathrm{d}v$，其中 Ω 是椭球体 $\dfrac{x^2}{a^2}+\dfrac{y^2}{b^2}+\dfrac{z^2}{c^2}\leqslant 1$.

6. 计算 $I=\int_{-1}^{1}\mathrm{d}x\int_{0}^{\sqrt{1-x^2}}\mathrm{d}y\int_{1}^{1+\sqrt{1-x^2-y^2}}\frac{1}{\sqrt{x^2+y^2+z^2}}\mathrm{d}z$.

7. 求平面 $\frac{x}{a}+\frac{y}{b}+\frac{z}{c}=1$ 被三坐标面所割出的有限部分的面积.

8. 设 $D=\{(x,y)\mid x^2+y^2\leqslant x\}$，$f(x)$ 是连续函数，试证：

$$\iint_D f\left(\frac{y}{x}\right)\mathrm{d}\sigma=\frac{1}{2}\int_{-\frac{\pi}{2}}^{\frac{\pi}{2}}\cos^2\theta\cdot f(\tan\theta)\mathrm{d}\theta.$$

9. 设 $f(x)$ 是连续函数且 $f(x)>0$，利用二重积分证明：

$$\int_a^b f(x)\mathrm{d}x\int_a^b\frac{1}{f(x)}\mathrm{d}x\geqslant(b-a)^2.$$

10. 设函数 $f(x)$ 在区间 $[0,1]$ 上连续，且 $\int_0^1 f(x)\mathrm{d}x=A$，求 $\int_0^1\mathrm{d}x\int_x^1 f(x)f(y)\mathrm{d}y$.

11. 设函数 $f(x)$ 连续，Ω: $0\leqslant z\leqslant h$，$x^2+y^2\leqslant t^2(t\geqslant 0)$，且

$$F(t)=\iiint_\Omega[z^2+f(x^2+y^2)]\mathrm{d}v,$$

求 $\lim\limits_{t\to 0^+}\frac{F(t)}{t^2}$.

12. 求由曲面 $z=x^2+y^2$ 及 $z=\sqrt{x^2+y^2}$ 所围成的立体的体积.

13. 已知一个由 $x^2+y^2\geqslant 1$ 和 $(x-1)^2+y^2\leqslant 1$ 所确定的平面薄片，其上任一点 (x,y) 处的面密度为 $\mu=x\mid y\mid$，求该薄片的质量.

14. 在底半径为 R、高为 H 的圆柱体上面，拼加一个相同半径的半球体，使整个立体的质心位于球心处，求 R 与 H 的关系（设立体的密度 $\rho=1$）.

15. 球体 $x^2+y^2+z^2\leqslant 2Rz$ 内，各点处的密度大小等于该点到坐标原点的距离的平方，求该球体的质心

16. 求半径为 a，高为 h 的均匀圆柱体（密度 $\rho=1$）对于过中心而平行于母线的轴的转动惯量.

17. 求高为 h、半顶角为 $\frac{\pi}{4}$、密度为 μ（常数）的正圆锥体绕对称轴旋转的转动惯量.

18. 设面密度为常量 μ 的均匀半圆形薄片占有闭区域 $D=\{(x,y)\mid 0\leqslant y\leqslant\sqrt{a^2-x^2}\}$，求它对位于 z 轴上点 $M_0(0,0,b)(b>0)$ 处单位质量质点的引力.

19. 一个半径为 R、高为 h 的均匀圆柱体，在其对称轴上距上底为 a 处有一质量为 m 的质点，试求圆柱体对质点的引力.

第 9 章 曲线积分与曲面积分

“有时候，你一开始未能得到一个最简单、最美妙的证明，但正是这样的证明才能深入到高等算术真理的奇妙联系中去. 这是我们继续研究的动力，并且最能使我们有所发现.”

——高斯

上一章已经把积分概念从积分范围为数轴上一个区间的情形推广到平面或空间内一个闭区域的情形. 本章将积分概念推广到积分范围为一段可求长的曲线弧或可求面积的曲面的情形，而这种积分与我们前面遇到过的二重积分、三重积分之间的联系在格林定理、高斯定理、斯托克斯定理中给出，这些定理有重要的理论意义和广泛应用.

基本要求：

1. 掌握第一类和第二类的曲线和曲面积分的概念和求解方法以及概念中蕴含的思想；

2. 了解两类曲线和曲面积分的关系；掌握两类曲线积分的计算方法；

3. 掌握并能熟练运用格林公式，并运用平面曲线与路径无关的条件，会求全微分的原函数；

4. 掌握计算两类曲面积分的方法，了解高斯公式、斯托克斯公式，会用高斯公式计算曲面积分；

5. 了解散度与旋度的概念，并会计算散度与旋度.

知识结构图：

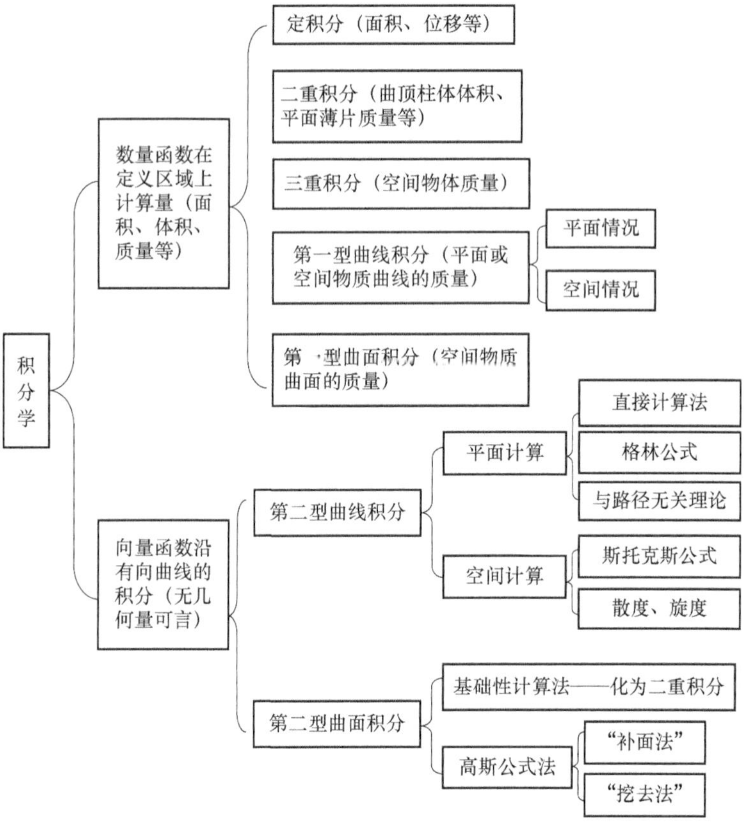

9.1 对弧长的曲线积分

9.1.1 对弧长的曲线积分的引例、概念和性质

1. 引例：求曲线形构件的质量

设 xOy 面内的一段曲线弧 L 为一曲线形构件（见图 9-1-1），已知该曲线形构件在点 (x,y) 处的线密度为 $\mu(x,y)$，求曲线形构件的质量.

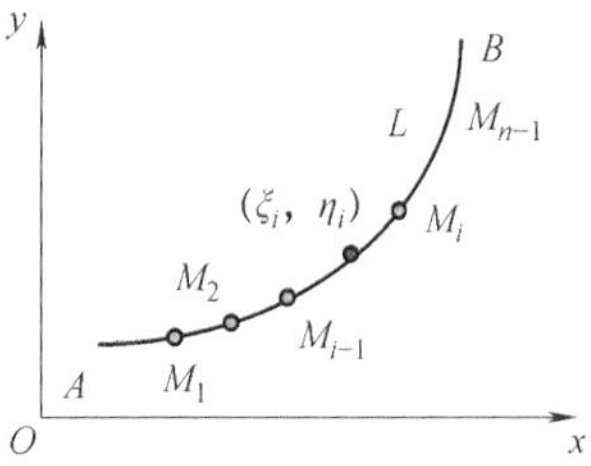

图 9-1-1

如果构件的线密度是常数，那么构件的质量就等于它的线密度与长度之积. 然而当线密度是变量时，这个方法就不适用了，而要用定积分的方法来解决.

我们把曲线分成 n 小段，Δs_1，Δs_2，…，Δs_n（Δs_i 也表示弧长）；任取 $(\xi_i,\eta_i)\in\Delta s_i$，得第 i 小段质量的近似值 $\mu(\xi_i,\eta_i)\Delta s_i$；整个曲线形构件的质量近似为 $M\approx\sum\limits_{i=1}^{n}\mu(\xi_i,\eta_i)\Delta s_i$；

令 $\lambda=\max\{\Delta s_1,\Delta s_2,\cdots,\Delta s_n\}\to 0$，

则整个曲线形构件的质量为

$$M=\lim_{\lambda\to 0}\sum_{i=1}^{n}\mu(\xi_i,\eta_i)\Delta s_i.$$

2. 对弧长的曲线积分的概念

上述和的极限在研究其他问题时也会遇到. 现在引进下面的定义:

定义 9.1　设 L 为 xOy 面内的一条光滑曲线弧，函数 $f(x,y)$ 在 L 上有界. 在 L 上任意插入一个点列 M_1，M_2，…，M_{n-1}，把 L 分在 n 个小段. 设第 i 个小段的长度为 Δs_i，又 (ξ_i,η_i) 为第 i 个小段上任意取定的一点，作乘积 $f(\xi_i,\eta_i)\Delta s_i$，$(i=1,2,\cdots,n)$，并作和

$$\sum_{i=1}^{n}f(\xi_i,\eta_i)\Delta s_i,$$

记 $\lambda=\max\limits_{1\leqslant i\leqslant n}\{\Delta s_i\}$，如果当 $\lambda\to 0$ 时，这和的极限总存在，则称此极限为**函数 $f(x,y)$ 在曲线弧 L 上对弧长的曲线积分或第一类曲线积分**，记作 $\int_L f(x,y)\,\mathrm{d}s$，即

$$\int_L f(x,y)\,\mathrm{d}s=\lim_{\lambda\to 0}\sum_{i=1}^{n}f(\xi_i,\eta_i)\Delta s_i.$$

其中，$f(x,y)$ 叫作被积函数；$f(x,y)\,\mathrm{d}s$ 称为被积表达式；L 叫作积分弧段；$\mathrm{d}s$ 称为弧长微元.

曲线积分的存在性:当 $f(x,y)$ 在光滑曲线弧 L 上连续时，对弧长的曲线积分 $\int_L f(x,y)\,\mathrm{d}s$ 是存在的. 以后我们总假定 $f(x,y)$ 在 L 上是连续的.

根据对弧长的曲线积分的定义，曲线形构件的质量就是曲线积分 $\int_L \mu(x,y)\,\mathrm{d}s$ 的值，其中 $\mu(x,y)$ 为线密度.

注记:(1) $\int_L f(x,y)\,\mathrm{d}s$ 中的被积函数 $f(x,y)$ 的定义域为 L 上的所有点.

(2) 若 L 为一条封闭曲线，一般将 $\int_L f(x,y)\,\mathrm{d}s$ 记为 $\oint_L f(x,y)\,\mathrm{d}s$.

(3) 根据第一曲线积分的概念，容易写出曲线形构件 L 关于 x 轴及 y 轴的静力矩

$$M_x=\int_L y\mu(x,y)\,\mathrm{d}s,\ M_y=\int_L x\mu(x,y)\,\mathrm{d}s.$$

于是，曲线形构件 L 的重心坐标 $(\bar{x},\ \bar{y})$ 为

$$\bar{x}=\frac{M_y}{M},\ \bar{y}=\frac{M_x}{M}.$$

同样，容易得到曲线形构件 L 对 x 轴、y 轴及原点的转动惯量：

$$I_x=\int_L y^2\mu(x,y)\,\mathrm{d}s,\ I_y=\int_L x^2\mu(x,y)\,\mathrm{d}s,\ I_O=\int_L (x^2+y^2)\mu(x,y)\,\mathrm{d}s.$$

（4）上述定义可类似地推广到空间曲线的情形.

设 Γ 是空间的一条光滑曲线，函数 $f(x,y,z)$ 在 Γ 上有界，则

$$\int_\Gamma f(x,y,z)\,\mathrm{d}s=\lim_{\lambda\to 0}\sum_{i=1}^{n}f(\xi_i,\eta_i,\zeta_i)\cdot\Delta s_i.$$

3. 对弧长的曲线积分的性质

与定积分的性质类似，利用对弧长的曲线积分定义，我们可以证明下述性质：

性质 1 $\int_L[f(x,y)\pm g(x,y)]\,\mathrm{d}s=\int_L f(x,y)\,\mathrm{d}s\pm\int_L g(x,y)\,\mathrm{d}s.$

性质 2 若 k 为常数，$\int_L kf(x,y)\,\mathrm{d}s=k\int_L f(x,y)\,\mathrm{d}s.$

性质 3 若 $f(x,y)\equiv 1$，则显然有 $\int_L 1\cdot\mathrm{d}s\xlongequal{\text{记作}}\int_L \mathrm{d}s=s$ （L 的弧长）.

性质 4 若在 L 上，$f(x,y)\leqslant g(x,y)$，则 $\int_L f(x,y)\,\mathrm{d}s\leqslant\int_L g(x,y)\,\mathrm{d}s.$

性质 5 若 L 由 L_1 和 L_2 两段光滑曲线组成（记为 $L=L_1+L_2$），则

$$\int_L f(x,y)\,\mathrm{d}s=\int_{L_1}f(x,y)\,\mathrm{d}s+\int_{L_2}f(x,y)\,\mathrm{d}s.$$

注意：若曲线 L 可分为有限段，而且每一段都是光滑的，我们就称 L 是**分段光滑的**. 在以后的讨论中总假定 L 是光滑的或分段光滑的.

性质 6（中值定理） 设函数 $f(x,y)$ 在光滑曲线 L 上连续，则在 L 上必存在一点 (ξ,η)，使

$$\int_L f(x,y)\,\mathrm{d}s=f(\xi,\eta)\cdot s\ (\text{其中 } s \text{ 是曲线 } L \text{ 的长度}).$$

9.1.2 对弧长的曲线积分的计算法

定理 9.1　设曲线 L 由参数方程 $x=\varphi(t)$，$y=\varphi(t)\,(\alpha\leqslant t\leqslant\beta)$ 给出，且函数 $\varphi(t)$，$\phi(t)$ 在 $[\alpha,\beta]$ 上均具有一阶连续导数，且 $\varphi'^2(t)+\phi'^2(t)\neq 0$，则曲线积分 $\int_L f(x,y)\,\mathrm{d}s$ 存在，且

$$\int_L f(x,y)\,\mathrm{d}s=\int_\alpha^\beta f(\varphi(t),\phi(t))\sqrt{[\varphi'(t)]^2+[\phi'(t)]^2}\,\mathrm{d}t.$$

证： 函数 $f(x,y)$ 在 L 上连续，当参数 t 由 α 变至 β 时，依点 A 至点 B 的方向描出曲线 L（见图 9-1-2）．在 L 上取一系列的点

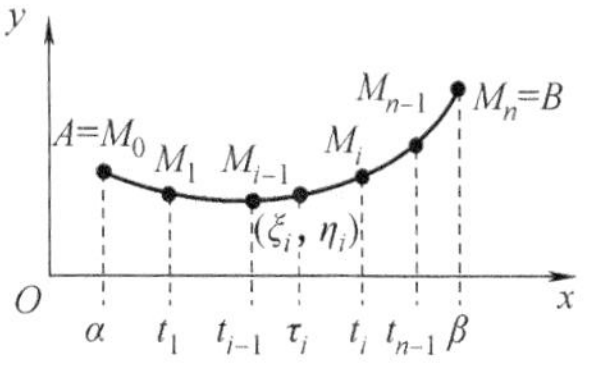

图　9-1-2

$$A=M_0,M_1\cdots,M_{i-1}M_i,M_{n-1},M_n=B,$$

设它们对应于一列单调增加的参数值

$$\alpha=t_0<t_1<\cdots t_{i-1}<t_i<\cdots<t_{n-1}<t_n=\beta,$$

依定义

$$\int_L f(x,y)\,\mathrm{d}s=\lim_{\lambda\to 0}\sum_{i=1}^n f(\xi_i,\eta_i)\Delta s_i.$$

这里的 $(\xi_i,\eta_i)\in\widehat{M_{i-1}M_i}$，并设点 (ξ_i,η_i) 对应于参数值 τ_i，则

$$\xi_i=\varphi(\tau_i),\ \eta_i=\phi(\tau_i),\ t_{i-1}\leqslant\tau_i\leqslant t_i.$$

由弧长计算公式与定积分中值定理有

$$\begin{aligned}\Delta s_i&=\int_{t_{i-1}}^{t_i}\sqrt{[\varphi'(t)]^2+[\phi'(t)]^2}\,\mathrm{d}t\\&=\sqrt{[\varphi'(\tau_i')]^2+[\phi'(\tau_i')]^2}\cdot\Delta t_i\\&\quad(t_{i-1}\leqslant\tau_i'\leqslant t_i,\ \Delta t_i=t_i-t_{i-1}),\end{aligned}$$

从而

$$\begin{aligned}\int_L f(x,y)\,\mathrm{d}s=&\lim_{\lambda\to 0}\sum_{i=1}^n f(\varphi(\tau_i),\phi(\tau_i))\\&\sqrt{[\varphi'(\tau_i')]^2+[\phi'(\tau_i')]^2}\cdot\Delta t_i.\end{aligned}\qquad(1)$$

由于函数 $\sqrt{[\varphi'(t)]^2+[\phi'(t)]^2}$ 在 $[\alpha,\beta]$ 上连续，在 $\lambda\to 0$ 时，小区间 $[t_{i-1},t_i]$ 的长度 $\Delta t_i\to 0\,(i=1,2,\cdots,n)$．那么在 $[t_{i-1},t_i]$ 上，

$$\sqrt{[\varphi'(\tau_i')]^2+[\phi'(\tau_i')]^2}\ 与\ \sqrt{[\varphi'(\tau_i)]^2+[\phi'(\tau_i)]^2}$$

只相差一个 Δt_i 的高阶无穷小，因此，我们可以把式(1)右端的 τ_i' 换成 τ_i，有

$$\begin{aligned}\int_L f(x,y)\,\mathrm{d}s=&\lim_{\lambda\to 0}\sum_{i=1}^n f(\varphi(\tau_i),\phi(\tau_i))\\&\sqrt{[\varphi'(\tau_i)]^2+[\phi'(\tau_i)]^2}\cdot\Delta t_i.\end{aligned}$$

而右端和式的极限，就是函数 $f(\varphi(t),\phi(t))\sqrt{[\varphi'(t)]^2+[\phi'(t)]^2}$ 在

区间$[\alpha,\beta]$上的定积分. 由于函数是连续的，故此定积分存在，因此，上式左端的曲线积分也存在，且有

$$\int_L f(x,y)\,\mathrm{d}s=\int_\alpha^\beta f(\varphi(t),\phi(t))\sqrt{[\varphi'(t)]^2+[\phi'(t)]^2}\,\mathrm{d}t.\quad(2)$$

注意，**式(2)中的定积分下限α一定要小于上限β**，理由是式(1)中的Δt_i由表达式

$$\Delta s_i=\sqrt{[\varphi'(\tau_i')]^2+[\phi'(\tau_i')]^2}\cdot\Delta t_i$$

给出，因小弧段的长度$\Delta s_i>0$，从而

$$\Delta t_i>0\Rightarrow t_i-t_{i-1}>0\Rightarrow t_i>t_{i-1}(i=1,2,\cdots,n),$$

因此$\alpha=t_0<t_1<\cdots<t_{i-1}<t_i<\cdots<t_{n-1}<t_n=\beta$.

利用式(2)，可导出如下几种对弧长的曲线积分计算公式.

（1）曲线L由方程

$$y=\phi(x)\ (a\leqslant x\leqslant b)$$

给出时，

$$\int_L f(x,y)\,\mathrm{d}s=\int_a^b f(x,\phi(x))\sqrt{1+[\phi'(x)]^2}\,\mathrm{d}x.$$

（2）曲线L由方程

$$x=\varphi(y)\ (c\leqslant y\leqslant d)$$

给出时，

$$\int_L f(x,y)\,\mathrm{d}s=\int_c^d f(\varphi(y),y)\sqrt{1+[\varphi'(y)]^2}\,\mathrm{d}y.$$

（3）空间曲线Γ由参数方程

$$\begin{cases}x=\varphi(t),\\ y=\phi(t),(\alpha\leqslant t\leqslant\beta)\\ z=\omega(t)\end{cases}$$

给出时，

$$\int_\Gamma f(x,y,z)\,\mathrm{d}s=\int_\alpha^\beta f(\varphi(t),\phi(t),\omega(t))\sqrt{[\varphi'(t)]^2+[\phi'(t)]^2+[\omega'(t)]^2}\,\mathrm{d}t.$$

例1 计算$\oint_L(x^2+y^2)^n\mathrm{d}s$，其中$L$为圆周$x=a\cos t$，$y=a\sin t$ $(a>0,0\leqslant t\leqslant 2\pi)$.

解法1：根据公式将曲线积分化为定积分

$$\mathrm{d}s=\sqrt{x'^2(t)+y'^2(t)}\,\mathrm{d}t=\sqrt{(-a\sin t)^2+(a\cos t)^2}\,\mathrm{d}t=a\,\mathrm{d}t,$$

$$\oint_L(x^2+y^2)^n\mathrm{d}s=\int_0^{2\pi}[(a\cos t)^2+(a\sin t)^2]^n\cdot a\,\mathrm{d}t$$

$$=\int_0^{2\pi}a^{2n+1}\mathrm{d}t=2\pi a^{2n+1}.$$

解法 2：由于在曲线 L 上 $x^2+y^2=a^2$，且 $\oint_L \mathrm{d}s$ 为曲线段 L 的长，所以

$$\oint_L (x^2+y^2)^n \mathrm{d}s = \oint_L a^{2n} \mathrm{d}s = 2\pi a^{2n+1}.$$

例 2　计算 $\oint_L (4x^3+x^2y)\mathrm{d}s$，其中 L 为折线段 $|x|+|y|=1$ 所围成区域的整个边界.

解法 1：如图 9-1-3 所示，则有

$$\oint_L (4x^3+x^2y)\mathrm{d}s = \int_{L_1}(4x^3+x^2y)\mathrm{d}s + \int_{L_2}(4x^3+x^2y)\mathrm{d}s + \int_{L_3}(4x^3+x^2y)\mathrm{d}s + \int_{L_4}(4x^3+x^2y)\mathrm{d}s.$$

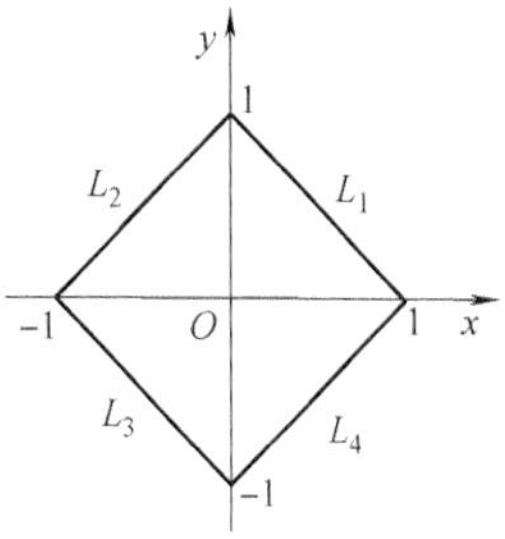

图　9-1-3

L_1 的方程为 $y=1-x(0\leqslant x\leqslant 1)$，于是

$$\begin{aligned}&\int_{L_1}(4x^3+x^2y)\mathrm{d}s\\ &= \int_0^1 (4x^3+x^2-x^3)\cdot\sqrt{1+(-1)^2}\mathrm{d}x\\ &= \sqrt{2}\left[\frac{3}{4}x^4+\frac{1}{3}x^3\right]_0^1 = \frac{13\sqrt{2}}{12}.\end{aligned}$$

L_2 的方程为 $y=1+x(-1\leqslant x\leqslant 0)$，于是

$$\begin{aligned}&\int_{L_2}(4x^3+x^2y)\mathrm{d}s\\ &= \int_{-1}^0 (4x^3+x^2+x^3)\cdot\sqrt{1+1^2}\mathrm{d}x\\ &= \sqrt{2}\left[\frac{5}{4}x^4+\frac{1}{3}x^3\right]_{-1}^0 = -\frac{11\sqrt{2}}{12}.\end{aligned}$$

L_3 的方程为 $y=-1-x(-1\leqslant x\leqslant 0)$，于是

$$\begin{aligned}\int_{L_3}(4x^3+x^2y)\mathrm{d}s &= \int_{-1}^0 (4x^3-x^2-x^3)\cdot\sqrt{1+(-1)^2}\mathrm{d}x\\ &= \sqrt{2}\left[\frac{3}{4}x^4-\frac{1}{3}x^3\right]_{-1}^0 = -\frac{13\sqrt{2}}{12}.\end{aligned}$$

L_4 的方程为 $y=-1+x(0\leqslant x\leqslant 1)$，于是

$$\begin{aligned}\int_{L_4}(4x^3+x^2y)\mathrm{d}s &= \int_0^1 (4x^3-x^2+x^3)\cdot\sqrt{1+1^2}\mathrm{d}x\\ &= \sqrt{2}\left[\frac{5}{4}x^4-\frac{1}{3}x^3\right]_0^1 = \frac{11\sqrt{2}}{12}.\end{aligned}$$

所以

$$\oint_L (4x^3+x^2y)\mathrm{d}s = \frac{13\sqrt{2}}{12}-\frac{11\sqrt{2}}{12}-\frac{13\sqrt{2}}{12}+\frac{11\sqrt{2}}{12}=0.$$

解法 2：由于曲线 L 关于 y 轴对称，而 $4x^3$ 是关于 x 的奇函数，故

$$\oint_L 4x^3 \mathrm{d}s = 0.$$

又 L 关于 x 轴对称，而 x^2y 是关于 y 的奇函数，故

$$\oint_L x^2 y \mathrm{d}s = 0.$$

所以 $$\oint_L (4x^3 + x^2 y)\mathrm{d}s = 0.$$

注意：一般地，若曲线 L 关于 y 轴对称，则有

$$\int_L f(x,y)\mathrm{d}s = \begin{cases} 2\int_{L_1} f(x,y)\mathrm{d}s, & f(-x,y)=f(x,y), \\ 0, & f(-x,y)=-f(x,y), \end{cases}$$

其中，L_1 是 L 在 $x\geqslant 0$ 的部分.

若曲线 L 关于 x 轴对称，则有

$$\int_L f(x,y)\mathrm{d}s = \begin{cases} 2\int_{L_1} f(x,y)\mathrm{d}s, & f(x,-y)=f(x,y), \\ 0, & f(x,-y)=-f(x,y), \end{cases}$$

其中，L_1 是 L 在 $y\geqslant 0$ 的部分.

例 3 计算 $\oint_L \sqrt{x^2+y^2}\mathrm{d}s$，其中 L 为圆周 $x^2+y^2=ax(a>0)$.

解法 1：如图 9-1-4a 所示，L 的参数方程为

$$x=\frac{a}{2}(1+\cos t),\ y=\frac{a}{2}\sin t(0\leqslant t\leqslant 2\pi),$$

$$\mathrm{d}s=\sqrt{x'^2(t)+y'^2(t)}\mathrm{d}t$$

$$=\sqrt{\left(-\frac{a}{2}\sin t\right)^2+\left(\frac{a}{2}\cos t\right)^2}\mathrm{d}t=\frac{a}{2}\mathrm{d}t,$$

$$\sqrt{x^2+y^2}$$

$$=\sqrt{\frac{a^2}{4}(1+\cos t)^2+\frac{a^2}{4}\sin^2 t}$$

$$=\frac{a}{2}\sqrt{2(1+\cos t)}=a\left|\cos\frac{t}{2}\right|,$$

$$\oint_L \sqrt{x^2+y^2}\mathrm{d}s=\int_0^{2\pi}\frac{a^2}{2}\left|\cos\frac{t}{2}\right|\mathrm{d}t$$

$$=\frac{a^2}{2}\left(\int_0^{\pi}\cos\frac{t}{2}\mathrm{d}t-\int_{\pi}^{2\pi}\cos\frac{t}{2}\mathrm{d}t\right)=2a^2.$$

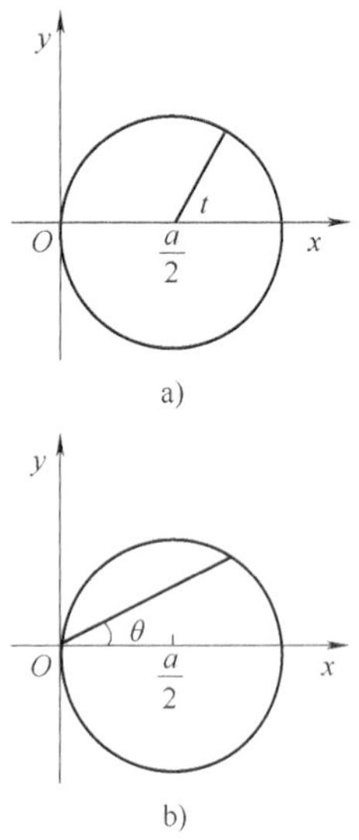

图 9-1-4

解法 2：如图 9-1-4b 所示，L 的极坐标方程为

$$r=a\cos\theta\left(-\frac{\pi}{2}\leqslant\theta\leqslant\frac{\pi}{2}\right),$$

由直角坐标与极坐标的关系，则

$$x=r(\theta)\cos\theta=a\cos^2\theta,\quad y=r(\theta)\sin\theta=a\cos\theta\sin\theta,$$

$$\begin{aligned}x'^2(\theta)+y'^2(\theta)&=[r'\cos\theta-r\sin\theta]^2+[r'\sin\theta+r\cos\theta]^2\\&=r'^2(\cos^2\theta+\sin^2\theta)+r^2(\cos^2\theta+\sin^2\theta)\\&=r'^2+r^2=(-a\sin\theta)^2+(a\cos\theta)^2=a^2,\end{aligned}$$

$$\mathrm{d}s=\sqrt{x'^2(\theta)+y'^2(\theta)}\,\mathrm{d}\theta=\sqrt{r^2+r'^2}\,\mathrm{d}\theta=a\mathrm{d}\theta,$$

$$\sqrt{x^2+y^2}=\sqrt{(a\cos^2\theta)^2+(a\cos\theta\sin\theta)^2}=a\,|\cos\theta|,$$

$$\oint_L\sqrt{x^2+y^2}\,\mathrm{d}s=\int_{-\frac{\pi}{2}}^{\frac{\pi}{2}}a^2\,|\cos\theta|\,\mathrm{d}\theta=2a^2\int_0^{\frac{\pi}{2}}\cos\theta\mathrm{d}\theta=2a^2.$$

注意：(1)在解法 1 中，参数 t 表示圆心角，而在解法 2 中，参数 θ 表示极坐标系下的极角，参数的意义不同，一般取值范围也不相同.

(2) 若曲线在极坐标系下的方程为 $r=r(\theta)$，则 $\mathrm{d}s=\sqrt{r^2+r'^2}\,\mathrm{d}\theta$，可直接引用此式.

(3) 该例也可以先利用对称性化简，再化为定积分计算.

例 4　计算 $\oint_\Gamma(x^2+y^2+2z)\mathrm{d}s$，其中 Γ 为

$$\begin{cases}x^2+y^2+z^2=R^2,\\x+y+z=0.\end{cases}$$

分析：计算这个曲线积分的关键，是正确地写出 Γ 的参数方程. 一般地，如果 Γ 的方程形式为$\begin{cases}F(x,y,z)=0,\\G(x,y,z)=0\end{cases}$时，先求出 Γ 关于 xOy 平面的投影柱面 $H(x,y)=0$，即利用两个曲面方程消去 z，再求出平面曲线$\begin{cases}H(x,y)=0,\\z=0\end{cases}$的参数方程$\begin{cases}x=\varphi(t),\\y=\psi(t),\end{cases}$并将其代入其中一个曲面方程解出 $z=\omega(t)$，即得 Γ 的参数方程.

解法 1：由于 Γ 是平面 $x+y+z=0$ 上过球 $x^2+y^2+z^2=R^2$ 的中心的大圆. 两个曲面方程联立消去 z，得

$$x^2+xy+y^2=\frac{R^2}{2},\quad\left(\frac{\sqrt{3}}{2}x\right)^2+\left(\frac{x}{2}+y\right)^2=\frac{R^2}{2},\tag{1}$$

在式(1)中，令

$$\frac{\sqrt{3}}{2}x=\frac{R}{\sqrt{2}}\cos t,\quad x=\sqrt{\frac{2}{3}}R\cos t,\tag{2}$$

$$\frac{x}{2}+y=\frac{R}{\sqrt{2}}\sin t,\quad y=\frac{R}{\sqrt{2}}\sin t-\frac{R}{\sqrt{6}}\cos t,\tag{3}$$

将式(2)、式(3)代入平面 $x+y+z=0$，得 $z=-\frac{R}{\sqrt{6}}\cos t-\frac{R}{\sqrt{2}}\sin t$，故 Γ 的参数方程为

$$x=\sqrt{\frac{2}{3}}R\cos t,\ y=\frac{R}{\sqrt{2}}\sin t-\frac{R}{\sqrt{6}}\cos t,$$

$$z=-\frac{R}{\sqrt{6}}\cos t-\frac{R}{\sqrt{2}}\sin t(0\leqslant t\leqslant 2\pi),$$

$$\begin{aligned}\mathrm{d}s&=\sqrt{x'^2(t)+y'^2(t)+z'^2(t)}\,\mathrm{d}t\\&=R\sqrt{\frac{2}{3}\sin^2 t+\left(\frac{\cos t}{\sqrt{2}}+\frac{\sin t}{\sqrt{6}}\right)^2+\left(\frac{\sin t}{\sqrt{6}}-\frac{\cos t}{\sqrt{2}}\right)^2}\,\mathrm{d}t=R\mathrm{d}t,\end{aligned}$$

所以

$$\begin{aligned}&\oint_\Gamma (x^2+y^2+2z)\,\mathrm{d}s\\&=R\int_0^{2\pi}\left(\frac{2R^2}{3}\cos^2 t+R^2\left(\frac{\sin t}{\sqrt{2}}-\frac{\cos t}{\sqrt{6}}\right)^2-2R\left(\frac{\cos t}{\sqrt{6}}+\frac{\sin t}{\sqrt{2}}\right)\right)\mathrm{d}t\\&=R^3\int_0^{2\pi}\left(\frac{1}{3}\cos^2 t+\frac{1}{2}-\frac{\sin t\cos t}{\sqrt{3}}\right)\mathrm{d}t-2R^2\left[\frac{\sin t}{\sqrt{6}}-\frac{\cos t}{\sqrt{2}}\right]_0^{2\pi}\\&=R^3\left[\frac{1}{6}\left(t+\frac{1}{2}\sin 2t\right)+\frac{t}{2}+\frac{\cos^2 t}{2\sqrt{3}}\right]_0^{2\pi}\\&=\frac{4\pi}{3}R^3\end{aligned}$$

解法 2：由于积分曲线方程中的变量 x，y，z 具有轮换性，即三个变量轮换位置方程不变，且对弧长的曲线积分与积分曲线的方向无关. 故有

$$\oint_\Gamma x^2\mathrm{d}s=\oint_\Gamma y^2\mathrm{d}s=\oint_\Gamma z^2\mathrm{d}s=\frac{1}{3}\oint_\Gamma (x^2+y^2+z^2)\,\mathrm{d}s=\frac{R^2}{3}\oint_\Gamma \mathrm{d}s=\frac{2\pi}{3}R^3,$$

同理　$$\oint_L x\mathrm{d}s=\oint_L y\mathrm{d}s=\oint_L z\mathrm{d}s=\frac{1}{3}\oint_L (x+y+z)\,\mathrm{d}s=0.$$

所以

$$\begin{aligned}\oint_\Gamma (x^2+y^2+2z)\,\mathrm{d}s&=\frac{2}{3}\oint_\Gamma (x^2+y^2+z^2)\,\mathrm{d}s+\frac{2}{3}\oint_\Gamma (x+y+z)\,\mathrm{d}s\\&=\frac{4}{3}\pi R^3.\end{aligned}$$

注意：利用变量之间的轮换对称性技巧来解对弧长的曲线积分，往往有事半功倍之效.

习题 9-1

1. 填空题：

(1) 设 L 是 xOy 面上的圆周 $x^2+y^2=1$ 的顺时针方向，则 $I_1=\oint_L x^3\mathrm{d}s$ 与 $I_2=\oint_L y^5\mathrm{d}s$ 的大小关系是________.

(2) 设 L 为圆 $x^2+y^2=1$ 的一周，则 $\oint_L x^2\mathrm{d}s=$________.

(3) $\oint_L (y^2\sin x+x^3)\mathrm{d}s=$________，其中 L 为$x^2+y^2+2y=0$.

2. 选择题：

(1) 设 L 是从 $A(1,0)$ 到 $B(-1,2)$ 的线段，则曲线积分 $\int_L (x+y)\mathrm{d}s=($　　$)$.

A. $\sqrt{2}$　　B. $2\sqrt{2}$　　C. 2　　D. 0

(2) 设$\overline{OM}$是从 $O(0,0)$ 到点 $M(1,1)$ 的直线段，则与曲线积分 $I=\int_{\overline{OM}} \mathrm{e}^{\sqrt{x^2+y^2}}\mathrm{d}s$ 不相等的积分是(　　).

A. $\int_0^1 \mathrm{e}^{\sqrt{2}x}\sqrt{2}\,\mathrm{d}x$　　B. $\int_0^1 \mathrm{e}^{\sqrt{2}y}\sqrt{2}\,\mathrm{d}y$

C. $\int_0^{\sqrt{2}} \mathrm{e}^{r}\mathrm{d}r$　　D. $\int_0^1 \mathrm{e}^{r}\sqrt{2}\,\mathrm{d}r$

3. 计算下列第一型曲线积分：

(1) 计算曲线积分 $\oint_L (x^2+y^2)^n\mathrm{d}s$，其中 L 为圆周 $x=a\cos t$，$y=a\sin t(0\leqslant t\leqslant 2\pi)$；

(2) 计算曲线积分 $\oint_L x\mathrm{d}s$，其中 L 为由直线 $y=x$ 及抛物线 $y=x^2$ 所围成的区域整个边界；

(3) 计算曲线积分 $\int_\Gamma z\mathrm{d}s$，其中 Γ 为曲线 $x=t\cos t$，$y=t\sin t$，$z=t(0\leqslant t\leqslant t_0)$.

(4) 计算曲线积分 $\oint_L \sqrt{x^2+y^2}\,\mathrm{d}s$，其中 L 为圆周 $x^2+y^2=ax$.

4. 设曲线 L 的方程为

$$x=\mathrm{e}^t\cos t,\ y=\mathrm{e}^t\sin t,\ z=\mathrm{e}^t\quad (0\leqslant t\leqslant t_0),$$

它在每一点的密度与该点的矢径平方成反比，且在点$(1,0,1)$处为 1，求它的质量.

5. 求螺线的一支 L：$x=a\cos t$，$y=a\sin t$，$z=\dfrac{h}{2\pi}t$ $(0\leqslant t\leqslant 2\pi)$对 x 轴的转动惯量 $I=\int_L (y^2+z^2)\mathrm{d}s$. 设此螺线的线密度是均匀的.

6. 若曲线以极坐标给出：$\rho=\rho(\theta)(\theta_1\leqslant\theta\leqslant\theta_2)$，试给出计算 $\int_L f(x,y)\mathrm{d}s$ 的公式，并用此公式计算下列曲线积分：

(1) $\int_L \mathrm{e}^{\sqrt{x^2+y^2}}\mathrm{d}s$，其中 L 是曲线$\rho=a\left(0\leqslant\theta\leqslant\dfrac{\pi}{4}\right)$；

(2) $\int_L x\mathrm{d}s$，其中 L 是对数螺线$\rho=a\mathrm{e}^{k\theta}(k>0)$在圆 $r=a$ 内的部分.

9.2 对坐标的曲线积分

9.2.1 对坐标的曲线积分的引例、概念和性质

由于对坐标的曲线积分的实际背景涉及有向曲线，故先给出有向曲线的定义. 当动点沿曲线向前移动时，就形成了曲线的走向. 一条曲线通常有两个相反的走向，如果指定了其中的一个走向作为曲线的“方向”，则此曲线称为“有向曲线”.

对于非封闭的曲线弧 L，如果规定了一端(记作点 A)为起点，另一端(记作点 B)为终点，则意味着 L 的方向为从 A 指向 B，也就形成了有向曲线，并可把 L 记作$\widehat{AB}$. 我们在讨论有向曲线时，

$\overset{\frown}{AB}$与$\overset{\frown}{BA}$是两条不同的有向曲线弧.

对于封闭的曲线弧，例如圆的方程 $x=a\cos t$，$y=a\sin t$，如果规定了它的方向为逆时针方向，即曲线上动点(x,y)的移动方向为参数 t 从 0 变到 2π，则该曲线称为一条有向闭曲线.

1. 引例

设一质点在 xOy 面内从点 A 沿**光滑**曲线弧 L 移动到点 B，在移动过程中，该质点受到**变力**

$$\boldsymbol{F}(x,y)=P(x,y)\boldsymbol{i}+Q(x,y)\boldsymbol{j}$$

的作用，其中函数 $P(x,y)$，$Q(x,y)$ 在 L 上连续，现计算变力所做的功 W(见图 9-2-1).

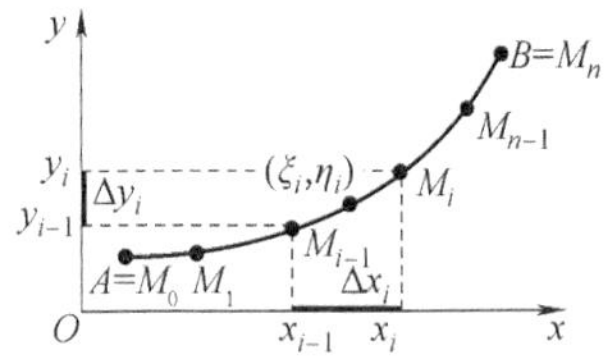

图　9-2-1

在 L 上任意地插入 $n+1$ 个点 $A=M_0,M_1,\cdots,M_{i-1},M_i,\cdots,M_{n-1}$，$M_n=B$ 将 L 划分成 n 个小弧段，且点 M_i 的坐标为 (x_i,y_i) $(i=1,2,\cdots,n)$.

由于弧 $M_{i-1}M_i$ 光滑且很短，可用有向线段

$$\overline{\boldsymbol{M_{i-1}M_i}}=\Delta x_i\cdot\boldsymbol{i}+\Delta y_i\cdot\boldsymbol{j}\,(\Delta x_i=x_i-x_{i-1},\ \Delta y_i=y_i-y_{i-1})$$

来近似地代替它，其中，Δx_i，Δy_i 分别是弧 $M_{i-1}M_i$ 在坐标轴上的投影.

又因为函数 $P(x,y)$，$Q(x,y)$ 在 L 上连续，可用弧 $M_{i-1}M_i$ 上任意一点(ξ_i,η_i)处的力

$$\boldsymbol{F}(\xi_i,\eta_i)=P(\xi_i,\eta_i)\boldsymbol{i}+Q(\xi_i,\eta_i)\boldsymbol{j}$$

来近似地代替该小弧段上的变力.

质点沿有向小弧段 $M_{i-1}M_i$ 移动时，变力所做的功可近似地取为

$$\Delta W_i\approx\boldsymbol{F}(\xi_i,\eta_i)\cdot\overline{\boldsymbol{M_{i-1}M_i}}=P(\xi_i,\eta_i)\Delta x_i+Q(\xi_i,\eta_i)\Delta y_i,$$

从而

$$W=\sum_{i=1}^{n}\Delta W_i\approx\sum_{i=1}^{n}P(\xi_i,\eta_i)\Delta x_i+Q(\xi_i,\eta_i)\Delta y_i.$$

为得到 W 的精确值，只需令 $\lambda\to0$(λ 是这 n 个小弧段长度的最大者)，对上述和式取极限. 即

$$W=\lim_{\lambda\to0}\sum_{i=1}^{n}P(\xi_i,\eta_i)\Delta x_i+Q(\xi_i,\eta_i)\Delta y_i. \tag{1}$$

注意：若质点的运动方向相反，所做的功 W 改变符号，所以这种积分与曲线的方向有关，是一种特殊的第一类曲线积分，称为第二类曲线积分. 为此，引入对坐标的曲线积分概念.

2. 对坐标的曲线积分的概念

定义 9.2　设 L 为 xOy 面内从点 A 到点 B 的一条**有向**光滑曲线弧，函数 $P(x,y)$，$Q(x,y)$ 在 L 上有界，用 L 上的 $n+1$ 个点

$$A=M_0(x_0,y_0),M_1(x_1,y_1),\cdots,M_{n-1}(x_{n-1},y_{n-1}),M_n(x_n,y_n)=B$$

将 L 分成 n 个有向小弧段 $\widehat{M_{i-1}M_i}$ $(i=1,2,\cdots,n)$，设 $\Delta x_i=x_i-x_{i-1}$，$\Delta y_i=y_i-y_{i-1}$，λ 是这 n 个小弧段长度的最大者，任取点 $(\xi_i,\eta_i)\in\widehat{M_{i-1}M_i}$. 如果极限 $\lim\limits_{\lambda\to0}\sum\limits_{i=1}^{n}P(\xi_i,\eta_i)\Delta x_i$ 存在，则此极限值就叫作函数 $P(x,y)$ 在有向曲线弧 L 上**对坐标 x 的曲线积分**，记作 $\int_L P(x,y)\,\mathrm{d}x$.

类似地，如果极限 $\lim\limits_{\lambda\to0}\sum\limits_{i=1}^{n}Q(\xi_i,\eta_i)\Delta y_i$ 存在，则此极限值就叫作函数 $Q(x,y)$ 在有向曲线弧 L 上**对坐标 y 的曲线积分**，并记作 $\int_L Q(x,y)\,\mathrm{d}y$.

即
$$\int_L P(x,y)\,\mathrm{d}x=\lim_{\lambda\to0}\sum_{i=1}^{n}P(\xi_i,\eta_i)\Delta x_i,$$
$$\int_L Q(x,y)\,\mathrm{d}y=\lim_{\lambda\to0}\sum_{i=1}^{n}Q(\xi_i,\eta_i)\Delta y_i,$$
其中，$P(x,y)$，$Q(x,y)$ 叫作**被积函数**，$P(x,y)\,\mathrm{d}x$ 及 $Q(x,y)\,\mathrm{d}y$ 称为被积表达式，L 叫作(有向)**积分弧段**.

注意：(1) 对坐标的曲线积分 $\int_L P(x,y)\,\mathrm{d}x$ 中的 $\mathrm{d}x$ 是有向弧段 $\mathrm{d}s$ 在 x 轴上的投影，它的值可正也可负(见图 9-2-2). 这与对弧长的曲线积分 $\int_L P(x,y)\,\mathrm{d}s$ 中的 $\mathrm{d}s$ 恒为正值是有区别的.

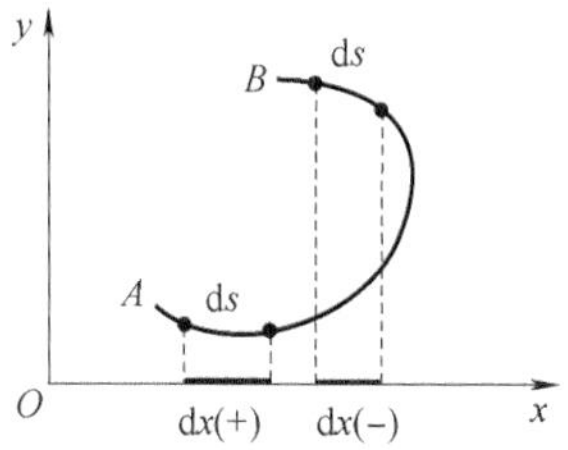

图　9-2-2

(2) 应用中经常出现
$$\int_L P(x,y)\,\mathrm{d}x+\int_L Q(x,y)\,\mathrm{d}y$$
这种形式，今后，可将之简记成
$$\int_L P(x,y)\,\mathrm{d}x+Q(x,y)\,\mathrm{d}y.$$
从而，变力 $\boldsymbol{F}(x,y)=P(x,y)\boldsymbol{i}+Q(x,y)\boldsymbol{j}$ 沿有向曲线 L 所做的功可表示成
$$W=\int_L P(x,y)\,\mathrm{d}x+Q(x,y)\,\mathrm{d}y.$$

(3) 上述定义可推广到积分曲线弧为空间有向曲线弧 Γ 的情形
$$\int_\Gamma P(x,y,z)\,\mathrm{d}x=\lim_{\lambda\to0}\sum_{i=1}^{n}P(\xi_i,\eta_i,\zeta_i)\Delta x_i,$$
$$\int_\Gamma Q(x,y,z)\,\mathrm{d}y=\lim_{\lambda\to0}\sum_{i=1}^{n}Q(\xi_i,\eta_i,\zeta_i)\Delta y_i,$$
$$\int_\Gamma R(x,y,z)\,\mathrm{d}z=\lim_{\lambda\to0}\sum_{i=1}^{n}R(\xi_i,\eta_i,\zeta_i)\Delta z_i,$$
并且 $\int_\Gamma P(x,y,z)\,\mathrm{d}x+\int_\Gamma Q(x,y,z)\,\mathrm{d}y+\int_\Gamma R(x,y,z)\,\mathrm{d}z$ 可简记成形式

$$\int_{\Gamma} P(x,y,z)\,\mathrm{d}x + Q(x,y,z)\,\mathrm{d}y + R(x,y,z)\,\mathrm{d}z.$$

（4）对坐标的曲线积分存在定理：若 $P(x,y)$，$Q(x,y)$ 在有向光滑曲线弧 L 上连续，则 $\int_L P(x,y)\,\mathrm{d}x$，$\int_L Q(x,y)\,\mathrm{d}y$ 都存在.

这一定理可类似地推广到空间曲线的情形.

3. 对坐标曲线积分的性质

性质 1 若 L 由 L_1 与 L_2 两段光滑曲线组成，且 L_1，L_2 的方向由 L 的方向决定，则

$$\int_L P\mathrm{d}x + Q\mathrm{d}y = \int_{L_1} P\mathrm{d}x + Q\mathrm{d}y + \int_{L_2} P\mathrm{d}x + Q\mathrm{d}y.$$

性质 2 设 L 是有向曲线弧，而 L^- 是与 L 方向相反的有向曲线弧，则

$$\int_L P\mathrm{d}x + Q\mathrm{d}y = -\int_{L} P\mathrm{d}x + Q\mathrm{d}y.$$

这是因为积分和式中的 Δx_i 及 Δy_i 表示有向线段 $\overline{M_{i-1}M_i}$ 在 x 轴和 y 轴上的投影，当 L 的方向改变时，L 上分点的排列次序正好相反，因此投影 Δx_i 和 Δy_i 正好改变符号，于是和式的极限即积分也改变符号. 这一性质表明：**对坐标的曲线积分应特别注意积分曲线弧的方向**. 与对弧长的曲线积分的性质不同.

性质 3 若 α，β 是常数，则

$$\int_L \alpha\cdot P\mathrm{d}x + \beta\cdot Q\mathrm{d}y = \alpha\int_L P\mathrm{d}x + \beta\int_L Q\mathrm{d}y.$$

9.2.2 对坐标曲线积分的计算法

定理 9.2 设 $P(x,y)$，$Q(x,y)$ 在有向曲线弧 L 上**有定义且连续**，曲线 L 的参数方程为

$$\begin{cases} x=\varphi(t), \\ y=\phi(t), \end{cases}$$

当参数 t **单调**地由 α 变到 β 时，点 $M(x,y)$ 从 L 的**起点** A 沿 L 运动到**终点** B；

函数 $\varphi(t)$，$\phi(t)$ 在以 α，β 为端点的区间上具有**一阶连续导数**，且

$$[\varphi'(t)]^2+[\phi'(t)]^2\neq 0,$$

则曲线积分 $\int_L P(x,y)\mathrm{d}x+Q(x,y)\mathrm{d}y$ 存在，并且

$$\int_L P(x,y)\mathrm{d}x+Q(x,y)\mathrm{d}y$$

$$=\int_\alpha^\beta [P(\varphi(t),\phi(t))\cdot\varphi'(t)+Q(\varphi(t),\phi(t))\cdot\phi'(t)]\mathrm{d}t. \quad (2)$$

证：在 L 上任意地插入一系列点（依从 A 至 B 的方向）（见图 9-2-3）

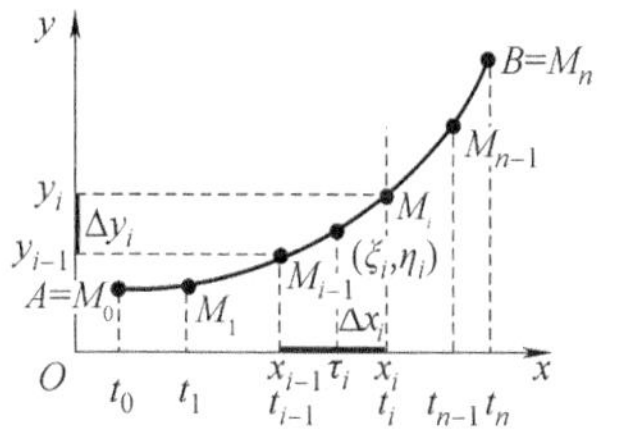

图　9-2-3

$$A=M_0,M_1,\cdots,M_{i-1},M_i,\cdots,M_{n-1},M_n=B,$$

它们对应于参数值为

$$\alpha=t_0t_1,\cdots,t_{i-1},t_i,\cdots,t_{n-1},t_n=\beta,$$

这一列参数值是单调变化的.

据对坐标的曲线积分定义有

$$\int_L P(x,y)\mathrm{d}x=\lim_{\lambda\to 0}\sum_{i=1}^n P(\xi_i,\eta_i)\Delta x_i,$$

若设点 (ξ_i,η_i) 对应于参数值 τ_i，那么 τ_i 应在 t_{i-1} 与 t_i 之间，且

$$\xi_i=\varphi(\tau_i),\ \eta_i=\phi(\tau_i),$$

又　$$\Delta x_i=x_i-x_{i-1}=\varphi(t_i)-\varphi(t_{i-1})=\varphi'(\tau_i')\Delta t_i,$$

这里 $\Delta t_i=t_i-t_{i-1}$，而 τ_i' 在 t_{i-1} 与 t_i 之间.

于是　$$\int_L P(x,y)\mathrm{d}x=\lim_{\lambda\to 0}\sum_{i=1}^n P(\varphi(\tau_i),\phi(\tau_i))\cdot\varphi'(\tau_i')\Delta t_i.$$

因为函数 $\varphi'(t)$ 在闭区间 $[\alpha,\beta]$（或 $[\beta,\alpha]$）上连续，那么可将上式中的 τ_i' 换成 τ_i，从而

$$\int_L P(x,y)\mathrm{d}x=\lim_{\lambda\to 0}\sum_{i=1}^n P(\varphi(\tau_i),\phi(\tau_i))\cdot\varphi'(\tau_i)\Delta t_i,$$

而 $\lambda\to 0$ 等价于 $\Delta t_i\to 0(i=1,2,\cdots,n)$，因此上式右端的和式极限就是定积分 $\int_\alpha^\beta P(\varphi(t),\phi(t))\varphi'(t)\mathrm{d}t$. 由于 $P(\varphi(t),\phi(t))\varphi'(t)$ 连续，这个定积分存在，因此上式左端的曲线积分 $\int_L P(x,y)\mathrm{d}x$ 也就存在，且有

$$\int_L P(x,y)\mathrm{d}x=\int_\alpha^\beta P(\varphi(t),\phi(t))\varphi'(t)\mathrm{d}t.$$

同理可证

$$\int_L Q(x,y)\mathrm{d}y=\int_\alpha^\beta Q(\varphi(t),\phi(t))\phi'(t)\mathrm{d}t.$$

将两式相加便得到了式(2).

显然，对坐标的曲线积分的计算方法：代入法. 要注意的是，式(2)右端的定积分中，**下限 α 对应于 L 的起点，上限 β 对应于 L**

的终点，α 未必小于 β.

几种特殊情形的对坐标曲线积分的计算公式为：

（1）如果 L 由方程 $y=\phi(x)$ 给出时，则式(2)成为

$$\int_L P(x,y)\mathrm{d}x+Q(x,y)\mathrm{d}y=\int_a^b[P(x,\phi(x))+Q(x,\phi(x))\phi'(x)]\mathrm{d}x,$$

这里，下限 a 对应于 L 的起点，上限 b 对应于 L 的终点.

（2）如果 L 由方程 $x=\varphi(y)$ 给出时，式(2)成为

$$\int_L P(x,y)\mathrm{d}x+Q(x,y)\mathrm{d}y=\int_c^d[P(\varphi(y),y)\varphi'(y)+Q(\varphi(y),y)]\mathrm{d}y,$$

这里，下限 c 对应于 L 的起点，上限 d 对应于 L 的终点.

（3）式(2)可方便地推广到空间曲线 Γ 由参数方程

$$\Gamma: x=\varphi(t),\ y=\phi(t),\ z=\omega(t)$$

给出的情形

$$\int_\Gamma P(x,y,z)\mathrm{d}x+Q(x,y,z)\mathrm{d}y+R(x,y,z)\mathrm{d}z$$

$$=\int_\alpha^\beta[P(\varphi(t),\phi(t),\omega(t))\cdot\varphi'(t)+Q(\varphi(t),\phi(t),\omega(t))\cdot\phi'(t)+R(\varphi(t),\phi(t),\omega(t))\cdot\omega'(t)]\mathrm{d}t,$$

这里，下限 α 对应于 Γ 的起点，上限 β 对应于 Γ 的终点.

例 1 计算 $\int_L(2a-y)\mathrm{d}x+x\mathrm{d}y$，其中 L 是摆线

$$x=a(t-\sin t),\ y=a(1-\cos t)$$

上对应 t 从 0 到 2π 的一段弧.

解： 根据公式得

$$\int_L(2a-y)\mathrm{d}x+x\mathrm{d}y$$

$$=\int_0^{2\pi}[2a-a(1-\cos t)]\cdot a(1-\cos t)\mathrm{d}t+\int_0^{2\pi}a(t-\sin t)\cdot a\sin t\mathrm{d}t$$

$$=a^2\int_0^{2\pi}[(1-\cos^2 t)+\sin t(t-\sin t)]\mathrm{d}t$$

$$=a^2\int_0^{2\pi}t\sin t\mathrm{d}t=a^2[-t\cos t+\sin t]_0^{2\pi}$$

$$=-2\pi a^2.$$

例 2 计算 $\int_L y^2\mathrm{d}x$，其中 L 为：

（1）半径为 a，圆心在原点依逆时针绕行的上半圆周；

（2）从点 $A(a,0)$ 沿 x 轴到点 $B(-a,0)$ 的直线段.

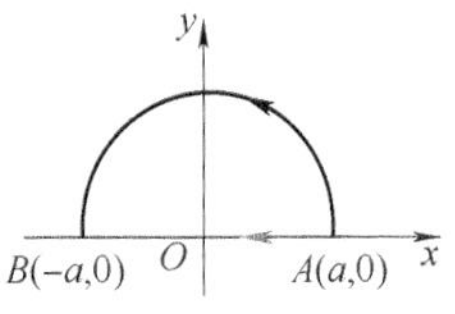

图 9-2-4

解：（1）L 的参数方程为 $x=a\cos\theta$，$y=a\sin\theta$，（如图 9-2-4）当 $\theta=0$ 时，对应于 L 的起点 $A(a,0)$，

当 $\theta=\pi$ 时，对应于 L 的终点 $B(-a,0)$，
于是

$$\int_L y^2\mathrm{d}x=\int_0^{\pi}(a\sin\theta)^2(-a\sin\theta)\mathrm{d}\theta=-a^3\int_0^{\pi}\sin^3\theta\mathrm{d}\theta$$

$$=-2a^3\int_0^{\frac{\pi}{2}}\sin^3\theta\mathrm{d}\theta=-\frac{4}{3}a^3.$$

（2）L 的方程为 $y=0$，

当 $x=a$ 时，对应于 L 的起点 $A(a,0)$；

当 $x=-a$ 时，对应于的终点 $B(-a,0)$，
于是

$$\int_L y^2\mathrm{d}x=\int_a^{-a}0\mathrm{d}x=0.$$

此例表明：尽管两个对坐标的曲线积分的**被积函数相同**，积分曲线的**起点与终点也相同**，但由于**积分曲线不同**，其**值并不相同**.

例 3　计算 $\int_L 2xy\mathrm{d}x+x^2\mathrm{d}y$，其中 L 为：

（1）抛物线 $y=x^2$ 上从 $O(0,0)$ 到 $B(1,1)$ 的一段弧；

（2）抛物线 $x=y^2$ 上从 $O(0,0)$ 到 $B(1,1)$ 的一段弧；

（3）有向折线 OAB，这里依次是 $(0,0),(1,0),(1,1)$.

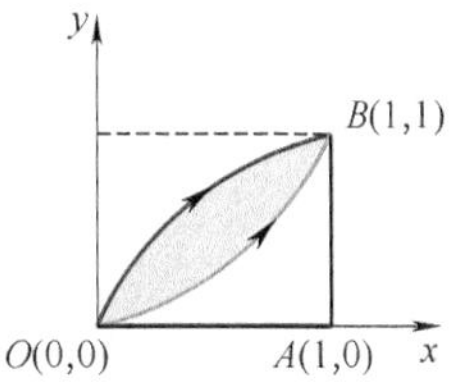

图　9-2-5

解：（如图 9-2-5）（1）$\int_L 2xy\mathrm{d}x+x^2\mathrm{d}y=\int_0^1 2x\cdot x^2\mathrm{d}x+x^2\cdot 2x\mathrm{d}x=4\int_0^1 x^3\mathrm{d}x=1$；

（2）$\int_L 2xy\mathrm{d}x+x^2\mathrm{d}y=\int_0^1 2y^2\cdot y\cdot 2y\mathrm{d}y+(y^2)^2\mathrm{d}y=5\int_0^1 y^4\mathrm{d}y=1$；

（3）
$$\int_L 2xy\mathrm{d}x+x^2\mathrm{d}y=\int_{OA}2xy\mathrm{d}x+x^2\mathrm{d}y+\int_{AB}2xy\mathrm{d}x+x^2\mathrm{d}y$$

$$=0+\int_0^1 2\cdot 1\cdot y\cdot 0+1^2\mathrm{d}y$$

$$=\int_0^1\mathrm{d}y=1.$$

此例表明：虽然沿不同的曲线弧，但第二类曲线积分的值可以是相同的. 换句话说，计算曲线积分时，**积分值仅与起点 $O(0,0)$，终点 $B(1,1)$ 的坐标有关，而与连接这两点的曲线形式无关**.

例 4　计算 $\oint_{\Gamma}xyz\mathrm{d}z$，其中 Γ 是用平面 $y=z$ 截球面 $x^2+y^2+z^2=1$ 所得的截痕，从 x 轴的正向看去，沿逆时针方向.

解：将 $y=z$ 代入球面方程 $x^2+y^2+z^2=1$ 消去 z 得 $x^2+2y^2=1$，令 $x=\cos t$，$y=\frac{1}{\sqrt{2}}\sin t$，并将其代入 $y=z$ 得 $z=\frac{1}{\sqrt{2}}\sin t$.

Γ 的参数方程为 $x=\cos t$，$y=\frac{1}{\sqrt{2}}\sin t$，$z=\frac{1}{\sqrt{2}}\sin t$，起点对应的参数值为 0，终点对应的参数值为 2π.

$$\oint_{\Gamma} xyz\mathrm{d}z = \int_0^{2\pi} \frac{1}{2}\cos t\sin^2 t \cdot \frac{1}{\sqrt{2}}\cos t\mathrm{d}t$$

$$= \frac{1}{8\sqrt{2}}\int_0^{2\pi} \sin^2 2t\mathrm{d}t = \frac{1}{16\sqrt{2}}\int_0^{2\pi}(1-\cos 4t)\mathrm{d}t = \frac{\sqrt{2}}{16}\pi.$$

9.2.3 两类曲线积分的关系

设有向曲线弧 L 的起点为 A，终点为 B，**取弧长 $AM=s$ 为曲线弧 L 的参数**，曲线 L 的全长 $AB=l$，这里 $M\in L$.

设曲线弧 L 由参数方程

$$\begin{cases} x=x(s), \\ y=y(s) \end{cases} (0\leqslant s\leqslant l)$$

给出，函数 $x(s)$，$y(s)$ 在 $[0,l]$ 上具有一阶连续的导数，又函数 $P(x,y)$，$Q(x,y)$ 在 L 上连续(见图 9-2-6).

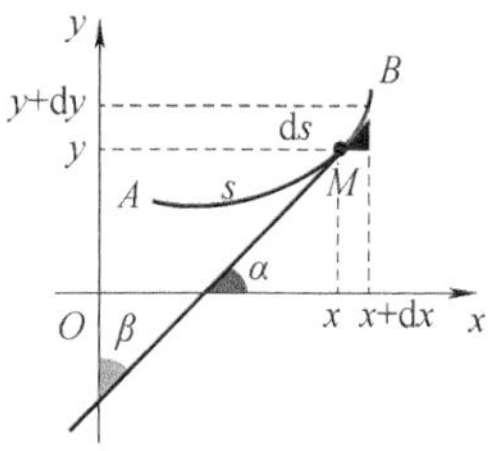

图 9-2-6

对坐标的曲线积分

$$\int_L P(x,y)\mathrm{d}x + Q(x,y)\mathrm{d}y$$

$$= \int_0^l \left[P(x(s),y(s))\frac{\mathrm{d}x}{\mathrm{d}s} + Q(x(s),y(s))\frac{\mathrm{d}y}{\mathrm{d}s}\right]\mathrm{d}s$$

$$= \int_0^l [P(x(s),y(s))\cos\alpha + Q(x(s),y(s))\cos\beta]\mathrm{d}s,$$

其中，$\cos\alpha=\frac{\mathrm{d}x}{\mathrm{d}s}$，$\cos\beta=\frac{\mathrm{d}y}{\mathrm{d}s}$，$\mathrm{d}s=\sqrt{(\mathrm{d}x)^2+(\mathrm{d}y)^2}$，

$\cos\alpha$ 与 $\cos\beta$ 是有向曲线弧 L 在点 M 的切线向量的方向余弦，该切线向量的指向与曲线 M 的方向一致.

另一方面，对弧长的曲线积分

$$\int_L [P(x,y)\cos\alpha + Q(x,y)\cos\beta]\mathrm{d}s$$

$$= \int_0^l [P(x(s),y(s))\cos\alpha + Q(x(s),y(s))\cos\beta]\mathrm{d}s.$$

由此可见，平面曲线上的两类曲线积分之间有如下联系：

$$\int_L P\mathrm{d}x + Q\mathrm{d}y = \int_L (P\cos\alpha + Q\cos\beta)\mathrm{d}s,$$

这里，$\alpha=\alpha(x,y)$ · $\beta=\beta(x,y)$ 为有向曲线弧 L 上点 (x,y) 处的切线向量的方向角.

习题 9-2

1. 选择题：

（1）设 L 是从 $A\left(1,\frac{1}{2}\right)$ 沿曲线 $2y=x^2$ 到点 $B(2,2)$ 的弧段，则曲线积分 $\int_L \frac{2x}{y}\mathrm{d}x-\frac{x^2}{y^2}\mathrm{d}y$ 之值等于(　　).

A. -3　　B. 0　　C. $\frac{3}{2}$　　D. 3

（2）设 AEB 是由 $A(-1,0)$ 沿上半圆 $y=\sqrt{1-x^2}$，经点 $E(0,1)$ 到点 $B(1,0)$，则曲线积分 $\int_{AEB} x^2y^2\mathrm{d}y$ 等于(　　).

A. 0　　B. $2\int_{AE} x^2y^2\mathrm{d}y$

C. $2\int_{EB} x^2y^2\mathrm{d}y$　　D. $2\int_{BE} x^2y^2\mathrm{d}y$

（3）设 L 是从点 $(0,0)$ 沿折线 $y=1-|x-1|$ 至点 $A(2,0)$ 的折线段，则曲线积分 $I=\int_L(-y)\mathrm{d}x+x\mathrm{d}y$ 等于(　　).

A. 0　　B. -1　　C. 2　　D. -2

2. 计算下列第二型曲线积分：

（1）计算曲线积分 $\int_L\left(2x^2-\frac{3}{4}y^2\right)\mathrm{d}y$，其中，$L$ 是从点 $O(0,0)$ 沿抛物线 $y=x^2$ 到点 $B(2,4)$ 的弧段；

（2）计算曲线积分 $\int_L \frac{(x+y)\mathrm{d}x-(x-y)\mathrm{d}y}{x^2+y^2}$，其中，$L$ 为圆周 $x^2+y^2=a^2$（按逆时针方向绕行）；

（3）$\oint_L (x+y)^2\mathrm{d}y$，$L$ 为圆周 $x^2+y^2=2ax\ (a>0)$（按逆时针方向移动）；

（4）在力 $\boldsymbol{F}=\{x,-y,x\}$ 的作用下，质点从 $(0,0,0)$ 沿 L：$\begin{cases}x=t,\\ y=2t,\\ z=t^2\end{cases}$ 移至 $(1,2,1)$，求力 $\boldsymbol{F}$ 所做的功.

3. 设光滑闭曲线 L 在光滑曲面 S 上，S 的方程为 $z=f(x,y)$，曲线 L 在 xOy 平面上的投影曲线为 l，函数 $P(x,y,z)$ 在 L 上连续，证明：

$$\int_L P(x,y,z)\mathrm{d}x=\int_l P(x,y,f(x,y))\mathrm{d}x.$$

4. 把对坐标的曲线积分 $\int_L P(x,y)\mathrm{d}x+Q(x,y)\mathrm{d}y$ 化成对弧长的曲线积分，其中 L 为沿上半圆周 $x^2+y^2=2x$ 从点 $(0,0)$ 到点 $(2,0)$.

9.3 格林公式及其应用

一元微积分学中，最基本的公式：牛顿-莱布尼茨公式

$$\int_a^b F'(x)\mathrm{d}x=F(b)-F(a)$$

表明：函数 $F'(x)$ 在区间 $[a,b]$ 上的定积分可通过原函数 $F(x)$ 在这个区间的两个端点处的值来表示. 本节介绍的格林公式将牛顿-莱布尼茨公式推广到了平面上，这个公式告诉我们：平面闭区域 D 上的二重积分可以用沿 D 的边界的第二类曲线积分来表达. 格林公式不仅给计算对坐标的曲线积分带来一种新的方法，更重要的是由它可推得平面上的曲线积分与路径无关的条件，有非常重要的应用.

9.3.1 格林公式

1. 单连通区域的概念

设 D 为平面区域，如果 D 内任一闭曲线所围的部分区域都属于 D，则称 D 为平面**单连通区域**；否则称为**复连通区域**. 如图 9-3-1 中，D_1 为单连通区域，D_2 和 D_3 为复连通区域.

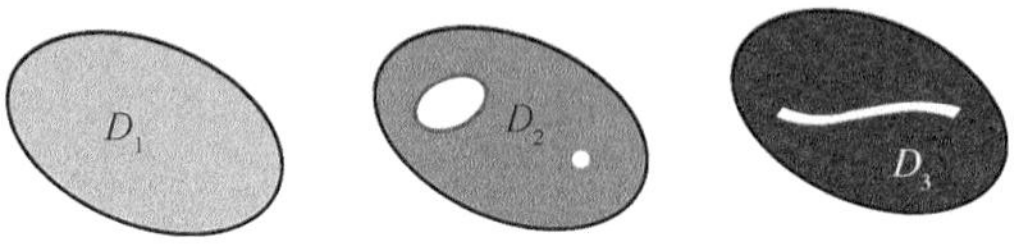

图　9-3-1

通俗地讲，单连通区域是不含“**洞**”(包括“点洞”)与“**裂缝**”的区域.

2. 区域的边界曲线的正向规定

设 L 是平面区域 D 的边界曲线，规定 L 的正向为：当观察者沿 L 的这个方向行走时，D 内区域总在他的左边.

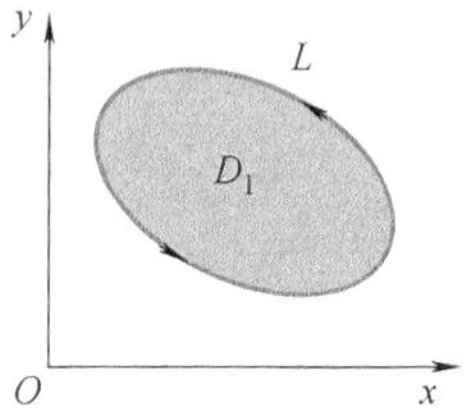

图　9-3-2

显然，对于单连通区域 D_1(见图 9-3-2)，L 的正向为逆时针方向；对于复连通区域 D_2(见图 9-3-3)，它的正向由外边界 L 的逆时针方向与内边界 l 的顺时针方向构成. 人站立在区域的正面的边界上，让区域在人的左方. 则人前进的方向为边界的正向. 若以 L 记正向边界，则用 L^- 表示反向(或称为负向)边界.

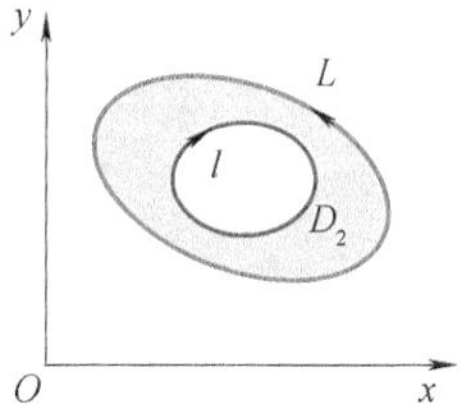

图　9-3-3

3. 格林公式

定理 9.3　设闭区域 D 由分段光滑的曲线 L 围成，函数 $P(x,y)$ 及 $Q(x,y)$ 在 D 上具有一阶连续偏导数，则有

$$\iint\limits_{D}\left(\frac{\partial Q}{\partial x}-\frac{\partial P}{\partial y}\right)\mathrm{d}x\mathrm{d}y=\oint_{L}P\mathrm{d}x+Q\mathrm{d}y, \tag{1}$$

其中，L 是 D 的取正向的边界曲线.

公式(1)叫作**格林**(Green)**公式**.

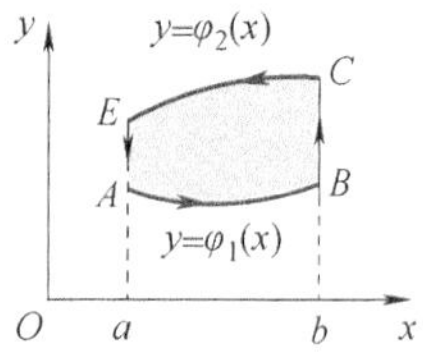

图　9-3-4

证：先证 $-\iint\limits_{D}\frac{\partial P}{\partial y}\mathrm{d}x\mathrm{d}y=\oint_{L}P\mathrm{d}x$.

如果区域为单连通区域，不妨假定区域 D 的形状如图 9-3-4 所示(X 型区域：用平行于 y 轴的直线穿过区域，与区域边界曲线的交点至多有两个).

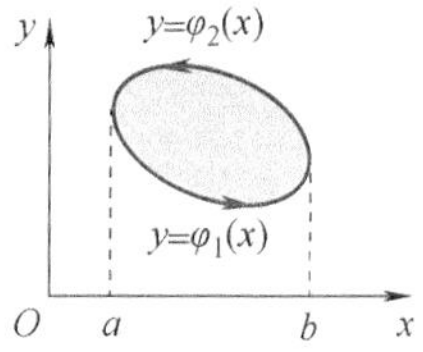

图　9-3-5

易见，图 9-3-5 所表示的区域是图 9-3-4 所表示的区域的一种特殊情况，我们仅对图 9-3-4 所表示的区域 D 给予证明即可.

$$D: a\leqslant x\leqslant b,\ \varphi_1(x)\leqslant y\leqslant\varphi_2(x).$$

$$-\iint_D \frac{\partial P}{\partial y}\mathrm{d}x\mathrm{d}y = \int_a^b \mathrm{d}x\int_{\varphi_1(x)}^{\varphi_2(x)} \frac{\partial P}{\partial y}\mathrm{d}y = -\int_a^b [P(x,y)]_{\varphi_1(x)}^{\varphi_2(x)}\mathrm{d}x$$

$$= -\int_a^b [P(x,\varphi_2(x)) - P(x,\varphi_1(x))]\mathrm{d}x.$$

另一方面，根据对坐标的曲线积分的性质与计算法有

$$\oint_L P\mathrm{d}x = \int_{\widehat{AB}} P\mathrm{d}x + \int_{\overline{BC}} P\mathrm{d}x + \int_{\widehat{CE}} P\mathrm{d}x + \int_{\overline{EA}} P\mathrm{d}x$$

$$= \int_a^b P(x,\varphi_1(x))\mathrm{d}x + 0 + \int_b^a P(x,\varphi_2(x))\mathrm{d}x + 0$$

$$= -\int_a^b [P(x,\varphi_2(x)) - P(x,\varphi_1(x))]\mathrm{d}x,$$

因此

$$-\iint_D \frac{\partial P}{\partial y}\mathrm{d}x\mathrm{d}y = \oint_L P\mathrm{d}x.$$

再假定穿过区域 D 内部且平行于 x 轴的直线与 D 的边界曲线的交点至多是两点(Y 型区域)，用类似的方法可证

$$\iint_D \frac{\partial Q}{\partial x}\mathrm{d}x\mathrm{d}y = \oint_L Q\mathrm{d}x.$$

综合有：当区域 D 的边界曲线与穿过 D 内部且平行于坐标轴(x 轴或 y 轴)的任何直线的交点**至多是两点**时，我们有

$$-\iint_D \frac{\partial P}{\partial y}\mathrm{d}x\mathrm{d}y = \oint_L P\mathrm{d}x,\quad \iint_D \frac{\partial Q}{\partial x}\mathrm{d}x\mathrm{d}y = \oint_L Q\mathrm{d}x$$

同时成立，将两式合并之后即得格林公式

$$\iint_D \left(\frac{\partial Q}{\partial x} - \frac{\partial P}{\partial y}\right)\mathrm{d}x\mathrm{d}y = \oint_L P\mathrm{d}x + Q\mathrm{d}y.$$

再考虑一般情况，分下列两种情况分别讨论：

(1) D 是单连通区域，但不是 X 型或 Y 型. 这时总可以在 D 内引进一条或几条辅助曲线把 D 分成有限个部分闭区域，使得每个部分闭区域既是 X 型又是 Y 型. 例如，就图 9-3-6 所示区域 D，引进辅助线 ABC，把 D 划分为三个子区域 D_1，D_2，D_3，格林公式在每个子区域上都成立，故

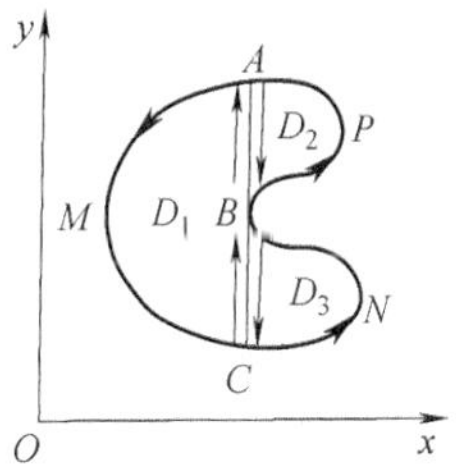

图　9-3-6

$$\iint_{D_1} \left(\frac{\partial Q}{\partial x} - \frac{\partial P}{\partial y}\right)\mathrm{d}x\mathrm{d}y = \oint_{\widehat{AMCBA}} P\mathrm{d}x + Q\mathrm{d}y,$$

$$\iint_{D_2} \left(\frac{\partial Q}{\partial x} - \frac{\partial P}{\partial y}\right)\mathrm{d}x\mathrm{d}y = \oint_{\widehat{ABPA}} P\mathrm{d}x + Q\mathrm{d}y,$$

$$\iint_{D_3} \left(\frac{\partial Q}{\partial x} - \frac{\partial P}{\partial y}\right)\mathrm{d}x\mathrm{d}y = \oint_{\widehat{BCNB}} P\mathrm{d}x + Q\mathrm{d}y,$$

三式相加，并注意到沿辅助线的曲线积分相互抵消，得

$$\iint_D \left(\frac{\partial Q}{\partial x} - \frac{\partial P}{\partial y}\right)\mathrm{d}x\mathrm{d}y = \oint_L P\mathrm{d}x + Q\mathrm{d}y.$$

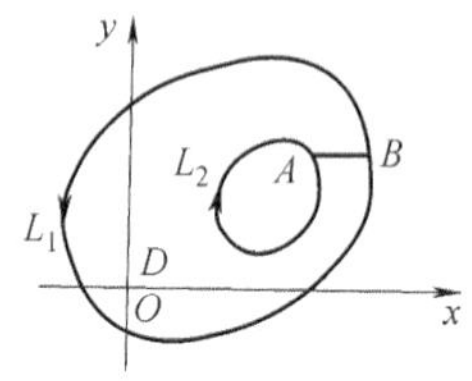

图　9-3-7

(2) D 是复连通区域. 同样在 D 内引进一条或几条辅助曲线, 把 D 分成有限个部分闭区域, 使得每个部分闭区域都是单连通区域. 例如, 对图 9-3-7 所示的闭区域, 它的边界曲线为 $L=L_1+L_2$, 引进一条辅助线 AB, 于是以 L_1+BA+L_2+AB 为正向边界的区域 D 就是单连通区域, 故有

$$\iint_D\left(\frac{\partial Q}{\partial x}-\frac{\partial P}{\partial y}\right)\mathrm{d}x\mathrm{d}y=\oint_{L_1+BA+L_2+AB}P\mathrm{d}x+Q\mathrm{d}y,$$

注意到 $\oint_{BA+AB}P\mathrm{d}x+Q\mathrm{d}y=0$, 所以

$$\iint_D\left(\frac{\partial Q}{\partial x}-\frac{\partial P}{\partial y}\right)\mathrm{d}x\mathrm{d}y=\oint_L P\mathrm{d}x+Q\mathrm{d}y.$$

注意: (1) 格林公式又可记为 $\iint_D\begin{vmatrix}\frac{\partial}{\partial x} & \frac{\partial}{\partial y}\\ P & Q\end{vmatrix}\mathrm{d}x\mathrm{d}y=\oint_L P\mathrm{d}x+Q\mathrm{d}y.$

(2) 格林公式沟通了二重积分与对坐标的曲线积分之间的联系, 因此其应用十分广泛. 若取 $P=-y$, $Q=x$, 则得

$$2\iint_D\mathrm{d}x\mathrm{d}y=\oint_L x\mathrm{d}y-y\mathrm{d}x,$$

因此, 平面闭区域 D 的面积为 $A=\frac{1}{2}\oint_L x\mathrm{d}y-y\mathrm{d}x,$　　(2)

其中, L 是 D 的取正向的边界曲线.

例 1　计算积分 $\int_{AB}x\mathrm{d}y$, 其中 $A(0,r)$, $B(r,0)$. 曲线 AB 为圆周 $x^2+y^2=r^2$ 在第一象限中的部分.

解法 1(直接计算积分): 曲线 AB 的方程为 $x=r\cos t$, $y=r\sin t$, $0\leqslant t\leqslant\frac{\pi}{2}$.

方向为自然方向的反向. 因此

$$\int_{AB}x\mathrm{d}y=-\int_0^{\frac{\pi}{2}}r^2\cos^2t\mathrm{d}t=-\frac{1}{2}r^2\left(t+\frac{1}{2}\sin2t\right)\Bigg|_0^{\frac{\pi}{2}}=-\frac{\pi}{4}r^2.$$

解法 2(用格式公式): 补上线段 BO 和 OA(O 为坐标原点)成闭路. 设所围区域为 D. 注意到∂D 为反向, 以及 $\int_{BOA}x\mathrm{d}y=0$, 有

$$\int_{AB}x\mathrm{d}y=\oint_{\partial D}x\mathrm{d}y-\int_{BOA}x\mathrm{d}y=-\iint_D\mathrm{d}x\mathrm{d}y=-\frac{\pi}{4}r^2.$$

例 2　计算积分 $I=\oint_L\frac{x\mathrm{d}y-y\mathrm{d}x}{x^2+y^2}$, 其中 L 是一条无重点、分段光滑的、不经过坐标原点的任一正向闭曲线.

解：设 L 为闭区域 D 的边界.

$P(x,y)=-\dfrac{y}{x^2+y^2}$，$Q(x,y)=\dfrac{x}{x^2+y^2}$（$P$ 和 Q 在 D 上有连续的偏导数）.

$$\frac{\partial P}{\partial y}=\frac{\partial}{\partial x}\left(-\frac{y}{x^2+y^2}\right)=\frac{y^2-x^2}{(x^2+y^2)^2},\ \frac{\partial Q}{\partial x}=\frac{y^2-x^2}{(x^2+y^2)^2}.$$

（1）如果坐标原点不在 L 内，则在区域 D 上总有 $\dfrac{\partial Q}{\partial x}-\dfrac{\partial P}{\partial y}$，从而

$$I=\oint_L\frac{x\mathrm{d}y-y\mathrm{d}x}{x^2+y^2}=\iint_D\left(\frac{\partial Q}{\partial x}-\frac{\partial P}{\partial y}\right)\mathrm{d}x\mathrm{d}y=0.$$

（2）如果坐标原点在 L 内，则 $\dfrac{\partial Q}{\partial x}-\dfrac{\partial P}{\partial y}$ 在区域 D 内的点 $(0,0)$ 不成立，不能用格林公式.

作一个半径为 r 的完全属于 D 的小圆 L_0：$x^2+y^2=r^2$，方向为顺时针方向（见图 9-3-8）. 属于 L 内但属于 L_0 之外的区域 $D_0\subset D$ 上，总有 $\dfrac{\partial Q}{\partial x}-\dfrac{\partial P}{\partial y}$，故 $\displaystyle\oint_{L+L_0}\frac{x\mathrm{d}y-y\mathrm{d}x}{x^2+y^2}=\iint_{D_0}\left(\frac{\partial Q}{\partial x}-\frac{\partial P}{\partial y}\right)\mathrm{d}\sigma=0$，即

$$\oint_L\frac{x\mathrm{d}y-y\mathrm{d}x}{x^2+y^2}+\oint_{L_0}\frac{x\mathrm{d}y-y\mathrm{d}x}{x^2+y^2}=0;$$

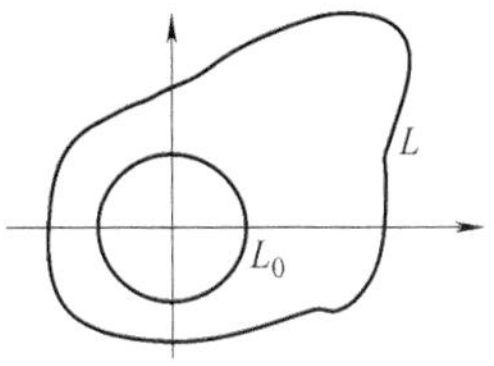

图　9-3-8

从而

$$\begin{aligned}\oint_L\frac{x\mathrm{d}y-y\mathrm{d}x}{x^2+y^2}&=\oint_{L_{\bar{0}}}\frac{x\mathrm{d}y-y\mathrm{d}x}{x^2+y^2}\\&=\int_0^{2\pi}\frac{r^2\cos^2\theta+r^2\sin^2\theta}{r^2}\mathrm{d}\theta\\&=\int_0^{2\pi}\mathrm{d}\theta=2\pi.\end{aligned}$$

注意：最后的计算结果与辅助线 L、L_0 无关.

例 3　计算积分 $\displaystyle\iint_D\mathrm{e}^{-y^2}\mathrm{d}x\mathrm{d}y$，$D$：$x\leqslant y\leqslant 1$，$0\leqslant x\leqslant 1$.

解：令 $P(x,y)=0$，$Q(x,y)=x\mathrm{e}^{-y^2}$，有

$$\frac{\partial Q}{\partial x}-\frac{\partial P}{\partial y}=\mathrm{e}^{-y^2}.$$

区域 D 为三角形，三个顶点为 $O(0,0)$，$A(1,1)$，$B(0,1)$. 于是

$$\begin{aligned}\iint_D\mathrm{e}^{-y^2}\mathrm{d}x\mathrm{d}y&=\int_{OA+AB+BO}x\mathrm{e}^{-y^2}\mathrm{d}y=\int_{OA}x\mathrm{e}^{-y^2}\mathrm{d}y\\&=\int_0^1x\mathrm{e}^{-x^2}\mathrm{d}x=-\frac{1}{2}\mathrm{e}^{-x^2}\Big|_0^1=\frac{1}{2}(1-\mathrm{e}^{-1}).\end{aligned}$$

例 4　求星形线 $x=a\cos^3 t$，$y=a\sin^3 t$ 所围成平面图形的面积 A.

解：根据式(2)有

$$A=\frac{1}{2}\oint_L x\mathrm{d}y-y\mathrm{d}x$$

$$=\frac{1}{2}\int_0^{2\pi}[a\cos^3 t\cdot 3a\sin^2 t\cdot\cos t-a\sin^3 t\cdot 3a\cos^2 t\cdot(-\sin t)]\mathrm{d}t$$

$$=\frac{3}{2}a^2\int_0^{2\pi}\cos^2 t\sin^2 t\mathrm{d}t=\frac{3}{8}a^2\int_0^{2\pi}\sin^2 2t\mathrm{d}t=\frac{3}{8}\pi a^2.$$

9.3.2　平面曲线积分与路径无关的条件

通过上节的例题，沿着具有相同的起点和终点但积分路径不同的第二类曲线积分，其积分值可能相等，也可能不等. 本节我们要来讨论在什么样的条件下平面曲线积分与积分路径无关.

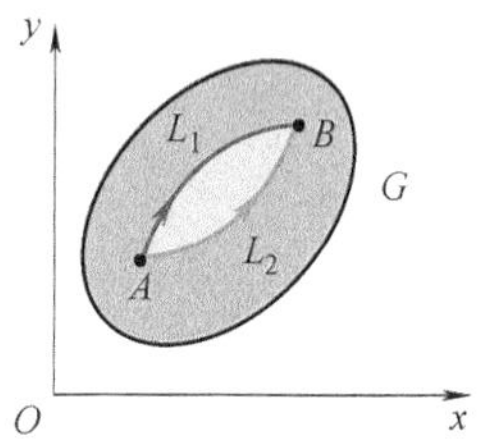

图　9-3-9

定义 9.3　设 G 是一个单连通开区域，函数 $P(x,y)$、$Q(x,y)$ 在 G 内具有一阶连续偏导数，如果对于 G 内**任意两点** A、B 以及 G 内从点 A 到点 B 的**任意两条曲线** L_1、L_2(见图 9-3-9)，等式

$$\int_{L_1}P\mathrm{d}x+Q\mathrm{d}y=\int_{L_2}P\mathrm{d}x+Q\mathrm{d}y$$

恒成立，就称曲线积分 $\int_L P\mathrm{d}x+Q\mathrm{d}y$ 在 G 内**与路径无关**；否则，称**与路径有关**.

下面给出平面上曲线积分与路径无关的几个等价条件.

定理 9.4　设 D 是平面上的单连通区域，函数 $P(x,y)$，$Q(x,y)$ 在 D 内具有一阶连续偏导数，则下列四个命题等价：

（1）对 D 内每一点，都有 $\frac{\partial P}{\partial y}=\frac{\partial Q}{\partial x}$；

（2）对 D 内任一闭曲线 L，都有 $\oint_L P(x,y)\mathrm{d}x+Q(x,y)\mathrm{d}y=0$；

（3）曲线积分 $\int_L P(x,y)\mathrm{d}x+Q(x,y)\mathrm{d}y$ 在 D 内与路径无关；

（4）表达式 $P(x,y)\mathrm{d}x+Q(x,y)\mathrm{d}y$ 是某一函数 $u(x,y)$ 的全微分，即

$$\mathrm{d}u=P(x,y)\mathrm{d}x+Q(x,y)\mathrm{d}y.$$

证：(1)→(2).

设 L 是 D 内任一闭曲线，由于 D 是单连通区域，所以 L 所围成的闭区域 G 包含在 D 内，应用格林公式，有

$$\oint_L P(x,y)\mathrm{d}x+Q(x,y)\mathrm{d}y=\iint_G\left(\frac{\partial Q}{\partial x}-\frac{\partial P}{\partial y}\right)\mathrm{d}x\mathrm{d}y=0.$$

故(2)成立.

(2) ⇒(3).

设 A，B 是 D 内任意指定的两点，L_1，L_2 是 D 内从起点 A 到终点 B 的任意两条曲线，则 $L_1+L_2^-$ 可看作一条从点 A 出发移动一周回到点 A 的闭曲线，由假设(2)成立，得

$$\oint_{L_1+L_2^-}P(x,y)\mathrm{d}x+Q(x,y)\mathrm{d}y=0.$$

又由曲线积分的性质可知

$$\int_{L_2^-}P(x,y)\mathrm{d}x+Q(x,y)\mathrm{d}y=-\int_{L_2}P(x,y)\mathrm{d}x+Q(x,y)\mathrm{d}y,$$

所以

$$\int_{L_1}P\mathrm{d}x+Q\mathrm{d}y=\int_{L_2}P\mathrm{d}x+Q\mathrm{d}y,$$

故曲线积分 $\int_L P(x,y)\mathrm{d}x+Q(x,y)\mathrm{d}y$ 在 D 内与路径无关.

(3) ⇒(4).

在 D 内取一定点 $M_0(x_0,y_0)$ 和一动点 $M(x,y)$，由(3)可知，以 M_0 为起点 M 为终点的曲线积分在 D 内与路径无关，于是可把该曲线积分记为

$$\int_{(x_0,y_0)}^{(x,y)}P(x,y)\mathrm{d}x+Q(x,y)\mathrm{d}y,$$

当起点 $M_0(x_0,y_0)$ 固定时，这个曲线的值依赖于点 $M(x,y)$，因此，它是 x，y 的函数，把这函数记作 $u(x,y)$，即

$$u(x,y)=\int_{(x_0,y_0)}^{(x,y)}P(x,y)\mathrm{d}x+Q(x,y)\mathrm{d}y.$$

下面来证明函数 $u(x,y)$ 的全微分就是 $P(x,y)\mathrm{d}x+Q(x,y)\mathrm{d}y$. 先证 $\frac{\partial u}{\partial x}=P(x,y)$.

按偏导数的定义，有

$$\frac{\partial u}{\partial x}=\lim_{\Delta x\to 0}\frac{u(x+\Delta x,y)-u(x,y)}{\Delta x}.$$

而　$$u(x+\Delta x,y)=\int_{(x_0,y_0)}^{(x+\Delta x,y)}P(x,y)\mathrm{d}x+Q(x,y)\mathrm{d}y,$$

由于这里的曲线积分与路径无关，故可取先从 M_0 到 M，再从 M 沿水平线到 N 作积分路径(见图 9-3-10)，这样就有

$$u(x+\Delta x,y)=u(x,y)+\int_{(x,y)}^{(x+\Delta x,y)}P(x,y)\mathrm{d}x+Q(x,y)\mathrm{d}y,$$

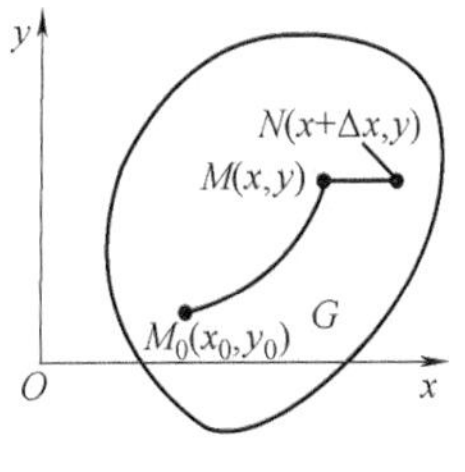

图　9-3-10

从而

$$u(x+\Delta x,y)-u(x,y)=\int_{(x,y)}^{(x+\Delta x,y)}P(x,y)\mathrm{d}x+Q(x,y)\mathrm{d}y.$$

因为直线段 MN 中的 y 没有变化，所以 $\mathrm{d}y=0$，上式成为

$$u(x+\Delta x,y)-u(x,y)=\int_{x}^{x+\Delta x}P(x,y)\mathrm{d}x,$$

对上式右端应用积分中值定理，得

$$u(x+\Delta x,y)-u(x,y)=P(x+\theta\Delta x,y)\Delta x\quad(0\leqslant\theta\leqslant1),$$

由于 $P(x,y)$ 的偏导数在 D 内连续，$P(x,y)$ 本身也一定连续，于是得

$$\frac{\partial u}{\partial x}=\lim_{\Delta x\to0}\frac{u(x+\Delta x,y)-u(x,y)}{\Delta x}=\lim_{\Delta x\to0}P(x+\theta\Delta x,y)=P(x,y).$$

同理可证，$\dfrac{\partial u}{\partial y}=Q(x,y)$.

由于 $P(x,y)$，$Q(x,y)$ 在 D 内连续，即 $u(x,y)$ 在 D 内具有连续的偏导数，故 $u(x,y)$ 可微，从而有

$$\mathrm{d}u=P(x,y)\mathrm{d}x+Q(x,y)\mathrm{d}y.$$

（4）$\Rightarrow$（1）.

由 $\mathrm{d}u=P(x,y)\mathrm{d}x+Q(x,y)\mathrm{d}y$ 必有

$$\frac{\partial u}{\partial x}=P(x,y),\ \frac{\partial u}{\partial y}=Q(x,y),$$

从而

$$\frac{\partial^2 u}{\partial x\partial y}=\frac{\partial P}{\partial y},\ \frac{\partial^2 u}{\partial y\partial x}=\frac{\partial Q}{\partial x}.$$

又因为 P，Q 具有一阶连续偏导数，所以 $\dfrac{\partial^2 u}{\partial x\partial y}$，$\dfrac{\partial^2 u}{\partial y\partial x}$ 都连续，因此 $\dfrac{\partial^2 u}{\partial x\partial y}=\dfrac{\partial^2 u}{\partial y\partial x}$，即

$$\frac{\partial P}{\partial y}=\frac{\partial Q}{\partial x}.$$

综上所述，上面的四个命题是等价的.

根据上述定理，如果函数 $P(x,y)$、$Q(x,y)$ 在单连通区域 D 内具有一阶连续偏导数，且对 D 内每一点都有 $\dfrac{\partial P}{\partial y}=\dfrac{\partial Q}{\partial x}$，那么 $P(x,y)\mathrm{d}x+Q(x,y)\mathrm{d}y$ 是某个二元函数的全微分. 我们称 $u(x,y)$ 为表达式 $P(x,y)\mathrm{d}x+Q(x,y)\mathrm{d}y$ 的原函数.

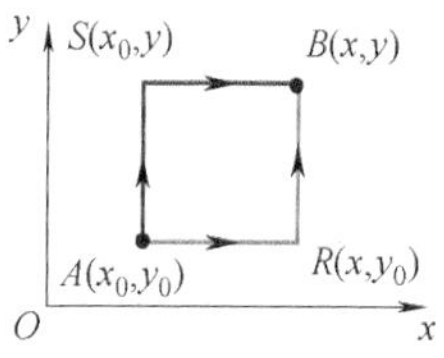

图　9-3-11

因为 $u(x,y)=\displaystyle\int_{(x_0,y_0)}^{(x,y)}P\mathrm{d}x+Q\mathrm{d}y$，而右端的曲线积分与路径无关，为了计算简便，可取**平行于坐标轴的直线段所连成的折线**作为积分路径（当然折线应完全属于单连通区域），如图 9-3-11 所示.

$$u(x,y)=\int_{x_0}^{x}P(x,y_0)\,dx+\int_{y_0}^{y}Q(x,y)\,dy$$

或
$$u(x,y)=\int_{y_0}^{y}Q(x_0,y)\,dy+\int_{x_0}^{x}P(x,y)\,dx.$$

显然，若 $du=P(x,y)dx+Q(x,y)dy$，其中 P，Q 具有连续的偏导数，则

$$\int_{A(x_0,y_0)}^{B(x_1,y_1)}P\,dx+Q\,dy=u(x,y)\Big|_A^B=u(x_1,y_1)-u(x_0,y_0).$$

这个公式称为曲线积分的牛顿-莱布尼茨公式.

例 5 验证：在整个 xOy 面内，xy^2dx+x^2ydy 是某个函数的全微分，并求出该函数.

解：$P=xy^2$，$Q=x^2y$，

且 $P_y=2xy=Q_x$，在整个 xOy 面内恒成立. 因此，在整个 xOy 面上，xy^2dx+x^2ydy 是某个函数的全微分，设此函数为 $u(x,y)$，则结合图 9-3-12 得

$$\begin{aligned}u(x,y)&=\int_{(0,0)}^{(x,y)}xy^2dx+x^2ydy\\&=\int_0^x x\cdot 0^2dx+x^2\cdot 0\cdot 0+\int_0^y x\cdot y^2\cdot 0+x^2\cdot y\cdot dy\\&=\int_0^y x^2y\,dy\\&=\frac{1}{2}x^2y^2.\end{aligned}$$

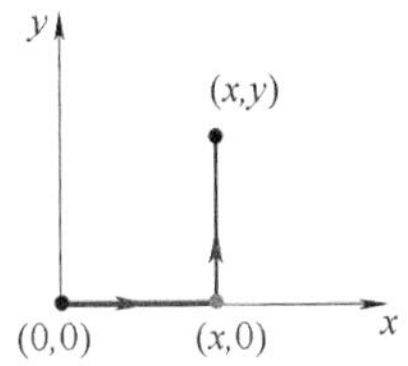

图 9-3-12

例 6 证明曲线积分

$$\int_{(1,2)}^{(3,4)}(6xy^2-y^3)dx+(6x^2y-3xy^2)dy$$

在整个坐标面 xOy 上与路径无关，并计算积分值.

解法 1：$P=6xy^2-y^3$，$Q=6x^2y-3xy^2$，因为

$$\frac{\partial P}{\partial y}=12xy-3y^2=\frac{\partial Q}{\partial x}$$

且 P，Q 在整个坐标面 xOy 上有连续的一阶偏导数，所以曲线积分与路径无关. 于是结合图 9-3-13 得

$$\begin{aligned}&\int_{(1,2)}^{(3,4)}(6xy^2-y^3)dx+(6x^2y-3xy^2)dy\\=&\int_{\overline{AB}}(6xy^2-y^3)dx+(6x^2y-3xy^2)dy+\\&\int_{\overline{BC}}(6xy^2-y^3)dx+(6x^2y-3xy^2)dy\\=&\int_1^3(6x\cdot 2^2-2^3)dx+\int_2^4(6\cdot 3^2\cdot y-3\cdot 3\cdot y^2)dy\end{aligned}$$

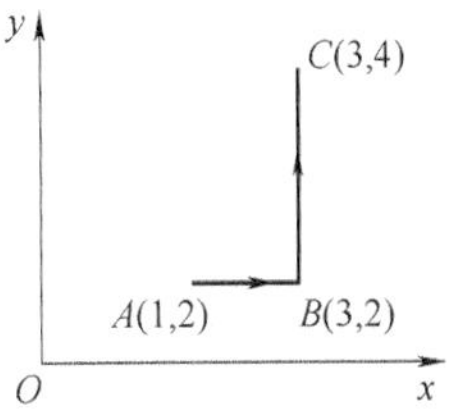

图 9-3-13

$= 80 + 156 = 236.$

解法 2：由于被积表达式

$$\begin{aligned}P\mathrm{d}x+Q\mathrm{d}y&=(6xy^2-y^3)\mathrm{d}x+(6x^2y-3xy^2)\mathrm{d}y\\&=(6xy^2\mathrm{d}x+6x^2y\mathrm{d}y)-(y^3\mathrm{d}x+3xy^2)\mathrm{d}y\\&=\mathrm{d}(3x^2y^2)-\mathrm{d}(xy^3)=\mathrm{d}(3x^2y^2-xy^3),\end{aligned}$$

所以曲线积分与路径无关. 设 $u(x,y)=3x^2y^2-xy^3$，则

$$\int_{(1,2)}^{(3,4)}(6xy^2-y^3)\mathrm{d}x+(6x^2y-3xy^2)\mathrm{d}y=[3x^2y^2-xy^3]_{(1,2)}^{(3,4)}=236.$$

例 7　设在半平面 $x>0$ 上，有一力为 $\boldsymbol{F}=-\frac{k}{r^3}(x\boldsymbol{i}+y\boldsymbol{j})$ 构成的力场，其中 k 为常数，$r=\sqrt{x^2+y^2}$；证明在此力场中，场力 $\boldsymbol{F}$ 所做的功与路径无关，并求一个函数 $u(x,y)$，使得 $\mathrm{d}u=-\frac{k}{r^3}(x\mathrm{d}x+y\mathrm{d}y)$.

解：$\boldsymbol{F}=-\frac{k}{r^3}(x\boldsymbol{i}+y\boldsymbol{j})$，则 $P=-\frac{kx}{r^3}$，$Q=-\frac{ky}{r^3}$，场力所做的功为

$$W=\int_L P\mathrm{d}x+Q\mathrm{d}y=\int_L-\frac{kx}{r^3}\mathrm{d}x-\frac{ky}{r^3}\mathrm{d}y,$$

其中，L 是右半平面上的任意一条曲线. 因为

$$\frac{\partial P}{\partial y}=-kx\frac{-3r^2\cdot\frac{1}{2r}2y}{r^6}=\frac{3kxy}{r^5},\quad\frac{\partial Q}{\partial x}=-ky\frac{-3r^2\cdot\frac{1}{2r}2x}{r^6}=\frac{3kxy}{r^5},$$

从而$\frac{\partial P}{\partial y}=\frac{\partial Q}{\partial x}$在右半平面内处处成立，故右半平面内积分与路径无关，即场力 $\boldsymbol{F}$ 所做的功与路径无关；

$$\begin{aligned}u(x,y)&=\int_{(1,0)}^{(x,y)}-\frac{kx}{r^3}\mathrm{d}x-\frac{ky}{r^3}\mathrm{d}y\\&=\int_{(1,0)}^{(x,0)}-\frac{kx}{r^3}\mathrm{d}x-\frac{ky}{r^3}\mathrm{d}y+\int_{(x,0)}^{(x,y)}-\frac{kx}{r^3}\mathrm{d}x-\frac{ky}{r^3}\mathrm{d}y\\&=\int_{(1,0)}^{(x,0)}-\frac{kx}{r^3}\mathrm{d}x+\int_{(x,0)}^{(x,y)}-\frac{ky}{r^3}\mathrm{d}y\\&=\int_1^x-\frac{kx}{x^3}\mathrm{d}x+\int_0^y-\frac{ky}{(x^2+y^2)^{\frac{3}{2}}}\mathrm{d}y\\&=k\cdot\frac{1}{x}\bigg|_1^x+k\frac{1}{2}\cdot2\frac{1}{\sqrt{x^2+y^2}}\bigg|_0^y\\&=k\left(\frac{1}{x}-1\right)+k\left(\frac{1}{\sqrt{x^2+y^2}}-\frac{1}{x}\right)\\&=\frac{k}{\sqrt{x^2+y^2}}-k.\end{aligned}$$

习题 9-3

1. 填空题：

(1) 设 L 为 $x^2+y^2=1$ 上从 $A(1,0)$ 经 $E(0,1)$ 到 $B(-1,0)$ 的曲线段，则 $\int_L e^{y^2}dy=$ ________.

(2) 设 L 是从点 $A(-1,-1)$ 沿 $x^2+xy+y^2=3$ 经点 $E(1,-2)$ 至点 $B(1,1)$ 的曲线，则曲线积分 $\int_L(2x+y)dx+(x+2y)dy=$ ________.

2. 选择题：

(1) 设 L 是圆周 $x^2+y^2=a^2(a>0)$ 负向一周，则曲线积分 $\oint_L(x^3-x^2y)dx+(xy^2-y^3)dy=$ (　　).

A. $-\dfrac{\pi a^4}{2}$　　B. $-\pi a^4$

C. πa^4　　D. $\dfrac{2\pi}{3}a^3$

(2) 在单连通域 G 内 $P(x,y)$，$Q(x,y)$ 具有一阶连续偏导数，则 $\int_L Pdx+Qdy$ 在 G 内与路径无关的充要条件是在 G 内恒有(　　).

A. $\dfrac{\partial Q}{\partial x}+\dfrac{\partial P}{\partial y}=0$　　B. $\dfrac{\partial Q}{\partial x}-\dfrac{\partial P}{\partial y}=0$

C. $\dfrac{\partial P}{\partial x}-\dfrac{\partial Q}{\partial y}=0$　　D. $\dfrac{\partial P}{\partial x}+\dfrac{\partial Q}{\partial y}=0$

3. 求解下列各题：

(1) 计算曲线积分 $\oint_L(2x-y+4)dx+(5y+3x-6)dy$，其中 L 为三顶点分别为 $(0,0)$，$(3,0)$ 和 $(3,2)$ 的三角形的正向边界.

(2) 利用格林公式计算 $\oint_L xy^2dy-x^2ydx$，其中 L 为圆周 $x^2+y^2=a^2$，沿逆时针方向.

4. 利用积分与路径无关的条件，计算下列各题：

(1) $\int_L(x^2-y)dx-(x+\sin^2y)dy$，其中 L 为在圆周 $y=\sqrt{2x-x^2}$ 上由点 $(0,0)$ 到点 $(2,0)$ 的一段弧.

(2) $\int_L e^x(\cos ydx-\sin ydy)$，其中 L 是从点 $(0,0)$ 到点 (a,b) 的任意弧段.

5. 设函数 $f(x)$ 在 $(-\infty,+\infty)$ 内具有一阶连续导数，L 是上半平面 $(y>0)$ 内的有向分段光滑曲线，其始点为 (a,b)，终点为 (c,d). 记

$$I=\int_L\frac{1}{y}[1+y^2f(xy)]dx+\frac{x}{y^2}[y^2f(xy)-1]dy.$$

(1) 证明曲线积分 I 与路径 L 无关；

(2) 当 $ab=cd$ 时，求 I 的值.

6. 验证 $(3x^2+2xy^3)dx+(3x^2y^2+2y)dy$ 在整个 xOy 面内是某一函数 $u(x,y)$ 的全微分，并求一个 $u(x,y)$.

7. 确定常数 k，使在右半平面 $x>0$ 上的向量

$$\boldsymbol{A}(x,y)=2xy(x^4+y^2)^k\boldsymbol{i}-x^2(x^4+y^2)^k\boldsymbol{j}$$

为某二元函数 $u(x,y)$ 的梯度，并求 $u(x,y)$.

9.4 对面积的曲面积分

在引入第一类曲面积分的概念之前，我们先介绍光滑曲面的概念. 所谓光滑曲面，是指曲面上每一点处都有切平面，且切平面的法向量随着曲面上的点的连续变动而连续变化. 所谓的分片光滑曲面，是指曲面由有限个光滑曲面逐片拼接起来的. 本节讨论的曲面都是指光滑曲面或分片光滑曲面.

9.4.1 第一类曲面积分的引例、概念和性质

1. 引例

设空间中给定一光滑曲面状物质 Σ，其质量分布是不均匀的，

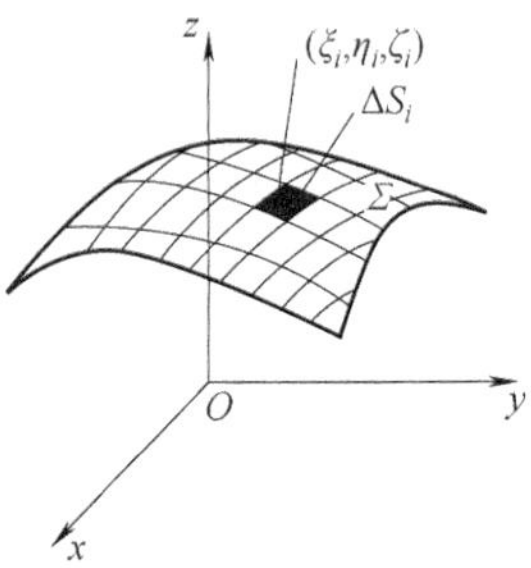

图　9-4-1

Σ 上任一点(x,y,z)处的面密度为连续函数$\mu(x,y,z)$，现在计算这曲面状物质的质量 M(见图 9-4-1).

与求曲线形构件的质量的方法类似，我们先将 Σ 任意分割成 n 个小块 ΔS_1，ΔS_2，…，ΔS_n(它们也表示相应小块曲面的面积)，在 ΔS_i 上任取一点 $P_i(\xi_i,\eta_i,\zeta_i)$，用$\mu(\xi_i,\eta_i,\zeta_i)$近似代替整个小曲面 ΔS_i 上每一点的密度，于是小块曲面的质量

$$\Delta M_i\approx\mu(\xi_i,\eta_i,\zeta_i)\Delta S_i(i=1,2,\cdots,n),$$

求和得整个曲面形物质的质量

$$M=\sum_{i=1}^{n}\Delta M_i\approx\sum_{i=1}^{n}\mu(\xi_i,\eta_i,\zeta_i)\Delta S_i,$$

用 λ 表示 n 个小曲面的最大直径，则 M 的精确值为

$$M=\lim_{\lambda\to0}\sum_{i=1}^{n}\mu(\xi_i,\eta_i,\zeta_i)\Delta S_i.$$

总之，以上解决问题的方法就是：先把它分成一些小片，估计每一小片上的质量并相加，最后取极限以获得精确值. 这同积分思想相一致. 为此我们定义对面积的曲面积分.

2. 概念及性质

定义 9.4　设函数 $f(x,y,z)$ 是定义在光滑曲面(或分片光滑曲面)Σ 上的有界函数. 将曲面分为若干个小块 $\Delta\Sigma_i(i=1,2,\cdots,n)$，其面积分别记为 $\Delta S_i(i=1,2,\cdots,n)$，在小块曲面 $\Delta\Sigma_i$ 上任意取一点 $M(\xi_i,\eta_i,\zeta_i)$，并作和 $\sum\limits_{i=1}^{n}f(\xi_i,\eta_i,\zeta_i)\Delta S_i$，如果当各小块曲面的直径的最大值 $\lambda\to0$ 时，这和的极限总存在，则称此极限为函数 $f(x,y,z)$ 在曲面 Σ 上**对面积的曲面积分**或**第一类曲面积分**，记为 $\iint\limits_{\Sigma}f(x,y,z)\mathrm{d}S$. 即

$$\iint\limits_{\Sigma}f(x,y,z)\mathrm{d}S=\lim_{\lambda\to0}\sum_{i=1}^{n}f(\xi_i,\eta_i,\zeta_i)\Delta S_i.$$

其中，λ 表示所有小曲面 $\Delta\Sigma_i$ 的最大直径；$f(x,y,z)$ 称为**被积函数**；Σ 称为**积分曲面**.

我们指出，当 $f(x,y,z)$ 在光滑曲面 Σ 上连续时，对面积的曲面积分必存在. 今后总假定 $f(x,y,z)$ 在 Σ 上连续. 定义中的“ΔS_i”是面积微元，因此，$\Delta S_i\geqslant0$.

对面积的曲面积分与对弧长的曲线积分具有相似的性质. 例如：

(1) 如果 Σ 是分片光滑的，我们规定函数在 Σ 上对面积的曲

面积分等于函数在光滑的各片曲面上对面积的曲面积分之和. 即若 $\Sigma=\Sigma_1+\Sigma_2$，且 Σ_1 与 Σ_2 没有公共的内点，则有

$$\iint_{\Sigma} f(x,y,z)\,\mathrm{d}S=\iint_{\Sigma_1} f(x,y,z)\,\mathrm{d}S+\iint_{\Sigma_2} f(x,y,z)\,\mathrm{d}S.$$

（2）
$$\iint_{\Sigma}(k_1 f(x,y,z)\pm k_2 g(x,y,z))\,\mathrm{d}S=k_1\iint_{\Sigma} f(x,y,z)\,\mathrm{d}S\pm k_2\iint_{\Sigma} g(x,y,z)\,\mathrm{d}S.$$

9.4.2 对面积的曲面积分的计算

定理 9.5　设 $f(x,y,z)$ 在光滑的曲面 Σ 上连续，Σ 的方程为

$$z=z(x,y),\ (x,y)\in D_{xy},$$

其中，D_{xy} 是曲面 Σ 在 xOy 面上的投影区域，函数 $z=z(x,y)$ 在 D_{xy} 上具有连续偏导数，则

$$\iint_{\Sigma} f(x,y,z)\,\mathrm{d}S=\iint_{D_{xy}} f(x,y,z(x,y))\sqrt{1+z_x^2(x,y)+z_y^2(x,y)}\,\mathrm{d}x\mathrm{d}y. \tag{1}$$

证：按曲面积分的定义，有

$$\iint_{\Sigma} f(x,y,z)\,\mathrm{d}S=\lim_{\lambda\to 0}\sum_{i=1}^{n} f(\xi_i,\eta_i,\zeta_i)\Delta S_i,$$

由于曲面 Σ 的方程为 $z=z(x,y)$，上式可写为

$$\iint_{\Sigma} f(x,y,z)\,\mathrm{d}S=\lim_{\lambda\to 0}\sum_{i=1}^{n} f(\xi_i,\eta_i,z(\xi_i,\eta_i))\Delta S_i. \tag{2}$$

在式(2)中，第 i 个小块曲面的面积 ΔS_i 可用二重积分表示为

$$\Delta S_i=\iint_{(\Delta\sigma_i)_{xy}}\sqrt{1+z_x^2(x,y)+z_y^2(x,y)}\,\mathrm{d}x\mathrm{d}y,$$

其中，$(\Delta\sigma_i)_{xy}$ 是小块曲面 ΔS_i 在 xOy 面上的投影区域，也表示它的面积. 利用二重积分的中值定理，得

$$\Delta S_i=\sqrt{1+z_x^2(\xi_i',\eta_i')+z_y^2(\xi_i',\eta_i')}\cdot(\Delta\sigma_i)_{xy}, \tag{3}$$

这里 (ξ_i',η_i') 是小区域 $(\Delta\sigma_i)_{xy}$ 上的一点. 由 $f(x,y,z)$ 在曲面 Σ 上连续可知曲面积分 $\iint_{\Sigma} f(x,y,z)\,\mathrm{d}S$ 存在，故在式(2)中可取

$$(\xi_i,\eta_i,z(\xi_i,\eta_i))=(\xi_i',\eta_i',z(\xi_i',\eta_i')), \tag{4}$$

由式(3)、式(4)，式(2)即为

$$\iint_{\Sigma} f(x,y,z)\,\mathrm{d}S=\lim_{\lambda\to 0}\sum_{i=1}^{n} f(\xi_i',\eta_i',z(\xi_i',\eta_i'))\cdot\sqrt{1+z_x^2(\xi_i',\eta_i')+z_y^2(\xi_i',\eta_i')}\cdot(\Delta\sigma_i)_{xy}.$$

用μ表示小区域$(\Delta\sigma_i)_{xy}(i=1,2,\cdots,n)$中直径的最大值，当$\lambda\to 0$时，$\mu\to 0$，故

$$\lim_{\lambda\to 0}\sum_{i=1}^{n} f(\xi_i',\eta_i',z(\xi_i',\eta_i'))\cdot\sqrt{1+z_x^2(\xi_i',\eta_i')+z_y^2(\xi_i',\eta_i')}\cdot(\Delta\sigma_i)_{xy}=$$

$$\lim_{\mu\to 0}\sum_{i=1}^{n} f(\xi_i',\eta_i',z(\xi_i',\eta_i'))\cdot\sqrt{1+z_x^2(\xi_i',\eta_i')+z_y^2(\xi_i',\eta_i')}\cdot(\Delta\sigma_i)_{xy},$$

由定理条件，上式右端和的极限存在，就等于函数$f(x,y,z(x,y))\sqrt{1+z_x^2(x,y)+z_y^2(x,y)}$在平面区域$D_{xy}$上的二重积分，所以

$$\iint_{\Sigma} f(x,y,z)\,\mathrm{d}S=\iint_{D_{xy}} f(x,y,z(x,y))\sqrt{1+z_x^2(x,y)+z_y^2(x,y)}\,\mathrm{d}x\mathrm{d}y.$$

式(1)表明，若曲面Σ的方程为$z=z(x,y)$，则计算对面积的曲面积分$\iint\limits_{\Sigma} f(x,y,z)\,\mathrm{d}S$时，只需要“**一投二代三换**”．即①将曲面投影到坐标面xOy上得到投影D_{xy}；②用x，y的函数$z=z(x,y)$代替z；③用$\sqrt{1+z_x^2+z_y^2}\,\mathrm{d}x\mathrm{d}y$换$\mathrm{d}S$.

类似地，若曲面Σ的方程为$x=x(y,z)$，$(y,z)\in D_{yz}$，则

$$\iint_{\Sigma} f(x,y,z)\,\mathrm{d}S=\iint_{D_{yz}} f(x(y,z),y,z)\sqrt{1+x_y^2(y,z)+x_z^2(y,z)}\,\mathrm{d}y\mathrm{d}z; \tag{5}$$

若曲面Σ的方程为$y=y(z,x)$，$(z,x)\in D_{zx}$，则

$$\iint_{\Sigma} f(x,y,z)\,\mathrm{d}S=\iint_{D_{zx}} f(x,y(z,x),z)\sqrt{1+y_z^2(z,x)+y_x^2(z,x)}\,\mathrm{d}z\mathrm{d}x. \tag{6}$$

例1 计算曲面积分$\iint\limits_{\Sigma}\left(z+2x+\frac{4}{3}y\right)\mathrm{d}S$，其中$\Sigma$为平面$\frac{x}{2}+\frac{y}{3}+\frac{z}{4}=1$在第一卦限的部分(见图9-4-2).

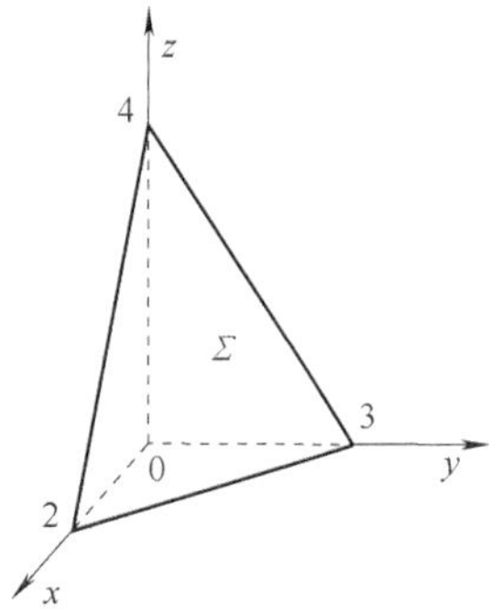

图 9-4-2

解：设

$$\Sigma: z=4\left(1-\frac{x}{2}-\frac{y}{3}\right)\left(x\geqslant 0,y\geqslant 0,\frac{x}{2}+\frac{y}{3}\leqslant 1\right),$$

Σ在坐标面xOy上的投影区域D_{xy}为$\frac{x}{2}+\frac{y}{3}\leqslant 1$，$x\geqslant 0$，$y\geqslant 0$.

由于

$$\sqrt{1+z_x^2+z_y^2}=\sqrt{1+(-2)^2+\left(-\frac{4}{3}\right)^2}=\frac{\sqrt{61}}{3},$$

$$z+2x+\frac{4}{3}y=4\left(\frac{x}{2}+\frac{y}{3}+\frac{z}{4}\right)=4,\ (x,y,z)\in\Sigma,$$

所以

$$\iint_{\Sigma}\left(z+2x+\frac{4}{3}y\right)\mathrm{d}S=4\iint_{\Sigma}\mathrm{d}S=\frac{4\sqrt{61}}{3}\iint_{D_{xy}}\mathrm{d}x\mathrm{d}y=4\sqrt{61}.$$

例 2　计算 $\iint\limits_{\Sigma}\frac{z}{\sqrt{1+4x^2+4y^2}}\mathrm{d}S$，其中 Σ 为旋转抛物面 $z=x^2+y^2$ 被圆柱面 $\sqrt{x^2+y^2}=a$ 所截得的部分.

解：因为 Σ 的方程是 $z=x^2+y^2$，Σ 在 xOy 面上的投影区域是

$$D_{xy}:x^2+y^2\leqslant a^2,$$

$$\begin{aligned}&\iint_{\Sigma}\frac{z}{\sqrt{1+4x^2+4y^2}}\mathrm{d}S\\&=\iint_{D_{xy}}\frac{x^2+y^2}{\sqrt{1+4x^2+4y^2}}\sqrt{1+z_x^2(x,y)+z_y^2(x,y)}\,\mathrm{d}\sigma\\&=\iint_{D_{xy}}\frac{x^2+y^2}{\sqrt{1+4x^2+4y^2}}\sqrt{1+(2x)^2+(2y)^2}\,\mathrm{d}\sigma\\&=\iint_{D_{xy}}(x^2+y^2)\mathrm{d}\sigma=\int_0^{2\pi}\mathrm{d}\theta\int_0^a\rho^2\cdot\rho\mathrm{d}\rho=\frac{1}{2}\pi a^4.\end{aligned}$$

例 3　计算 $I=\iint\limits_{\Sigma}(x^2+y^2)\mathrm{d}S$，$\Sigma$ 为立体 $\sqrt{x^2+y^2}\leqslant z\leqslant 1$ 的边界.

解：将曲面积分转化为投影区域上的二重积分进行计算.

设 $\Sigma=\Sigma_1+\Sigma_2$，Σ_1 为锥面 $z=\sqrt{x^2+y^2}$，$0\leqslant z\leqslant 1$，在 Σ_1 上，

$$\mathrm{d}S=\sqrt{1+\left(\frac{\partial z}{\partial x}\right)^2+\left(\frac{\partial z}{\partial y}\right)^2}\,\mathrm{d}x\mathrm{d}y=\sqrt{2}\,\mathrm{d}x\mathrm{d}y,$$

Σ_2 为 $z=1$ 上 $x^2+y^2\leqslant 1$ 部分，在 Σ_2 上，　　$\mathrm{d}S=\mathrm{d}x\mathrm{d}y$，

Σ_1，Σ_2 在 xOy 面的投影区域为 $D:x^2+y^2\leqslant 1$，所以

$$\begin{aligned}I&=\iint_{\Sigma_1}(x^2+y^2)\mathrm{d}S+\iint_{\Sigma_2}(x^2+y^2)\mathrm{d}S\\&=(\sqrt{2}+1)\iint_{D}(x^2+y^2)\mathrm{d}x\mathrm{d}y\\&=(1+\sqrt{2})\int_1^{2\pi}\mathrm{d}\theta\int_0^1\rho^3\mathrm{d}\rho\\&=\frac{\pi}{2}(1+\sqrt{2}).\end{aligned}$$

9.4.3 对面积的曲面积分的应用

根据对面积的曲面积分的定义，设曲面 Σ 上任意一点 (x,y,z) 处的面密度是 $\rho(x,y,z)$，则

（1）曲面的质量

$$m=\iint\limits_{\Sigma}\rho(x,y,z)\,\mathrm{d}S.$$

（2）曲面的质心$(\bar{x},\bar{y},\bar{z})$为

$$\bar{x}=\frac{1}{m}\iint\limits_{\Sigma}x\rho(x,y,z)\,\mathrm{d}S,\quad \bar{y}=\frac{1}{m}\iint\limits_{\Sigma}y\rho(x,y,z)\,\mathrm{d}S,\ \bar{z}=\frac{1}{m}\iint\limits_{\Sigma}z\rho(x,y,z)\,\mathrm{d}S.$$

（3）曲面的转动惯量

$$I_x=\iint\limits_{\Sigma}(y^2+z^2)\rho(x,y,z)\,\mathrm{d}S,\ I_y=\iint\limits_{\Sigma}(x^2+z^2)\rho(x,y,z)\,\mathrm{d}S,$$

$$I_z=\iint\limits_{\Sigma}(x^2+y^2)\rho(x,y,z)\,\mathrm{d}S,\ I_O=\iint\limits_{\Sigma}(x^2+y^2+z^2)\rho(x,y,z)\,\mathrm{d}S.$$

例 4　求均匀曲面 Σ：$z=\sqrt{a^2-x^2-y^2}$ 的质心坐标.

解：已知 Σ 是中心在原点，半径为 a 的上半球面.

由于 Σ 关于坐标面 yOz，zOx 均对称，故有 $\bar{x}=0$，$\bar{y}=0$.

设 Σ 的面密度为 ρ，Σ 的质量为 $M=2\pi\rho a^2$.

$$\bar{z}=\frac{1}{M}\iint\limits_{\Sigma}\rho z\,\mathrm{d}S.$$

曲面 Σ 在坐标面 xOy 上的投影 $D_{xy}:x^2+y^2\leqslant a^2$，则

$$\bar{z}=\frac{1}{M}\iint\limits_{\Sigma}\rho z\,\mathrm{d}S=\frac{1}{2\pi\rho a^2}\iint\limits_{D_{xy}}\rho\sqrt{a^2-x^2-y^2}\cdot\sqrt{1+z_x^2+z_y^2}\,\mathrm{d}x\mathrm{d}y$$

$$=\frac{1}{2\pi\rho a^2}\iint\limits_{D_{xy}}\rho\cdot\sqrt{a^2-x^2-y^2}\cdot\sqrt{1+\frac{x^2+y^2}{a^2-x^2-y^2}}\,\mathrm{d}x\mathrm{d}y$$

$$=\frac{1}{2\pi\rho a^2}\iint\limits_{D_{xy}}\rho\sqrt{a^2-x^2-y^2}\cdot\sqrt{\frac{a^2}{a^2-x^2-y^2}}\,\mathrm{d}x\mathrm{d}y$$

$$=\frac{1}{2\pi a^2}\iint\limits_{D_{xy}}a\,\mathrm{d}x\mathrm{d}y=\frac{1}{2}a.$$

所以曲面 Σ 的质心坐标为$\left(0,0,\dfrac{1}{2}a\right)$.

习题 9-4

1. 填空题：

（1）设 Σ 是柱面 $x^2+y^2=a^2$ 在 $0\leqslant z\leqslant h$ 之间的部分，则 $\iint\limits_{\Sigma}\mathrm{d}S=$ ________，$\iint\limits_{\Sigma}x\mathrm{d}S=$ ________，$\iint\limits_{\Sigma}x^2\mathrm{d}S=$ ________.

（2）设 Σ：$x^2+y^2+z^2=a^2$，则曲面积分 $\oiint\limits_{\Sigma}(x^2+y^2+z^2)\mathrm{d}S=$ ________.

（3）曲面 Σ 为球面 $z=1+\sqrt{1-x^2-y^2}$，则 $\iint\limits_{\Sigma}\dfrac{x^2+y^2+z^2}{2z}\mathrm{d}S=$ ________.

2. 计算下列曲面积分：

(1) 计算 $\iint\limits_{\Sigma} z^2 \mathrm{d}S$，其中 Σ 为 $x^2+y^2=4$ 介于 $z=0$，$z=6$ 之间的部分；

(2) $\iint\limits_{\Sigma} \sqrt{1+x^2+y^2}\,\mathrm{d}S$，其中 Σ 为双曲抛物面 $z=xy$ 被柱面 $x^2+y^2=R^2$ 截得的第一卦限部分；

(3) 计算曲面积分 $\iint\limits_{\Sigma} \frac{1}{x^2+y^2+z^2}\mathrm{d}S$，其中 Σ 是介于平面 $z=0$ 及 $z=H$ 之间的圆柱面 $x^2+y^2=R^2$；

(4) 计算 $\iint\limits_{\Sigma}(x+y+z)\mathrm{d}S$，$\Sigma$ 为球面 $x^2+y^2+z^2=a^2$ 在 $z\geqslant h(0<h<a)$ 的上面部分.

3. 求抛物面壳 $z=\frac{1}{2}(x^2+y^2)(0\leqslant z\leqslant 1)$ 的质量，此壳的面密度的大小为 $\rho=z$.

4. 求面密度为 ρ_0 的均匀半球壳 $x^2+y^2+z^2=a^2$ $(z\geqslant 0)$ 对于 z 轴的转动惯量.

5. 设 Σ 为椭球面 $\frac{x^2}{2}+\frac{y^2}{2}+z^2=1$ 的上半部分，点 $P(x,y,z)\in\Sigma$，π 为 Σ 在点 P 处的切平面，$\rho(x,y,z)$ 为点 $O(0,0,0)$ 到平面 π 的距离，试求 $\iint\limits_{\Sigma}\frac{z}{\rho(x,y,z)}\mathrm{d}S$.

9.5 对坐标的曲面积分

9.5.1 有向曲面、曲面的侧及投影

在讨论对坐标的曲面积分之前，我们先要建立有向曲面及其投影的概念.

1. 有向曲面(曲面的侧向)

在曲面 Σ 上的任意一点 P 处作曲面的法向量，有两个方向，取定其中的一个方向 $\boldsymbol{n}$，当点 P 在曲面上不越过边界连续运动时，法向量 $\boldsymbol{n}$ 也随着连续变动，这种连续变动又回到点 P 时，法线向量 $\boldsymbol{n}$ 总是不改变方向，则称曲面 Σ 是双侧的(见图 9-5-1)；否则，称曲面是单侧的. 如著名的莫比乌斯带就是**单侧曲面**(见图 9-5-2，莫比乌斯带上的螃蟹爬行一圈后，回到了起点，但与之前左右颠倒).

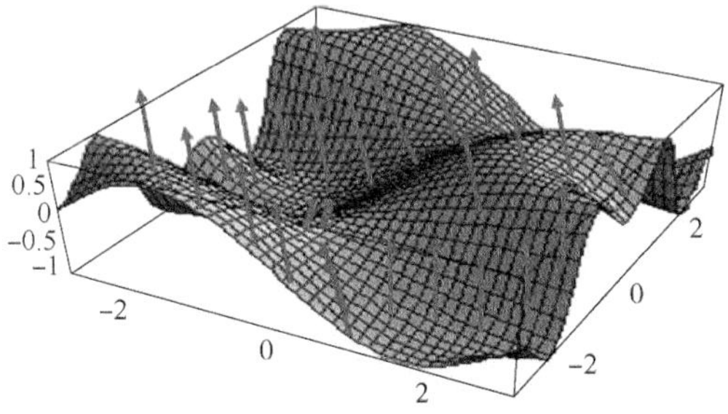

图 9-5-1

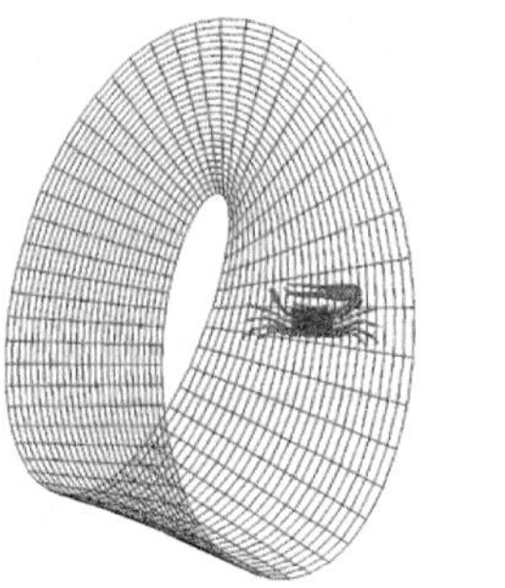

图 9-5-2

今后我们只讨论曲面是双侧的. 例如曲面 $z=z(x,y)$，如果 z 轴的正方向是竖直向上的，则有上侧和下侧(见图 9-5-3). 又如，空间中的闭曲面有内侧和外侧之分(见图 9-5-4). 我们可以通过曲面上的法向量的指定来确定曲面的侧. 例如，对于曲面 $z=z(x,y)$，若取定的法向量 $\boldsymbol{n}$ 是朝上的，那么实际上就是取定曲面为上侧；

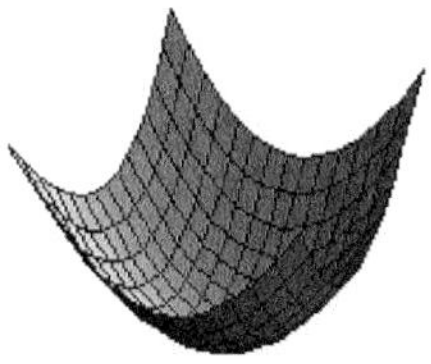

图 9-5-3

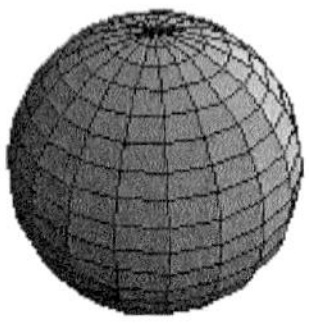

图　9-5-4

对于封闭曲面，若取定的法向量 $\boldsymbol{n}$ 是由内指向外的，则取定的曲面是外侧.

说明：(1) 若曲面方程为 $z=z(x,y)$，则将曲面分为上、下两侧，此时曲面上任意一点处的法向量为 $\pm(z_x,z_y,-1)$，其中，

$\boldsymbol{n}_1=(-z_x,-z_y,1)$ 朝上，代表曲面的上侧；

$\boldsymbol{n}_2=(z_x,z_y,-1)$ 朝下，代表曲面的下侧.

(2) 若曲面方程为 $y=y(x,z)$，则将曲面分为左、右两侧，此时曲面上任意一点处的法向量为 $\pm(y_x,-1,y_z)$，其中，

$\boldsymbol{n}_1=(-y_x,1,-y_z)$ 朝右，代表曲面的右侧；

$\boldsymbol{n}_2=(y_x,-1,y_z)$ 朝左，代表曲面的左侧.

(3) 若曲面方程为 $x=x(y,z)$，则将曲面分为前、后两侧，此时曲面上任意一点处的法向量为 $\pm(-1,x_y,x_z)$，其中，

$\boldsymbol{n}_1=(1,-x_y,-x_z)$ 朝右，代表曲面的前侧；

$\boldsymbol{n}_2=(-1,x_y,x_z)$ 朝左，代表曲面的后侧.

(4) 若曲面为封闭曲面，方程 $F(x,y,z)=0$，则将曲面分为内、外两侧. 此时，曲面上任意一点处的法向量为 $\pm(F_x,F_y,F_z)$，其中，一个朝内，代表曲面的内侧；一个朝外，代表曲面的外侧.

因此，曲面的方程形式决定了曲面侧向的划分，曲面侧向的选定可通过法向量的指向来确定. 这种通过法向量的指向来选定了侧的曲面叫作**有向曲面**.

2. 有向曲面在坐标面上的投影

设 Σ 是一个有向曲面，法向量 $\boldsymbol{n}$ 的方向与 Σ 的侧向一致，$\boldsymbol{n}$ 的方向余弦记为 $\boldsymbol{n}_0=(\cos\alpha,\cos\beta,\cos\gamma)$，假设在 ΔS 上，$\cos\gamma$ 不变号，则 ΔS 在 xOy 面上的投影规定为

$$(\Delta S)_{xy}=\begin{cases}(\Delta\sigma)_{xy} & \cos\gamma>0,\\ -(\Delta\sigma)_{xy} & \cos\gamma<0,\\ 0 & \cos\gamma\equiv 0.\end{cases}$$

类似地，可以定义 ΔS 在 yOz 和 xOz 面上的投影.

3. 有向曲面在坐标面上的投影与侧向之间的关系

(1) 设 Σ 的方程为　　$z=z(x,y)$，

如果 Σ 取上侧，则 Σ 的法向量为 $\boldsymbol{n}_1=(-z_x,-z_y,1)$，显然在 ΔS 上，$\cos\gamma>0$ 不变号.

所以　　$(\Delta S)_{xy}=(\Delta\sigma)_{xy}$.

如果 Σ 取下侧，则 Σ 的法向量为 $\boldsymbol{n}_1=(z_x,z_y,-1)$，显然在 ΔS 上，$\cos\gamma<0$ 不变号.

所以　　$(\Delta S)_{xy}=-(\Delta\sigma)_{xy}$.

注意：Σ 取上侧 $\Leftrightarrow\cos\gamma>0\Leftrightarrow\boldsymbol{n}_1=(-z_x,-z_y,1)\Leftrightarrow$ 投影取正.

同理，曲面的另外两种形式也有类似的关系.

(2) 若 Σ 的方程为 $y=y(x,z)$，则

$$(\Delta S)_{xz}=\begin{cases}(\Delta\sigma)_{xz} & 若\ \Sigma\ 取右侧,\\ -(\Delta\sigma)_{xz} & 若\ \Sigma\ 取左侧.\end{cases}$$

(3) 若 Σ 的方程为 $x=x(y,z)$，则

$$(\Delta S)_{yz}=\begin{cases}(\Delta\sigma)_{yz} & 若\ \Sigma\ 取前侧,\\ -(\Delta\sigma)_{yz} & 若\ \Sigma\ 取后侧.\end{cases}$$

9.5.2 对坐标的曲面积分的引例、概念和性质

1. 流向曲面一侧的流量

设稳定流动(即流速与时间无关)的不可压缩流体(假定密度为 1)的速度场由

$$\boldsymbol{v}(x,y,z)=P(x,y,z)\boldsymbol{i}+Q(x,y,z)\boldsymbol{j}+R(x,y,z)\boldsymbol{k}$$

给出，Σ 是速度场中的一片有向曲面，函数 $P(x,y,z)$、$Q(x,y,z)$、$R(x,y,z)$ 都在 Σ 上连续，求在单位时间内流向 Σ 指定侧的流体的质量，即流量 Φ.

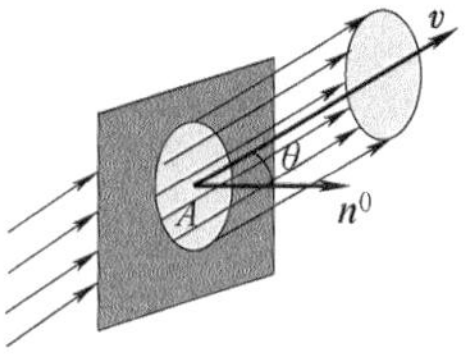

图　9-5-5

显然，当流体的流速为常向量，曲面 Σ 是面积为 A 的平面闭区域时，在单位时间内流过这闭区域的流体组成一个底面积为 A、斜高为 $|\boldsymbol{v}|$ 的斜柱体，若平面的单位法向量为 $\boldsymbol{n}$(见图 9-5-5)，则该斜柱体的体积为

$$A\boldsymbol{v}\cdot\boldsymbol{n}=A\,|\bar{\boldsymbol{v}}|\cos\theta,$$

这也就是通过闭区域 A 流向 $\boldsymbol{n}$ 所指一侧的流量.

由于考虑的流速不是常向量，曲面也不是平面，因此流量不能直接按上述公式计算. 由各类积分的思想，解决目前的问题可按下述步骤进行：

(1) 分割：把曲面 Σ 任意分割成 n 个小块 ΔS_1，ΔS_2，…，ΔS_n(它们也表示相应小块曲面的面积).

(2) 取近似：当小曲面 ΔS_i 很小时，可以用 ΔS_i 上任一点(ξ_i,η_i,ζ_i)处的流速

$$\boldsymbol{v}_i=\boldsymbol{v}(\xi_i,\eta_i,\zeta_i)$$
$$=P(\xi_i,\eta_i,\zeta_i)\boldsymbol{i}+Q(\xi_i,\eta_i,\zeta_i)\boldsymbol{j}+R(\xi_i,\eta_i,\zeta_i)\boldsymbol{k}$$

代替 ΔS_i 上其他各点处的流速，以该点(ξ_i,η_i,ζ_i)处曲面 Σ 的单位法向量

$$\boldsymbol{n}_i=\cos\alpha_i\boldsymbol{i}+\cos\beta_i\boldsymbol{j}+\cos\gamma_i\boldsymbol{k}$$

代替 ΔS_i 上其他各点处的单位法向量(见图 9-5-6)，从而得到通过 ΔS_i、流向指定侧的流量的近似值为

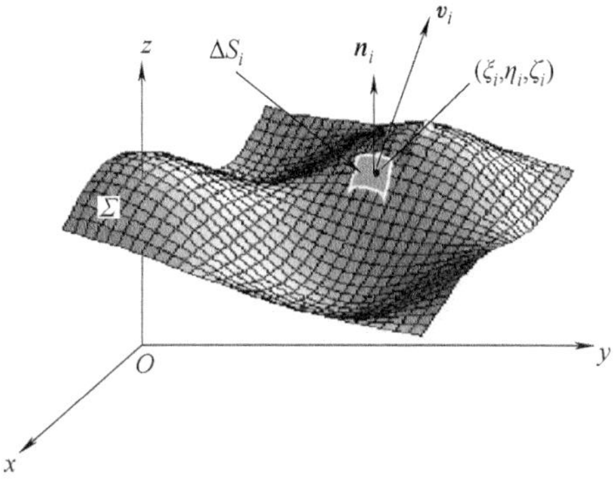

图　9-5-6

$$\Delta\Phi_i\approx\boldsymbol{v}_i\cdot\boldsymbol{n}_i\Delta S_i=[P(\xi_i,\eta_i,\zeta_i)\cos\alpha_i+Q(\xi_i,\eta_i,\zeta_i)$$

$\cos\beta_i + R(\xi_i,\eta_i,\zeta_i)\cos\gamma_i]\Delta S_i$.

（3）求和：通过整个曲面 Σ 流向指定侧的流量为

$$\Phi = \sum_{i=1}^{n}\Delta\Phi_i \approx \sum_{i=1}^{n}[P(\xi_i,\eta_i,\zeta_i)\cos\alpha_i + Q(\xi_i,\eta_i,\zeta_i)\cos\beta_i + R(\xi_i,\eta_i,\zeta_i)\cos\gamma_i]\Delta S_i.$$

（4）取极限：用 λ 表示 n 个小曲面的最大值，则 Φ 的精确值为

$$\Phi = \lim_{\lambda\to 0}\sum_{i=1}^{n}[P(\xi_i,\eta_i,\zeta_i)\cos\alpha_i + Q(\xi_i,\eta_i,\zeta_i)\cos\beta_i + R(\xi_i,\eta_i,\zeta_i)\cos\gamma_i]\Delta S_i.$$

由于这类和式的极限在研究其他问题时还会遇到，故引入如下的定义.

2. 对坐标的曲面积分的概念与性质

定义 9.5 设 Σ 为光滑的有向曲面，函数 $P(x,y,z)$，$Q(x,y,z)$，$R(x,y,z)$在 Σ 上有界. 把 Σ 任意分割成 n 块小曲面 ΔS_i(ΔS_i 同时又表示第 i 块小曲面的面积)，(ξ_i,η_i,ζ_i)是 ΔS_i 上任意取定的一点，该点处 Σ 的单位法向量为$(\cos\alpha_i,\cos\beta_i,\cos\gamma_i)$. 如果当各小块曲面的最大值 $\lambda\to 0$ 时，

$$\lim_{\lambda\to 0}\sum_{i=1}^{n}R(\xi_i,\eta_i,\zeta_i)\cos\gamma_i\Delta S_i$$

总存在，则称此极限为函数 $R(x,y,z)$ 在有向曲面 Σ 上**对坐标** x、y **的曲面积分**，记作

$$\iint_{\Sigma}R(x,y,z)\,\mathrm{d}x\mathrm{d}y,$$

其中，$R(x,y,z)$称为**被积函数**；Σ 称为**积分曲面**；$R(x,y,z)\,\mathrm{d}x\mathrm{d}y$ 称为被积表达式；$\mathrm{d}x\mathrm{d}y$ 称为有向曲面 Σ 在 xOy 面上的投影元素.

类似地可以定义函数 $P(x,y,z)$在有向曲面 Σ 上**对坐标** y、z **的曲面积分** $\iint_{\Sigma}P(x,y,z)\,\mathrm{d}y\mathrm{d}z$ 及函数 $Q(x,y,z)$ 在有向曲面 Σ 上**对坐标** z、x **的曲面积分** $\iint_{\Sigma}Q(x,y,z)\,\mathrm{d}z\mathrm{d}x$，分别为

$$\iint_{\Sigma}P(x,y,z)\,\mathrm{d}y\mathrm{d}z = \lim_{\lambda\to 0}\sum_{i=1}^{n}P(\xi_i,\eta_i,\zeta_i)\cos\alpha_i\Delta S_i,$$

$$\iint_{\Sigma}Q(x,y,z)\,\mathrm{d}z\mathrm{d}x = \lim_{\lambda\to 0}\sum_{i=1}^{n}Q(\xi_i,\eta_i,\zeta_i)\cos\beta_i\Delta S_i.$$

以上三个曲面积分也称为**第二类曲面积分**.

我们指出，当 $P(x,y,z)$、$Q(x,y,z)$、$R(x,y,z)$在有向光滑曲面 Σ 上连续时，对坐标的曲面积分都存在，以后总假定 P、Q、R

在 Σ 上连续.

如果 Σ 是分片光滑的有向曲面，规定函数在 Σ 上对坐标的曲面积分等于函数在各片光滑曲面上对坐标的曲面积分之和.

在应用中经常出现的是

$$\iint_{\Sigma} P(x,y,z)\,\mathrm{d}y\mathrm{d}z + \iint_{\Sigma} Q(x,y,z)\,\mathrm{d}z\mathrm{d}x + \iint_{\Sigma} R(x,y,z)\,\mathrm{d}x\mathrm{d}y$$

这种合并起来的形式，为简便起见，我们把它写成

$$\iint_{\Sigma} P(x,y,z)\,\mathrm{d}y\mathrm{d}z + Q(x,y,z)\,\mathrm{d}z\mathrm{d}x + R(x,y,z)\,\mathrm{d}x\mathrm{d}y.$$

由上述定义，流向 Σ 指定一侧的流量 Φ 可表示为

$$\Phi = \iint_{\Sigma} P(x,y,z)\,\mathrm{d}y\mathrm{d}z + Q(x,y,z)\,\mathrm{d}z\mathrm{d}x + R(x,y,z)\,\mathrm{d}x\mathrm{d}y.$$

对坐标的曲面积分具有与对坐标的曲线积分相类似的一些性质. 例如：

（1）如果把 Σ 分成 Σ_1 和 Σ_2，则

$$\begin{aligned}&\iint_{\Sigma} P\mathrm{d}y\mathrm{d}z + Q\mathrm{d}z\mathrm{d}x + R\mathrm{d}x\mathrm{d}y\\ =&\iint_{\Sigma_1} P\mathrm{d}y\mathrm{d}z + Q\mathrm{d}z\mathrm{d}x + R\mathrm{d}x\mathrm{d}y + \iint_{\Sigma_2} P\mathrm{d}y\mathrm{d}z + Q\mathrm{d}z\mathrm{d}x + R\mathrm{d}x\mathrm{d}y. \quad (1)\end{aligned}$$

式(1)可以推广到 Σ 分成有限多个部分的情形.

（2）设 Σ 是有向曲面，Σ^- 表示与 Σ 取相反侧的有向曲面，则

$$\iint_{\Sigma^-} P\mathrm{d}y\mathrm{d}z + Q\mathrm{d}z\mathrm{d}x + R\mathrm{d}x\mathrm{d}y = -\iint_{\Sigma} P\mathrm{d}y\mathrm{d}z + Q\mathrm{d}z\mathrm{d}x + R\mathrm{d}x\mathrm{d}y. \quad (2)$$

式(2)表明，当积分曲面改变为相反侧时，对坐标的曲面积分要改变符号. 因此**关于对坐标的曲面积分，我们必须注意积分曲面所取的侧**.

9.5.3 对坐标的曲面积分的计算

定理 9.6　设 $R(x,y,z)$ 在取上侧或下侧的曲面 Σ 上连续，Σ 的方程为

$$z=z(x,y),\ (x,y)\in D_{xy},$$

其中，D_{xy} 是曲面 Σ 在 xOy 面上的投影区域，函数 $z=z(x,y)$ 在 D_{xy} 上具有一阶连续偏导数，则

$$\iint_{\Sigma} R(x,y,z)\,\mathrm{d}x\mathrm{d}y = \pm\iint_{D_{xy}} R(x,y,z(x,y))\,\mathrm{d}x\mathrm{d}y, \quad (3)$$

当 Σ 取上侧时，等式右端取正号；当 Σ 取下侧时，等式右端取负号.

证：由对坐标的曲面积分的定义，

$$\iint_{\Sigma} R(x,y,z)\,\mathrm{d}x\mathrm{d}y=\lim_{\lambda\to 0}\sum_{i=1}^{n} R(\xi_i,\eta_i,\zeta_i)\,(\Delta S_i)_{xy},$$

当 Σ 取上侧时，$\cos\gamma>0$，则 $(\Delta S_i)_{xy}=(\Delta\sigma_i)_{xy}$；
当 Σ 取下侧时，$\cos\gamma<0$，则 $(\Delta S_i)_{xy}=-(\Delta\sigma_i)_{xy}$.
又因 (ξ_i,η_i,ζ_i) 是 Σ 上一点，故 $\zeta_i=z(\xi_i,\eta_i)$，所以有

$$\sum_{i=1}^{n} R(\xi_i,\eta_i,\zeta_i)\,(\Delta S_i)_{xy}=\sum_{i=1}^{n} R(\xi_i,\eta_i,z(\xi_i,\eta_i))\,(\Delta\sigma_i)_{xy},$$

令各小块曲面的最大值 $\lambda\to 0$ 取上式两端的极限，得到

$$\iint_{\Sigma} R(x,y,z)\,\mathrm{d}x\mathrm{d}y=\pm\iint_{D_{xy}} R(x,y,z(x,y))\,\mathrm{d}x\mathrm{d}y$$

成立.

注意：如果曲面 Σ 与 xOy 面垂直，则 $\cos\gamma=0$，必有

$$\iint_{\Sigma} R(x,y,z)\,\mathrm{d}x\mathrm{d}y=0.$$

类似地，如果 Σ 由 $x=x(y,z)$ 给出，那么有

$$\iint_{\Sigma} P(x,y,z)\,\mathrm{d}y\mathrm{d}z=\pm\iint_{D_{yz}} P(x(y,z),y,z)\,\mathrm{d}y\mathrm{d}z. \tag{4}$$

当 Σ 取前侧时，等式右端取正号；当 Σ 取后侧时，等式右端取负号.

如果 Σ 由 $y=y(z,x)$ 给出，那么有

$$\iint_{\Sigma} Q(x,y,z)\,\mathrm{d}z\mathrm{d}x=\pm\iint_{D_{zx}} Q(x,y(z,x),z)\,\mathrm{d}z\mathrm{d}x. \tag{5}$$

当 Σ 取右侧时，等式右端取正号；当 Σ 取左侧时，等式右端取负号.

特别地，如果曲面 Σ 与 yOz 面垂直，则

$$\iint_{\Sigma} P(x,y,z)\,\mathrm{d}y\mathrm{d}z=0.$$

如果曲面 Σ 与 zOx 面垂直，则

$$\iint_{\Sigma} Q(x,y,z)\,\mathrm{d}z\mathrm{d}x=0.$$

式(3)~式(5)表明，计算第二类曲面积分时，采用“一投二代三定号”的方法转化为二重积分，即由曲面 Σ 的方程形式以及投影后的计算难度等，决定了需要投影到哪个坐标面以及代入的表达式等问题.

例 1 计算曲面积分 $\iint_{\Sigma} xyz\,\mathrm{d}x\mathrm{d}y$，其中 Σ 是球面 $x^2+y^2+z^2=1$ 外侧在 $x\geqslant 0$，$y\geqslant 0$ 的部分.

解：将曲面 Σ 分为 Σ_1，Σ_2 两部分，Σ_1 的方程为

$$z_1=-\sqrt{1-x^2-y^2};$$

Σ_2 的方程为　$z_2=\sqrt{1-x^2-y^2}.$

于是

$$\iint_{\Sigma_2}xyz\mathrm{d}x\mathrm{d}y=\iint_{D_{xy}}xy\sqrt{1-x^2-y^2}\,\mathrm{d}x\mathrm{d}y,$$

$$\iint_{\Sigma_1}xyz\mathrm{d}x\mathrm{d}y=-\iint_{D_{xy}}xy(-\sqrt{1-x^2-y^2})\,\mathrm{d}x\mathrm{d}y$$

$$=\iint_{D_{xy}}xy\sqrt{1-x^2-y^2}\,\mathrm{d}x\mathrm{d}y,$$

所以

$$\begin{aligned}\iint_{\Sigma}xyz\mathrm{d}x\mathrm{d}y&=2\iint_{D_{xy}}xy\sqrt{1-x^2-y^2}\,\mathrm{d}x\mathrm{d}y\\&=2\iint_{D_{xy}}r\sin\theta r\cos\theta\sqrt{1-r^2}\,r\mathrm{d}r\mathrm{d}\theta\\&=2\int_0^{\frac{\pi}{2}}\sin2\theta\mathrm{d}\theta\int_0^1r^3\sqrt{1-r^2}\,\mathrm{d}r\\&=\frac{2}{15}.\end{aligned}$$

例 2　计算曲面积分 $\iint_{\Sigma}(y+z)\mathrm{d}x\mathrm{d}y+(x-2)\mathrm{d}y\mathrm{d}z$，其中 Σ 是抛物柱面 $y=\sqrt{x}$ 被平面 $x+z=1$ 和 $z=0$ 所截下的那部分的后侧曲面.

解:如图 9-5-7 所示,因为柱面 $y=\sqrt{x}$ 在坐标面 xOy 上的投影是一条曲线,由定义知

$$\iint_{\Sigma}(y+z)\mathrm{d}x\mathrm{d}y=0,$$

其中，Σ 在坐标面 yOz 上的投影区域记为

$$D_{yz}:0\leqslant y\leqslant1,0\leqslant z\leqslant1-y^2.$$

由于 Σ 取后侧，故

$$\begin{aligned}\iint_{\Sigma}(x-2)\mathrm{d}y\mathrm{d}z&=\iint_{\Sigma}(y^2-2)\mathrm{d}y\mathrm{d}z=-\iint_{D_{yz}}(y^2-2)\mathrm{d}y\mathrm{d}z\\&=-\int_0^1\mathrm{d}y\int_0^{1-y^2}(y^2-2)\mathrm{d}z\\&=-\int_0^1(y^2-2)\cdot(1-y^2)\mathrm{d}y\\&=-\left[-2y+y^3-\frac{1}{5}y^5\right]_0^1=\frac{6}{5}.\end{aligned}$$

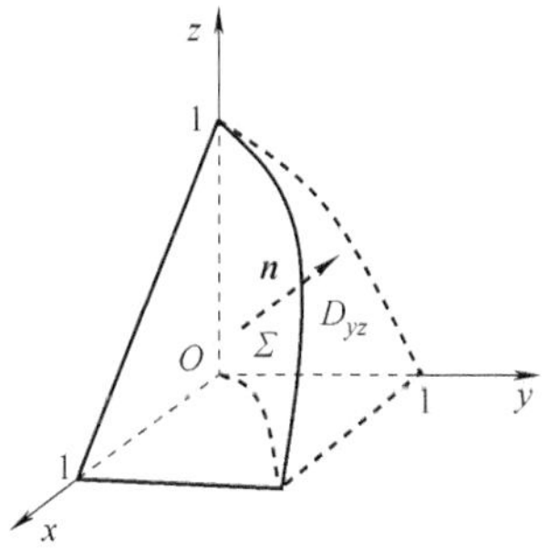

图　9-5-7

注意:将对坐标的曲面积分投影到坐标面上时,不要忽视了 Σ 侧.

例 3 计算曲面积分 $I=\oiint\limits_{\Sigma}xz\mathrm{d}x\mathrm{d}y+xy\mathrm{d}y\mathrm{d}z+yz\mathrm{d}z\mathrm{d}x$，其中 Σ 是平面 $x=0,y=0,z=0,x+y+z=1$ 所围成的空间区域的整个边界曲面的外侧.

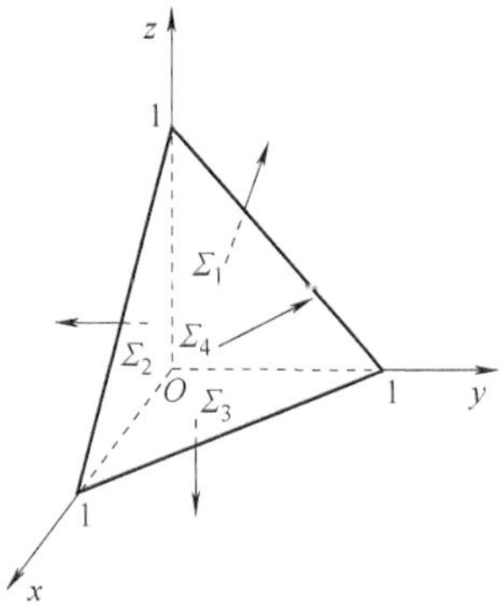

图 9-5-8

解：如图 9-5-8 所示，将分片光滑曲面 Σ 化为四片光滑曲面之和，即 $\Sigma=\Sigma_1+\Sigma_2+\Sigma_3+\Sigma_4$，其中

$\Sigma_1:x=0(y+z\leqslant 1,y\geqslant 0,z\geqslant 0)$；

$\Sigma_2:y=0(x+z\leqslant 1,x\geqslant 0,z\geqslant 0)$；

$\Sigma_3:z=0(x+y\leqslant 1,x\geqslant 0,y\geqslant 0)$；

$\Sigma_4:x+y+z=1(0\leqslant x,0\leqslant y,0\leqslant z)$.

则在 $\Sigma_1,\Sigma_2,\Sigma_3$ 上积分为 0，而由**轮换对称性**

$$\iint\limits_{\Sigma_4}xz\mathrm{d}x\mathrm{d}y=\iint\limits_{\Sigma_4}xy\mathrm{d}y\mathrm{d}z=\iint\limits_{\Sigma_4}yz\mathrm{d}z\mathrm{d}x,$$

于是

$$\iint\limits_{\Sigma_4}xz\mathrm{d}x\mathrm{d}y+xy\mathrm{d}y\mathrm{d}z+yz\mathrm{d}z\mathrm{d}x=3\iint\limits_{\Sigma_4}xz\mathrm{d}x\mathrm{d}y,$$

其中，Σ_4 在 xOy 面上的投影记为 $D_{xy}:x+y\leqslant 1,0\leqslant x\leqslant 1,0\leqslant y\leqslant 1$，则

$$\iint\limits_{\Sigma_4}xz\mathrm{d}x\mathrm{d}y=\iint\limits_{D_{xy}}x(1-x-y)\mathrm{d}x\mathrm{d}y=\int_0^1\mathrm{d}x\int_0^{1-x}x(1-x-y)\mathrm{d}y$$

$$=\int_0^1\left[x(1-x)^2-\frac{x}{2}(1-x)^2\right]\mathrm{d}x=\frac{1}{24},$$

所以

$$I=3\iint\limits_{\Sigma_4}xz\mathrm{d}x\mathrm{d}y=\frac{1}{8}.$$

9.5.4 两类曲面积分之间的关系

设有向曲面 Σ 由方程 $z=z(x,y)$ 给出，Σ 在坐标面 xOy 上的投影区域为 D_{xy}，函数 $z=z(x,y)$ 在区域 D_{xy} 上具有连续的一阶偏导数，$R(x,y,z)$ 是曲面 Σ 上的连续函数. 如果曲面 Σ 取上侧，则由对坐标的曲线积分的计算公式，有

$$\iint\limits_{\Sigma}R(x,y,z)\mathrm{d}x\mathrm{d}y=\iint\limits_{D_{xy}}R(x,y,z(x,y))\mathrm{d}x\mathrm{d}y,$$

另一方面，上侧曲面 Σ 的方向余弦为

$$\cos\alpha=\frac{-z_x}{\sqrt{1+x^2+y^2}},\ \cos\beta=\frac{-z_y}{\sqrt{1+x^2+y^2}},\ \cos\gamma=\frac{1}{\sqrt{1+x^2+y^2}}.$$

故由对面积的曲面积分的计算公式，有

$$\iint\limits_{\Sigma} R(x,y,z)\cos\gamma \mathrm{d}S = \iint\limits_{D_{xy}} R(x,y,z(x,y))\,\mathrm{d}x\mathrm{d}y.$$

由此可见，

$$\iint\limits_{\Sigma} R(x,y,z)\cos\gamma \mathrm{d}S = \iint\limits_{\Sigma} R(x,y,z)\,\mathrm{d}x\mathrm{d}y. \tag{6}$$

如果取曲面 Σ 的下侧，则有

$$\iint\limits_{\Sigma} R(x,y,z)\cos\gamma \mathrm{d}S = -\iint\limits_{D_{xy}} R(x,y,z(x,y))\,\mathrm{d}x\mathrm{d}y,$$

注意此时 $\cos\gamma = \dfrac{-1}{\sqrt{1+x^2+y^2}}$，因此式(6)仍然成立.

类似地，可以得到

$$\iint\limits_{\Sigma} P(x,y,z)\cos\alpha \mathrm{d}S = \iint\limits_{\Sigma} P(x,y,z)\,\mathrm{d}x\mathrm{d}y. \tag{7}$$

$$\iint\limits_{\Sigma} Q(x,y,z)\cos\beta \mathrm{d}S = \iint\limits_{\Sigma} Q(x,y,z)\,\mathrm{d}x\mathrm{d}y. \tag{8}$$

合并上面的式(6)~式(8)，得到

$$\iint\limits_{\Sigma} P\mathrm{d}y\mathrm{d}z + Q\mathrm{d}z\mathrm{d}x + R\mathrm{d}x\mathrm{d}y = \iint\limits_{\Sigma} (P\cos\alpha + Q\cos\beta + R\cos\gamma)\,\mathrm{d}S.$$

其中，$(\cos\alpha, \cos\beta, \cos\gamma)$ 是有向曲面 Σ 在点 (x,y,z) 处的单位法向量.

两类曲面积分之间的联系也可写成如下的向量形式：

$$\iint\limits_{\Sigma} \boldsymbol{A} \cdot \mathrm{d}\boldsymbol{S} = \iint\limits_{\Sigma} \boldsymbol{A} \cdot \boldsymbol{n} \mathrm{d}S$$

或

$$\iint\limits_{\Sigma} \boldsymbol{A} \cdot \mathrm{d}\boldsymbol{S} = \iint\limits_{\Sigma} A_n \mathrm{d}S,$$

其中，$\boldsymbol{A}=(P,Q,R)$，$\boldsymbol{n}=(\cos\alpha,\cos\beta,\cos\gamma)$ 为有向曲面 Σ 在点 (x,y,z) 处的单位法向量，$\mathrm{d}\boldsymbol{S}=\boldsymbol{n}\mathrm{d}S=(\mathrm{d}y\mathrm{d}z, \mathrm{d}z\mathrm{d}x, \mathrm{d}x\mathrm{d}y)$ 称为**有向曲面元**，A_n 为向量 $\boldsymbol{A}$ 在向量 $\boldsymbol{n}$ 上的投影.

例 4　计算曲面积分

$$I = \iint\limits_{\Sigma} [f(x,y,z) + x]\,\mathrm{d}y\mathrm{d}z + [2f(x,y,z) + y]\,\mathrm{d}z\mathrm{d}x + [f(x,y,z) + z]\,\mathrm{d}x\mathrm{d}y,$$

其中，$f(x,y,z)$ 是连续函数，Σ 是平面 $x-y+z=1$ 在第四卦限部分的上侧. 如图 9-5-9 所示.

分析： 在被积函数中含有未知函数 $f(x,y,z)$，而根据已知条件不能求出 $f(x,y,z)$，因此不能直接利用公式计算积分. Σ 上任意一点的法向量的方向余弦是常数，化为对面积的曲面积分可以消

去$f(x,y,z)$.

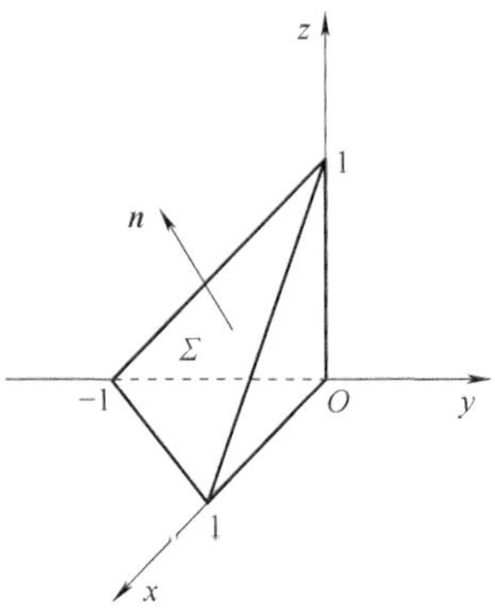

图　9-5-9

解：由于Σ取上侧，故Σ上任意一点的法向量$\boldsymbol{n}$与z轴的夹角为锐角，其方向余弦为

$$\cos\alpha=\frac{1}{\sqrt{3}},\cos\beta=-\frac{1}{\sqrt{3}},\cos\gamma=\frac{1}{\sqrt{3}},$$

于是

$$I=\iint_{\Sigma}\{[f(x,y,z)+x]\cos\alpha+[2f(x,y,z)+y]\cos\beta+[f(x,y,z)+z]\cos\gamma\}\mathrm{d}S$$

$$=\frac{1}{\sqrt{3}}\iint_{\Sigma}[x-y+z+f(x,y,z)-2f(x,y,z)+f(x,y,z)]\mathrm{d}S$$

$$=\frac{1}{\sqrt{3}}\iint_{\Sigma}\mathrm{d}S=\frac{1}{2}.$$

例 5　计算$\iint\limits_{\Sigma}x\mathrm{d}y\mathrm{d}z+y^2\mathrm{d}z\mathrm{d}x+z^3\mathrm{d}x\mathrm{d}y$，其中$\Sigma$是平面$x+y+z=1$位于第一卦限部分上侧.

解法 1：为计算$\iint\limits_{\Sigma}x\mathrm{d}y\mathrm{d}z$，把$\Sigma$的方程改写为$x=1-y-z$，$\Sigma$在$yOz$面上的投影区域为$D_{yz}=\{(y,z)\mid y\geqslant0,z\geqslant0,y+z\leqslant1\}$，注意到$\Sigma$取前侧，得

$$\iint_{\Sigma}x\mathrm{d}y\mathrm{d}z=\iint_{D_{yz}}(1-y-z)\mathrm{d}y\mathrm{d}z=\int_0^1\mathrm{d}y\int_0^{1-y}(1-y-z)\mathrm{d}z$$

$$=\frac{1}{2}\int_0^1(1-y)^2\mathrm{d}y=\frac{1}{6}.$$

类似地，

$$\iint_{\Sigma}y^2\mathrm{d}z\mathrm{d}x=\int_0^1\mathrm{d}x\int_0^{1-x}(1-x-z)^2\mathrm{d}z=\frac{1}{3}\int_0^1(1-x)^3\mathrm{d}x=\frac{1}{12};$$

$$\iint_{\Sigma}z^3\mathrm{d}x\mathrm{d}y=\int_0^1\mathrm{d}x\int_0^{1-x}(1-x-y)^3\mathrm{d}y=\frac{1}{4}\int_0^1(1-x)^4\mathrm{d}x=\frac{1}{20};$$

所以

$$\iint_{\Sigma}x\mathrm{d}y\mathrm{d}z+y^2\mathrm{d}z\mathrm{d}x+z^3\mathrm{d}x\mathrm{d}y=\iint_{\Sigma}x\mathrm{d}y\mathrm{d}z+\iint_{\Sigma}y\mathrm{d}z\mathrm{d}x+\iint_{\Sigma}z^2\mathrm{d}x\mathrm{d}y$$

$$=\frac{1}{6}+\frac{1}{12}+\frac{1}{20}=\frac{3}{10}.$$

解法 2：由两类曲面积分的联系可得

$$\iint_{\Sigma}x\mathrm{d}y\mathrm{d}z+y^2\mathrm{d}z\mathrm{d}x+z^3\mathrm{d}x\mathrm{d}y=\iint_{\Sigma}(x\cos\alpha+y^2\cos\beta+z^3\cos\gamma)\mathrm{d}S,$$

其中，平面 Σ 上任意点 (x,y,z) 处与上侧相应的单位法向量为

$$(\cos\alpha,\cos\beta,\cos\gamma)=\frac{1}{\sqrt{3}}(1,1,1),$$

所以

$$\iint_{\Sigma} x\mathrm{d}y\mathrm{d}z+y^2\mathrm{d}z\mathrm{d}x+z^3\mathrm{d}x\mathrm{d}y=\frac{1}{\sqrt{3}}\iint_{\Sigma}(x+y^2+z^3)\mathrm{d}S,$$

根据对面积曲面积分的计算法，得

$$\begin{aligned}&\iint_{\Sigma} x\mathrm{d}y\mathrm{d}z+y^2\mathrm{d}z\mathrm{d}x+z^3\mathrm{d}x\mathrm{d}y\\=&\frac{1}{\sqrt{3}}\iint_{D_{xy}}[x+y^2+(1-x-y)^3]\cdot\sqrt{1+(-1)^2+(-1)^2}\,\mathrm{d}x\mathrm{d}y\\=&\int_0^1\mathrm{d}x\int_0^{1-x}[x+y^2+(1-x-y)^3]\mathrm{d}y\\=&\int_0^1\left[x(1-x)+\frac{1}{3}(1-x)^3+\frac{1}{4}(1-x)^4\right]\mathrm{d}x\\=&\frac{3}{10}.\end{aligned}$$

习题 9-5

1. 填空题：

(1) 曲面积分 $\iint_{\Sigma} R(x,y,z)\mathrm{d}x\mathrm{d}y$ 中，Σ 为方程 $z=z(x,y)$ 所给曲面的下侧，D_{xy} 为曲面 Σ 在 xOy 面上的投影域，则积分可化为二重积分________.

(2) 设 Σ 是球面 $x^2+y^2+z^2=a^2$ 的外侧，则积分 $\oiint_{\Sigma} y\mathrm{d}x\mathrm{d}y=$________.

(3) 设 Σ 是柱面 $x^2+y^2=4$ 介于 $1\leqslant z\leqslant 3$ 之间部分，它的法向量指向 z 轴，则曲面积分 $\iint_{\Sigma}\sqrt{x^2+y^2+z^2}\,\mathrm{d}x\mathrm{d}y=$________.

2. 求解下列各题：

(1) 计算 $\iint_{\Sigma} xy^2z\mathrm{d}x\mathrm{d}y$，其中 Σ 是柱面 $x^2+z^2=a^2$ $(x\geqslant 0)$ 介于平面 $y=0$ 及 $y=h$ 之间部分的外侧 $(h>0)$；

(2) 计算曲面积分 $\iint_{\Sigma} z\mathrm{d}x\mathrm{d}y+x\mathrm{d}y\mathrm{d}z+y\mathrm{d}z\mathrm{d}x$，其中 Σ 是柱面 $x^2+y^2=1$ 被平面 $z=0$ 及 $z=3$ 所截得的在第一卦限内的部分的前侧；

(3) 把对坐标的曲面积分 $\iint_{\Sigma} P(x,y,z)\mathrm{d}y\mathrm{d}z+Q(x,y,z)\mathrm{d}z\mathrm{d}x+R(x,y,z)\mathrm{d}x\mathrm{d}y$ 化成对面积的曲面积分. 这里，Σ 是平面 $3x+2y+2\sqrt{3}z=6$ 在第一卦限的部分的上侧.

3. 计算 $\oiint_{\Sigma} x\mathrm{d}y\mathrm{d}z$，其中 Σ 是 $z=x^2+y^2$ 及 $z=1$ 所围成的空间区域的整个边界曲面的外侧.

4. 把对坐标的曲面积分

$$\iint_{\Sigma} P(x,y,z)\mathrm{d}y\mathrm{d}z+Q(x,y,z)\mathrm{d}z\mathrm{d}x+R(x,y,z)\mathrm{d}x\mathrm{d}y$$

化成对面积的曲面积分，其中

(1) Σ 是平面 $3x+2y+z=1$ 在第一卦限部分的上侧；

(2) Σ 是抛物面 $z=8-(x^2+y^2)$ 在 xOy 面上方的部分的上侧.

5. 已知流体速度 $\boldsymbol{v}(x,y,z)=y^2\boldsymbol{j}+zx\boldsymbol{k}$，曲面 Σ 是圆锥面 $z^2=x^2+y^2$ 被两个平面 $z=0$，$z=1$ 截下的在第一卦限的部分，求流体流向 Σ 的下侧的流量.

9.6 高斯公式 *通量与散度

9.6.1 高斯公式

格林公式表达了平面闭区域上的二重积分与其边界曲线上的曲线积分之间的关系，而本节要介绍的高斯(Gauss)公式则给出了空间闭区域上的三重积分与其边界曲面上的曲面积分之间的关系.

定理 9.7 设空间闭区域 Ω 是由分片光滑的闭曲面 Σ 所围成的，函数 $P(x,y,z)$、$Q(x,y,z)$、$R(x,y,z)$ 在 Ω 上具有一阶连续偏导数，则有

$$\iiint_{\Omega}\left(\frac{\partial P}{\partial x}+\frac{\partial Q}{\partial y}+\frac{\partial R}{\partial z}\right)\mathrm{d}v=\oiint_{\Sigma}P\mathrm{d}y\mathrm{d}z+Q\mathrm{d}z\mathrm{d}x+R\mathrm{d}x\mathrm{d}y,\quad(1)$$

或

$$\iiint_{\Omega}\left(\frac{\partial P}{\partial x}+\frac{\partial Q}{\partial y}+\frac{\partial R}{\partial z}\right)\mathrm{d}v=\oiint_{\Sigma}(P\cos\alpha+Q\cos\beta+R\cos\gamma)\mathrm{d}S,\quad(2)$$

其中，S 是 Ω 的整个边界曲面的外侧，$(\cos\alpha,\cos\beta,\cos\gamma)$ 是 Σ 在点 (x,y,z) 处的单位法向量.

式(1)或式(2)称为**高斯公式**.

证： 由两类曲面积分之间的关系可知，式(1)与式(2)的右端是相等的，因此这里只要证明式(1)即可.

首先假定穿过 Ω 内部且平行于 z 轴的直线与 Ω 的边界曲面 Σ 的交点恰好是两个，Ω 在 xOy 面上的投影区域为 D_{xy}. 这样，S 可看作由 S_1，S_2 和 S_3 三部分组成，其中 S_1 和 S_2 分别由方程 $z=z_1(x,y)$ 和 $z=z_2(x,y)$ 给定，这里 $z_1(x,y)\leqslant z_2(x,y)$，$S_1$ 取下侧，S_2 取上侧；而 S_3 是以 D_{xy} 的边界曲线为准线而母线平行于 z 轴的柱面上的一部分，取外侧(见图 9-6-1).

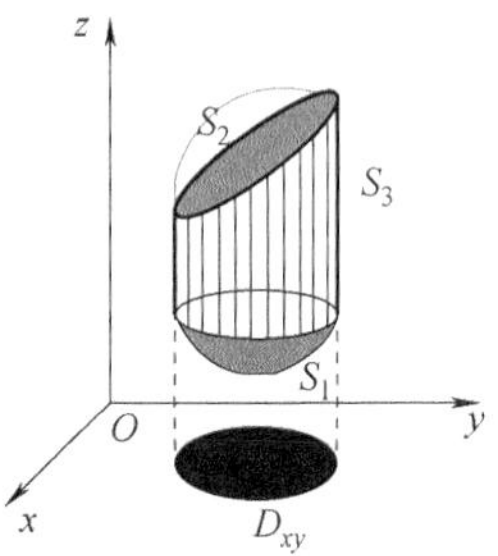

图 9-6-1

一方面，根据三重积分的计算法，有

$$\iiint_{\Omega}\frac{\partial R}{\partial z}\mathrm{d}v=\iint_{D_{xy}}\mathrm{d}x\mathrm{d}y\int_{z_1(x,y)}^{z_2(x,y)}\frac{\partial R}{\partial z}\mathrm{d}z$$

$$=\iint_{D_{xy}}[R(x,y,z_2(x,y))-R(x,y,z_1(x,y))]\mathrm{d}x\mathrm{d}y;\quad(3)$$

另一方面，根据对坐标曲面积分的计算法，有

$$\iint_{S_1}R(x,y,z)\mathrm{d}x\mathrm{d}y=-\iint_{D_{xy}}R(x,y,z_1(x,y))\mathrm{d}x\mathrm{d}y,$$

$$\iint_{S_2} R(x,y,z)\,\mathrm{d}x\mathrm{d}y = \iint_{D_{xy}} R(x,y,z_2(x,y))\,\mathrm{d}x\mathrm{d}y,$$

$$\iint_{S_3} R(x,y,z)\,\mathrm{d}x\mathrm{d}y = 0,$$

将上述三式相加，便得

$$\begin{aligned}&\oiint_{S} R(x,y,z)\,\mathrm{d}x\mathrm{d}y\\ &= \iint_{S_1} R(x,y,z)\,\mathrm{d}x\mathrm{d}y + \iint_{S_2} R(x,y,z)\,\mathrm{d}x\mathrm{d}y + \iint_{S_3} R(x,y,z)\,\mathrm{d}x\mathrm{d}y\\ &= \iint_{D_{xy}} [R(x,y,z_2(x,y)) - R(x,y,z_1(x,y))]\,\mathrm{d}x\mathrm{d}y,\end{aligned} \tag{4}$$

比较式(3)、式(4)两式，得

$$\iiint_{\Omega} \frac{\partial R}{\partial z}\mathrm{d}v = \oiint_{S} R(x,y,z)\,\mathrm{d}x\mathrm{d}y.$$

如果穿过 Ω 内部且平行于 x 轴的直线以及平行于 y 轴的直线与 Ω 的边界曲面 Σ 的交点也都恰好是两个，那么类似地可得

$$\iiint_{\Omega} \frac{\partial P}{\partial x}\mathrm{d}v = \oiint_{S} P(x,y,z)\,\mathrm{d}y\mathrm{d}z,$$

$$\iiint_{\Omega} \frac{\partial Q}{\partial y}\mathrm{d}v = \oiint_{S} Q(x,y,z)\,\mathrm{d}z\mathrm{d}x,$$

把以上三式两端分别相加，即得式(1).

在上述证明中，我们对闭区域 Ω 做了这样的限制，即穿过 Ω 内部且平行于坐标轴的直线与 Ω 的边界曲面 Σ 的交点恰好是两点. 如果 Ω 不满足这样的条件，则可仿照证明格林公式时的处理方法，引进几张辅助曲面把 Ω 分为有限个闭区域，使得每个闭区域满足这样的条件，并注意到沿辅助曲面相反两侧的两个曲面积分的绝对值相等而符号相反，相加时正好抵消，因此式(1)对于这样的闭区域仍然是正确的.

例 1　计算曲面积分 $\iint_{\Sigma}(2x+z)\,\mathrm{d}y\mathrm{d}z + z\mathrm{d}x\mathrm{d}y$，其中 Σ 为有向曲面 $z=x^2+y^2(0\leqslant z\leqslant 1)$，其法向量与 z 轴正向的夹角为锐角.

分析： 直接利用公式计算这个积分，需要将 Σ 分别投影到 yOz，xOy 两个坐标面上，计算两个二重积分，比较麻烦. 虽然 Σ 不是闭曲面，不能直接用高斯公式，但可以通过添加辅助面将其化为封闭曲面进行积分.

解： 设 $\Sigma_1: z=1(x^2+y^2\leqslant 1)$ 取下侧(见图 9-6-2)，Σ 与 Σ_1 组成封闭曲面，它所包围的空间区域 $\Omega: x^2+y^2\leqslant z\leqslant 1$，$\Sigma_1$ 在 xOy 面上的投影为 $D_{xy}: x^2+y^2\leqslant 1$.

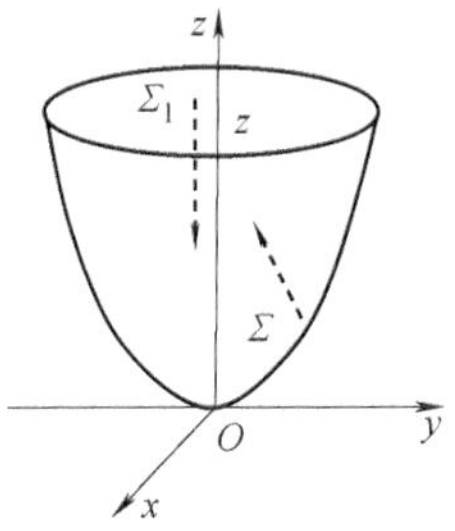

图　9-6-2

$$\oiint\limits_{\Sigma+\Sigma_1}(2x+z)\mathrm{d}y\mathrm{d}z+z\mathrm{d}x\mathrm{d}y=-\iiint\limits_{\Omega}\left[\frac{\partial(2x+z)}{\partial x}+\frac{\partial(0)}{\partial y}+\frac{\partial(z)}{\partial z}\right]\mathrm{d}v$$
$$=-\iiint\limits_{\Omega}3\mathrm{d}v=-3\int_0^{2\pi}\mathrm{d}\theta\int_0^1 r\mathrm{d}r\int_{r^2}^1\mathrm{d}z$$
$$=-3\int_0^{2\pi}\mathrm{d}\theta\int_0^1 r(1-r^2)\mathrm{d}r$$
$$=-6\pi\left[\frac{r^2}{2}-\frac{r^4}{4}\right]_0^1=-\frac{3}{2}\pi,$$

$$\iint\limits_{\Sigma_1}(2x+z)\mathrm{d}y\mathrm{d}z+z\mathrm{d}x\mathrm{d}y=\iint\limits_{\Sigma_1}z\mathrm{d}x\mathrm{d}y=-\iint\limits_{D_{xy}}\mathrm{d}x\mathrm{d}y=-\pi,$$

所以

$$\iint\limits_{\Sigma}(2x+z)\mathrm{d}y\mathrm{d}z+z\mathrm{d}x\mathrm{d}y$$
$$=\oiint\limits_{\Sigma+\Sigma_1}(2x+z)\mathrm{d}y\mathrm{d}z+z\mathrm{d}x\mathrm{d}y-\iint\limits_{\Sigma_1}(2x+z)\mathrm{d}y\mathrm{d}z+z\mathrm{d}x\mathrm{d}y$$
$$=-\frac{3}{2}\pi-(-\pi)=-\frac{\pi}{2}.$$

例 2　计算曲面积分 $\oiint\limits_{\Sigma}\frac{x}{r^3}\mathrm{d}y\mathrm{d}z+\frac{y}{r^3}\mathrm{d}z\mathrm{d}x+\frac{z}{r^3}\mathrm{d}x\mathrm{d}y$，其中，$r=\sqrt{x^2+y^2+z^2}$，闭曲面 Σ 包含原点且分片光滑，取其外侧.

分析： 因为 P，Q，R 及一阶偏导数在 $(0,0,0)\in\Omega$ 处无定义，不满足高斯公式的条件，所以不能直接应用高斯公式计算.

解： 设 Ω 是由 Σ 所围成的空间区域，在 Ω 内以原点为中心，作球面 $\Sigma_1: x^2+y^2+z^2=a^2$，取其外侧. Σ 与 Σ_1 所围成的闭区域记为 Ω_1，P，Q，R 在 Ω_1 内具有一阶连续的偏导数，由

$$P=\frac{x}{r^3},Q=\frac{y}{r^3},R=\frac{z}{r^3}$$

$$\frac{\partial P}{\partial x}=\frac{r^3-x\cdot 3r^2\,\frac{x}{r}}{r^6}=\frac{r^2-3x^2}{r^5},\ \frac{\partial Q}{\partial y}=\frac{r^2-3y^2}{r^5},\ \frac{\partial R}{\partial z}=\frac{r^2-3z^2}{r^5},$$

根据高斯公式，得

$$\oiint\limits_{\Sigma-\Sigma_1}\frac{x}{r^3}\mathrm{d}y\mathrm{d}z+\frac{y}{r^3}\mathrm{d}z\mathrm{d}x+\frac{z}{r^3}\mathrm{d}x\mathrm{d}y=\iiint\limits_{\Omega_1}\left(\frac{\partial P}{\partial x}+\frac{\partial Q}{\partial y}+\frac{\partial R}{\partial z}\right)\mathrm{d}x\mathrm{d}y\mathrm{d}z$$
$$=\iiint\limits_{\Omega_1}\frac{3r^2-3r^2}{r^5}\mathrm{d}x\mathrm{d}y\mathrm{d}z=0,$$

于是

$$\oiint\limits_{\Sigma}\frac{x}{r^3}\mathrm{d}y\mathrm{d}z+\frac{y}{r^3}\mathrm{d}z\mathrm{d}x+\frac{z}{r^3}\mathrm{d}x\mathrm{d}y=0-\oiint\limits_{-\Sigma_1}\frac{x}{r^3}\mathrm{d}y\mathrm{d}z+\frac{y}{r^3}\mathrm{d}z\mathrm{d}x+\frac{z}{r^3}\mathrm{d}x\mathrm{d}y$$

$$=\oiint_{\Sigma_1}\frac{x}{a^3}\mathrm{d}y\mathrm{d}z+\frac{y}{a^3}\mathrm{d}z\mathrm{d}x+\frac{z}{a^3}\mathrm{d}x\mathrm{d}y.$$

由于在球面 Σ_1 上的任意点 (x,y,z) 的外法线向量的方向余弦为 $\cos\alpha=\frac{x}{a}$，$\cos\beta=\frac{y}{a}$，$\cos\gamma=\frac{z}{a}$，所以

$$\oiint_{\Sigma}\frac{x}{r^3}\mathrm{d}y\mathrm{d}z+\frac{y}{r^3}\mathrm{d}z\mathrm{d}x+\frac{z}{r^3}\mathrm{d}x\mathrm{d}y$$

$$=\oiint_{\Sigma_1}\left(\frac{x}{a^3}\cos\alpha+\frac{y}{a^3}\cos\beta+\frac{z}{a^3}\cos\gamma\right)\mathrm{d}S$$

$$=\oiint_{\Sigma_1}\left(\frac{x^2}{a^4}+\frac{y^2}{a^4}+\frac{z^2}{a^4}\right)\mathrm{d}S=\frac{1}{a^2}\oiint_{\Sigma_1}\mathrm{d}S=\frac{1}{a^2}\cdot 4\pi a^2=4\pi.$$

注意：本题可以利用轮换对称性，积分 $\oiint_{\Sigma_1}\frac{x}{r^3}\mathrm{d}y\mathrm{d}z+\frac{y}{r^3}\mathrm{d}z\mathrm{d}x+\frac{z}{r^3}\mathrm{d}x\mathrm{d}y=\frac{3}{a^3}\oiint_{\Sigma_1}z\mathrm{d}x\mathrm{d}y$，然后直接用公式计算这个积分也比较简单.

例 3　计算 $I=\oiint_{\Sigma}\frac{x\cos\alpha+y\cos\beta+z\cos\gamma}{\sqrt{x^2+y^2+z^2}}\mathrm{d}S$，其中 Σ 为球面 $x^2+y^2+z^2=R^2$ 的内侧，$(\cos\alpha,\cos\beta,\cos\gamma)$ 是 Σ 在点 (x,y,z) 处的单位法向量.

解：因为在曲面 Σ 上 $\sqrt{x^2+y^2+z^2}=R$，所以原曲面积分可简化为

$$I=\frac{1}{R}\oiint_{\Sigma}(x\cos\alpha+y\cos\beta+z\cos\gamma)\mathrm{d}S.$$

记 $\Omega=\{(x,y,z)\mid x^2+y^2+z^2\leqslant R^2\}$，注意到 Σ 为球面的内侧，故由高斯公式得

$$I=-\frac{1}{R}\iiint_{\Omega}(1+1+1)\mathrm{d}v=-\frac{3}{R}\cdot\frac{4}{3}\pi R^3=-4\pi R^2.$$

例 4　设函数 $u(x,y,z)$ 和 $v(x,y,z)$ 在闭区域 Ω 上具有一阶及二阶连续偏导数，证明

$$\iiint_{\Omega}u\Delta v\mathrm{d}x\mathrm{d}y\mathrm{d}z=\oiint_{\Sigma}u\frac{\partial v}{\partial n}\mathrm{d}S-\iiint_{\Omega}\left(\frac{\partial u}{\partial x}\frac{\partial v}{\partial x}+\frac{\partial u}{\partial y}\frac{\partial v}{\partial y}+\frac{\partial u}{\partial z}\frac{\partial v}{\partial z}\right)\mathrm{d}x\mathrm{d}y\mathrm{d}z,$$

其中，Σ 是闭区域 Ω 的整个边界曲面；$\frac{\partial v}{\partial n}$ 为函数 $v(x,y,z)$ 沿 Σ 的外法线方向的方向导数；符号 $\Delta=\frac{\partial^2}{\partial x^2}+\frac{\partial^2}{\partial y^2}+\frac{\partial^2}{\partial z^2}$ 称为**拉普拉斯(Laplace)算子**. 这个公式叫作**格林第一公式**.

证：因为方向导数

$$\frac{\partial v}{\partial n}=\frac{\partial v}{\partial x}\cos\alpha+\frac{\partial v}{\partial y}\cos\beta+\frac{\partial v}{\partial z}\cos\gamma,$$

其中，$\cos\alpha$，$\cos\beta$，$\cos\gamma$ 是曲面 Σ 在点 (x,y,z) 处的外法线向量的方向余弦. 于是曲面积分

$$\begin{aligned}\oiint_{\Sigma}u\frac{\partial v}{\partial n}\mathrm{d}S&=\oiint_{\Sigma}u\left(\frac{\partial v}{\partial x}\cos\alpha+\frac{\partial v}{\partial y}\cos\beta+\frac{\partial v}{\partial z}\cos\gamma\right)\mathrm{d}S\\&=\oiint_{\Sigma}\left[\left(u\frac{\partial v}{\partial x}\right)\cos\alpha+\left(u\frac{\partial v}{\partial y}\right)\cos\beta+\left(u\frac{\partial v}{\partial z}\right)\cos\gamma\right]\mathrm{d}S,\end{aligned}$$

利用高斯公式，即得

$$\begin{aligned}\oiint_{\Sigma}u\frac{\partial v}{\partial n}\mathrm{d}S&=\iiint_{\Omega}\left[\frac{\partial}{\partial x}\left(u\frac{\partial v}{\partial x}\right)+\frac{\partial}{\partial y}\left(u\frac{\partial v}{\partial y}\right)+\frac{\partial}{\partial z}\left(u\frac{\partial v}{\partial z}\right)\right]\mathrm{d}x\mathrm{d}y\mathrm{d}z\\&=\iiint_{\Omega}u\left(\frac{\partial^2 v}{\partial x^2}+\frac{\partial^2 v}{\partial y^2}+\frac{\partial^2 v}{\partial z^2}\right)\mathrm{d}x\mathrm{d}y\mathrm{d}z+\\&\quad\iiint_{\Omega}\left(\frac{\partial u}{\partial x}\frac{\partial v}{\partial x}+\frac{\partial u}{\partial y}\frac{\partial v}{\partial y}+\frac{\partial u}{\partial z}\frac{\partial v}{\partial z}\right)\mathrm{d}x\mathrm{d}y\mathrm{d}z\\&=\iiint_{\Omega}u\Delta v\mathrm{d}x\mathrm{d}y\mathrm{d}z+\iiint_{\Omega}\left(\frac{\partial u}{\partial x}\frac{\partial v}{\partial x}+\frac{\partial u}{\partial y}\frac{\partial v}{\partial y}+\frac{\partial u}{\partial z}\frac{\partial v}{\partial z}\right)\mathrm{d}x\mathrm{d}y\mathrm{d}z,\end{aligned}$$

将上式右端第二个积分移至左端便得到要证明的格林第一公式.

*9.6.2　曲面积分与曲面无关的条件

曲面积分 $\iint_{\Sigma}P\mathrm{d}y\mathrm{d}z+Q\mathrm{d}z\mathrm{d}x+R\mathrm{d}x\mathrm{d}y$ 在什么样的条件下与曲面 Σ 无关而只取决于 Σ 的边界曲线呢？这问题相当于在什么样的条件下，沿任意闭曲面的曲面积分为零？利用高斯公式可以得到这一问题的答案.

先介绍空间二维单连通区域及一维单连通区域的概念. 如果在空间区域 Ω 内，任意一个闭曲面所围的区域全都属于 Ω，则称 Ω 为**空间二维单连通区域**；如果在空间区域 Ω 内，对任意一条闭曲线，总可以此闭曲线为边界张成一个完全属于 Ω 的曲面，则称 Ω 为**空间一维单连通区域**. 例如，球面所围成的区域既是空间二维单连通的，又是空间一维单连通的；两个同心球面之间的区域是空间一维单连通的，但不是空间二维单连通的.

定理 9.8　设 G 是空间二维单连通区域，$P(x,y,z)$、$Q(x,y,z)$、$R(x,y,z)$ 在 G 内具有一阶连续偏导数，则曲面积分

$$\iint_{\Sigma}P\mathrm{d}y\mathrm{d}z+Q\mathrm{d}z\mathrm{d}x+R\mathrm{d}x\mathrm{d}y$$

在 G 内与所取曲面 Σ 无关而只取决于 Σ 的边界曲线（或沿 G 内

任一闭曲面的曲面积分为零）的充分必要条件是

$$\frac{\partial P}{\partial x}+\frac{\partial Q}{\partial y}+\frac{\partial R}{\partial z}=0 \tag{5}$$

在 G 内恒成立.

证：若式(5)在 G 内恒成立，则由高斯公式(1)立即得到沿 G 内的任意闭曲面 Σ 的曲面积分为零，因此条件(5)是充分的.

反之，设沿 G 内的任一闭曲面的曲面积分为零. 若式(5)在 G 内不恒成立，就是说在 G 内至少存在一点 M_0，使

$$\left.\left(\frac{\partial P}{\partial x}+\frac{\partial Q}{\partial y}+\frac{\partial R}{\partial z}\right)\right|_{M_0}\neq 0,$$

不妨假定

$$\left.\left(\frac{\partial P}{\partial x}+\frac{\partial Q}{\partial y}+\frac{\partial R}{\partial z}\right)\right|_{M_0}=\eta>0,$$

由于$\frac{\partial P}{\partial x}$，$\frac{\partial Q}{\partial y}$，$\frac{\partial R}{\partial z}$在 G 内连续，可以在 G 内取得一个以 M_0 为球心、半径足够小的球形闭区域 Ω_0，使得在 Ω_0 上恒有

$$\frac{\partial P}{\partial x}+\frac{\partial Q}{\partial y}+\frac{\partial R}{\partial z}\geqslant\frac{\eta}{2},$$

于是由高斯公式及重积分的性质就有

$$\oint\!\!\!\oint_{\Sigma_0} P\mathrm{d}y\mathrm{d}z+Q\mathrm{d}z\mathrm{d}x+R\mathrm{d}x\mathrm{d}y=\iiint_{\Omega_0}\left(\frac{\partial P}{\partial x}+\frac{\partial Q}{\partial y}+\frac{\partial R}{\partial z}\right)\mathrm{d}v\geqslant\frac{\eta}{2}\cdot v,$$

这里 Σ_0 是闭区域 Ω_0 的边界曲面的外侧；v 是 Ω_0 的体积. 因为 $\eta>0$，$v>0$，从而

$$\oint\!\!\!\oint_{\Sigma_0} P\mathrm{d}y\mathrm{d}z+Q\mathrm{d}z\mathrm{d}x+R\mathrm{d}x\mathrm{d}y>0,$$

这与假设矛盾，故在 G 内必有

$$\frac{\partial P}{\partial x}+\frac{\partial Q}{\partial y}+\frac{\partial R}{\partial z}=0.$$

*9.6.3 通量与散度

设向量场由

$$\boldsymbol{A}(x,y,z)=P(x,y,z)\boldsymbol{i}+Q(x,y,z)\boldsymbol{j}+R(x,y,z)\boldsymbol{k}$$

给出，其中函数 $P(x,y,z)$、$Q(x,y,z)$、$R(x,y,z)$ 都具有一阶连续偏导数，Σ 是场内的一片有向曲面，则积分

$$\iint_{\Sigma} P\mathrm{d}y\mathrm{d}z+Q\mathrm{d}z\mathrm{d}x+R\mathrm{d}x\mathrm{d}y$$

称为向量场 A 通过曲面 Σ 向着指定侧的**通量**（或**流量**）.

由两类曲面积分之间的关系，通量又可表示为

$$\iint_{\Sigma} P\mathrm{d}y\mathrm{d}z+Q\mathrm{d}z\mathrm{d}x+R\mathrm{d}x\mathrm{d}y=\iint_{\Sigma}\boldsymbol{A}\cdot\boldsymbol{n}\mathrm{d}S=\iint_{\Sigma}\boldsymbol{A}\cdot\mathrm{d}\boldsymbol{S},$$

其中，$\boldsymbol{n}$ 是 Σ 在点 (x,y,z) 处的单位法向量.

对上述向量场 $\boldsymbol{A}$，我们把数量

$$\frac{\partial P}{\partial x}+\frac{\partial Q}{\partial y}+\frac{\partial R}{\partial z}$$

称为向量场 $\boldsymbol{A}$ 在点 (x,y,z) 处的**散度**，记作 $\mathrm{div}\boldsymbol{A}$，即

$$\mathrm{div}\boldsymbol{A}=\frac{\partial P}{\partial x}+\frac{\partial Q}{\partial y}+\frac{\partial R}{\partial z}. \tag{6}$$

由以上概念，高斯公式

$$\iiint_{\Omega}\left(\frac{\partial P}{\partial x}+\frac{\partial Q}{\partial y}+\frac{\partial R}{\partial z}\right)\mathrm{d}v=\oint\!\!\!\oint_{\Sigma} P\mathrm{d}y\mathrm{d}z+Q\mathrm{d}z\mathrm{d}x+R\mathrm{d}x\mathrm{d}y \tag{7}$$

可写成如下向量形式：

$$\iiint_{\Omega}\mathrm{div}\boldsymbol{A}\mathrm{d}v=\iint_{\Sigma}\boldsymbol{A}\cdot\mathrm{d}\boldsymbol{S}. \tag{8}$$

下面我们来解释向量场 $\boldsymbol{A}$ 的散度 $\mathrm{div}\boldsymbol{A}$ 的物理意义.

设稳定流动的不可压缩流体(假定密度为 1)的速度场为

$$A(x,y,z)=P(x,y,z)\boldsymbol{i}+Q(x,y,z)\boldsymbol{j}+R(x,y,z)\boldsymbol{k},$$

其中，P、Q、R 均具有一阶连续偏导数. 设 $M(x,y,z)$ 是场内的一点，任意作一个包围点 M 的封闭曲面 Σ，使 Σ 所围区域 Ω 也位于场内，则由本章上一节可得单位时间内流体经过 Σ 流向外侧的流体总质量(通量)为

$$\oint\!\!\!\oint_{\Sigma}\boldsymbol{A}\cdot\mathrm{d}\boldsymbol{S}=\iint_{\Sigma} P\mathrm{d}y\mathrm{d}z+Q\mathrm{d}z\mathrm{d}x+R\mathrm{d}x\mathrm{d}y.$$

记闭区域 Ω 的体积为 V，则

$$\frac{1}{V}\oint\!\!\!\oint_{\Sigma}\boldsymbol{A}\cdot\mathrm{d}\boldsymbol{S}$$

表示平均单位时间内从单位体积中通过 Σ 流向外侧的流体的质量，称为流速场 A 在 Ω 内的**平均源强**. 由式(8)得

$$\frac{1}{V}\iiint_{\Omega}\mathrm{div}\boldsymbol{A}\mathrm{d}v=\frac{1}{V}\oint\!\!\!\oint_{\Sigma}\boldsymbol{A}\cdot\mathrm{d}\boldsymbol{S},$$

上式左端用积分中值定理，有

$$\mathrm{div}\boldsymbol{A}(M^{*})=\frac{1}{V}\oint\!\!\!\oint_{\Sigma}\boldsymbol{A}\cdot\mathrm{d}\boldsymbol{S},$$

其中，点 M^{*} 是 Ω 内的某个点，令 Ω 向点 $M(x,y,z)$ 处收缩，取上式的极限，得

$$\mathrm{div}\boldsymbol{A}(M)=\lim_{\Omega\to M}\frac{1}{V}\oint\!\!\!\oint_{\Sigma}\boldsymbol{A}\cdot\mathrm{d}\boldsymbol{S}, \tag{9}$$

式(9)右端的极限称为流速场 $\boldsymbol{A}$ 在点 M 处的**源头强度**.

由式(9)可知，向量场 $\boldsymbol{A}$ 的散度 $\mathrm{div}\boldsymbol{A}(M)$ 表示稳定流动的不可压缩流体的速度场 $\boldsymbol{A}$ 在点 M 处的源头强度. 在 $\mathrm{div}\boldsymbol{A}(M)>0$ 的点处，流体从该点向外扩散，表示流体在该点处有正源；在 $\mathrm{div}\boldsymbol{A}(M)<0$ 的点处，流体向该点汇聚，表示流体在该点处有吸收流体的负源；在 $\mathrm{div}\boldsymbol{A}(M)=0$ 的点处，表示流体在该点处无源.

如果向量场 $\boldsymbol{A}$ 的散度处处为零，则称 $\boldsymbol{A}$ 为**无源场**.

散度有下列运算性质：

(1) $\mathrm{div}(C\boldsymbol{A})=C\mathrm{div}\boldsymbol{A}$（$C$ 为常数）；

(2) $\mathrm{div}(\boldsymbol{A}+\boldsymbol{B})=\mathrm{div}\boldsymbol{A}+\mathrm{div}\boldsymbol{B}$；

(3) $\mathrm{div}(u\boldsymbol{A})=u\mathrm{div}\boldsymbol{A}+\mathbf{grad}u\cdot\boldsymbol{A}$（$u$ 为数量函数）.

例 5　求向量场 $\boldsymbol{A}=\mathrm{e}^{xy}\boldsymbol{i}+\cos(xy)\boldsymbol{j}+\cos(xz^2)\boldsymbol{k}$ 的散度.

解：记 $P=\mathrm{e}^{xy}$，$Q=\cos(xy)$，$R=\cos(xz^2)$，则

$$\mathrm{div}\boldsymbol{A}=\frac{\partial}{\partial x}\mathrm{e}^{xy}+\frac{\partial}{\partial y}\cos xy+\frac{\partial}{\partial z}\cos xz^2=y\mathrm{e}^{xy}-x\sin xy-2xz\sin xz^2.$$

例 6　求向量 $\boldsymbol{A}=(2x-z)\boldsymbol{i}+x^2y\boldsymbol{j}-xz^2\boldsymbol{k}$，$\Sigma$ 为立方体 $0\leqslant x\leqslant a$，$0\leqslant y\leqslant a$，$0\leqslant z\leqslant a$ 的全表面，流向外侧的通量.

解：向量场 $\boldsymbol{A}$ 穿过 Σ 流向外侧的通量为

$$\begin{aligned}\Phi&=\oint\!\!\!\oint_{\Sigma}\boldsymbol{A}\cdot\mathrm{d}S=\iiint_{\Omega}\mathrm{div}\boldsymbol{A}\mathrm{d}v\\&=\iiint_{\Omega}(2+x^2-2xz)\mathrm{d}v\\&=2a^3+\int_0^a\mathrm{d}z\int_0^a\mathrm{d}y\int_0^a x^2\mathrm{d}x-2\int_0^a\mathrm{d}y\int_0^a x\mathrm{d}x\int_0^a z\mathrm{d}z\\&=a^3\left(2-\frac{a^2}{6}\right).\end{aligned}$$

习题 9-6

1. 填空题：

(1) $\cos\alpha$，$\cos\beta$，$\cos\gamma$ 是光滑闭曲面 Σ 的外法向量的方向余弦，又 Σ 所围的空间闭区域为 Ω（原点在 Ω 外），则用高斯公式化曲面积分为重积分时，有

$$\oint\!\!\!\oint_{\Sigma}\frac{x\cos\alpha+y\cos\beta+z\cos\gamma}{\sqrt{x^2+y^2+z^2}}\mathrm{d}S=\_\_\_\_\_\_\_\_.$$

(2) 设 Ω 是由光滑闭曲面 Σ 所围成的空间闭区域，其体积记为 V，则沿 Σ 外侧的积分

$$\oint\!\!\!\oint_{\Sigma}(z-y)\mathrm{d}x\mathrm{d}y+(y-x)\mathrm{d}z\mathrm{d}x+(x-z)\mathrm{d}y\mathrm{d}z=\_\_\_\_\_\_\_\_.$$

(3) 设 Σ 是球面 $x^2+y^2+z^2=a^2$ 的内侧，则曲面积分 $\oint\!\!\!\oint_{\Sigma}(x^2+y^2+z^2)\mathrm{d}y\mathrm{d}z=\_\_\_\_\_\_\_\_$.

(4) 向量场 $\boldsymbol{A}=(yz,zx,xy)$ 在点 $M(x,y,z)$ 处的散度 $\mathrm{div}\,\boldsymbol{A}$ 等于________.

2. 求解下列各题：

(1) 计算 $\oint\!\!\!\oint_{\Sigma}x^3\mathrm{d}y\mathrm{d}z+y^3\mathrm{d}z\mathrm{d}x+z^3\mathrm{d}x\mathrm{d}y$，其中 Σ 为

球面 $x^2+y^2+z^2=a^2$ 的外侧；

（2）计算曲面积分 $I=\oiint_{\Sigma}\frac{\cos(\boldsymbol{r},\boldsymbol{n})}{r^2}\mathrm{d}S$，其中 Σ 为 $\frac{x^2}{a^2}+\frac{y^2}{b^2}+\frac{z^2}{c^2}=1$，$\boldsymbol{n}$ 为 Σ 在点 $M(x,y,z)$ 处的外法线向量（即指向 Σ 的外侧的法向量），$\boldsymbol{r}=\overrightarrow{OM}$，$r=|\boldsymbol{r}|$；

（3）计算 $I=\iint_{\Sigma}2(1-x^2)\mathrm{d}y\mathrm{d}z+8xy\mathrm{d}z\mathrm{d}x-4xz\mathrm{d}x\mathrm{d}y$，$\Sigma$ 是由 xOy 面上的弧段 $x=\mathrm{e}^y(0\leqslant y\leqslant a)$ 绕 x 轴旋转所成的旋转面的凸的一侧；

（4）求向量场 $\boldsymbol{A}=(2x+3z)\boldsymbol{i}-(xz+y)\boldsymbol{j}+(y^2+2z)\boldsymbol{k}$ 穿过曲面 Σ 流向指定侧的通量. 这里，Σ 是以点 $(3,-1,2)$ 为球心，半径 $R=3$ 的球面，流向外侧；

（5）$\iint_{\Sigma}(x-1)\mathrm{d}y\mathrm{d}z+(y+1)\mathrm{d}z\mathrm{d}x+z\mathrm{d}x\mathrm{d}y$，其中，$\Sigma$ 是半球面 $z=1-\sqrt{1-x^2-y^2}$ 的下侧；

（6）$\oiint_{\Sigma}(z+xy^2)\mathrm{d}y\mathrm{d}z+(yz^2-xz)\mathrm{d}z\mathrm{d}x+x^2z\mathrm{d}x\mathrm{d}y$，其中，$\Sigma$ 是球面 $x^2+y^2+z^2=2z$ 的外侧.

3. 设空间闭区域 Ω 由曲面 $z=a^2-x^2-y^2$ 与平面 $z=0$ 所围成，Σ 为 Ω 表面外侧，V 为 Ω 的体积，证明：

$$\oiint_{\Sigma}x^2yz^2\mathrm{d}y\mathrm{d}z-xy^2z^2\mathrm{d}z\mathrm{d}x+z(1+xyz)\mathrm{d}x\mathrm{d}y=V(a>0).$$

4. 设 $u(x,y,z)$、$v(x,y,z)$ 是两个定义在闭区域 Ω 上的具有二阶连续偏导数的函数，$\frac{\partial u}{\partial n}$、$\frac{\partial v}{\partial n}$ 依次表示 $u(x,y,z)$、$v(x,y,z)$ 沿 Σ 的外法线方向的方向导数，证明

$$\oiint_{\Sigma}\left(u\frac{\partial v}{\partial n}-v\frac{\partial u}{\partial n}\right)\mathrm{d}S=\iiint_{\Omega}(u\Delta v-v\Delta u)\mathrm{d}x\mathrm{d}y\mathrm{d}z,$$

其中，Σ 是闭区域 Ω 的整个边界曲面. 这个公式称为**格林第二公式**.

*5. 求 $\boldsymbol{A}=(x^2-yz)\boldsymbol{i}+(y^2-xz)\boldsymbol{j}+(z^2-xy)\boldsymbol{k}$ 的散度.

*6. 求下列向量 $\boldsymbol{A}=yz\boldsymbol{i}+xz\boldsymbol{j}+xy\boldsymbol{k}$ 穿过曲面 Σ（圆柱 $x^2+y^2\leqslant R^2(0\leqslant z\leqslant H)$ 的全表面）流向外侧的通量.

9.7 斯托克斯公式 *环流量与旋度

9.7.1 斯托克斯公式

将平面区域上的格林公式推广到空间曲面上去，就得到斯托克斯（Stokes）公式，因此，可以说**斯托克斯公式就是三维的格林公式**. 斯托克斯公式给出了曲面 Σ 上的曲面积分与沿着 Σ 的边界曲线 Γ 的曲线积分之间的关系.

我们先对有向曲面 Σ 的侧与其边界曲线 Γ 的方向做如下规定（见图 9-7-1）：设有人站在 Σ 上指定的一侧，若沿 Γ 行走，若指定侧总在人的左方，则人前进的方向为边界线 Γ 的正向；若沿 Γ 行走，指定侧总在人的右方，则人前进的方向为边界线 Γ 的负向，这个规定方法也称为**右手法则**. 例如，设 Σ 是上半球面 $z=\sqrt{1-x^2-y^2}$ 的上侧，则 Σ 的正向边界就是 xOy 面上逆时针走向的单位圆周.

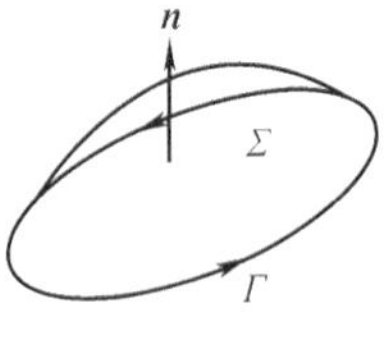

图 9-7-1

定理 9.9 设 Σ 是光滑或分片光滑的有向曲面，Σ 的正向边界 Γ 是光滑或分段光滑的有向闭曲线，函数 $P(x,y,z)$、$Q(x,y,z)$、$R(x,y,z)$ 在曲面 Σ（连同边界 Γ）上具有一阶连续偏导数，则有

$$\iint_{\Sigma}\left(\frac{\partial R}{\partial y}-\frac{\partial Q}{\partial z}\right)\mathrm{d}y\mathrm{d}z+\left(\frac{\partial P}{\partial z}-\frac{\partial R}{\partial x}\right)\mathrm{d}z\mathrm{d}x+\left(\frac{\partial Q}{\partial x}-\frac{\partial P}{\partial y}\right)\mathrm{d}x\mathrm{d}y$$

$$=\oint_{\Gamma}P\mathrm{d}x+Q\mathrm{d}y+R\mathrm{d}z. \tag{1}$$

式(1)称为**斯托克斯公式**.

证：先假定平行于 z 轴的直线与曲面 Σ 的交点不多于一个，并设 Σ 为曲面 $z=z(x,y)$ 的上侧，Σ 的正向边界曲线 Γ 在 xOy 面上的投影为平面有向曲线 C，C 围成的平面闭区域为 D_{xy}(见图 9-7-2).

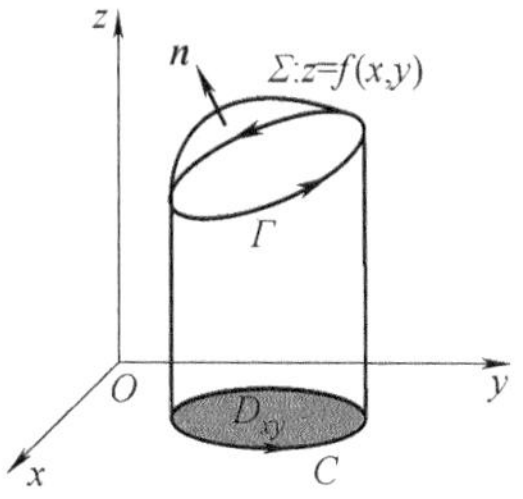

图　9-7-2

下面证明

$$\iint_{\Sigma}\frac{\partial P}{\partial z}\mathrm{d}z\mathrm{d}x-\frac{\partial P}{\partial y}\mathrm{d}x\mathrm{d}y=\oint_{\Gamma}P(x,y,z)\,\mathrm{d}x,$$

一方面，根据两类曲面积分之间的关系，有

$$\iint_{\Sigma}\frac{\partial P}{\partial z}\mathrm{d}z\mathrm{d}x-\frac{\partial P}{\partial y}\mathrm{d}x\mathrm{d}y=\iint_{\Sigma}\left(\frac{\partial P}{\partial z}\cos\beta-\frac{\partial P}{\partial y}\cos\gamma\right)\mathrm{d}S, \tag{2}$$

其中　$$(\cos\alpha,\cos\beta,\cos\gamma)=\frac{1}{\sqrt{1+z_x^2+z_y^2}}(-z_x,-z_y,1),$$

注意到 $\cos\beta=-z_y\cos\gamma$，式(2)可变形为

$$\begin{aligned}\iint_{\Sigma}\frac{\partial P}{\partial z}\mathrm{d}z\mathrm{d}x-\frac{\partial P}{\partial y}\mathrm{d}x\mathrm{d}y&=-\iint_{\Sigma}\left(\frac{\partial P}{\partial z}z_y+\frac{\partial P}{\partial y}\right)\cos\gamma\mathrm{d}S\\&=-\iint_{\Sigma}\left(\frac{\partial P}{\partial z}\cdot z_y+\frac{\partial P}{\partial y}\right)\mathrm{d}x\mathrm{d}y,\\&=-\iint_{D_{xy}}\frac{\partial}{\partial y}P(x,y,z(x,y))\,\mathrm{d}x\mathrm{d}y.\end{aligned} \tag{3}$$

另一方面，因为曲线 Γ 上的点满足方程 $z=z(x,y)$，故

$$\oint_{\Gamma}P(x,y,z)\,\mathrm{d}x=\oint_{\Gamma}P(x,y,z(x,y))\,\mathrm{d}x; \tag{4}$$

根据对坐标曲线积分的定义易知

$$\oint_{\Gamma}P(x,y,z(x,y))\,\mathrm{d}x=\oint_{C}P(x,y,z(x,y))\,\mathrm{d}x,$$

由格林公式，得

$$\oint_{C}P(x,y,z(x,y))\,\mathrm{d}x=-\iint_{D_{xy}}\frac{\partial}{\partial y}P(x,y,z(x,y))\,\mathrm{d}x\mathrm{d}y, \tag{5}$$

由式(4)、式(5)得

$$\oint_{\Gamma}P(x,y,z)\,\mathrm{d}x=-\iint_{D_{xy}}\frac{\partial}{\partial y}P(x,y,z(x,y))\,\mathrm{d}x\mathrm{d}y. \tag{6}$$

比较式(3)、式(6)，得

$$\iint_{\Sigma}\frac{\partial P}{\partial z}\mathrm{d}z\mathrm{d}x-\frac{\partial P}{\partial y}\mathrm{d}x\mathrm{d}y=\oint_{\Gamma}P(x,y,z)\,\mathrm{d}x. \tag{7}$$

如果 Σ 取下侧，Γ 也相应地改成相反的方向，那么式(7)两端同时改变符号，因此式(7)仍成立.

其次，如果平行于 z 轴的直线与曲面 Σ 的交点多于一个，则可作辅助曲线把曲面分成几部分，然后在各部分曲面上应用式(7)并相加. 因为沿辅助曲线而方向相反的两个曲线积分相加时正好抵消，所以对于这一类曲面，式(7)也成立.

类似可证

$$\iint_{\Sigma} \frac{\partial Q}{\partial x}\mathrm{d}x\mathrm{d}y - \frac{\partial Q}{\partial z}\mathrm{d}y\mathrm{d}z = \oint_{\Gamma} Q(x,y,z)\,\mathrm{d}y,$$

$$\iint_{\Sigma} \frac{\partial R}{\partial y}\mathrm{d}y\mathrm{d}z - \frac{\partial R}{\partial x}\mathrm{d}z\mathrm{d}x = \oint_{\Gamma} R(x,y,z)\,\mathrm{d}z,$$

把以上两式与式(7)相加即得斯托克斯公式. 证毕.

为了便于记忆，斯托克斯公式(1)可利用行列式表示为

$$\iint_{\Sigma} \begin{vmatrix} \mathrm{d}y\mathrm{d}z & \mathrm{d}z\mathrm{d}x & \mathrm{d}x\mathrm{d}y \\ \dfrac{\partial}{\partial x} & \dfrac{\partial}{\partial y} & \dfrac{\partial}{\partial z} \\ P & Q & R \end{vmatrix} = \oint_{\Gamma} P\mathrm{d}x + Q\mathrm{d}y + R\mathrm{d}z,$$

其中，$\dfrac{\partial}{\partial y}$与 R 的“积”理解为$\dfrac{\partial R}{\partial y}$，$\dfrac{\partial}{\partial z}$与 Q 的“积”理解为$\dfrac{\partial Q}{\partial z}$等.

利用两类曲面积分之间的联系，可得斯托克斯公式的另一形式：

$$\iint_{\Sigma} \begin{vmatrix} \cos\alpha & \cos\beta & \cos\gamma \\ \dfrac{\partial}{\partial x} & \dfrac{\partial}{\partial y} & \dfrac{\partial}{\partial z} \\ P & Q & R \end{vmatrix} \mathrm{d}S = \oint_{\Gamma} P\mathrm{d}x + Q\mathrm{d}y + R\mathrm{d}z,$$

其中，$(\cos\alpha,\cos\beta,\cos\gamma)$为有向曲面 Σ 在点(x,y,z)处的单位法向量.

如果 Σ 是 xOy 面上的一块平面闭区域，斯托克斯公式就变成了格林公式.

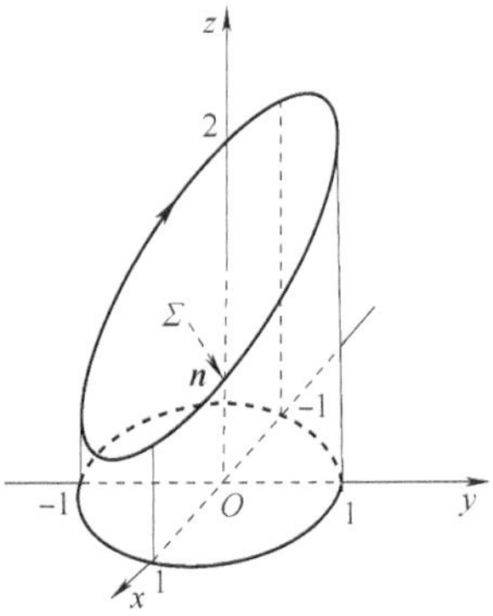

图　9-7-3

例 1　计算曲线积分 $\oint_{L}(z-y)\,\mathrm{d}x+(x-z)\,\mathrm{d}y+(x-y)\,\mathrm{d}z$，其中 L：$\begin{cases} x^2+y^2=1, \\ x-y+z=2 \end{cases}$ 从 z 轴的正向往负向看，L 的方向是顺时针方向(见图 9-7-3).

解：设 Σ 是平面 $x-y+z=2$ 上以 L 为边界的有限部分，其法向量与 z 轴正向的夹角为钝角，Σ 在 xOy 平面上的投影区域为 D_{xy}：$x^2+y^2\leqslant 1$. $P=z-y$，$Q=x-z$，$R=x-y$. 则由斯托克斯公式

$$\oint_{L}(z-y)\,\mathrm{d}x+(x-z)\,\mathrm{d}y+(x-y)\,\mathrm{d}z$$

$$=\iint_{\Sigma}\begin{vmatrix}dydz & dzdx & dxdy\\ \frac{\partial}{\partial x} & \frac{\partial}{\partial y} & \frac{\partial}{\partial z}\\ P & Q & R\end{vmatrix}=\iint_{\Sigma}\begin{vmatrix}dydz & dzdx & dxdy\\ \frac{\partial}{\partial x} & \frac{\partial}{\partial y} & \frac{\partial}{\partial z}\\ z-y & x-z & x-y\end{vmatrix}$$

$$=\iint_{\Sigma}2dxdy=-2\iint_{D_{xy}}dxdy=-2\pi.$$

例 2　计算 $I=\oint_L (y^2-z^2)dx+(2z^2-x^2)dy+(3x^2-y^2)dz$. 其中 L 是平面 $x+y+z=2$ 与柱面 $|x|+|y|=1$ 的交线，从 z 轴的正向看，L 为逆时针方向.

分析：若将曲线化为参数方程，根据曲线积分的计算公式应分段进行计算，比较烦琐. 利用斯托克斯公式化曲线积分为曲面积分或降低曲线积分的维数进行计算则比较简洁.

解：设 Σ 为平面 $x+y+z=2$ 上 L 所围成部分的上侧，$D=\{(x,y)\mid |x|+|y|\leqslant 1\}$ 为 Σ 在 xOy 面上的投影. 由斯托克斯公式，得

$$I=\iint_{\Sigma}\begin{vmatrix}\cos\alpha & \cos\beta & \cos\gamma\\ \frac{\partial}{\partial x} & \frac{\partial}{\partial y} & \frac{\partial}{\partial z}\\ y^2-z^2 & 2z^2-x^2 & 3x^2-y^2\end{vmatrix}dS$$

其中，$(\cos\alpha,\cos\beta,\cos\gamma)=\left(\frac{\sqrt{3}}{3},\frac{\sqrt{3}}{3},\frac{\sqrt{3}}{3}\right)$ 为 Σ 的单位法向量.

$$I=-\frac{2\sqrt{3}}{3}\iint_{\Sigma}(4x+2y+3z)dS$$

$$=-\frac{2\sqrt{3}}{3}\iint_{\Sigma}[4x+2y+3(2-x-y)]dS$$

$$=-\frac{2\sqrt{3}}{3}\iint_{\Sigma}(x-y+6)dS$$

$$=-\frac{2\sqrt{3}}{3}\iint_{D}(x-y+6)\sqrt{1+(-1)^2+(-1)^2}dxdy$$

$$=-2\iint_{D}(x-y+6)dxdy.$$

因为 D 关于两个坐标轴对称，x 和 y 分别为 x 及 y 的奇函数，所以

$$\iint_{D}xdxdy=0,\ \iint_{D}ydxdy=0.$$

于是，有

$$I=-12\iint_{D}dxdy=-24.$$

注意：利用斯托克斯公式进行计算时，曲线 L 的正向与曲面

Σ的侧要符合右手法则.

*9.7.2 空间曲线积分与路径无关的条件

利用格林公式推得了平面曲线积分与路径无关的条件. 类似地，利用斯托克斯公式，可推得空间曲线积分与路径无关的条件.

定理 9.10 设 Ω 是空间一维单连通区域，函数 $P(x,y,z)$、$Q(x,y,z)$、$R(x,y,z)$ 在 Ω 内具有一阶连续偏导数，则下列四个命题等价：

（1）对 Ω 内每一点，都有 $\frac{\partial P}{\partial y}=\frac{\partial Q}{\partial x}$，$\frac{\partial Q}{\partial z}=\frac{\partial R}{\partial y}$，$\frac{\partial R}{\partial x}=\frac{\partial P}{\partial z}$；

（2）对 Ω 内任一闭曲线 Γ，都有 $\oint_\Gamma P\mathrm{d}x+Q\mathrm{d}y+R\mathrm{d}z=0$；

（3）曲线积分 $\int_\Gamma P\mathrm{d}x+Q\mathrm{d}y+R\mathrm{d}z$ 在 Ω 内与路径无关；

（4）表达式 $P\mathrm{d}x+Q\mathrm{d}y+R\mathrm{d}z$ 是某一函数 $u(x,y,z)$ 的全微分，即

$$\mathrm{d}u=P\mathrm{d}x+Q\mathrm{d}y+R\mathrm{d}z,$$

且可取 $u(x,y,z)=\int_{(x_0,y_0,z_0)}^{(x,y,z)}P\mathrm{d}x+Q\mathrm{d}y+R\mathrm{d}z$，其中 (x_0,y_0,z_0) 是 Ω 内一定点，(x,y,z) 是 Ω 内的动点.

上述定理的证明类似于平面曲线积分与路径无关性的证明，这里从略，定理的应用也类似于平面曲线积分与路径无关的应用.

9.7.3 环流量与旋度

设向量场

$$\boldsymbol{A}(x,y,z)=P(x,y,z)\boldsymbol{i}+Q(x,y,z)\boldsymbol{j}+R(x,y,z)\boldsymbol{k},$$

则沿场 $\boldsymbol{A}$ 中某一封闭的有向曲线 Γ 的曲线积分

$$\oint_\Gamma P\mathrm{d}x+Q\mathrm{d}y+R\mathrm{d}z, \tag{8}$$

称为向量场 $\boldsymbol{A}$ 沿有向闭曲线 Γ 的**环流量**. 简单来说，就是单位时间内环绕某个曲线的量. 在二维、三维向量场中有类似的情况. 例如在单位时间内，一艘船在水流中受到多少旋转的力就称为环流量.

当 $P(x,y,z)$、$Q(x,y,z)$，$R(x,y,z)$ 都具有一阶连续偏导数时，称向量

$$\left(\frac{\partial R}{\partial y}-\frac{\partial Q}{\partial z}\right)\boldsymbol{i}+\left(\frac{\partial P}{\partial z}-\frac{\partial R}{\partial x}\right)\boldsymbol{j}+\left(\frac{\partial Q}{\partial x}-\frac{\partial P}{\partial y}\right)\boldsymbol{k}$$

为向量场 $\boldsymbol{A}$ 的**旋度**，记作 $\mathbf{rot}\boldsymbol{A}$，即

$$\mathbf{rot}\,\boldsymbol{A}=\left(\frac{\partial R}{\partial y}-\frac{\partial Q}{\partial z}\right)\boldsymbol{i}+\left(\frac{\partial P}{\partial z}-\frac{\partial R}{\partial x}\right)\boldsymbol{j}+\left(\frac{\partial Q}{\partial x}-\frac{\partial P}{\partial y}\right)\boldsymbol{k}. \tag{9}$$

此旋度也可以写成如下便于记忆的行列式形式：

$$\mathbf{rot}\,\boldsymbol{A}=\begin{vmatrix}\boldsymbol{i} & \boldsymbol{j} & \boldsymbol{k}\\ \dfrac{\partial}{\partial x} & \dfrac{\partial}{\partial y} & \dfrac{\partial}{\partial z}\\ P & Q & R\end{vmatrix}.$$

显然，根据定义，旋度是一个向量，通过不断缩小封闭区域就可以得到环流量的强度而得到.

旋度有如下的运算性质：

（1）$\mathbf{rot}(C\boldsymbol{A})=C\,\mathbf{rot}\,\boldsymbol{A}$（$C$ 为常数）；

（2）$\mathbf{rot}(\boldsymbol{A}\pm\boldsymbol{B})=\mathbf{rot}\,\boldsymbol{A}\pm\mathbf{rot}\,\boldsymbol{B}$；

（3）$\mathbf{rot}(u\boldsymbol{A})=u\,\mathbf{rot}\,\boldsymbol{A}+\mathbf{grad}\,u\times\boldsymbol{A}$（$u$ 为数量函数）.

例 3　设向量场 $\boldsymbol{A}=(x^2-y)\boldsymbol{i}+4z\boldsymbol{j}+x^2\boldsymbol{k}$，求：

（1）向量场 $\boldsymbol{A}$ 的旋度；

（2）向量场 $\boldsymbol{A}$ 沿闭曲线 Γ 的环流量，其中 Γ 为锥面 $z=\sqrt{x^2+y^2}$ 与平面 $z=2$ 的交线，从 z 轴正向看 Γ 为逆时针方向.

解：（1）向量场 $\boldsymbol{A}$ 的旋度

$$\mathbf{rot}\,\boldsymbol{A}=\begin{vmatrix}\boldsymbol{i} & \boldsymbol{j} & \boldsymbol{k}\\ \dfrac{\partial}{\partial x} & \dfrac{\partial}{\partial y} & \dfrac{\partial}{\partial z}\\ x^2-y & 4z & x^2\end{vmatrix}=-4\boldsymbol{i}-2x\boldsymbol{j}+\boldsymbol{k}.$$

（2）记平面 $z=2$ 被圆锥面 $z=\sqrt{x^2+y^2}$ 截下部分为 Σ，Σ 上任意点处的单位法向量为 $(\cos\alpha,\cos\beta,\cos\gamma)=(0,0,1)$，$\Sigma$ 在 xOy 面上的投影区域记为 D_{xy}，按斯托克斯公式，向量场 $\boldsymbol{A}$ 沿闭曲线 Γ 的环流量为

$$\oint_{\Gamma}(x^2-y)\,\mathrm{d}x+4z\,\mathrm{d}y+x^2\,\mathrm{d}z=\iint_{\Sigma}\begin{vmatrix}\cos\alpha & \cos\beta & \cos\gamma\\ \dfrac{\partial}{\partial x} & \dfrac{\partial}{\partial y} & \dfrac{\partial}{\partial z}\\ x^2-y & 4z & x^2\end{vmatrix}\mathrm{d}S$$

$$=\iint_{\Sigma}\mathrm{d}S=\iint_{D_{xy}}\mathrm{d}x\mathrm{d}y=\pi\times 2^2=4\pi.$$

由斯托克斯公式及旋度，得

$$\iint_{\Sigma}\left[\left(\frac{\partial R}{\partial y}-\frac{\partial Q}{\partial z}\right)\cos\alpha+\left(\frac{\partial P}{\partial z}-\frac{\partial R}{\partial x}\right)\cos\beta+\left(\frac{\partial Q}{\partial x}-\frac{\partial P}{\partial y}\right)\cos\gamma\right]\mathrm{d}S$$

$$= \iint_{\Sigma} \mathbf{rot}\,\boldsymbol{A} \cdot \boldsymbol{n}\mathrm{d}S = \iint_{\Sigma} (\mathbf{rot}\,\boldsymbol{A})_n \mathrm{d}S.$$

（其中 $\boldsymbol{n}=(\cos\alpha,\cos\beta,\cos\gamma)$ 为曲面上在点 (x,y,z) 处的单位法向量，$(\mathbf{rot}\,\boldsymbol{A})_n$ 表示 $\mathbf{rot}\,\boldsymbol{A}$ 在 $\boldsymbol{n}$ 上的投影.）

$$\oint_{\Gamma} (P\cos\alpha_1 + Q\cos\beta_1 + R\cos\gamma_1)\mathrm{d}s = \oint_{\Gamma} \boldsymbol{A} \cdot \boldsymbol{t}\mathrm{d}s = \oint_{\Gamma} A_t \mathrm{d}s.$$

（其中 $\boldsymbol{t}=(\cos\alpha_1,\cos\beta_1,\cos\gamma_1)$ 为正向边界曲线 Γ 在点 (x,y,z) 处的单位切向量，A_t 表示向量 $\boldsymbol{A}$ 在 $\boldsymbol{t}$ 上的投影.）

所以斯托克斯公式又可以写为

$$\iint_{\Sigma} (\mathbf{rot}\,\boldsymbol{A})_n \mathrm{d}S = \oint_{\Gamma} A_t \mathrm{d}s.$$

在流量问题中，称 $\oint_{\Gamma} A_t \mathrm{d}s$ 沿曲线 Γ 的环流量，表示流速为 $\boldsymbol{A}$ 的不可压缩流体在单位时间内沿曲线 Γ 的流体总量，反映了流体沿 Γ 旋转时的强弱程度. 当 $\mathbf{rot}\,\boldsymbol{A}=\mathbf{0}$ 时，沿着任意封闭曲线的环流量为零，即流体流动时不形成漩涡，这时称向量场 $\boldsymbol{A}$ 为无旋场. 而一个无源且无旋的向量场称为调和场. 调和场是物理学中另一个重要的向量场，这种场与调和函数有密切的关系.

图　9-7-4

斯托克斯公式表明：向量场 $\boldsymbol{A}$ 沿有向闭曲线 Γ 的环流量等于向量场 $\boldsymbol{A}$ 的旋度场通过 Γ 所张的曲面的通量，这里 Γ 与 Σ 的正向符合右手法则. 图 9-7-4 所示为一架农业飞机翼尖激起的气流. 烟雾成顺时针或逆时针方向运动，对应的旋度在飞机前行的方向上.

下面用斯托克斯公式来说明向量场 $\boldsymbol{A}$ 的旋度 $\mathbf{rot}\,\boldsymbol{A}$ 的物理意义.

设向量场 $\boldsymbol{A}$ 定义在区域 Ω 内，M 为 Ω 内一点，在点 M 处任意取定一个单位向量 $\boldsymbol{n}$，过点 M 作一以 $\boldsymbol{n}$ 为法向量的有向平面 π，在 π 上任取一条包围点 M 的光滑闭曲线 Γ，记有向平面上 Γ 所围的部分为 Σ，Γ 的正向与 Σ 的侧符合右手规则（见图 9-7-5），则

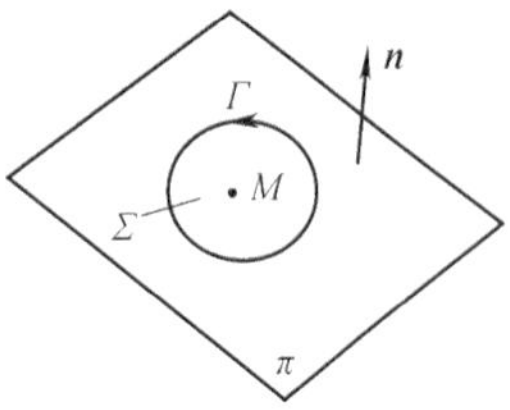

图　9-7-5

$$\iint_{\Sigma} \mathbf{rot}\,\boldsymbol{A} \cdot \mathrm{d}\boldsymbol{S} = \iint_{\Sigma} (\mathbf{rot}\,\boldsymbol{A} \cdot \boldsymbol{n})\mathrm{d}S = \oint_{\Gamma} \boldsymbol{A} \cdot \mathrm{d}\boldsymbol{r}.$$

记曲面 Σ 的面积为 A，有

$$\frac{1}{A}\iint_{\Sigma} (\mathbf{rot}\,\boldsymbol{A} \cdot \boldsymbol{n})\mathrm{d}S = \frac{1}{A}\oint_{\Gamma} \boldsymbol{A} \cdot \mathrm{d}\boldsymbol{r},$$

上式左端用积分中值定理，得

$$[\mathbf{rot}\,\boldsymbol{A} \cdot \boldsymbol{n}]_{M^*} = \frac{1}{A}\oiint_{\Sigma} \boldsymbol{A} \cdot \mathrm{d}\boldsymbol{S},$$

其中，点 M^* 是 Σ 上的某个点，令 Σ 向点 $M(x,y,z)$ 处收缩，取上式的极限，得

$$[\mathbf{rot}\boldsymbol{A}\cdot\boldsymbol{n}]_M=\lim_{\Sigma\to M}\frac{1}{A}\oint_{\Sigma}\boldsymbol{A}\cdot \mathrm{d}\boldsymbol{S}. \tag{10}$$

物理上把式(10)右端环流量对面积的变化率 $\lim\limits_{\Sigma\to M}\frac{1}{A}\oint_{\Sigma}\boldsymbol{A}\cdot \mathrm{d}\boldsymbol{S}$ 称为**环量密度**. 由式(10)可知，环量密度是与点 M 及方向 $\boldsymbol{n}$ 相关的量，当 $\boldsymbol{n}$ 的方向与旋度 $\mathbf{rot}\boldsymbol{A}$ 的方向一致时，环量密度取得最大值：

$$[\mathbf{rot}\boldsymbol{A}\cdot\boldsymbol{n}]_M=|\mathbf{rot}\boldsymbol{A}|.$$

换句话说，向量场在点 $M(x,y,z)$ 处的旋度是一个向量，此向量的方向是使环量密度取最大值的方向，此向量的模正是该点处最大环量密度的值.

例 4　设一刚体以匀角速度 $\boldsymbol{\omega}=(0,0,\omega)$ 绕 z 轴旋转，刚体上每一点都具有线速度，于是构成一个线速度场 v，求该线速度场的旋度.

解： 设 $M(x,y,z)$ 为刚体上任意点，则点 M 的向径

$$\boldsymbol{r}=\overrightarrow{OM}=(x,y,z).$$

由运动学知，点 M 的线速度

$$\boldsymbol{v}=\boldsymbol{\omega}\times\boldsymbol{r}=\begin{vmatrix}\boldsymbol{i}&\boldsymbol{j}&\boldsymbol{k}\\0&0&\omega\\x&y&z\end{vmatrix}=(-\omega y,\omega x,0),$$

于是

$$\mathbf{rot}\boldsymbol{v}=\begin{vmatrix}\boldsymbol{i}&\boldsymbol{j}&\boldsymbol{k}\\\frac{\partial}{\partial x}&\frac{\partial}{\partial y}&\frac{\partial}{\partial z}\\-\omega y&\omega x&0\end{vmatrix}=(0,0,2\omega)=2\boldsymbol{\omega},$$

即 $\mathbf{rot}\boldsymbol{v}$ 是角速度 $\boldsymbol{\omega}$ 的两倍. 这就是说，在刚体绕固定轴旋转的线速度场中任一点处的旋度，恰好等于刚体旋转角速度的常数倍. “旋度”的名称即由此得来.

习题 9-7

1. 填空题：

(1) 向量场 $\boldsymbol{A}=(xy,yz,zx)$ 在点 $M(-1,2,-3)$ 处的旋度 $\mathbf{rot}\boldsymbol{A}$ 是________.

(2) 设 $f(x,y,z)$ 具有连续的二阶偏导数，则 $\mathbf{rot}[\mathbf{grad}f(x,y,z)]=$_______.

2. 求解下列各题：

(1) $\oint_{\Gamma}3y\mathrm{d}x-xz\mathrm{d}y+yz^2\mathrm{d}z$，其中 Γ 是圆周 $x^2+y^2=2z$，$z=2$，若从 z 轴的正向看去，这圆周是取逆时针方向；

(2) 利用斯托克斯公式把曲面积分 $\iint_{\Sigma}\mathbf{rot}\boldsymbol{A}\cdot\boldsymbol{n}\mathrm{d}S$ 化为曲线积分，并计算积分值，其中 $\boldsymbol{A}=y^2\boldsymbol{i}+xy\boldsymbol{j}+xz\boldsymbol{k}$，$\Sigma$ 为上半球面 $z=\sqrt{1-x^2-y^2}$ 的上侧，$\boldsymbol{n}$ 是 Σ 的单位法向量；

(3) $\oint_\Gamma y\mathrm{d}x+z\mathrm{d}y+x\mathrm{d}z$，其中$\Gamma$为圆周$x^2+y^2+z^2=R^2$，$x+y+z=0$，若从$x$轴的正向看去，这圆周是取逆时针方向；

(4) $\oint_\Gamma xy\mathrm{d}x+yz\mathrm{d}y+zx\mathrm{d}z$，其中$\Gamma$为以$(1,0,0)$，$(0,3,0)$，$(0,0,3)$为顶点的三角形的周界，从$x$轴的正向看去，$\Gamma$是取顺时针方向.

*3. 求向量场$=(2x+z)\boldsymbol{i}+(x-2y)\boldsymbol{j}+(2y-z)\boldsymbol{k}$的旋度.

*4. 求下列向量场$\boldsymbol{A}$沿闭曲面(从z轴正向看Γ依逆时针方向)的环流量：

(1) $\boldsymbol{A}=-y\boldsymbol{i}+x\boldsymbol{j}+\boldsymbol{k}$，$\Gamma$是圆周$x^2+y^2=1$，$z=0$；

(2) $\boldsymbol{A}=(x-z)\boldsymbol{i}+(x^3+yz)\boldsymbol{j}+-3xy^2\boldsymbol{k}$，$\Gamma$是圆周$z=2-\sqrt{x^2+y^2}$，$z=0$.

总习题 9

1. 填空题：

(1) 设L是圆周$x^2+y^2=a^2$的第一象限部分，则$\int_L xy\mathrm{d}s=$________.

(2) 设L是抛物线$y=x^2$上从$O(0,0)$到$A(1,1)$的一段弧，则$\int_L xy\mathrm{d}x+(y-x)\mathrm{d}y=$________.

(3) 为使$\int_{AB} f(x,y)(y\mathrm{d}x+x\mathrm{d}y)$与积分路径无关，则可微函数$f(x,y)$应满足________.

(4) 设有一分布着质量的曲面Σ，在点(x,y,z)处它的面密度为$\rho(x,y,z)$，则该曲面对于Z轴的转动惯量的表达式是$I_z=$________.

(5) 设光滑闭曲面Σ围成的空间区域为Ω，则用高斯公式化曲面积分为重积分时，有$\oiint_\Sigma xy\mathrm{d}x\mathrm{d}y+zx\mathrm{d}z\mathrm{d}x+yz\mathrm{d}y\mathrm{d}z=$________________.

(6) 设锥面$z^2=x^2+y^2(0\leqslant z\leqslant 1)$上任一点的面密度等于该点到坐标原点的距离，则此曲面的质量$M=$________.

(7) 设Ω是由锥面$z=\sqrt{x^2+y^2}$与半球面$z=\sqrt{R^2-x^2-y^2}$围成的空间区域，Σ是Ω的整个边界的外侧，则$\iint_\Sigma x\mathrm{d}y\mathrm{d}z+y\mathrm{d}z\mathrm{d}x+z\mathrm{d}x\mathrm{d}y=$________.

(8) 设向量场$\boldsymbol{A}=x^2y\boldsymbol{i}+y^2z\boldsymbol{j}+z^2x\boldsymbol{k}$，则$\operatorname{div}(\mathbf{rot}\,\boldsymbol{A})=$________.

2. 选择题：

(1) 设L是以$O(0,0)$，$A(1,0)$，$B(0,1)$为顶点的三角形边界，则$\int_L(x+y)\mathrm{d}s=(\quad)$.

A. $\sqrt{2}$　　B. $2+\sqrt{2}$

C. $1+\sqrt{2}$　　D. $1+2\sqrt{2}$

(2) 设L是抛物线$y^2=x$上从$A(1,-1)$到$B(1,1)$的一段弧，$P(x,y)$是连续函数，则$\int_L P(x,y)\mathrm{d}x=(\quad)$.

A. $2\int_0^1 P(x,\sqrt{x})\mathrm{d}x$

B. $2\int_{-1}^0 P(x,-\sqrt{x})\mathrm{d}x$

C. $\int_0^1 P(x,-\sqrt{x})\mathrm{d}x+\int_0^1 P(x,\sqrt{x})\mathrm{d}x$

D. $\int_1^0 P(x,-\sqrt{x})\mathrm{d}x+\int_0^1 P(x,\sqrt{x})\mathrm{d}x$

(3) 设L是圆域$x^2+y^2\leqslant -2x$的正向周界，则$\oint_L(x^3-y)\mathrm{d}x+(x-y^3)\mathrm{d}y=(\quad)$.

A. -2π　　B. 0

C. $\dfrac{3}{2}\pi$　　D. 2π

(4) 设Σ是平面$2x+2y+z-2=0$被三个坐标面所割下的在第一卦限的部分，则$\iint_\Sigma(2x+2y+z)\mathrm{d}S=(\quad)$.

A. $\dfrac{3}{4}$　　B. $\dfrac{3}{2}$

C. 3　　D. 6

(5) 设曲线L是整个圆周$x^2+y^2=a^2$，曲线L_1是L在第一象限中的部分，则(　　).

A. $\int_L x\mathrm{d}s=4\int_{L_1}x\mathrm{d}s$　　B. $\int_L y\mathrm{d}s=4\int_{L_1}x\mathrm{d}s$

C. $\int_L xy\mathrm{d}s=4\int_{L_1}x^2\mathrm{d}s$　　D. $\int_L x^2\mathrm{d}s=2\int_{L_1}(x^2+y^2)\mathrm{d}s$

(6) 设曲线L是以$A(1,0)$，$B(0,1)$，$C(-1,0)$，

$D(0,-1)$为顶点的正方形依逆时针方向的周界，则曲线积分$\oint_L \frac{dx+dy}{|x|+|y|}=($　　$)$.

A. -1　　B. 0　　C. 1　　D. 2

（7）设 Σ 是球面 $x^2+y^2+z^2=R^2$，则 $\iint_\Sigma (x^2+y^2+z^2)dS=($　　$)$.

A. πR^4　　B. $2\pi R^4$

C. $4\pi R^4$　　D. $6\pi R^4$

（8）若 Σ 是 xOy 面上方的抛物面 $z=2-x^2-y^2$，且 $f(x,y,z)=x^2+y^2$，则曲面积分 $\iint_\Sigma f(x,y,z)dS$ 的物理意义为(　　).

A. 表示面密度为 1 的曲面 Σ 对 z 轴的转动惯量

B. 表示面密度为 x^2+y^2 的曲面 Σ 对 z 轴的转动惯量

C. 表示面密度为 1 的曲面 Σ 的质量

D. 表示密度为 1 的流体通过曲面 Σ 指定侧的流量

3. 计算下列曲线积分：

（1）$\oint_L \sqrt{x^2+y^2}ds$，其中 L 是圆周 $x^2+y^2=ax$；

（2）$\int_L \sin 2x dx+2(x^2-1)ydy$，其中 L 是曲线 $y=\sin x$ 上从点$(0,0)$到点$(\pi,0)$的一段；

（3）$\int_L (e^x\sin y-b(x+y))dx+(e^x\cos y-ax)dy$，其中，$a$，$b$ 为正常数，L 为从点 $A(2a,0)$ 沿曲线 $z=\sqrt{2ax-x^2}$ 到点 $O(0,0)$；

（4）$\oint_\Gamma xyzdz$，其中 Γ 是用平面 $y=z$ 截球面 $x^2+y^2+z^2=1$ 所得的截痕，从 z 轴正向看去，沿逆时针方向.

4. 计算下列曲面积分：

（1）计算 $\iint_\Sigma (x^2+y^2)dS$，其中 Σ 为抛物面 $z=2-(x^2+y^2)$ 在 xOy 面上方部分；

（2）$\oiint_\Sigma 2xzdydz+yzdzdx-z^2dxdy$，其中 Σ 是由锥面 $z=\sqrt{x^2+y^2}$ 与半球面 $z=\sqrt{2-x^2-y^2}$ 所围成的区域的边界曲面的外侧；

（3）计算 $\iint_\Sigma x^2dydz$，其中 Σ 为球面 $x^2+y^2+z^2=R^2$ 在第一卦限部分的上侧；

（4）计算 $\iint_\Sigma (x^3\cos\alpha+y^3\cos\beta+z^3\cos\gamma)dS$，其中 Σ 为锥面 $z^2=x^2+y^2$ 在 $-1\leqslant z\leqslant 0$ 的部分，$\cos\alpha$，$\cos\beta$，$\cos\gamma$ 是其法线向量的方向余弦，且 $\cos\gamma\geqslant 0$.

5. 证明：$\frac{xdx+ydy}{x^2+y^2}$在整个 xOy 平面除去 y 的负半轴及原点的单连通域内是某个二元函数的全微分，并求出一个这样的二元函数.

6. 确定 λ 的值，使曲线积分 $\int_A^B (x^4+4xy^\lambda)dx+(6x^{\lambda-1}y^2-5y^4)dy$ 与路径无关. 并求当 A，B 分别为 $(0,0)$，$(1,2)$时，该曲线积分的值.

7. 求均匀半球面 $z=\sqrt{a^2-x^2-y^2}$ 的质心的坐标.

8. 设圆柱螺线 $\Gamma:\begin{cases}x=\cos t,\\ y=\sin t\left(0\leqslant t\leqslant \frac{\pi}{2}\right),\\ z=t\end{cases}$ 其密度分布与 x，y 无关，而与 z 成正比，求这一段螺线的质量.

第 10 章 无穷级数

“研究数学如同研究其他科学一样，当明白自己陷入某种不可思议的状态时，往往离新发现只剩一半路程了.”

——狄利克雷

无穷级数是数与函数的一种重要表达形式，其思想早在公元前4世纪萌芽，到16至17世纪许多微积分的重要结果都依赖于无穷级数的使用，许多复杂的函数只能将其展成无穷级数并进行逐项积分和逐项求导，才能加以处理，牛顿曾给出用无穷级数求解代数方程和微分方程的待定系数法. 直到19世纪，柯西以极限语言严格地建立了完整的级数理论. 可以说，研究无穷级数的和就是研究数列及其极限的另一种形式，而它在讨论极限的时候却又显示出极大的优越性.

本章先给出了常数项级数的概念及其判定方法，然后过渡到函数项级数，主要介绍两类函数项级数——幂级数与傅里叶级数的收敛、展开及应用.

基本要求：

1. 理解无穷级数收敛、发散以及收敛级数的和的概念，了解无穷级数的基本性质及收敛的必要条件.

2. 了解正项级数的比较判别法以及几何级数与 p-级数的敛散性，掌握正项级数的比值判别法.

3. 了解交错级数的莱布尼茨定理，了解绝对收敛与条件收敛的概念及其与收敛的关系.

4. 了解函数项级数的收敛域与和函数的概念，掌握简单幂级数收敛区间的求法，了解幂级数在其收敛区间内的基本性质(和函数的连续性、逐项求导和逐项积分)，会求一些幂级数在收敛区间内的和函数，并会由此求出某些数项级数的和.

5. 了解函数展开为泰勒级数的充分必要条件，掌握 e^x，$\sin x$，$\cos x$，$\ln(1+x)$及$(1+x)^\alpha$ 的麦克劳林(Maclaurin)展开式，会用它们将一些简单函数间接展开为幂级数，了解利用函数的幂级数展开式进行近似计算.

6. 了解傅里叶级数的概念和狄利克雷收敛定理，会将定义在 $[-l,l]$ 上的函数展开为傅里叶级数，会将定义在 $[0,l]$ 上的函数展开为正弦级数与余弦级数，会写出傅里叶级数的和函数的表达式.

知识结构图：

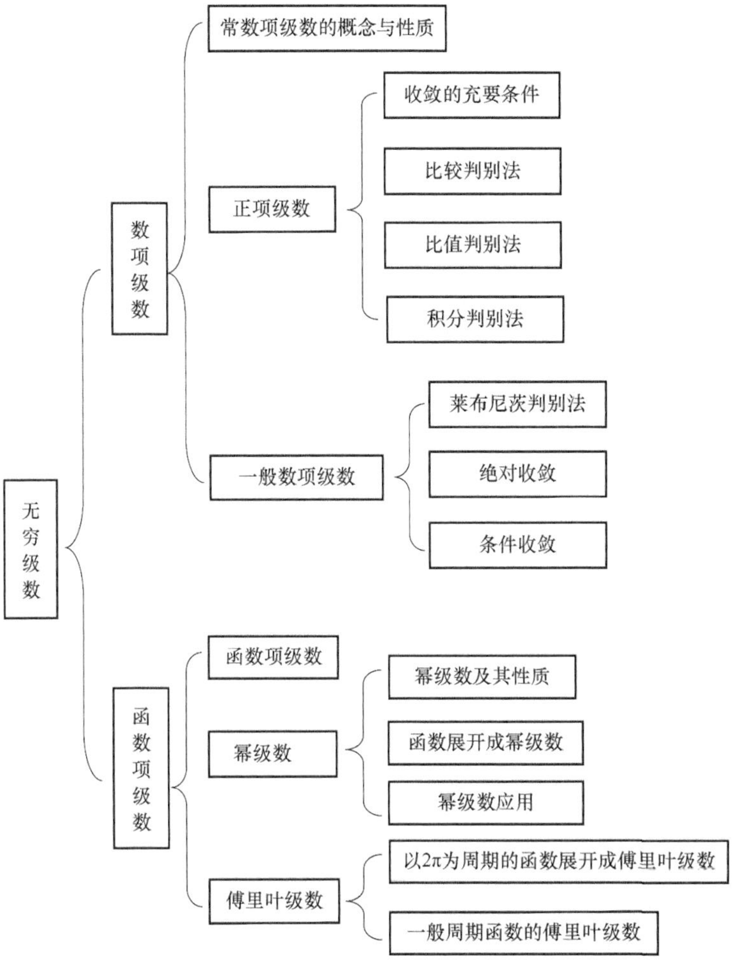

10.1 常数项的概念与性质

10.1.1 常数项级数的概念

引例　中国古代《庄子·天下篇》中记载了一个著名命题：“一尺之棰，日取其半，万世不竭.”每天取下的木棒得到以下数列

$$\frac{1}{2},\ \frac{1}{2^2},\ \frac{1}{2^3},\ \cdots,\ \frac{1}{2^n},\ \cdots,$$

若对数列求和，则

$$\frac{1}{2}+\frac{1}{2^2}+\frac{1}{2^3}+\cdots+\frac{1}{2^n}\to 1, \quad n\to\infty .$$

定义 10.1 对于数列

$$u_1, u_2, u_3, \cdots, u_n, \cdots,$$

由该数列构成的表达式

$$u_1+u_2+u_3+\cdots+u_n+\cdots \tag{1}$$

称为(常数项)无穷级数(简称级数)，记为 $\sum\limits_{n=1}^{\infty} u_n$，即

$$\sum_{n=1}^{\infty} u_n = u_1+u_2+u_3+\cdots+u_n+\cdots, \tag{2}$$

式中的每一个数称为级数的项，其中 u_n 称为级数的一般项或通项，级数(2)前 n 项的和

$$s_n = u_1+u_2+u_3+\cdots+u_n = \sum_{i=1}^{n} u_i \tag{3}$$

称为级数(2)的部分和.

当 n 依次取 1，2，3，…时，得到级数(2)的部分和数列 $\{s_n\}$，即

$$s_1=u_1, \quad s_2=u_1+u_2, \quad \cdots, \quad s_n=u_1+u_2+\cdots+u_n, \quad \cdots,$$

根据部分和数列 $\{s_n\}$ 是否存在极限，我们引入级数(2)收敛与发散的概念.

定义 10.2 如果级数 $\sum\limits_{n=1}^{\infty} u_n$ 的部分和数列为 $\{s_n\}$ 有极限 s，即

$$\lim_{n\to\infty} s_n = s,$$

则称无穷级数 $\sum\limits_{n=1}^{\infty} u_n$ 收敛，极限 s 称为级数 $\sum\limits_{n=1}^{\infty} u_n$ 的和，并写成

$$s = \sum_{n=1}^{\infty} u_n = u_1+u_2+u_3+\cdots+u_n+\cdots,$$

如果 $\lim\limits_{n\to\infty} s_n$ 不存在，则称无穷级数 $\sum\limits_{n=1}^{\infty} u_n$ 发散.

注意： 级数 $\sum\limits_{n=1}^{\infty} u_n$ 是否收敛，取决于其部分和数列 $\{s_n\}$ 是否有极限，即级数 $\sum\limits_{n=1}^{\infty} u_n$ 与数列 $\{s_n\}$ 同时收敛或同时发散.

例 1 讨论级数

$$\sum_{n=1}^{\infty} aq^{n-1} = a + aq + aq^2 + \cdots + aq^{n-1} + \cdots (a \neq 0)$$

的敛散性.

注意：上述级数称为等比级数或几何级数，其中 q 为公比.

解：先求几何级数的部分和，当 $|q|\neq 1$ 时，

$$s_n=a+aq+aq^2+\cdots+aq^{n-1}=\frac{a(1-q^n)}{1-q}.$$

若 $|qk|$，有 $\lim\limits_{n\to\infty}q^n=0$，则 $\lim\limits_{n\to\infty}s_n=\frac{a}{1-q}$.

若 $|q|>1$，有　$\lim\limits_{n\to\infty}q^n=\infty$，则 $\lim\limits_{n\to\infty}s_n=\infty$.

当 $|q|=1$ 时，若 $q=-1$，则级数变为 $s_n=a-a+\cdots+(-1)^{n-1}a=\frac{1}{2}a[1-(-1)^n]$，易知 $\lim\limits_{n\to\infty}s_n$ 不存在.

若 $q=1$，有 $s_n=na$，则 $\lim\limits_{n\to\infty}s_n=\infty$.

综上所述，当 $|q|<1$ 时，几何级数 $\sum\limits_{n=1}^{\infty}aq^{n-1}$ 收敛，其和为 $\frac{a}{1-q}$；当 $|q|\geqslant 1$ 时，$\sum\limits_{n=1}^{\infty}aq^{n-1}$ 发散.

例 2　讨论级数

$$\frac{1}{1\cdot 2}+\frac{1}{2\cdot 3}+\cdots+\frac{1}{n(n+1)}+\cdots$$

的敛散性.

解：先求级数的部分和

$$s_n=\frac{1}{1\cdot 2}+\frac{1}{2\cdot 3}+\cdots+\frac{1}{n(n+1)}$$

$$=1-\frac{1}{2}+\frac{1}{2}-\frac{1}{3}+\cdots+\frac{1}{n}-\frac{1}{n+1}=1-\frac{1}{n+1},$$

再对部分和序列求极限，得

$$\lim_{n\to\infty}s_n=\lim_{n\to\infty}\left(1-\frac{1}{n+1}\right)=1.$$

因此，级数 $\frac{1}{1\cdot 2}+\frac{1}{2\cdot 3}+\cdots+\frac{1}{n(n+1)}+\cdots$ 收敛，其和为 1.

例 3　讨论级数

$$\ln\left(1-\frac{1}{2}\right)+\ln\left(1-\frac{1}{3}\right)+\cdots+\ln\left(1-\frac{1}{n+1}\right)+\cdots$$

的敛散性.

解：先求级数的部分和

$$s_n=\ln\frac{1}{2}+\ln\frac{2}{3}+\cdots+\ln\frac{n}{n+1}$$

$$=\ln\left(\frac{1}{2}\cdot\frac{2}{3}\cdot\frac{3}{4}\cdot\cdots\cdot\frac{n}{n+1}\right)=-\ln(n+1),$$

再对部分和序列求极限，得

$$\lim_{n\to\infty}s_n=-\lim_{n\to\infty}\ln(n+1)=-\infty,$$

因此，级数 $\ln\left(1-\frac{1}{2}\right)+\ln\left(1-\frac{1}{3}\right)+\cdots+\ln\left(1-\frac{1}{n+1}\right)+\cdots$ 发散.

10.1.2 常数项级数的性质

定义 10.3 当级数

$$\sum_{n=1}^{\infty}u_n=u_1+u_2+u_3+\cdots+u_n+\cdots$$

收敛时，称

$$r_n=s-s_n=u_{n+1}+u_{n+2}+\cdots$$

为级数的余项.

注意： 由级数和的定义，当级数收敛时，有

$$\lim_{n\to\infty}r_n=s-\lim_{n\to\infty}s_n=0.$$

特别地，级数的一般项满足

$$\lim_{n\to\infty}u_n=\lim_{n\to\infty}s_{n+1}-\lim_{n\to\infty}s_n=0.$$

性质 1（级数收敛的必要条件） 若级数 $\sum_{n=1}^{\infty}u_n$ 收敛，则 $\lim_{n\to\infty}u_n=0$.

推论 1 若级数 $\sum_{n=1}^{\infty}u_n$ 的一般项满足 $\lim_{n\to\infty}u_n\neq0$，则级数 $\sum_{n=1}^{\infty}u_n$ 发散.

例 4 讨论级数

$$1-1+\cdots+(-1)^n+\cdots$$

的敛散性.

解： 级数的一般项为 $(-1)^n$. 令 $n\to\infty$，极限

$$\lim_{n\to\infty}(-1)^n$$

不存在. 因此，级数发散.

注意： 级数的一般项满足 $\lim_{n\to\infty}u_n=0$ 未必收敛，如下例中的级数. 这种级数称为调和级数.

例 5 证明调和级数

$$1+\frac{1}{2}+\cdots+\frac{1}{n}+\cdots$$

发散.

证：(反证法)设调和级数收敛，其和为 s，则有

$$\lim_{n\to\infty}(s_{2n}-s_n)=s-s=0.$$

另一方面，

$$s_{2n}-s_n=\frac{1}{n+1}+\frac{1}{n+2}+\cdots+\frac{1}{2n}>\frac{1}{2n}+\frac{1}{2n}+\cdots+\frac{1}{2n}=\frac{1}{2},$$

即

$$\lim_{n\to\infty}(s_{2n}-s_n)\neq 0,$$

与假设矛盾，因此调和级数发散.

性质2(线性性质)　设级数 $\sum_{n=1}^{\infty}u_n$，$\sum_{n=1}^{\infty}v_n$ 分别收敛于 s，σ，若 a，b 为任意常数，则级数 $\sum_{n=1}^{\infty}(au_n+bv_n)$ 也收敛，且

$$\sum_{n=1}^{\infty}(au_n+bv_n)=as+b\sigma.$$

证：设级数 $\sum_{n=1}^{\infty}u_n$，$\sum_{n=1}^{\infty}v_n$ 的部分和分别为 s_n，σ_n，则级数 $\sum_{n=1}^{\infty}(au_n+bv_n)$ 的部分和为

$$\tau_n=\sum_{k=1}^{n}(au_k+bv_k)=a\sum_{k=1}^{n}u_k+b\sum_{k=1}^{n}v_k=as_n+b\sigma_n.$$

令上式 $n\to\infty$，得

$$\lim_{n\to\infty}\tau_n=\lim_{n\to\infty}(as_n+b\sigma_n)=as+b\sigma,$$

即级数 $\sum_{n=1}^{\infty}(au_n+bv_n)$ 也收敛，且其和为 $as+b\sigma$.

性质3　在级数中去掉、加上或改变有限项，不会改变级数的敛散性.

证：设级数

$$\sum_{n=1}^{\infty}u_n=u_1+u_2+u_3+\cdots+u_n+\cdots$$

的部分和为 s_n. 去掉前面 k 项，得新级数

$$u_{k+1}+u_{k+2}+\cdots+u_n+\cdots,$$

其部分和为

$$\sigma_n=u_{k+1}+u_{k+2}+\cdots+u_n=s_n-s_k.$$

由于 s_k 为常数，因此当 $n\to\infty$ 时，s_n 和 s_n-s_k 有相同的敛散性，即

原级数与新级数具有相同的敛散性.

同理，可证加上或改变有限项，不会改变级数的敛散性.

性质 4 在一个收敛级数中，任意添加括号后所得的新级数仍然收敛于原来的和.

证： 设级数

$$\sum_{n=1}^{\infty} u_n = u_1 + u_2 + u_3 + \cdots + u_n + \cdots$$

的部分和为 s_n，且收敛于 s. 新加括号后，得新级数

$$(u_1+\cdots+u_{n_1})+(u_{n_1+1}+\cdots+u_{n_2})+\cdots+(u_{n_{k-1}+1}+\cdots+u_{n_k})+\cdots,$$

其部分和为 $\sigma_k=s_{n_k}$. 由于 $\{s_{n_k}\}$ 为 $\{s_n\}$ 的子列，因此，

$$\lim_{k\to\infty}\sigma_k=\lim_{k\to\infty}s_{n_k}=s,$$

即新级数收敛，且和为 s.

推论 2 若加括号后级数发散，原级数必发散.

例 6 讨论级数

$$1+1-1+1+1-1+1+\cdots$$

的敛散性.

解： 给原级数加括号，得新级数

$$(1+1-1)+(1+1-1)+\cdots=1+1+1+\cdots.$$

显然，新级数发散. 因此，原级数发散.

注意： 加括号后级数收敛，原级数未必收敛. 如例 4 中发散级数

$$1-1+\cdots+(-1)^n+\cdots$$

加括号后得收敛级数

$$(1-1)+(1-1)+\cdots=0+0+\cdots.$$

10.1.3 柯西收敛准则

由数列收敛的柯西收敛原理，可得：

定理 10.1（级数的柯西收敛原理） 级数 $\sum_{n=1}^{\infty} u_n$ 收敛的充分必要条件是 $\forall \varepsilon>0$，$\exists N$，当 $n>N$ 时，对一切正整数 p 都有

$$|u_{n+1}+u_{n+2}+\cdots+u_{n+p}|<\varepsilon.$$

习题 10-1

1. 写出下列级数的前五项：

(1) $\sum_{n=1}^{\infty}\frac{1}{1+n^2}$;

(2) $\sum_{n=1}^{\infty}\left(\frac{1}{\sqrt{n}}-\frac{1}{\sqrt{n+1}}\right)$;

(3) $\sum_{n=1}^{\infty}\frac{2\cdot 4\cdot\cdots\cdot 2n}{3\cdot 5\cdot\cdots\cdot(2n+1)}$.

2. 判断下列级数的收敛性：

(1) $\sum_{n=1}^{\infty}(\sqrt{n+1}-\sqrt{n})$;

(2) $\sum_{n=1}^{\infty}\frac{n-1}{n}$;

(3) $\sum_{n=1}^{\infty}\frac{1}{n(n+3)}$;

(4) $\sum_{n=1}^{\infty}\ln\left(1+\frac{1}{n}\right)$;

(5) $\frac{2}{3}-\frac{4}{9}+\frac{8}{27}+\cdots+(-1)^{n-1}\frac{2^n}{3^n}+\cdots$;

(6) $\frac{1}{2}+\frac{1}{4}+\frac{1}{6}+\cdots+\frac{1}{2n}+\cdots$.

3. 判断下列级数的收敛性：

(1) $\sum_{n=1}^{\infty}\cos\frac{n\pi}{5}$;　(2) $\sum_{n=1}^{\infty}\frac{2^n+3^n}{6^n}$;

(3) $\sum_{n=1}^{\infty}n\left(1-\sin\frac{1}{n}\right)$;　(4) $\sum_{n=1}^{\infty}\frac{1}{\sqrt[n]{2}}$.

4. 证明：$0.99999\cdots=1$.

10.2 常数项级数的判别法

10.2.1 正项级数的判别法

定义 10.4　若级数 $\sum_{n=1}^{\infty}u_n$ 的一般项 $u_n\geqslant 0(n=1,2,\cdots)$，则称级数为正项级数.

考虑正项级数的部分和序列 $\{s_n\}$ 满足

$$s_{n+1}=u_1+u_2+\cdots+u_n+u_{n+1}\geqslant s_n,$$

因此，$\{s_n\}$ 单调递增. 又由极限存在准则Ⅱ，得 $\{s_n\}$ 收敛的充分必要条件是 $\{s_n\}$ 有界.
故有下面定理.

定理 10.2　正项级数 $\sum_{n=1}^{\infty}u_n$ 收敛的充分必要条件是它的部分和序列 $\{s_n\}$ 有界.

由上述定理可得正项级数的比较判别法.

定理 10.3(比较判别法)　设 $\sum_{n=1}^{\infty}u_n$，$\sum_{n=1}^{\infty}v_n$ 均为正项级数，且满足 $u_n\leqslant v_n(n=1,2,\cdots)$，则

（1）若 $\sum_{n=1}^{\infty} v_n$ 收敛，则 $\sum_{n=1}^{\infty} u_n$ 收敛；

（2）若 $\sum_{n=1}^{\infty} u_n$ 发散，则 $\sum_{n=1}^{\infty} v_n$ 发散.

证：设级数 $\sum_{n=1}^{\infty} u_n$，$\sum_{n=1}^{\infty} v_n$ 的部分和分别为 s_n，σ_n.

（1）若 $\sum_{n=1}^{\infty} v_n$ 收敛，则其部分和序列$\{\sigma_n\}$收敛，不妨设其和 I 为 σ. 由 $u_n \leqslant v_n(n=1,2,\cdots)$，得级数 $\sum_{n=1}^{\infty} u_n$ 的部分和序列满足 $s_n \leqslant \sigma_n \leqslant \sigma$. 从而，级数 $\sum_{n=1}^{\infty} u_n$ 收敛.

（2）若 $\sum_{n=1}^{\infty} u_n$ 发散，则 $\sum_{n=1}^{\infty} v_n$ 发散. 否则，$\sum_{n=1}^{\infty} v_n$ 收敛，则由(1)得，级数 $\sum_{n=1}^{\infty} u_n$ 收敛，与条件矛盾. 因此，结论(2)成立.

注意：由级数的性质得，定理 10.3 条件“$u_n \leqslant v_n(n=1,2,\cdots)$”可改为“存在常数 $C>0$ 及正整数 N，使得当 $n>N$ 时，有 $u_n \leqslant Cv_n$”.

例 1 讨论 p-级数

$$\sum_{n=1}^{\infty} \frac{1}{n^p} = \frac{1}{1^p} + \frac{1}{2^p} + \cdots + \frac{1}{n^p} + \cdots$$

的敛散性，其中 $p>0$.

解：(1)当 $0<p<1$ 时，有 $\frac{1}{n^p} \geqslant \frac{1}{n}$. 由上节例 5 得，调和级数 $\sum_{n=1}^{\infty} \frac{1}{n}$ 发散，则由比较判别法得，p-级数 $\sum_{n=1}^{\infty} \frac{1}{n^p}$ 发散.

（2）当 $p>1$ 时，级数的部分和

$$\begin{aligned} s_n &= 1 + \frac{1}{2^p} + \frac{1}{3^p} + \frac{1}{4^p} + \cdots + \frac{1}{n^p} \\ &< 1 + \int_1^2 \frac{1}{x^p}\mathrm{d}x + \int_2^3 \frac{1}{x^p}\mathrm{d}x + \cdots + \int_{n-1}^{n} \frac{1}{x^p}\mathrm{d}x \\ &= 1 + \int_1^n \frac{1}{x^p}\mathrm{d}x = 1 + \frac{1}{p-1}\left(1 - \frac{1}{n^{p-1}}\right) < 1 + \frac{1}{p-1} \end{aligned}$$

有界. 由定理 10.3 得，p-级数 $\sum_{n=1}^{\infty} \frac{1}{n^p}$ 收敛.

综上所述，当 $0<p\leqslant 1$ 时，p-级数 $\sum_{n=1}^{\infty} \frac{1}{n^p}$ 发散；当 $p>1$ 时，

p-级数 $\sum\limits_{n=1}^{\infty}\frac{1}{n^{p}}$ 收敛.

注意： 在使用比较判别法时，需要找到已知级数作为比较对象，而本例的 p-级数和上节例 1 中的等比级数常作为比较对象.

例 2　讨论级数 $\sum\limits_{n=1}^{\infty}\frac{1}{n\cdot\sqrt{1+n}}$ 的敛散性.

解： 因为 $\frac{1}{n\sqrt{1+n}}<\frac{1}{n\cdot\sqrt{n}}=\frac{1}{n^{\frac{3}{2}}}$，而级数 $\sum\limits_{n=1}^{\infty}\frac{1}{n^{\frac{3}{2}}}$ 收敛，所以，由比较判别法得，正项级数 $\sum\limits_{n=1}^{\infty}\frac{1}{\sqrt{n(n+1)}}$ 也收敛.

应用比较判别法判定级数的收敛性关键在于，建立给定级数和已知级数的不等式，但不等式通常不容易建立，为了方便起见，我们给出下列的极限形式.

定理 10.4　设 $\sum\limits_{n=1}^{\infty}u_n$，$\sum\limits_{n=1}^{\infty}v_n$ 均为正项级数，且满足 $\lim\limits_{n\to\infty}\frac{u_n}{v_n}=l$，则

（1）当 $0<l<\infty$ 时，级数 $\sum\limits_{n=1}^{\infty}u_n$ 与 $\sum\limits_{n=1}^{\infty}v_n$ 同时收敛或同时发散；

（2）当 $l=0$ 时，若级数 $\sum\limits_{n=1}^{\infty}v_n$ 收敛，则 $\sum\limits_{n=1}^{\infty}u_n$ 收敛；

（3）当 $l=+\infty$ 时，若级数 $\sum\limits_{n=1}^{\infty}v_n$ 发散，则 $\sum\limits_{n=1}^{\infty}u_n$ 发散.

注意： 当 $l=0$ 时，若级数 $\sum\limits_{n=1}^{\infty}v_n$ 发散，级数 $\sum\limits_{n=1}^{\infty}u_n$ 未必发散.
例如，调和级数 $\sum\limits_{n=1}^{\infty}\frac{1}{n}$ 发散，且

$$\lim_{n\to\infty}\frac{\frac{1}{n^{2}}}{\frac{1}{n}}=\lim_{n\to\infty}\frac{1}{n}=0,$$

但级数 $\sum\limits_{n=1}^{\infty}\frac{1}{n^{2}}$ 收敛.

证：（1）当 $0<l<\infty$ 时，由极限的定义得，对 $\varepsilon=\frac{l}{2}>0$，$\exists N\in\mathbf{N}_{+}$，使得当 $n>N$ 时，有

$$\frac{l}{2}v_n\leqslant u_n\leqslant\frac{3l}{2}v_n.$$

因此，由比较判别法，级数 $\sum_{n=1}^{\infty} u_n$ 与 $\sum_{n=1}^{\infty} v_n$ 同时收敛或同时发散.

（2）当 $l=0$ 时，由极限的定义得，对 $\varepsilon=\frac{l}{2}>0$，$\exists N\in\mathbf{N}_+$，使得当 $n>N$ 时，有

$$u_n\leqslant\frac{3l}{2}v_n.$$

因此，由比较判别法，若级数 $\sum_{n=1}^{\infty} v_n$ 收敛，则 $\sum_{n=1}^{\infty} u_n$ 收敛.

（3）当 $l=+\infty$ 时，由极限的定义得，对 $M=1>0$，$\exists N\in\mathbf{N}_+$，使得当 $n>N$ 时，有

$$v_n\leqslant u_n.$$

因此，由比较判别法，若级数 $\sum_{n=1}^{\infty} v_n$ 发散，则 $\sum_{n=1}^{\infty} u_n$ 发散.

结合本节例 1，可得下面推论.

推论 3 设 $\sum_{n=1}^{\infty} u_n$ 为正项级数，

（1）若 $\lim\limits_{n\to\infty} nu_n=l>0$ 或 $\lim\limits_{n\to\infty} nu_n=l=+\infty$，级数 $\sum_{n=1}^{\infty} u_n$ 发散；

（2）若存在 $p>1$ 使得 $\lim\limits_{n\to\infty} n^p u_n$ 存在，则级数 $\sum_{n=1}^{\infty} u_n$ 收敛.

例 3 判定下列级数的敛散性：

（1）$\sum_{n=1}^{\infty} \ln\frac{n^2+2}{n^2}$；（2）$\sum_{n=1}^{\infty} n\sin\frac{1}{n^2}$.

解：（1）因为

$$\lim_{n\to\infty} n^2\ln\frac{n^2+2}{n^2}=\lim_{n\to\infty} 2\ln\left(1+\frac{2}{n^2}\right)^{\frac{n^2}{2}}=2>0,$$

所以原级数收敛.

（2）因为

$$\lim_{n\to\infty} n^2\sin\frac{1}{n^2}=\lim_{n\to\infty}\frac{\sin\frac{1}{n^2}}{\frac{1}{n^2}}=1>0,$$

所以原级数发散.

无论使用何种形式的比较判别法都需要找到已知的级数与给定级数比较，这在运用时总存在困难. 下面介绍的几种判别法都只需考虑级数本身的性质.

定理 10.5(比值判别法，达朗贝尔(d'Alembert)判别法)　设 $\sum_{n=1}^{\infty} u_n$ 为正项级数，且极限 $\lim_{n\to\infty}\frac{u_{n+1}}{u_n}=\rho$，则

(1) 当 $\rho<1$ 时，级数 $\sum_{n=1}^{\infty} u_n$ 收敛；

(2) 当 $\rho>1$(包括 $\rho=\infty$)时，级数 $\sum_{n=1}^{\infty} u_n$ 发散；

(3) 当 $\rho=1$ 时，级数 $\sum_{n=1}^{\infty} u_n$ 可能收敛也可能发散.

证：(1) 由 $\lim_{n\to\infty}\frac{u_{n+1}}{u_n}=\rho<1$，可得存在充分小的正数 ε，使得 $\rho+\varepsilon=r<1$，且存在正整数 N，当 $n>N$ 时，有

$$\frac{u_{n+1}}{u_n}<\rho+\varepsilon=r.$$

因此，当 $n>N$ 时，

$$u_n<ru_{n-1}<r^2u_{n-2}<\cdots<r^{n-N}u_N.$$

而等比级数 $\sum_{k=1}^{\infty} r^k u_N$ 收敛，由比较判别法，得级数 $\sum_{n=1}^{\infty} u_n$ 收敛.

(2) 由 $\lim_{n\to\infty}\frac{u_{n+1}}{u_n}=\rho>1$，可得存在充分小的正数 ε，使得 $\rho-\varepsilon>1$，且存在正整数 N，当 $n>N$ 时，有

$$\frac{u_{n+1}}{u_n}>\rho-\varepsilon>1.$$

因此，当 $n>N$ 时，

$$u_n>u_{n+1}>u_{n+2}>\cdots>u_N.$$

从而 $\lim_{n\to\infty}u_n\neq 0$，根据级数收敛的必要条件，得级数 $\sum_{n=1}^{\infty} u_n$ 发散.

(3) 当 $\rho=1$ 时，以 p-级数 $\sum_{n=1}^{\infty}\frac{1}{n^p}$ 为例，不论 p 为何值，都有

$$\lim_{n\to\infty}\frac{u_{n+1}}{u_n}=\lim_{n\to\infty}\frac{\frac{1}{(n+1)^p}}{\frac{1}{n^p}}=\lim_{n\to\infty}\left(\frac{n}{n+1}\right)^p=1.$$

但当 $p>1$ 时，p-级数收敛，当 $p\leqslant 1$ 时，p-级数发散. 因此 $\rho=1$ 时，$\sum_{n=1}^{\infty} u_n$ 可能收敛也可能发散.

例 4　判定下列级数的敛散性：

(1) $\sum\limits_{n=1}^{\infty}\dfrac{1}{(2n)!}$；　　　　(2) $\sum\limits_{n=1}^{\infty}\dfrac{n!}{2^n}$.

解：(1) 因为

$$\lim_{n\to\infty}\frac{u_{n+1}}{u_n}=\lim_{n\to\infty}\frac{\dfrac{1}{(2n+2)!}}{\dfrac{1}{(2n)!}}=\lim_{n\to\infty}\frac{1}{(2n+2)(2n+1)}=0,$$

由比值判别法，得级数 $\sum\limits_{n=1}^{\infty}\dfrac{1}{(2n)!}$ 收敛.

(2) 因为

$$\lim_{n\to\infty}\frac{u_{n+1}}{u_n}=\lim_{n\to\infty}\frac{\dfrac{(n+1)!}{2^{n+1}}}{\dfrac{n!}{2^n}}=\lim_{n\to\infty}\frac{n+1}{2}=\infty>1,$$

由比值判别法，得级数 $\sum\limits_{n=1}^{\infty}\dfrac{n!}{2^n}$ 发散.

定理 10.6（根值判别法，柯西判别法）　设 $\sum\limits_{n=1}^{\infty}u_n$ 是正项级数，且

$$\lim_{n\to\infty}\sqrt[n]{u_n}=\rho$$

(1) 当 $\rho<1$ 时，级数 $\sum\limits_{n=1}^{\infty}u_n$ 收敛；

(2) 当 $\rho>1$（或为 ∞）时，级数 $\sum\limits_{n=1}^{\infty}u_n$ 发散；

(3) 当 $\rho=1$ 时，则级数 $\sum\limits_{n=1}^{\infty}u_n$ 可能收敛也可能发散.

证：(1) 由 $\lim\limits_{n\to\infty}\sqrt{u_n}=\rho<1$，可得存在充分小的正数 ε，使得 $\rho+\varepsilon=r<1$，且存在正整数 N，当 $n>N$ 时，有

$$\sqrt[n]{u_n}<r.$$

即

$$u_n<r^n.$$

而等比级数 $\sum\limits_{n=1}^{\infty}r^n$ 收敛，由比较判别法，得级数 $\sum\limits_{n=1}^{\infty}u_n$ 收敛.

(2) 由 $\lim\limits_{n\to\infty}\sqrt[n]{u_n}=\rho>1$，可得存在充分小的正数 ε，使得

$\rho-\varepsilon>1$，且存在正整数 N，当 $n>N$ 时，有

$$\sqrt[n]{u_n}>1,$$

即

$$u_n>1.$$

从而 $\lim\limits_{n\to\infty}u_n\neq 0$，根据级数收敛的必要条件，得级数 $\sum\limits_{n=1}^{\infty}u_n$ 发散.

（3）当 $\rho=1$ 时，以 p-级数 $\sum\limits_{n=1}^{\infty}\frac{1}{n^p}$ 为例，不论 p 为何值，都有

$$\lim_{n\to\infty}\sqrt[n]{n^{-p}}=\lim_{n\to\infty}\mathrm{e}^{\frac{-p}{n}\ln n}=1.$$

但当 $p>1$ 时，p-级数收敛，当 $p\leqslant 1$ 时，p-级数发散. 因此 $\rho=1$ 时，$\sum\limits_{n=1}^{\infty}u_n$ 可能收敛也可能发散.

例 5　判定级数 $\sum\limits_{n=1}^{\infty}\frac{1}{3^{n+(-1)^n}}$ 的敛散性.

解： 因为

$$\lim_{n\to\infty}\sqrt[n]{\frac{1}{3^{n+(-1)^n}}}=\lim_{n\to\infty}\frac{1}{3^{1+\frac{(-1)^n}{n}}}=\lim_{n\to\infty}\frac{1}{3}<1,$$

由根值判别法，得级数 $\sum\limits_{n=1}^{\infty}\frac{1}{3^{n+(-1)^n}}$ 收敛.

定理 10.7（积分判别法）　设 $\sum\limits_{n=1}^{\infty}u_n$ 是正项级数，若存在 $[C,+\infty)$ 上单调递减的连续函数 $f(x)$，其中 $C\geqslant 0$ 使得 $a_n=f(n)$，则 $\sum\limits_{n=1}^{\infty}u_n$ 与广义积分 $\int_C^{+\infty}f(x)\,\mathrm{d}x$ 具有相同的敛散性.

例 6　判定级数 $\sum\limits_{n=2}^{\infty}\frac{1}{n\ln n}$ 的敛散性.

解： 设 $f(x)=\frac{1}{x\ln x}$. 易知，$f(x)$ 在 $[2,+\infty)$ 上单调递减连续，因此 $\sum\limits_{n=1}^{\infty}u_n$ 与广义积分 $\int_2^{+\infty}f(x)\,\mathrm{d}x$ 具有相同的敛散性. 注意到，

$$\int_2^{+\infty}\frac{1}{x\ln x}\mathrm{d}x=\lim_{x\to\infty}(\ln\ln x-\ln\ln 2)=+\infty.$$

从而，级数 $\sum\limits_{n=2}^{\infty}\frac{1}{n\ln n}$ 发散.

10.2.2 交错级数

定义 10.5 设 $u_n \geqslant 0(n=1,2,\cdots)$，级数 $\sum_{n=1}^{\infty}(-1)^{n-1}u_n$ 称为交错级数.

关于交错级数的收敛性，我们有以下判别法.

定理 10.8(莱布尼茨判别法) 若交错级数 $\sum_{n=1}^{\infty}(-1)^{n-1}u_n(u_n>0, n=1,2,\cdots)$ 满足：

(1) $u_n \leqslant u_{n-1}$，$n=2,3,\cdots$；

(2) $\lim\limits_{n\to\infty}u_n=0$，

则交错级数收敛，且其和 $s\leqslant u_1$，其余项 r_n 满足 $|r_n|\leqslant u_{n+1}$.

证：设 s_n 是交错级数 $\sum_{n=1}^{\infty}(-1)^{n-1}u_n$ 的部分和，则极限 $\lim\limits_{n\to\infty}s_n=s$ 的充分必要条件是 $\lim\limits_{n\to\infty}s_{2n}=\lim\limits_{n\to\infty}s_{2n+1}=s$. 下面先证 $\lim\limits_{n\to\infty}s_{2n}$ 存在.

由条件(1)得 $u_{n-1}-u_n\geqslant 0$，从而，

$$
\begin{aligned}
s_{2n}&=(u_1-u_2)+(u_3-u_4)+\cdots+(u_{2n-3}-u_{2n-2})+(u_{2n-1}-u_{2n})\\
&\geqslant(u_1-u_2)+(u_3-u_4)+\cdots+(u_{2n-3}-u_{2n-2})\geqslant s_{2n-2},
\end{aligned}
$$

即数列 $\{s_{2n}\}$ 是单调增加数列. 又

$$s_{2n}=u_1-(u_2-u_3)-\cdots-(u_{2n-2}-u_{2n-1})-u_{2n}\leqslant u_1,$$

得数列 $\{s_{2n}\}$ 有界. 从而 $\lim\limits_{n\to\infty}s_{2n}$ 存在，设其极限为 s，则 $s\leqslant u_1$.

另一方面，由条件(2)，得 $\lim\limits_{n\to\infty}u_{2n+1}=0$，因此

$$\lim_{n\to\infty}s_{2n+1}=\lim_{n\to\infty}s_{2n}+\lim_{n\to\infty}u_{2n+1}=s.$$

于是有 $\lim\limits_{n\to\infty}s=s$，且 $s\leqslant u_1$. 由于

$$r_n=\pm(u_{n+1}-u_{n+2}+\cdots),$$

故

$$|r_n|=u_{n+1}-u_{n+2}+\cdots,$$

而 $u_{n+1}-u_{n+2}+\cdots$ 也为满足条件(1)(2)的交错级数，从而它收敛，且其和不超过首项 u_{n+1}，故有

$$|r_n|\leqslant u_{n+1}.$$

例 7 讨论级数 $\sum_{n-1}^{\infty}\dfrac{(-1)^{n-1}}{n}$ 的敛散性.

解：这是一个交错级数. 因为 $u_n=\dfrac{1}{n}>\dfrac{1}{n+1}=u_{n+1}$，且

$$\lim_{n\to\infty} u_n = \lim_{n\to\infty}\frac{1}{n} = 0.$$

所以，由莱布尼茨判别法得，交错级数 $\sum\limits_{n=1}^{\infty}\frac{(-1)^{n-1}}{n}$ 收敛，且其和 $s<1$.

10.2.3 绝对收敛与条件收敛

1. 绝对收敛与条件收敛的定义

定义 10.6 设 $\sum\limits_{n=1}^{\infty} u_n$ 为任意项级数，若级数 $\sum\limits_{n=1}^{\infty} |u_n|$ 收敛，则称级数 $\sum\limits_{n=1}^{\infty} u_n$ 绝对收敛.

级数绝对收敛与级数收敛有如下重要关系：

定理 10.9 若级数 $\sum\limits_{n=1}^{\infty} u_n$ 绝对收敛，则级数 $\sum\limits_{n=1}^{\infty} u_n$ 一定收敛.

证：易知，

$$0\leqslant u_n+|u_n|\leqslant 2|u_n|,$$

由于级数 $\sum\limits_{n=1}^{\infty} |u_n|$ 收敛，因此，正项级数 $\sum\limits_{n=1}^{\infty} (u_n+|u_n|)$ 收敛. 又

$$u_n=(u_n+|u_n|)-|u_n|,$$

可知，级数 $\sum\limits_{n=1}^{\infty} u_n$ 收敛.

注意：一般地，级数 $\sum\limits_{n=1}^{\infty} |u_n|$ 发散，但级数 $\sum\limits_{n=1}^{\infty} u_n$ 未必收敛. 例如级数 $\sum\limits_{n=1}^{\infty}\left|\frac{(-1)^{n-1}}{n}\right|$ 发散，但级数 $\sum\limits_{n=1}^{\infty}\frac{(-1)^{n-1}}{n}$ 收敛，此时称级数 $\sum\limits_{n=1}^{\infty}\frac{(-1)^{n-1}}{n}$ 条件收敛. 但若由比值判别法或根值判别法得到 $\lim\limits_{n\to\infty}\frac{|u_{n+1}|}{|u_n|}>1$ 或 $\lim\limits_{n\to\infty}\sqrt[n]{|u_n|}>1$，则 $\lim\limits_{n\to\infty} u_n\neq 0$，从而级数 $\sum\limits_{n=1}^{\infty} u_n$ 发散.

定义 10.7 若级数 $\sum\limits_{n=1}^{\infty} |u_n|$ 发散，而级数 $\sum\limits_{n=1}^{\infty} u_n$ 收敛，则称级数 $\sum\limits_{n=1}^{\infty} u_n$ 条件收敛.

例 8 讨论下列级数的敛散性：

（1）$\sum_{n=1}^{\infty}\frac{\cos n^2}{n^2}$；（2）$\sum_{n=1}^{\infty}(-1)^n\frac{4^n}{\left(1+\frac{1}{n}\right)^{n^2}}$.

解：（1）由于

$$\left|\frac{\cos n^2}{n^2}\right|\leqslant\frac{1}{n^2},$$

且正项级数 $\sum_{n=1}^{\infty}\frac{1}{n^2}$ 收敛，因此，级数 $\sum_{n=1}^{\infty}\frac{\cos n^2}{n^2}$ 绝对收敛.

（2）由于

$$\lim_{n\to\infty}\sqrt[n]{\frac{4^n}{\left(1+\frac{1}{n}\right)^{n^2}}}=\lim_{n\to\infty}\frac{4}{\left(1+\frac{1}{n}\right)^n}=\frac{4}{\mathrm{e}}>1,$$

因此，级数 $\sum_{n=1}^{\infty}(-1)^n\frac{4^n}{\left(1+\frac{1}{n}\right)^{n^2}}$ 发散.

2. 绝对收敛级数的性质

下面给出绝对收敛级数的性质.

性质 1 绝对收敛的级数改变项的位置后构成的级数也绝对收敛，且和不变.

证：设级数

$$\sum_{n=1}^{\infty}u_n=u_1+u_2+\cdots+u_n+\cdots$$

绝对收敛，其部分和为 s_n，和为 s. 改变项的位置后，级数为

$$\sum_{n=1}^{\infty}u_n^*=u_1^*+u_2^*+\cdots+u_n^*+\cdots$$

绝对收敛，其部分和为 s_n^*.

（1）先证当原级数 $\sum_{n=1}^{\infty}u_n$ 为正项级数时，结论成立. 注意到新级数也为正项级数，且对新级数的部分和

$$s_n^*=u_1^*+u_2^*+\cdots+u_n^*$$

必存在原级数的某个部分和 s_m 使得

$$s_n^*=u_1^*+u_2^*+\cdots+u_n^*\leqslant u_1+u_2+\cdots+u_m=s_m\leqslant s.$$

因此，新级数部分和序列 $\{s_n^*\}$ 有界. 从而，新级数 $\sum_{n=1}^{\infty}u_n^*$ 收敛，且其和 $s^*\leqslant s$.

另一方面，对新级数一般项改变位置可得原级数. 同理，$s\leqslant s^*$.

于是，有 $s=s^*$.

（2）再证当原级数 $\sum\limits_{n=1}^{\infty}u_n$ 为一般级数时，结论成立. 事实上，正项级数 $\sum\limits_{n=1}^{\infty}|u_n|$ 收敛.

且

$$0\leqslant\frac{1}{2}(|u_n|+u_n)\leqslant|u_n|,\ 0\leqslant\frac{1}{2}(|u_n|-u_n)\leqslant|u_n|.$$

因此，两正项级数 $\frac{1}{2}\sum\limits_{n=1}^{\infty}(|u_n|+u_n)$，$\frac{1}{2}\sum\limits_{n=1}^{\infty}(|u_n|-u_n)$ 收敛. 由(1)得，正项级数 $\frac{1}{2}\sum\limits_{n=1}^{\infty}(|u_n^*|+u_n^*)$，$\frac{1}{2}\sum\limits_{n=1}^{\infty}(|u_n^*|-u_n^*)$ 也收敛，且和不变. 又由

$$|u_n^*|=\frac{1}{2}(|u_n^*|+u_n^*)+\frac{1}{2}(|u_n^*|-u_n^*)$$

得，新级数 $\sum\limits_{n=1}^{\infty}u_n^*$ 收敛，且其和 $s=s^*$.

下面将考虑两级数的乘积. 设两级数 $\sum\limits_{n=1}^{\infty}u_n$，$\sum\limits_{n=1}^{\infty}v_n$ 收敛，其可能的乘积为

$$\begin{array}{cccccc}
u_1v_1 & u_1v_2 & u_1v_3 & \cdots & u_1v_n & \cdots \\
u_2v_1 & u_2v_2 & u_2v_3 & \cdots & u_2v_n & \cdots \\
u_3v_1 & u_3v_2 & u_3v_3 & \cdots & u_3v_n & \cdots \\
\vdots & \vdots & \vdots & & \vdots & \\
u_nv_1 & u_nv_2 & u_nv_3 & \cdots & u_nv_n & \cdots \\
\vdots & \vdots & \vdots & & \vdots &
\end{array}$$

按“对角线法”排列如下：

$$\begin{array}{cccccc}
u_1v_1 & u_1v_2 & u_1v_3 & \cdots & u_1v_n & \cdots \\
u_2v_1{}^{\swarrow} & u_2v_2{}^{\swarrow} & u_2v_3{}^{\swarrow} & \cdots & u_2v_n & \cdots \\
u_3v_1{}^{\swarrow} & u_3v_2{}^{\swarrow} & u_3v_3 & \cdots & u_3v_n & \cdots \\
\vdots{}^{\swarrow} & \vdots & \vdots & & \vdots & \\
u_nv_1 & u_nv_2 & u_nv_3 & \cdots & u_nv_n & \cdots \\
\vdots & \vdots & \vdots & & \vdots &
\end{array}$$

即

$$\sum_{n=1}^{\infty}\sum_{k=1}^{n}u_kv_{n-k+1}=u_1v_1+(u_1v_2+u_2v_1)+\cdots+(u_1v_n+u_2v_{n-1}+\cdots+u_nv_1)+\cdots,$$

称为柯西乘积.

性质 2 设两级数 $\sum_{n=1}^{\infty} u_n$，$\sum_{n=1}^{\infty} v_n$ 绝对收敛，且其和分别为 s，σ，则其柯西乘积

$$\sum_{n=1}^{\infty}\sum_{k=1}^{n} u_k v_{n-k+1} = u_1v_1 + (u_1v_2 + u_2v_1) + \cdots + (u_1v_n + u_2v_{n-1} + \cdots + u_nv_1) + \cdots \qquad (1)$$

绝对收敛，且其和为 $s\sigma$.

证：（1）先证级数(1)绝对收敛．由于两级数 $\sum_{n=1}^{\infty} u_n$，$\sum_{n=1}^{\infty} v_n$ 绝对收敛，且

$$|u_1v_1| + (|u_1v_2| + |u_2v_1|) + \cdots + (|u_1v_n| + |u_2v_{n-1}| + \cdots + |u_nv_1|) \leqslant \left(\sum_{m=1}^{n}|u_n|\right)\left(\sum_{p=1}^{n}|v_p|\right) \leqslant \left(\sum_{m=1}^{\infty}|u_n|\right)\left(\sum_{p=1}^{\infty}|v_p|\right),$$

因此，级数(1)绝对收敛．

（2）再证级数(1)的和为 $s\sigma$．由于级数(1)绝对收敛，因此，其和不因改变一般项位置而改变．由于

$$u_1v_1 + u_1v_2 + u_2v_1 + \cdots + (u_1v_n + u_2v_n + \cdots + u_nv_n + u_nv_{n-1} + \cdots + u_nv_1) = \left(\sum_{m=1}^{n} u_m\right)\left(\sum_{p=1}^{n} v_p\right),$$

上式两端令 $n\to\infty$ 可得结果．

习题 10-2

1. 判定下列正项级数的敛散性：

(1) $\sum_{n=1}^{\infty}\frac{1}{1+n^2}$;

(2) $\sum_{n=1}^{\infty}\sqrt{\frac{n}{(n^2+1)(n^2+5)}}$;

(3) $\sum_{n=1}^{\infty}\frac{1}{\sqrt{n}}\sin\frac{1}{n}$; (4) $\sum_{n=1}^{\infty}\tan\frac{1}{n^3}$;

(5) $\sum_{n=1}^{\infty}\ln\left(\frac{1}{n}+1\right)$; (6) $\sum_{n=1}^{\infty}\frac{1}{1+a^n}(a>1)$;

(7) $\sum_{n=1}^{\infty}\frac{n\cdot 2^n}{3^n}$; (8) $\sum_{n=1}^{\infty}\frac{n!}{(n+1)^n}$;

(9) $\sum_{n=1}^{\infty}\frac{(n!)^2}{n^n}$; (10) $\sum_{n=1}^{\infty}\frac{n^n}{3^n\cdot n!}$;

(11) $\sum_{n=1}^{\infty}e^{-\sqrt{n}}$; (12) $\sum_{n=1}^{\infty}\left(\frac{2n}{3n+1}\right)^n$;

(13) $\sum_{n=1}^{\infty}\frac{2^n}{n(n+1)}$; (14) $\sum_{n=1}^{\infty}n\sin\frac{1}{2^{n+1}}$;

(15) $\sum_{n=1}^{\infty}\left[\frac{1}{\ln(3n+1)}\right]^n$;

(16) $\sum_{n=1}^{\infty}\left(\frac{n}{n+1}\right)^{n^2}$;

(17) $\sum_{n=1}^{\infty}\frac{2^n}{4+(-1)^n}$; (18) $\sum_{n=1}^{\infty}\frac{2^n}{3^n+1}$;

(19) $\sum_{n=1}^{\infty}\frac{1}{n(\ln n)^3}$; (20) $\sum_{n=1}^{\infty}\frac{1}{3^{\ln n}}$.

2. 判定下列级数是否收敛．如果是收敛的，是条件收敛还是绝对收敛？

(1) $\sum_{n=1}^{\infty}(-1)^{n-1}\frac{1}{\sqrt{n+1}}$;

(2) $\sum_{n=1}^{\infty}(-1)^n\frac{1}{\ln(n^2+1)}$;

(3) $\sum_{n=1}^{\infty}(-1)^n\left(e^{\frac{1}{\sqrt{n}}}-1+\frac{1}{\sqrt{n}}\right)$;

(4) $\sum_{n=1}^{\infty}(-1)^n\frac{1}{3+(-1)^n}$;

(5) $\sum_{n=1}^{\infty}(-1)^n\frac{a^n}{n}(a>0)$;

(6) $\sum_{n=1}^{\infty}(-1)^n\frac{\cos n}{n^2}$.

10.3 幂级数

本节将讨论一般项为函数的级数，即函数项级数，然后讨论一类特殊的函数项级数——幂级数，主要讨论其收敛性，和函数的性质，接着我们把一些初等函数展开成幂级数，最后讨论幂级数的应用.

10.3.1 函数项级数

定义 10.8 设$\{u_n(x)\}$为定义在数集 I 上的函数列，称表达式

$$u_1(x)+u_2(x)+\cdots+u_n(x)+\cdots$$

为定义在 I 上的函数项级数，记为 $\sum_{n=1}^{\infty}u_n(x)$. 其前 n 项和

$$s_n(x)=u_1(x)+u_2(x)+\cdots+u_n(x)$$

称为级数的部分和.

若对于 $x_0\in I$，常数项级数 $\sum_{n=1}^{\infty}u_n(x_0)$ 收敛，则称 x_0 为函数项级数的收敛点，否则称 x_0 为函数项级数的发散点. 级数 $\sum_{n=1}^{\infty}u_n(x)$ 全体收敛点之集称为收敛域 D，其补集称为发散域.

对于任意固定的 $x_0\in D$，函数项级数 $\sum_{n=1}^{\infty}u_n(x_0)$ 都收敛，从而有唯一确定的数 $s(x_0)$ 与之对应，即函数项级数 $\sum_{n=1}^{\infty}u_n(x)$ 的和是一个定义在 D 上关于 x 的函数 $s(x)$，称为函数项级数 $\sum_{n=1}^{\infty}u_n(x)$ 的和函数，即

$$\sum_{n=1}^{\infty}u_n(x)=s(x),\ x\in D.$$

类似地，

$$r_n(x)=s(x)-s_n(x),\ x\in D,$$

称 $r_n(x)$ 为函数项级数的余项，且对收敛域 D 上任意 x，都有

$$\lim_{n\to\infty}r_n(x)=0,\ x\in D.$$

例 1 讨论函数项级数

$$\sum_{n=0}^{\infty}\frac{x^n}{n!}=1+x+\frac{x^2}{2!}+\cdots+\frac{x^n}{n!}+\cdots$$

的收敛域.

解： 对任意 $x\in R$，由于

$$\lim_{n\to\infty}\left|\frac{u_{n+1}(x)}{u_n(x)}\right|=\lim_{n\to\infty}\left|\frac{x^{n+1}}{(n+1)!}\cdot\frac{n!}{x^n}\right|=\lim_{n\to\infty}\frac{x}{n+1}=0<1,$$

因此，级数 $\sum_{n=0}^{\infty}\frac{x^n}{n!}$ 的收敛域为 R.

10.3.2 幂级数及其性质

1. 幂级数的收敛性

例 1 中函数项级数的通项为幂函数，且幂为非负整数，我们称其为幂级数.

定义 10.9 形如

$$\sum_{n=0}^{\infty}a_n(x-x_0)^n=a_0+a_1(x-x_0)+a_2(x-x_0)^2+\cdots+a_n(x-x_0)^n+\cdots$$

的函数项级数，称为幂级数，其中

$$a_0,a_1,a_2,\cdots,a_n,\cdots$$

称为幂级数的系数.

注意： 特别地，当 $x_0=0$ 时，幂级数为

$$\sum_{n=0}^{\infty}a_nx^n=a_0+a_1x+a_2x^2+\cdots+a_nx^n+\cdots.$$

下面仅讨论 $x_0=0$ 的情况. 当 $x_0\neq0$ 时，可做变换 $t=x-x_0$ 得到.

我们现在讨论级数 $\sum_{n=0}^{\infty}a_nx^n$ 的收敛域. 注意到，当 $x_0=0$ 时，级数收敛，因此，级数的收敛域非空.

定理 10.10（阿贝尔（Abel）定理） 若幂级数 $\sum_{n=0}^{\infty}a_nx^n$ 在点 $x=x_1(x_1\neq0)$ 处收敛，则幂级数在开区间 $(-|x_1|,|x_1|)$ 内绝对收敛. 若幂级数 $\sum_{n=0}^{\infty}a_nx^n$ 在点 $x=x_2$ 处发散，则幂级数在闭区间 $[-|x_2|,|x_2|]$ 外发散（见图 10-3-1）.

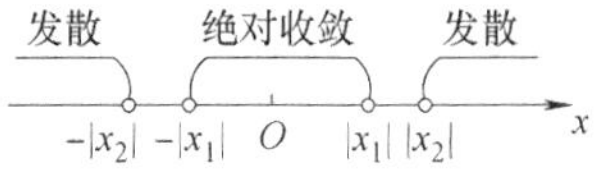

图 10-3-1

证：由幂级数 $\sum_{n=0}^{\infty} a_n x^n$ 在点 $x=x_1(x_1\neq 0)$ 处收敛，得

$$\lim_{n\to\infty} a_n x_1^n = 0,$$

从而，存在正数 M，使得对任意正整数 $n\in N$ 有

$$|a_n x_1^n| \leqslant M.$$

注意到，对任意 $x\in(-|x_1|,|x_1|)$ 时，有

$$|a_n x^n| = |a_n x_1^n|\cdot\left|\frac{x}{x_1}\right|^n \leqslant M\left|\frac{x}{x_1}\right|^n,$$

且几何级数 $\sum_{n=0}^{\infty} M\left|\frac{x}{x_1}\right|^n$ 收敛. 则由比较判别法得，级数 $\sum_{n=0}^{\infty} a_n x^n$ 收敛.

现证，若幂级数 $\sum_{n=0}^{\infty} a_n x^n$ 在点 $x=x_2$ 处发散，则幂级数在闭区间 $[-|x_2|,|x_2|]$ 外发散. 事实上，若结论不成立，即存在 x_3 满足 $|x_3|>|x_2|$，但级数 $\sum_{n=0}^{\infty} a_n x_3^n$ 收敛. 则由前面证明得，幂级数 $\sum_{n=0}^{\infty} a_n x^n$ 在开区间 $(-|x_3|,|x_3|)$ 内绝对收敛，进而在 $x=x_2$ 处绝对收敛. 这与定理条件矛盾，因此幂级数在闭区间 $[-|x_2|,|x_2|]$ 外发散.

由上述定理可得：

推论 4 若幂级数 $\sum_{n=0}^{\infty} a_n x^n$ 在点 $x=x_1(x_1\neq 0)$ 处收敛，则存在 $R>0$ 使得，当 $x\in(-R,R)$ 时幂级数绝对收敛，当 $x\in(-\infty,-R)\cup(R,+\infty)$ 时，幂级数发散.

注意：(1) 在 $x=\pm R$ 处级数可能收敛可能发散，见后面例 2(1).

(2) 称 R 为级数的收敛半径，开区间 $(-R,R)$ 为收敛区间，收敛区间 $(-R,R)$ 和收敛端点的并集称为**收敛区域**.

(3) 若级数仅在 $x=0$ 处收敛，规定收敛半径 $R=0$. 若级数对任意 $x\in R$ 收敛，规定收敛半径 $R=+\infty$.

(4) 类似地，幂级数 $\sum_{n=0}^{\infty} a_n (x-x_0)^n$ 的收敛区间为 (x_0-R,x_0+R).

下面两定理提供了求收敛半径的方法.

定理 10.11 若幂级数 $\sum_{n=0}^{\infty} a_n x^n$ 的系数满足

$$\lim_{n\to\infty}\left|\frac{a_{n+1}}{a_n}\right| = \rho \quad (0<\rho<+\infty),$$

则幂级数的收敛半径为 $R=\dfrac{1}{\rho}$.

证：由

$$\lim_{n\to\infty}\left|\frac{a_{n+1}}{a_n}\right|=\rho$$

得，当 $x\in\left(-\dfrac{1}{\rho},\dfrac{1}{\rho}\right)$ 时，

$$\lim_{n\to\infty}\left|\frac{a_{n+1}x^{n+1}}{a_nx^n}\right|=\lim_{n\to\infty}\left|\frac{a_{n+1}}{a_n}\right|\cdot|x|=\rho|x|<1.$$

从而，幂级数 $\sum\limits_{n=0}^{\infty}a_nx^n$ 在 $\left(-\dfrac{1}{\rho},\dfrac{1}{\rho}\right)$ 内绝对收敛. 类似地，当 $x\in\left(-\infty,-\dfrac{1}{\rho}\right)\cup\left(\dfrac{1}{\rho},+\infty\right)$ 时，

$$\lim_{n\to\infty}\left|\frac{a_{n+1}x^{n+1}}{a_nx^n}\right|=\lim_{n\to\infty}\left|\frac{a_{n+1}}{a_n}\right|\cdot|x|=\rho|x|>1.$$

从而，幂级数 $\sum\limits_{n=0}^{\infty}a_nx^n$ 在 $\left(-\infty,-\dfrac{1}{\rho}\right)\cup\left(\dfrac{1}{\rho},+\infty\right)$ 内发散. 于是收敛半径 $R=\dfrac{1}{\rho}$.

注意：（1）当 $\rho=0$ 时，幂级数 $\sum\limits_{n=0}^{\infty}a_nx^n$ 的收敛半径 $R=+\infty$；

（2）当 $\rho=+\infty$ 时，幂级数 $\sum\limits_{n=0}^{\infty}a_nx^n$ 的收敛半径 $R=0$.

类似可证：

定理 10.12 若幂级数 $\sum\limits_{n=0}^{\infty}a_nx^n$ 的系数满足

$$\lim_{n\to\infty}\sqrt[n]{|a_n|}=\rho\quad(0<\rho<+\infty),$$

则幂级数的收敛半径 $R=\dfrac{1}{\rho}$.

注意：（1）当 $\rho=0$ 时，幂级数 $\sum\limits_{n=0}^{\infty}a_nx^n$ 的收敛半径 $R=+\infty$；

（2）当 $\rho=+\infty$ 时，幂级数 $\sum\limits_{n=0}^{\infty}a_nx^n$ 的收敛半径 $R=0$.

例 2 求下列幂级数的收敛域：

（1）$\sum\limits_{n=0}^{\infty}(-1)^n\dfrac{x^n}{n+1}$；（2）$\sum\limits_{n=1}^{\infty}\dfrac{2^n}{n}(x-1)^n$；

(3) $\sum_{n=0}^{\infty}\frac{x^{2n+1}}{3^n}$.

解: (1) 因为

$$\rho\lim_{n\to\infty}\frac{\frac{1}{n+2}}{\frac{1}{n+1}}=\lim_{n\to\infty}\frac{n+1}{n+2}=1,$$

所以，收敛半径 $R=\frac{1}{\rho}=1$. 当 $x=1$ 时，交错级数

$$\sum_{n=0}^{\infty}(-1)^n\frac{1}{n+1}=1-\frac{1}{2}+\frac{1}{3}-\cdots+(-1)^n\frac{1}{n+1}+\cdots$$

收敛. 当 $x=-1$ 时，调和级数

$$\sum_{n=0}^{\infty}(-1)^n\frac{(-1)^n}{n+1}=1+\frac{1}{2}+\frac{1}{3}+\cdots+\frac{1}{n+1}+\cdots$$

发散. 因此，幂级数 $\sum_{n=0}^{\infty}(-1)^n\frac{x^n}{n+1}$ 的收敛域为 $(-1,1]$.

(2) 做变换 $t=x-1$，则级数化为

$$\sum_{n=1}^{\infty}\frac{2^n}{n}t^n.$$

因为

$$\rho=\lim_{n\to\infty}\sqrt[n]{\left|\frac{2^n}{n}\right|}=2,$$

所以，收敛半径 $R=\frac{1}{\rho}=\frac{1}{2}$. 当 $t=\frac{1}{2}$时，调和级数

$$\sum_{n=1}^{\infty}\frac{1}{n}=1+\frac{1}{2}+\frac{1}{3}+\cdots+\frac{1}{n}+\cdots$$

发散. 当 $t=-\frac{1}{2}$时，交错级数

$$\sum_{n=1}^{\infty}\frac{2^n}{n}\cdot\left(-\frac{1}{2}\right)^n=-1+\frac{1}{2}-\frac{1}{3}+\cdots+\frac{(-1)^n}{n}+\cdots$$

收敛. 因此，幂级数 $\sum_{n=1}^{\infty}\frac{2^n}{n}t^n$ 的收敛域为 $\left[-\frac{1}{2},\frac{1}{2}\right)$，即级数 $\sum_{n=1}^{\infty}\frac{2^n}{n}(x-1)^n$ 的收敛域为 $\left[\frac{1}{2},\frac{3}{2}\right)$.

(3) 注意到 $\sum_{n=0}^{\infty}\frac{x^{2n+1}}{3^n}$ 为缺项级数，定理 10. 11 和定理 10. 12 均不适用. 因为

$$\lim_{n\to\infty}\left|\frac{x^{2n+3}}{3^{n+1}}\cdot\frac{3^n}{x^{2n+1}}\right|=\frac{x^2}{3},$$

所以，当 $x\in(-\sqrt{3},\sqrt{3})$时，级数收敛. 当 $x\in(-\infty,-\sqrt{3})\cup(\sqrt{3},+\infty)$时，级数发散. 且当 $x=\pm\sqrt{3}$时，级数

$$\sum_{n=0}^{\infty}\frac{(\pm\sqrt{3})^{2n+1}}{3^n}=\pm(\sqrt{3}+\sqrt{3}+\cdots)$$

发散. 因此，幂级数 $\sum\limits_{n=0}^{\infty}\frac{x^{2n+1}}{3^n}$ 的收敛域为$(-\sqrt{3},\sqrt{3})$.

2. 幂级数的运算

(1) 幂级数的四则运算

设两幂级数 $\sum\limits_{n=0}^{\infty}a_nx^n$ 及 $\sum\limits_{n=0}^{\infty}b_nx^n$ 的收敛区间分别为$(-R_1,R_1)$及$(-R_2,R_2)$，令 $R=\min\{R_1,R_2\}$，则有:

1) 加减法

$$\sum_{n=0}^{\infty}a_nx^n\pm\sum_{n=0}^{\infty}b_nx^n=\sum_{n=0}^{\infty}(a_n\pm b_n)x^n,x\in(-R,R).$$

2) 乘法

$$\left(\sum_{n=0}^{\infty}a_nx^n\right)\cdot\left(\sum_{n=0}^{\infty}b_nx^n\right)=\sum_{n=0}^{\infty}(a_0b_n+a_1b_{n-1}+\cdots+a_nb_0)x^n,\quad x\in(-R,R).$$

3) 除法

对于 $b_0\neq0$，设

$$\sum_{n=0}^{\infty}c_nx^n=\frac{\sum\limits_{n=0}^{\infty}a_nx^n}{\sum\limits_{n=0}^{\infty}b_nx^n},$$

则 $c_0,c_1,\cdots,c_n,\cdots$满足

$$\sum_{n=0}^{\infty}a_nx^n=\left(\sum_{n=0}^{\infty}b_nx^n\right)\cdot\left(\sum_{n=0}^{\infty}c_nx^n\right).$$

比较系数，得

$$a_0=b_0c_0,$$
$$a_1=b_0c_1+b_1c_0,$$
$$a_2=b_0c_2+b_1c_1+b_2c_0,$$
$$\vdots$$

由这些方程可以顺序求出 c_0，c_1，$\cdots$，c_n，$\cdots$. 幂级数 $\sum\limits_{n=0}^{\infty}c_nx^n$ 的收敛区间可能比$(-R,R)$小得多.

(2) 幂级数的分析性质

定理 10.13 设幂级数 $\sum\limits_{n=0}^{\infty}a_nx^n$ 的收敛半径为 R，则

1) 和函数 $s(x)$在收敛域 I 上连续;

2）和函数 $s(x)$ 在其收敛域 I 上可积，且对于任意 $x\in I$，有

$$\int_0^x s(x)\,\mathrm{d}x=\int_0^x\left(\sum_{n=0}^{\infty}a_nx^n\right)\mathrm{d}x=\sum_{n=0}^{\infty}\int_0^x(a_nx^n)\,\mathrm{d}x=\sum_{n=0}^{\infty}\frac{a_n}{n+1}x^{n+1};$$

3）和函数 $s(x)$ 在收敛区间 $(-R,R)$ 内可导，且对于任意 $x\in(-R,R)$，有

$$s'(x)=\left(\sum_{n=0}^{\infty}a_nx^n\right)'=\sum_{n=0}^{\infty}(a_nx^n)'=\sum_{n=1}^{\infty}na_nx^{n-1}.$$

注意：1）由定理10.13得，幂级数的和函数 $s(x)$ 在收敛区间 $(-R,R)$ 内具有任意阶导数.

2）幂级数经过逐项积分或逐项求导所得幂级数收敛半径仍为 R，但在 $x=\pm R$ 处的敛散性可能会发生变化，需要另外讨论.

由幂级数的运算性质，可求出一些简单幂级数的和函数.

例3 求下列幂级数的和函数：

1）$\sum\limits_{n=0}^{\infty}(-1)^n\dfrac{x^n}{n+1}$；　　　2）$\sum\limits_{n=1}^{\infty}nx^{n-1}$.

解：1）由例2（1）得，幂级数 $\sum\limits_{n=0}^{\infty}(-1)^n\dfrac{x^n}{n+1}$ 的收敛域为 $(-1,1]$. 设其和函数为 $s_1(x)$.

由于

$$\left[(-1)^n\frac{x^{n+1}}{n+1}\right]'=(-1)^nx^n,$$

因此，对于任意 $x\in(-1,1)$，有

$$(xs_1(x))'=\sum_{n=0}^{\infty}\left[(-1)^n\frac{x^{n+1}}{n+1}\right]'=\sum_{n=0}^{\infty}(-1)^nx^n=\frac{1}{1+x}.$$

从而，

$$s_1(x)=\frac{1}{x}\int_0^x\frac{1}{1+x}\mathrm{d}x=\frac{1}{x}\ln(1+x).$$

由于幂级数 $\sum\limits_{n=0}^{\infty}(-1)^n\dfrac{x^n}{n+1}$ 在 $x=1$ 处收敛，因此

$$\sum_{n=0}^{\infty}(-1)^n\frac{x^n}{n+1},\quad x\in(-1,1].$$

2）幂级数 $\sum\limits_{n=1}^{\infty}nx^{n-1}$ 的收敛域为 $(-1,1)$. 设其和函数为 $s_2(x)$.

由于

$$(x^n)'=nx^{n-1},$$

因此，对于任意 $x\in(-1,1)$，有

$$s_2(x)=\sum_{n=1}^{\infty}(x^n)'=\left(\sum_{n=1}^{\infty}x^n\right)'=\left(\frac{x}{1+x}\right)'=\frac{1}{(1+x)^2}.$$

10.3.3 幂级数展开

由上一小节中定理 10.13，幂级数的和函数在收敛区间内具有任意阶导数. 反之，在对称开区间内的具有任意阶导数的函数是否能展开成幂级数呢？在本小节中，首先回答这一问题，然后我们将介绍一些把初等函数展开成幂级数的方法.

1. 泰勒级数

由泰勒中值定理知，如果函数 $f(x)$ 在含有 x_0 的某个开区间 (a,b) 内具有直到 $(n+1)$ 阶的导数，则当 $x\in(a,\ b)$，有

$$f(x)=f(x_0)+f'(x_0)(x-x_0)+\frac{f''(x_0)}{2!}(x-x_0)^2+\cdots+$$

$$\frac{f^{(n)}(x_0)}{n!}(x-x_0)^n+R_n(x),$$

其中，$R_n(x)=\dfrac{f^{(n+1)}(\xi)}{(n+1)!}(x-x_0)^{n+1}$，$\xi$ 介于 x_0 与 x 之间. 于是有下面定理.

定理 10.14 若函数 $f(x)$ 在点 x_0 的某邻域 $U(x_0)$ 内具有任意阶导数，在该邻域内 $f(x)$ 能展开成泰勒级数的充分必要条件是：在该邻域内 $f(x)$ 的泰勒公式中的余项满足

$$\lim_{n\to\infty}R_n(x)=0,\quad x\in U(x_0).$$

证： 设函数 $f(x)$ 在点 x_0 的某邻域 $U(x_0)$ 内能展开成泰勒级数，即对任意 $x\in U(x_0)$，有

$$f(x)=\sum_{k=0}^{\infty}a_k(x-x_0)^k=a_0+a_1(x-x_0)+a_2(x-x_0)^2+$$

$$\cdots+a_k(x-x_0)^k+\cdots.$$

注意到对任意自然数 m，

$$f^{(m)}(x)=0+0+\cdots+m!\,a_m+(m+1)\cdot m\cdot\cdots\cdot 2\cdot$$

$$a_{m+1}(x-x_0)+\cdots+\frac{k!}{(k-m)!}\cdot a_k(x-x_0)^{k-m}+\cdots,$$

当 $x=x_0$ 时，有 $a_m=\dfrac{f(x_0)}{m!}$. 因此，对任意 $x\in U(x_0)$，有

$$f(x)=\sum_{k=0}^{\infty}\frac{f^{(k)}(x_0)}{k!}(x-x_0)^k.$$

由泰勒中值定理得，对任意 $x\in U(x_0)$，有

$$R_n(x)=f(x)-\sum_{k=0}^{n}\frac{f^{(k)}(x_0)}{k!}(x-x_0)^k.$$

因此，

$$\lim_{n\to\infty}R_n(x)=\lim_{n\to\infty}\left[f(x)-\sum_{k=0}^{n}\frac{f^{(k)}(x_0)}{k!}(x-x_0)^k\right]$$

$$=f(x)-\left[\lim_{n\to\infty}\sum_{k=0}^{n}\frac{f^{(k)}(x_0)}{k!}(x-x_0)^k\right]=0.$$

反之，若对任意 $x\in U(x_0)$，有 $\lim\limits_{n\to\infty}R_n(x)=0$. 则

$$f(x)=\lim_{n\to\infty}\sum_{k=0}^{n}\frac{f^{(k)}(x_0)}{k!}(x-x_0)^k+\lim_{n\to\infty}R_n(x)$$

$$=\sum_{n=0}^{\infty}\frac{f^{(n)}(x_0)}{n!}(x-x_0)^n.$$

注意：(1) $\sum\limits_{n=0}^{\infty}\dfrac{f^{(n)}(x_0)}{n!}(x-x_0)^n$ 称为函数在点 $x=x_0$ 处的泰勒级数. 特别地，当 $x_0=0$ 时，泰勒级数写为

$$f(x)=\sum_{k=0}^{\infty}\frac{f^{(k)}(0)}{k!}x^k=f(0)+f'(0)x+\cdots+\frac{f^{(n)}(0)}{n!}x^n+\cdots,$$

称其为函数 $f(x)$ 的麦克劳林级数.

(2) 由定理 10.14 证明得，若函数 $f(x)$ 能在 $x=x_0$ 展开为泰勒级数，则其展开式唯一且各项系数为

$$a_n=\frac{f^{(n)}(x_0)}{n!},\ n=0,1,2,3,\cdots.$$

2. 函数展开成幂级数

(1) 直接法

由定理 10.14，把函数 $f(x)$ 在 $x=x_0$ 展开成泰勒级数可按以下步骤进行：

第一步，计算 $f(x)$ 的各阶导数在 $x=x_0$ 的值 $f^{(n)}(x_0)$，并计算泰勒级数各项系数 $a_n=\dfrac{f^{(n)}(x_0)}{n!}$，$n=0,1,2,\cdots$.

第二步，写出泰勒级数 $\sum\limits_{n=0}^{\infty}\dfrac{f^{(n)}(x_0)}{n!}(x-x_0)^n$，并计算其收敛区间 (x_0-R,x_0+R).

第三步，计算余项 $R_n(x)=\dfrac{f^{(n+1)}(\xi)}{(n+1)!}(x-x_0)^{n+1}$，并验证在区间 (x_0-R,x_0+R) 内，

$$\lim_{n\to\infty}R_n(x)=0.$$

第四步，写出泰勒级数及其收敛区间.

例 4　求下列函数的麦克劳林级数：

1）$f_1(x)=\mathrm{e}^x$；　　　　2）$f_2(x)=\cos x$；

3）$f_3(x)=(1+x)^{\alpha}(\alpha\in\mathbf{R})$.

解：1）由 $f_1^{(n)}(x)=\mathrm{e}^x$，得

$$a_n=\frac{f_1^{(n)}(0)}{n!}=\frac{1}{n!},\ n=1,2,\cdots.$$

于是，函数 $f_1(x)$ 的麦克劳林级数为

$$f_1(x)=1+x+\frac{x^2}{2!}+\cdots+\frac{x^n}{n!}+\cdots.$$

收敛区间为 $(-\infty,+\infty)$. 现估计余项，对任意实数 x，有

$$R_n(x)=\frac{\mathrm{e}^{\theta x}}{(n+1)!}x^{n+1},$$

其中，$\theta\in(0,1)$. 因此，

$$|R_n(x)|=\left|\frac{\mathrm{e}^{\theta x}}{(n+1)!}x^{n+1}\right|\leqslant\frac{\mathrm{e}^{|x|}}{(n+1)!}|x|^{n+1}.$$

由于 $\dfrac{|x|^{n+1}}{(n+1)!}$ 为收敛级数 $\sum\limits_{n=0}^{\infty}\dfrac{|x|^{n+1}}{(n+1)!}$ 的一般项，因此 $\dfrac{|x|^{n+1}}{(n+1)!}\to 0(n\to\infty)$，从而，

$$\lim_{n\to\infty}R_n(x)=0.$$

于是，函数 $f_1(x)$ 的麦克劳林级数为

$$\mathrm{e}^x=1+x+\frac{x^2}{2!}+\cdots+\frac{x^n}{n!}+\cdots,x\in(-\infty,+\infty).$$

2）由 $f_2^{(k)}(x)=\cos^{(k)}x=\cos\left(x+\dfrac{k\pi}{2}\right)$，得

$$f_2^{(k)}(0)=\cos\frac{k\pi}{2}=\begin{cases}(-1)^n,k=2n,\\0,k=2n+1,\end{cases}$$

从而，

$$a_{2n}=\frac{f_2^{(2n)}(0)}{(2n)!}=\frac{(-1)^n}{(2n)!},a_{2n+1}=0,n=0,1,2,\cdots.$$

于是，函数 $f_2(x)$ 的麦克劳林级数为

$$f_2(x)=1-\frac{x^2}{2!}+\cdots+(-1)^n\frac{x^{2n}}{(2n)!}+\cdots.$$

收敛区间为 $(-\infty,+\infty)$. 现估计余项，对任意实数 x，有

$$R_n(x)=(-1)^n\frac{\sin\theta x}{(2n+1)!}x^{2n+1},$$

其中，$\theta\in(0,1)$. 因此，

$$|R_n(x)|=\left|(-1)^n\frac{\sin\theta x}{(2n+1)!}x^{2n+1}\right|\leqslant\frac{1}{(2n+1)!}|x|^{2n+1}.$$

由于$\frac{1}{(2n+1)!}|x|^{2n+1}$为收敛级数 $\sum\limits_{n=0}^{\infty}\frac{|x|^{2n+1}}{(2n+1)!}$ 的一般项，因此 $\frac{|x|^{2n+1}}{(2n+1)!}\to 0(n\to\infty)$，从而，

$$\lim_{n\to\infty}R_n(x)=0.$$

于是，函数$f_2(x)$的麦克劳林级数为

$$\cos x=1-\frac{x^2}{2!}+\cdots+(-1)^n\frac{x^{2n}}{(2n)!}+\cdots,\ x\in(-\infty,+\infty).$$

3）当α为非负整数时，其麦克劳林展式可由二项式定理求得. 下面假设α不是非负整数，由$f_3^{(n)}(x)=\alpha(\alpha-1)(\alpha-2)\cdots(\alpha-n+1)(1+x)^{\alpha-n}$，得

$$a_n=\frac{f_3^{(n)}(0)}{n!}=\frac{\alpha(\alpha-1)(\alpha-2)\cdots(\alpha-n+1)}{n!},\ n=1,2,\cdots.$$

于是，函数$f_3(x)$的麦克劳林级数为

$$f_3(x)=1+\alpha x+\frac{\alpha(\alpha-1)}{2}x^2+\cdots+\frac{\alpha(\alpha-1)\cdots(\alpha-n+1)}{n!}x^n+\cdots.$$

由于

$$\lim_{n\to\infty}\left|\frac{\alpha(\alpha-1)\cdots(\alpha-n)}{(n+1)!}\cdot\frac{n!}{\alpha(\alpha-1)\cdots(\alpha-n+1)}\right|=1,$$

因此级数的收敛区间为$(-1,1)$. 类似可得

$$\lim_{n\to\infty}R_n(x)=0.$$

于是，函数$f_3(x)$的麦克劳林级数为

$$(1+x)^{\alpha}=1+\alpha x+\frac{\alpha(\alpha-1)}{2}x^2+\cdots+\frac{\alpha(\alpha-1)\cdots(\alpha-n+1)}{n!}x^n+\cdots,x\in(-1,1).$$

注意：特别地，当$\alpha=-1$时，

$$\frac{1}{1+x}=1-x+x^2-\cdots+(-1)^nx^n+\cdots,x\in(-1,1).$$

当$\alpha=\frac{1}{2}$时，

$$\sqrt{1+x}=1+\frac{1}{2}x-\frac{1}{2\cdot 4}x^2+\frac{1\cdot 3}{2\cdot 4\cdot 6}x^3-\cdots,x\in(-1,1).$$

（2）间接法

由函数幂级数展开式的唯一性，可利用上述已知函数的幂级数展开式及幂级数四则运算和分析性质，结合变量代换等方法，得到所求函数的幂级数展开式，这种方法称为**间接法**. 下面举例说明.

例 5　求函数$f_3(x)=\sin x$的麦克劳林级数.

解：由

$$\cos x=1-\frac{x^2}{2!}+\cdots+(-1)^n\frac{x^{2n}}{(2n)!}+\cdots,\ x\in(-\infty,+\infty),$$

得

$$\sin x=-(\cos x)'=-\left(-x+\frac{x^3}{3!}\cdots-(-1)^n\frac{x^{2n+1}}{(2n+1)!}+\cdots\right)$$

$$=x-\frac{x^3}{3!}+\cdots+(-1)^n\frac{x^{2n+1}}{(2n+1)!}+\cdots,x\in(-\infty,+\infty).$$

例 6 求函数 $f_4(x)=\ln(1+x)$ 的麦克劳林级数.

解： 由

$$\frac{1}{1+x}=1-x+x^2-\cdots+(-1)^nx^n+\cdots,x\in(-1,1),$$

且

$$\ln(1+x)=\int_0^x\frac{1}{1+x}\mathrm{d}x,$$

得

$$\ln(1+x)=\int_0^x\frac{1}{1+x}\mathrm{d}x=\int_0^x1\mathrm{d}x-\int_0^x x\mathrm{d}x+\int_0^x x^2\mathrm{d}x-\cdots+$$

$$\int_0^x(-1)^nx^n\mathrm{d}x+\cdots$$

$$=x-\frac{x^2}{2}+\frac{x^3}{3}-\cdots+(-1)^n\frac{x^{n+1}}{n+1}+\cdots,$$

$$x\in(-1,1).$$

例 7 求函数 $f_5(x)=\dfrac{1}{4-2x}$ 在 $x=1$ 处的泰勒展式.

解： 由

$$\frac{1}{1+x}=1-x+x^2-\cdots+(-1)^nx^n+\cdots,\ x\in(-1,1),$$

得

$$\frac{1}{1-x}=1+x+x^2+\cdots+x^n+\cdots,x\in(-1,1).$$

因此，

$$\frac{1}{4-2x}=\frac{1}{2-2(x-1)}=\frac{1}{2}\cdot\frac{1}{1-(x-1)}$$

$$=\frac{1}{2}+\frac{1}{2(x-1)}+\cdots+\frac{1}{2(x-1)^n}+\cdots,$$

当 $x-1\in(-1,1)$，从而 $x\in(0,2)$ 时成立.

10.3.4 幂级数的应用

幂级数可以说是多项式函数的推广．把函数 $f(x)$ 在 $x=x_0$ 的某邻域内展开成泰勒级数，从形式上来说，函数的表达式得到简化. 利用这一特点，我们能更方便地研究函数的性质. 下面从近似计算、常数项级数求和、解常微分方程几个方面讲述幂级数的应用.

1. 近似计算

下面通过实例说明幂级数在近似计算方面的应用.

例 8　求 $\sin\frac{\pi}{36}$ 的近似值(精确到小数点后第 5 位).

解：由函数 $f(x)=\sin x$ 的麦克劳林展式，得

$$\sin\frac{\pi}{36}=\frac{\pi}{36}-\frac{1}{3!}\left(\frac{\pi}{36}\right)^3+\cdots+(-1)^n\frac{1}{(2n+1)!}\left(\frac{\pi}{36}\right)^{2n+1}+\cdots.$$

由交错级数的性质 $|r_n|\leqslant u_{n+1}$，只需令

$$\frac{1}{(2n+1)!}\left(\frac{\pi}{36}\right)^{2n+1}<0.00001,$$

可求得 $n=2$. 从而(见图 10-3-2)

$$\sin\frac{\pi}{36}\approx\frac{\pi}{36}-\frac{1}{3!}\left(\frac{\pi}{36}\right)^3=0.8716.$$

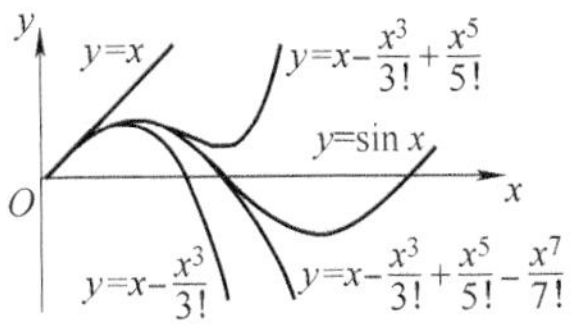

图　10-3-2

2. 常数项级数求和

例 9　求级数 $\sum_{n=0}^{\infty}\frac{n+1}{n!}$ 的和.

解：考虑幂级数 $\sum_{n=0}^{\infty}\frac{n+1}{n!}x^n$，其收敛区域为 $(-\infty,+\infty)$. 设 $s(x)=\sum_{n=0}^{\infty}\frac{n+1}{n!}x^n$. 由于

$$\left(\frac{x^{n+1}}{n!}\right)'=\frac{n+1}{n!}x^n,$$

因此，

$$s(x)=\sum_{n=0}^{\infty}\frac{n+1}{n!}x^n=\left(\sum_{n=0}^{\infty}\frac{1}{n!}x^{n+1}\right)'$$
$$=\left(x\sum_{n=0}^{\infty}\frac{1}{n!}x^n\right)'=(xe^x)'=e^x+xe^x.$$

令 $x=1$，得

$$\sum_{n=0}^{\infty}\frac{n+1}{n!}=2e.$$

3. 解常微分方程

一般来说，要找常微分方程的精确解比较困难. 下面简单介绍用幂级数解常微分方程的初值问题.

例 10 求微分方程 $y''-2xy'-4y=0$ 满足初始条件 $y(0)=0$，$y'(0)=1$ 的解.

解：设微分方程的解 $y=\sum_{n=0}^{\infty}a_nx^n$，其中 $a_0,a_1,\cdots,a_n,\cdots$待定. 由初始条件 $y(0)=0$，$y'(0)=1$，得 $a_0=0$，$a_1=1$.

从而，
$$y=x+a_2x^2+\cdots+a_nx^n+\cdots,$$
$$y'=1+2a_2x+\cdots+na_nx^{n-1}+\cdots,$$
$$y''=2a_2+\cdots+n(n-1)a_nx^{n-2}+\cdots.$$

代入原方程并比较系数，得
$$2a_2=0,$$
$$3\times2a_3-2-4=0,$$
$$\vdots$$
$$n(n-1)a_n-2(n-2)a_{n-2}-4a_{n-2}=0,$$
$$\vdots$$

即
$$a_2=0,a_3=1,\cdots,a_n=\frac{2}{n-1}a_{n-2},\cdots.$$

于是，
$$a_{2k}=0,a_{2k+1}=\frac{1}{k}\frac{1}{(k-1)!}=\frac{1}{k!},\cdots,$$

从而，
$$y=\sum_{k=0}^{\infty}\frac{x^{2k+1}}{k!}=x\sum_{k=0}^{\infty}\frac{x^{2k}}{k!}=xe^{x^2}.$$

4. 欧拉公式

在上一小节例 4 中，我们得到
$$e^x=1+x+\frac{x^2}{2!}+\cdots+\frac{x^n}{n!}+\cdots,$$

现在定义
$$e^{ix}=1+ix+\frac{(ix)^2}{2!}+\cdots+\frac{(ix)^n}{n!}+\cdots,$$

其中，i 为虚数单位. 因此，
$$e^{ix}=\left[1-\frac{x^2}{2!}+\cdots+(-1)^n\frac{x^{2n}}{(2n)!}+\cdots\right]+$$
$$i\left[x-\frac{x^3}{3!}+\cdots+(-1)^n\frac{x^{2n+1}}{(2n+1)!}+\cdots\right]$$
$$=\cos x+i\sin x.$$

称上述公式为欧拉(Euler)公式. 由欧拉公式可得
$$e^{-ix}=\cos x-i\sin x,$$

从而得到正弦函数和余弦函数的复数形式

$$\cos x=\frac{e^{ix}+e^{-ix}}{2},\sin x=\frac{e^{ix}-e^{-ix}}{2i}.$$

习题 10-3

1. 求下列幂级数的收敛区域：

(1) $\sum_{n=1}^{\infty}(-1)^n\frac{x^n}{n}$； (2) $\sum_{n=0}^{\infty}\frac{x^{n+1}}{2^n}$；

(3) $\sum_{n=0}^{\infty}n!\,x^n$； (4) $\sum_{n=3}^{\infty}\frac{\ln n}{n}x^n$；

(5) $\sum_{n=1}^{\infty}\frac{x^{2n}}{2^n(2n+1)}$； (6) $\sum_{n=1}^{\infty}\frac{3n+1}{(n+1)^2}x^{2n}$；

(7) $\sum_{n=1}^{\infty}\frac{(x+3)^n}{\sqrt[3]{n}}$； (8) $\sum_{n=1}^{\infty}\left[\frac{1}{n^2}+\frac{1}{n5^n}\right]x^n$.

2. 求下列幂级数的和函数：

(1) $\sum_{n=2}^{\infty}\frac{x^n}{n-1}$； (2) $\sum_{n=1}^{\infty}(-1)^n nx^{n+1}$；

(3) $\sum_{n=1}^{\infty}\frac{x^{2n}}{2n}$； (4) $\sum_{n=1}^{\infty}(-1)^n n(n-1)x^n$.

3. 求常数项级数 $\sum_{n=1}^{\infty}\frac{2n-1}{2^n}$ 的和.

4. 求幂级数 $\sum_{n=1}^{\infty}\frac{x^n}{2^n n!}$ 的和函数，并求常数项级数 $\sum_{n=1}^{\infty}\frac{1}{2^n n!}$ 的和.

5. 下列函数的麦克劳林级数：

(1) $\cos^2 x$； (2) $\arctan x$；

(3) $\ln(2+x)$； (4) 2^x；

(5) $\frac{1}{x^2+x-2}$； (6) $\frac{1}{x^2+2x+1}$.

6. 将下列函数在指定点处展开成幂级数：

(1) $\sqrt{x}$在点 $x=1$ 处；

(2) e^{-x}在点 $x=3$ 处；

(3) $\sin x$ 在点 $x=\frac{\pi}{4}$处；

(4) $\ln(x^2+x)$在点 $x=1$ 处；

(5) $\frac{1}{x}$在点 $x=1$ 处；

(6) $\frac{1}{x^2-x-6}$在点 $x=2$ 处.

7. 用函数的幂级数展开式求下列各数的近似值：

(1) $\sin\frac{\pi}{20}$(精确到 0.0001)；

(2) e(精确到 0.001)；

(3) ln2(精确到 0.0001).

8. 利用被积函数的幂级数展开式求下列积分的近似值：

(1) $\int_0^1\cos\sqrt{x}\,dx$ (精确到 0.0001)；

(2) $\int_0^1\frac{\sin x}{x}dx$ (精确到 0.0001).

9. 求微分方程 $(1+x)y'+2y=0$ 满足初始条件 $y(0)=\frac{1}{3}$的解.

10. 求微分方程 $y''-xy=0$ 满足初始条件 $y(0)=0$，$y'(0)=1$ 的解.

10.4 傅里叶级数

在工程技术中，常常会遇到周期性现象，例如交流电变化、活塞运动等. 而最简单的简谐振动可用正弦函数

$$y=A\sin(\omega t+\varphi)$$

表示，其中 t 表示时间；A 为振幅；φ 为初相. 易知，有限个正弦函数的叠加

$$y=A_0+\sum_{n=1}^{k}A_n\sin(n\omega t+\varphi_n)$$

仍是周期函数. 进一步思考，一般的周期函数是否能由一系列简谐振动叠加得到呢？1882 年，傅里叶出版了名著《热的分析理论》，在书中他阐述了相当一类函数能用形如

$$y=A_0+\sum_{n=1}^{\infty}A_n\sin(n\omega t+\varphi_n)$$

的级数来表示，称为三角级数. 例如，电子技术中的方波信号（见图 10-4-1）

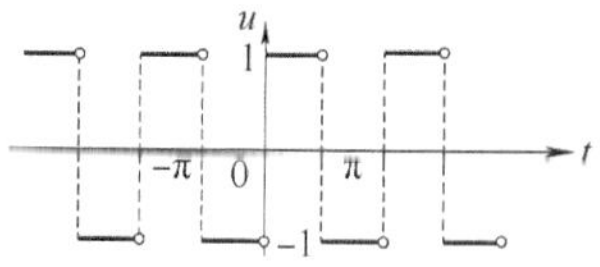

图 10-4-1

$$u(t)=\begin{cases}-1,-\pi\leqslant t<0,\\1,0\leqslant t<\pi.\end{cases}$$

它可用一系列正弦函数

$$\frac{4}{\pi}\sin t,\frac{12}{3\pi}\sin 3t,\frac{20}{5\pi}\sin 5t,\cdots$$

所组成的三角级数来表示（见图 10-4-2）. 下面我们将讨论其性质.

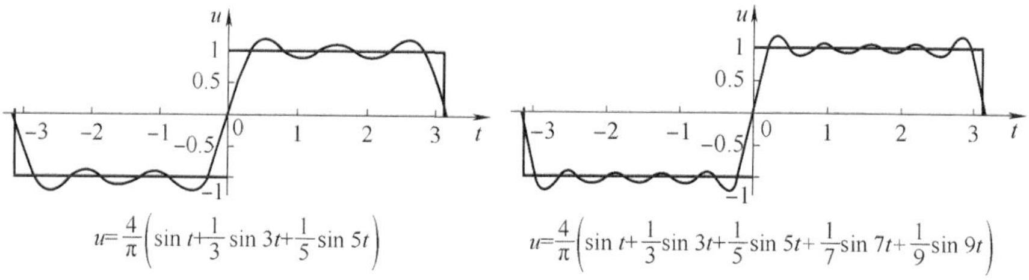

图 10-4-2

10.4.1 函数展开成傅里叶级数

1. 三角函数

形如

$$y=A_0+\sum_{n=1}^{\infty}A_n\sin(n\omega t+\varphi_n)$$

的级数可化为

$$\frac{a_0}{2}+\sum_{n=1}^{\infty}(a_n\cos nx+b_n\sin nx),$$

其中，$a_0=A_0$，$a_n=A_n\sin\varphi_n$，$b_n=A_n\cos\varphi_n$，$x=\omega t$.

定义 10.10 称形如

$$\frac{a_0}{2}+\sum_{n=1}^{\infty}(a_n\cos nx+b_n\sin nx)$$

的级数为三角级数，其中，a_0，a_1，…，a_n，…为常数.

下面我们将讨论三角级数. 为了研究三角级数的性质，我们先

讨论下列的三角函数系的正交性. 以下函数列(称为三角函数系)

$$1, \cos x, \sin x, \cos 2x, \sin 2x, \cdots, \cos nx, \sin nx, \cdots$$

在闭区间$[-\pi, \pi]$上具有正交性，即

$$\int_{-\pi}^{\pi} 1 \cdot \sin nx \mathrm{d}x = 0 \quad (n = 1, 2, \cdots),$$

$$\int_{-\pi}^{\pi} 1 \cdot \cos nx \mathrm{d}x = 0 \quad (n = 1, 2, \cdots),$$

$$\int_{-\pi}^{\pi} \cos mx \sin nx \mathrm{d}x = 0 \quad (m, n = 1, 2, \cdots),$$

$$\int_{-\pi}^{\pi} \sin mx \sin nx \mathrm{d}x = 0 \quad (m, n = 1, 2, \cdots, m \neq n),$$

$$\int_{-\pi}^{\pi} \cos mx \cos nx \mathrm{d}x = 0 \quad (m, n = 1, 2, \cdots, m \neq n).$$

2. 函数展开成傅里叶级数

若函数$f(x)$能展开成三角级数

$$f(x) = \frac{a_0}{2} + \sum_{m=1}^{\infty} (a_m \cos mx + b_m \sin mx),$$

则可由三角函数系在闭区间$[-\pi, \pi]$上的正交性求出级数的系数. 上式两端对 x 从$-\pi$ 到 π 积分，得

$$\int_{-\pi}^{\pi} f(x) \mathrm{d}x = \int_{-\pi}^{\pi} \frac{a_0}{2} \mathrm{d}x + \sum_{m=1}^{\infty} \left(\int_{-\pi}^{\pi} a_m \cos mx \mathrm{d}x + \int_{-\pi}^{\pi} b_m \sin mx \mathrm{d}x \right),$$

$$a_0 = \frac{1}{\pi} \int_{-\pi}^{\pi} f(x) \mathrm{d}x.$$

对任意自然数 n，有

$$\int_{-\pi}^{\pi} f(x) \cos nx \mathrm{d}x = \int_{-\pi}^{\pi} \frac{a_0}{2} \cos nx \mathrm{d}x + \sum_{m=1}^{\infty} \left(\int_{-\pi}^{\pi} a_n \cos nx \cos mx \mathrm{d}x + \int_{-\pi}^{\pi} b_n \cos nx \sin mx \mathrm{d}x \right),$$

因此，

$$a_n = \frac{1}{\pi} \int_{-\pi}^{\pi} f(x) \cos nx \mathrm{d}x.$$

类似地，

$$b_n = \frac{1}{\pi} \int_{-\pi}^{\pi} f(x) \sin nx \mathrm{d}x.$$

定义 10.11　给定函数$f(x)$，称三角级数

$$\frac{a_0}{2} + \sum_{n=1}^{\infty} (a_n \cos nx + b_n \sin nx),$$

为函数$f(x)$的傅里叶级数，其中，a_n, b_n 为傅里叶系数，且

$$a_0 = \frac{1}{\pi} \int_{-\pi}^{\pi} f(x) \mathrm{d}x; \; a_n = \frac{1}{\pi} \int_{-\pi}^{\pi} f(x) \cos nx \mathrm{d}x; \; b_n = \frac{1}{\pi} \int_{-\pi}^{\pi} f(x) \sin nx \mathrm{d}x.$$

对于傅里叶级数有以下两个基本问题：①函数 $f(x)$ 在什么条件下能展开成傅里叶级数？②函数 $f(x)$ 的傅里叶级数在什么条件下收敛于函数？傅里叶本人并没有给出完整的条件和严格的证明．狄利克雷在巴黎会见傅里叶后，对傅里叶级数产生了兴趣，并在1829年给出了完整的证明．

定理 10.15（收敛定理，狄利克雷（Dirichlet）充分条件） 以 2π 为周期的周期函数 $f(x)$ 若满足以下条件：

（1）在一个周期内至多只有有限个第一类间断点；

（2）在一个周期内至多只有有限个极值点，

则 $f(x)$ 的傅里叶级数在其定义域内收敛，且有：

（1）当 x_0 是 $f(x)$ 的连续点时，级数收敛于 $f(x)$；

（2）当 x_0 是 $f(x)$ 的间断点时，级数收敛于 $\frac{1}{2}[\lim\limits_{x\to x_0^-}f(x)+\lim\limits_{x\to x_0^+}f(x)]$．

例 1 把以 2π 为周期的函数

$$u(t)=\begin{cases}-1, & -\pi\leqslant t<0,\\ 1, & 0\leqslant t<\pi\end{cases}$$

展开成傅里叶级数．

解：先求 $u(t)$ 的傅里叶系数．注意到 $u(t)$ 为奇函数，因此，

$$a_n=\frac{1}{\pi}\int_{-\pi}^{\pi}u(t)\cos nt\mathrm{d}t=0,\quad n=0,1,2,\cdots,$$

$$b_n=\frac{1}{\pi}\int_{-\pi}^{\pi}u(t)\sin nt\mathrm{d}t=\frac{2}{\pi}\int_{0}^{\pi}\sin nt\mathrm{d}t=\frac{2}{n\pi}[1-(-1)^n]$$

$$=\begin{cases}\dfrac{4}{n\pi}, & n=1,3,5,\cdots,\\ 0, & n=2,4,6,\cdots,\end{cases}$$

因此，$u(t)$ 的傅里叶级数为

$$\frac{4}{\pi}\left[\sin t+\frac{1}{3}\sin 3t+\cdots+\frac{1}{2n-1}\sin(2n-1)t+\cdots\right].$$

函数 $u(t)$ 在 $t\neq k\pi$，$k\in\mathbf{Z}$ 连续，因此，当 $t\neq k\pi$ 时，

$$u(t)=\frac{4}{\pi}\left[\sin t+\frac{1}{3}\sin 3t+\cdots+\frac{1}{2n-1}\sin(2n-1)t+\cdots\right].$$

点 $t=k\pi$ 为函数 $u(t)$ 的跳跃点，因此，当 $t=k\pi$ 时，级数收敛于 $\frac{1-1}{2}=0$．

当函数 $f(x)$ 仅在 $(-\pi,\ \pi]$（或 $[-\pi,\ \pi)$）有定义时，只需对函数拓广成一个以 2π 为周期的函数 $F(x)$

$$F(x)=\begin{cases}f(x), & x\in[-\pi,\ \pi),\\ f(x-2k\pi), & x\in[(2k-1)\pi,\ (2k+1)\pi),\end{cases}$$

也可求出函数 $F(x)$ 的傅里叶级数. 注意到，当 $x\in(-\pi,\pi)$ 时，$F(x)=f(x)$，从而得到函数 $f(x)$ 的傅里叶级数. 这种拓广定义域的方法称为周期延拓.

例 2 把定义在 $x\in(-\pi,\ \pi)$ 的函数

$$f(x)=\begin{cases}-x+1, -\pi\leqslant x<0,\\ x+1, 0\leqslant x<\pi\end{cases}$$

展开成傅里叶级数.

解：对函数 $f(x)$ 进行周期延拓得到以 2π 为周期的函数 $F(x)$. 先求 $F(x)$ 的傅里叶系数. 注意到 $F(x)$ 为偶函数，因此，

$$b_n=\frac{1}{\pi}\int_{-\pi}^{\pi}f(t)\sin nt\mathrm{d}t=0,\quad n=1,2,\cdots,$$

$$a_0=\frac{1}{\pi}\int_{-\pi}^{\pi}f(x)\mathrm{d}x=\frac{2}{\pi}\int_0^{\pi}(x+1)\mathrm{d}x=\pi+2,$$

$$a_n=\frac{2}{\pi}\int_0^{\pi}(x+1)\cos nx\mathrm{d}x=\frac{2}{\pi}\left[\frac{(x+1)\sin nx}{n}+\frac{\cos nx}{n^2}\right]_0^{\pi}$$

$$=\frac{2}{n^2\pi}(\cos n\pi-1)=\begin{cases}-\dfrac{4}{n^2\pi}, n=1,3,5,\cdots,\\ 0, n=2,4,6,\cdots,\end{cases}$$

因此，$f(x)$ 的傅里叶级数为

$$x+1=\frac{\pi}{2}+1-\frac{4}{\pi}\left[\cos x+\frac{1}{3^2}\cos 3x+\cdots+\frac{1}{(2n-1)^2}\cos(2n-1)x+\cdots\right],$$

$$x\in(-\pi,\pi).$$

注意：由于 $x=0\in(-\pi,\pi)$，因此当 $x=0$ 时，有

$$1=\frac{\pi}{2}+1-\frac{4}{\pi}\left[1+\frac{1}{3^2}+\cdots+\frac{1}{(2n-1)^2}+\cdots\right],$$

从而可得常数项级数的和

$$1+\frac{1}{3^2}+\cdots+\frac{1}{(2n-1)^2}+\cdots=\frac{\pi^2}{8}.$$

3. 正弦级数与余弦级数

注意到例 1 和例 2 中奇函数的傅里叶级数只有正弦项，偶函数只有余弦项. 一般地，设 $f(x)$ 是以 2π 为周期的周期函数，则

（1）当 $f(x)$ 为奇函数时，有

$$a_n=\frac{1}{\pi}\int_{-\pi}^{\pi}f(x)\cos nx\mathrm{d}x=0,\qquad n=0,1,2,\cdots,$$

$$b_n=\frac{2}{\pi}\int_0^{\pi}f(x)\sin nx\mathrm{d}x,\qquad n=1,2,\cdots.$$

此时，对应的傅里叶级数为 $\sum_{n=1}^{\infty} b_n\sin nx$ ，称为**正弦级数**.

（2）当 $f(x)$ 为偶函数时，有

$$a_0 = \frac{2}{\pi}\int_0^{\pi} f(x)\,\mathrm{d}x,$$

$$a_n = \frac{2}{\pi}\int_0^{\pi} f(x)\cos nx\,\mathrm{d}x,$$

$$b_n = \frac{1}{\pi}\int_{-\pi}^{\pi} f(x)\sin nx\,\mathrm{d}x = 0,\ n = 1,2,\cdots.$$

此时，对应的傅里叶级数为 $\frac{a_0}{2} + \sum_{n=1}^{\infty} a_n\cos nx$ ，称为**余弦级数**.

当函数 $f(x)$ 仅在 $[0,\pi]$ 上有定义且满足狄利克雷收敛定理的条件时，可对函数做适当的延拓，延拓成定义在 $(-\pi,\pi]$ 上的函数 $F(x)$，然后再进行周期延拓，这就可以得到对应的傅里叶级数. 对函数 $f(x)$ 的延拓有以下两种方法.

（1）奇延拓

令

$$F(x)=\begin{cases} f(x),x\in(0,\pi), \\ 0,x=0, \\ -f(-x),x\in(-\pi,0), \end{cases}$$

则函数 $F(x)$ 为奇函数，将 $F(x)$ 在 $(-\pi,\pi]$ 上展开成傅里叶级数，其必为正弦级数. 注意到，当 $x\in(0,\pi)$ 时，$F(x)=f(x)$，从而得到函数 $f(x)$ 的正弦级数.

（2）偶延拓

令

$$F(x)=\begin{cases} f(x),x\in(0,\pi), \\ 0,x=0, \\ f(-x),x\in(-\pi,0), \end{cases}$$

则函数 $F(x)$ 为偶函数，将 $F(x)$ 在 $(-\pi,\pi]$ 上展开成傅里叶级数，其必为余弦级数. 注意到，当 $x\in(0,\pi)$ 时，$F(x)=f(x)$，从而得到函数 $f(x)$ 的余弦级数.

例 3 将函数 $f(x)=x$，$x\in[0,\pi]$ 分别展开成正弦级数和余弦级数.

解：(1) 求正弦级数，对函数进行奇延拓得奇函数 $F(x)$，则

$$a_n = \frac{1}{\pi}\int_{-\pi}^{\pi} F(x)\cos nx\,\mathrm{d}x = 0,\quad n = 0,1,2,\cdots,$$

$$b_n = \frac{2}{\pi}\int_0^{\pi} F(x)\sin nx\,\mathrm{d}x = \frac{2}{\pi}\int_0^{\pi} x\sin nx\,\mathrm{d}x$$

$$= -\frac{2}{n}\cos n\pi = \frac{2}{n}(-1)^{n-1},\ n = 1,2,\cdots.$$

于是，

$$f(x) = 2\sum_{n=1}^{\infty}\frac{(-1)^{n-1}}{n}\sin nx,\ x \in (0,\pi).$$

（2）求余弦级数，对函数进行偶延拓得偶函数 $F(x)$，则

$$a_0 = \frac{2}{\pi}\int_0^{\pi} x\mathrm{d}x = \pi,$$

$$a_n = \frac{2}{\pi}\int_0^{\pi} x\cos nx\mathrm{d}x = \frac{2}{n^2\pi}(\cos n\pi - 1)$$

$$= \begin{cases} -\dfrac{4}{n^2\pi}, n = 1,3,5,\cdots, \\ 0, n = 2,4,6,\cdots, \end{cases}$$

$$b_n = \frac{2}{\pi}\int_{-\pi}^{\pi} F(x)\cos nx\mathrm{d}x = 0, n = 1,2,\cdots.$$

于是，

$$f(x) = \frac{\pi}{2} - \frac{4}{\pi}\sum_{n=1}^{\infty}\frac{1}{(2n+1)^2}\cos(2n+1)x,\ x \in [0,\pi].$$

注意：在本例中当 $x \in (0,\pi)$ 时，无论是正弦级数还是余弦级数都收敛于同一个函数 $f(x) = x$. 可见函数的傅里叶级数不唯一，这是傅里叶级数与泰勒级数的区别之一.

10.4.2　一般周期函数的傅里叶级数

1. 周期为 $2l$ 函数的傅里叶级数

在上一小节中，讨论了以 2π 为周期的函数若满足狄利克雷条件则可展开为傅里叶级数. 更一般地，若函数 $f(x)$ 以 $2l$ 为周期，做变换 $t = \frac{\pi x}{l}$，则函数 $F(t) = f(x) = f\left(\frac{lt}{\pi}\right)$ 以 2π 为周期. 从而，$F(t)$ 可展开成傅里叶级数

$$\frac{a_0}{2} + \sum_{n=1}^{\infty}(a_n\cos nt + b_n\sin nt),$$

其中，

$$a_0 = \frac{1}{\pi}\int_{-\pi}^{\pi} F(t)\mathrm{d}t = \frac{1}{l}\int_{-l}^{l} f(x)\mathrm{d}x,$$

$$a_n = \frac{1}{\pi}\int_{-\pi}^{\pi} F(t)\cos nt\mathrm{d}t = \frac{1}{l}\int_{-l}^{l} f(x)\cos n\frac{\pi x}{l}\mathrm{d}x,$$

$$b_n = \frac{1}{\pi}\int_{-\pi}^{\pi} F(t)\sin nt\mathrm{d}t = \frac{1}{l}\int_{-l}^{l} f(x)\sin n\frac{\pi x}{l}\mathrm{d}x, n = 1,2,\cdots.$$

即

定理 10.16　设以 $2l$ 为周期的周期函数 $f(x)$ 满足狄利克雷收敛定理的条件，则 $f(x)$ 的傅里叶级数为

$$\frac{a_0}{2}+\sum_{n=1}^{\infty}\left(a_n\cos\frac{n\pi x}{l}+b_n\sin\frac{n\pi x}{l}\right),$$

其中

$$a_0=\frac{1}{l}\int_{-l}^{l}f(x)\mathrm{d}x,$$

$$a_n=\frac{1}{l}\int_{-l}^{l}f(x)\cos\frac{\pi nx}{l}\mathrm{d}x,$$

$$b_n=\frac{1}{l}\int_{-l}^{l}f(x)\sin\frac{\pi nx}{l}\mathrm{d}x,\ n=1,2,\cdots.$$

（1）当 l_0 是 $f(x)$ 的连续点时，级数收敛于 $f(x)$；

（2）当 l_0 是 $f(x)$ 的间断点时，级数收敛于 $\frac{1}{2}\left[\lim\limits_{x\to l_0^-}f(x)+\lim\limits_{x\to l_0^+}f(x)\right]$.

注意：特别地，当 $f(x)$ 为奇函数时，可展开为正弦级数，当 $f(x)$ 为偶函数时，可展开为余弦级数.

例 4　将以 2 为周期的函数 $f(x)$ 展开成傅里叶级数，当 $x\in[-1,1]$ 时，

$$f(x)=\begin{cases}0,-1\leqslant x<0,\\1,0<x\leqslant 1.\end{cases}$$

解：求函数的傅里叶系数，得

$$a_0=\int_0^1\mathrm{d}x=1,$$

$$a_n=\int_0^1\cos n\pi t\mathrm{d}t=\frac{1}{n\pi}\sin(n\pi)=0,\ n=1,2,\cdots,$$

$$b_n=\int_0^1\sin n\pi t\mathrm{d}t$$

$$=\frac{1}{n\pi}[1-\cos(n\pi)]=\begin{cases}\dfrac{2}{n\pi},n=1,3,\cdots,\\0,n=0,2,\cdots.\end{cases}$$

于是，

$$f(x)=2\sum_{n=1}^{\infty}\frac{1}{(2n+1)\pi}\sin[(2n+1)\pi x],x\neq k,k\in\mathbf{Z}.$$

在 $x=k$ 处，级数收敛于 $\frac{1}{2}$.

例 5　将函数 $f(x)=x^2$，$x\in[0,2]$ 分别展开成正弦级数和余弦级数.

解：(1)求正弦级数，对函数进行奇延拓得奇函数 $F(x)$，则

$$a_n=\frac{1}{\pi}\int_0^2 F(x)\cos nx\mathrm{d}x=0,\quad n=0,1,2,\cdots,$$

$$b_n=\int_0^2 x^2\sin\frac{n\pi x}{2}\mathrm{d}x=\left[-\frac{2}{n\pi}x^2\cos\frac{n\pi x}{2}\right]_0^2+\frac{4}{n\pi}\int_0^2 x\cos\frac{n\pi x}{2}\mathrm{d}x$$

$$=(-1)^{n+1}\frac{8}{n\pi}+\frac{16}{(n\pi)^3}[(-1)^n-1],\quad n=1,2,\cdots.$$

于是，

$$f(x)=\frac{8}{\pi}\sum_{n=1}^{\infty}\left\{(-1)^{n+1}\frac{1}{n}+\frac{2}{\pi^2n^3}[(-1)^n-1]\right\}\sin nx,\ x\in(0,2).$$

(2) 求余弦级数，对函数进行偶延拓得偶函数 $F(x)$，则

$$a_0=\int_0^2 x^2\mathrm{d}x=\frac{8}{3},$$

$$a_n=\int_0^2 x^2\cos nx\mathrm{d}x=\frac{2}{n\pi}\left[x^2\sin\frac{n\pi x}{2}\right]_0^2-\frac{4}{n\pi}\int_0^2 x\sin\frac{n\pi x}{2}\mathrm{d}x$$

$$=(-1)^n\frac{16}{(n\pi)^2},$$

$$b_n=\frac{2}{\pi}\int_{-\pi}^{\pi}F(x)\cos nx\mathrm{d}x=0,\ n=1,2,\cdots.$$

于是，

$$f(x)=\frac{4}{3}+\frac{16}{\pi^2}\sum_{n=1}^{\infty}\frac{(-1)^n}{n^2}\cos\frac{n\pi x}{2},x\in[0,2).$$

2. 傅里叶级数的复数形式

函数的傅里叶级数还可以用复数形式表示，这在电子技术中常常用到.

设以 $2l$ 为周期的周期函数 $f(t)$ 满足狄利克雷收敛定理的条件，则 $f(t)$ 的傅里叶级数为

$$\frac{a_0}{2}+\sum_{n=1}^{\infty}\left(a_n\cos\frac{n\pi t}{l}+b_n\sin\frac{n\pi t}{l}\right),$$

其中

$$a_0=\frac{1}{l}\int_{-l}^{l}f(t)\mathrm{d}t,$$

$$a_n=\frac{1}{l}\int_{-l}^{l}f(t)\cos\frac{\pi nt}{l}\mathrm{d}t,$$

$$b_n=\frac{1}{l}\int_{-l}^{l}f(t)\sin\frac{\pi nt}{l}\mathrm{d}t,\ n=1,2,\cdots.$$

由余弦函数和正弦函数的复数表示式

$$\cos\frac{\pi nt}{l}=\frac{e^{i\frac{\pi nt}{l}}+e^{-i\frac{\pi nt}{l}}}{2},\ \sin\frac{\pi nt}{l}=\frac{e^{i\frac{\pi nt}{l}}-e^{-i\frac{\pi nt}{l}}}{2i},$$

得

$$\begin{aligned}&\frac{a_0}{2}+\sum_{n=1}^{\infty}\left(a_n\cos\frac{n\pi t}{l}+b_n\sin\frac{n\pi t}{l}\right)\\&=\frac{a_0}{2}+\frac{1}{2}\sum_{n=1}^{\infty}\left[a_n\left(e^{i\frac{\pi nt}{l}}+e^{-i\frac{\pi nt}{l}}\right)-ib_n\left(e^{i\frac{\pi nt}{l}}-e^{-i\frac{\pi nt}{l}}\right)\right]\\&=\frac{a_0}{2}+\frac{1}{2}\sum_{n=1}^{\infty}\left[(a_n-ib_n)e^{i\frac{\pi nt}{l}}+(a_n+ib_n)e^{-i\frac{\pi nt}{l}}\right]\\&=c_0+\sum_{n=1}^{\infty}\left(c_ne^{i\frac{\pi nt}{l}}+c_{-n}e^{-i\frac{\pi nt}{l}}\right),\end{aligned}$$

其中，

$$c_0=\frac{a_0}{2}=\frac{1}{2l}\int_{-l}^{l}f(t)\,dx,$$

$$c_n=\frac{a_n-ib_n}{2}=\frac{1}{2l}\int_{-l}^{l}f(x)\left(\cos\frac{n\pi t}{l}-i\sin\frac{n\pi t}{l}\right)dx=\frac{1}{2l}\int_{-l}^{l}f(t)e^{-i\frac{n\pi t}{l}}dt,$$

$$c_{-n}=\frac{a_n+ib_n}{2}=\frac{1}{2l}\int_{-l}^{l}f(x)\left(\cos\frac{n\pi t}{l}+i\sin\frac{n\pi t}{l}\right)dx=\frac{1}{2l}\int_{-l}^{l}f(t)e^{i\frac{n\pi t}{l}}dt.$$

即

$$\sum_{n=-\infty}^{\infty}c_ne^{i\frac{\pi nt}{l}},$$

其中，

$$c_n=\frac{1}{2l}\int_{-l}^{l}f(t)e^{-i\frac{n\pi t}{l}}dt,\quad n=0,\ \pm1,\ \pm2,\cdots.$$

上式称为**傅里叶级数的复数形式**.

习题 10-4

1. 把下列以 2π 为周期的函数展开成傅里叶级数：

（1）$f(x)=x,\ x\in[0,2\pi)$；

（2）$f(x)=\pi^2-x^2,\ x\in[-\pi,\pi)$；

（3）$f(x)=e^{2x},\ x\in[-\pi,\pi)$；

（4）$f(x)=\sin\frac{x}{2},\ x\in[-\pi,\pi)$；

（5）$f(x)=\operatorname{sgn}x,\ x\in(-\pi,\pi)$；

（6）$f(x)=\begin{cases}0, & -\pi\leqslant x\leqslant 0,\\ 1, & 0<x\leqslant\pi.\end{cases}$

2. 设以 2π 为周期的函数 $f(x)$ 在 $x\in(-\pi,\pi]$ 上的表达式为

$$f(x)=\begin{cases}1, -\pi<x\leqslant 0,\\ 1-x, 0<x<\pi,\end{cases}$$

求 $f(x)$ 的傅里叶级数展开式在区间 $(-\pi,\pi]$ 上的和函数 $s(x)$ 的表达式.

3. 求下列函数的傅里叶级数展开式：

（1）$f(x)=3x+2,\ x\in(0,2\pi]$；

（2）$f(x)=\sqrt{1-\cos x},\ x\in[-\pi,\pi)$.

4. 求下列函数的正弦级数和余弦级数：

(1) $f(x)=\dfrac{\pi}{4}$，$x\in(0,\pi)$；

(2) $f(x)=x$，$x\in[0,\pi)$；

(3) $f(x)=x^2$，$x\in[0,\pi)$；

(4) $f(x)=\begin{cases}0, & 0<x\leqslant\dfrac{\pi}{2},\\ 1, & \dfrac{\pi}{2}<x\leqslant\pi.\end{cases}$

5. 设函数 $f(x)$ 是以 2π 为周期的可积函数，证明对任意实数 c 有：

(1) $a_n=\dfrac{1}{\pi}\int_c^{c+2\pi}f(x)\cos nx\mathrm{d}x=\dfrac{1}{\pi}\int_{-\pi}^{\pi}f(x)\cos nx\mathrm{d}x$，$n=0,1,2,\cdots$；

(2) $b_n=\dfrac{1}{\pi}\int_c^{c+2\pi}f(x)\sin nx\mathrm{d}x=\dfrac{1}{\pi}\int_{-\pi}^{\pi}f(x)\sin nx\mathrm{d}x$，$n=1,2,\cdots$.

6. 把下列以 2 为周期的函数展开成傅里叶级数：

(1) $f(x)=\mathrm{e}^{-x}$，$x\in[-1,1)$；

(2) $f(x)=1+|x|$，$-1\leqslant x\leqslant 1$；

(3) $f(x)=\begin{cases}1, 1<x\leqslant 2,\\ 3-x, 2<x\leqslant 3.\end{cases}$

7. 求函数 $f(x)=x-[x]$，$x\in\left(-\dfrac{1}{2},\dfrac{1}{2}\right]$ 的傅里叶级数，其中 $[x]$ 为取整函数.

8. 求函数 $f(x)=(x-1)^2$，$x\in(0,1]$ 的余弦级数，并求常数项级数 $\sum\limits_{n=1}^{\infty}\dfrac{1}{n^2}$ 的和.

9. 设以 3 为周期的函数 $f(x)$ 的表达式为

$$f(x)=\begin{cases}x, 0<x\leqslant 1,\\ 0, 1<x\leqslant 2,\\ 3-x, 2<x<3,\end{cases}$$

求 $f(x)$ 的傅里叶级数展开式在区间 $(0,3]$ 上的和函数 $s(x)$ 的表达式.

10. 设函数 $f(x)$ 是以 $2l$ 为周期的可积函数.

(1) 若 $f(x-l)=-f(x)$，试求 $a_0, a_{2n}, b_{2n}(n=1,2,\cdots)$.

(2) 若 $f(x-l)=f(x)$，试求 $a_{2n+1}, b_{2n+1}(n=1,2,\cdots)$.

总习题 10

1. 选择题：

(1) 设 $\sum\limits_{n=1}^{\infty}u_n$ 为数项级数，下列命题正确的是(　　).

A. 若 $\lim\limits_{n\to\infty}u_n=0$，则级数 $\sum\limits_{n=1}^{\infty}u_n$ 收敛

B. 若级数 $\sum\limits_{n=1}^{\infty}u_n$ 收敛，则级数 $\sum\limits_{n=1}^{\infty}u_n^2$ 收敛

C. 若级数 $\sum\limits_{n=1}^{\infty}u_n$ 收敛，则级数 $\sum\limits_{n=1}^{\infty}|u_n|$ 收敛

D. 若级数 $\sum\limits_{n=1}^{\infty}u_n$ 收敛，则级数 $\sum\limits_{n=1}^{\infty}\dfrac{1}{u_n}$ 发散

(2) 设 $\sum\limits_{n=1}^{\infty}u_n$，$\sum\limits_{n=1}^{\infty}v_n$ 为数项级数，下列命题错误的是(　　).

A. 若 $\sum\limits_{n=1}^{\infty}u_n$，$\sum\limits_{n=1}^{\infty}v_n$ 收敛，则级数 $\sum\limits_{n=1}^{\infty}(u_n+v_n)$ 收敛

B. 若 $\sum\limits_{n=1}^{\infty}u_n$ 收敛，$\sum\limits_{n=1}^{\infty}v_n$ 发散，则级数 $\sum\limits_{n=1}^{\infty}(u_n+v_n)$ 发散

C. 若 $\sum\limits_{n=1}^{\infty}u_n$ 收敛，$\sum\limits_{n=1}^{\infty}v_n$ 发散，$\sum\limits_{n=1}^{\infty}u_nv_n$ 发散

D. 若 $\sum\limits_{n=1}^{\infty}u_n^2$，$\sum\limits_{n=1}^{\infty}v_n^2$ 收敛，$\sum\limits_{n=1}^{\infty}u_nv_n$ 绝对收敛

(3) 若级数 $\sum\limits_{n=1}^{\infty}a_n$ 收敛，则级数(　　).

A. $\sum\limits_{n=1}^{\infty}|a_n|$ 一定收敛

B. $\sum\limits_{n=1}^{\infty}(-1)^na_n$ 一定收敛

C. $\sum\limits_{n=1}^{\infty}a_na_{n+1}$ 一定收敛

D. $\sum\limits_{n=1}^{\infty}\dfrac{a_n+a_{n+1}}{2}$ 一定收敛

(4) 下列级数中条件收敛的是(　　).

A. $\sum\limits_{n=1}^{\infty}(-1)^n\sqrt{\dfrac{n}{n+1}}$

B. $\sum\limits_{n=1}^{\infty}\dfrac{(-1)^{n-1}}{\sqrt{n(n+1)}}$

C. $\sum_{n=1}^{\infty}\frac{(-1)^{n-1}}{n(n+1)}$

D. $\sum_{n=1}^{\infty}\frac{(-1)^{n-1}}{2^n}$

（5）设幂级数 $\sum_{n=0}^{\infty}a_n(x-1)^n$ 在点 $x=3$ 处收敛，则（　　）.

A. 在点 $x=-3$ 收敛　　B. 在点 $x=-1$ 发散

C. 在点 $x=0$ 收敛　　D. 在点 $x=4$ 发散

2. 填空题：

（1）已知周期为 2π 的函数在 $[-\pi,\pi]$ 上的表达式为 $f(x)=\begin{cases}0, & -\pi\leqslant x<0,\\ 1, & 0\leqslant x<\pi,\end{cases}$ 其傅里叶级数中系数 $a_5=$________.

（2）已知函数表达式为 $f(x)=\begin{cases}1, & 0<x\leqslant 1,\\ x, & 1<x\leqslant 2,\end{cases}$ 其余弦级数的和函数为 $s(x)$，则 $s\left(\frac{7}{2}\right)=$________，$s(6)=$________.

3. 判定下列级数的敛散性：

（1）$\sum_{n=1}^{\infty}\frac{1}{(n+1)\sqrt[n]{n}}$；　　（2）$\sum_{n=2}^{\infty}\frac{1}{\ln^{10}n}$；

（3）$\sum_{n=1}^{\infty}n\tan\frac{1}{2^n}$；　　（4）$\sum_{n=1}^{\infty}(\sqrt[n]{5}-1)$；

（5）$\sum_{n=1}^{\infty}\frac{n^{\frac{1}{2}}+2n}{3n^2-3n+1}$；　　（6）$\sum_{n=1}^{\infty}\frac{2^n}{\left[\frac{n}{n+1}\right]^{n^2}}$.

4. 判定下列级数的敛散性，如果是收敛的，则是条件收敛还是绝对收敛？

（1）$\sum_{n=1}^{\infty}\left[\frac{\sin(\alpha n)}{n^2}-\frac{(-1)^n}{\sqrt{n}}\right]$；

（2）$\sum_{n=1}^{\infty}(-1)^n\frac{2^n}{n!}x^n$；

（3）$\sum_{n=1}^{\infty}(-1)^n\frac{1}{\sqrt{n}+(-1)^n}$.

5. 试证明 $\lim_{n\to\infty}\frac{(2n)!}{3^{n!}}=0$.

6. 求下列级数的收敛域：

（1）$\sum_{n=3}^{\infty}\frac{\ln n}{n}x^{2n+1}$；

（2）$\sum_{n=1}^{\infty}\frac{3^n}{n}(x-1)^{2n}$；

（3）$\sum_{n=1}^{\infty}\frac{2^n+(-1)^n}{n}(x-1)^n$.

7. 求幂级数 $\sum_{n=1}^{\infty}(-1)^{n-1}\frac{2n-1}{n}x^n$ 的收敛域及和函数.

8. 求幂级数 $\sum_{n=1}^{\infty}\frac{nx^n}{(n-1)!}$ 的和函数，并求 $\sum_{n=1}^{\infty}\frac{(n+1)(n-1)}{n!}$ 的和.

9. 设幂级数 $\sum_{n=0}^{\infty}a_nx^n$ 在 $(-\infty,+\infty)$ 内收敛，且 $a_0=0$，$a_1=1$，$a_2=0$，$a_{n+2}=\frac{2}{n+1}a_n(n=0,1,2,\cdots)$，求幂级数的和函数 $s(x)$.

10. 把函数 $\ln(1+x+x^2+x^3)$ 展开成关于 x 的幂级数.

11. 把函数 $\frac{1}{x^2+x-2}$ 展开成关于 $x+1$ 的幂级数.

12. 把函数 $f(x)=\cos\frac{x}{2}$ 在 $x\in[0,\pi]$ 上展开成正弦级数与余弦级数.

13. 设函数 $f(x)=2+x$，$x\in[0,1]$，写出函数以 2 为周期的余弦级数，并写出余弦级数在 $[-1,1]$ 上的和函数.

部分习题参考答案与提示

第 6 章

习题 6-1

1. $8\boldsymbol{a}-5\boldsymbol{b}+6\boldsymbol{c}$.

2. $\overrightarrow{D_1A}=\boldsymbol{c}+\dfrac{1}{4}\boldsymbol{a}$，$\overrightarrow{D_2A}=\boldsymbol{c}+\dfrac{1}{2}\boldsymbol{a}$，$\overrightarrow{D_3A}=\boldsymbol{c}+\dfrac{3}{4}\boldsymbol{a}$.

3. 提示：设三角形两边为 $\boldsymbol{a}$，$\boldsymbol{b}$，则三角形第三边 $\boldsymbol{c}$ 为 $\boldsymbol{a}-\boldsymbol{b}$，两边中点的连线 $\boldsymbol{d}$ 为 $\dfrac{1}{2}\boldsymbol{a}-\dfrac{1}{2}\boldsymbol{b}$，又因为 $\boldsymbol{c}=2\boldsymbol{d}$，所以三角形两边中点的连线平行于第三边，且长度为第三边的一半.

4. A 在第二卦限，B 在第五卦限，C 在第八卦限，D 在第四卦限.

5. A 在 xOy 平面上，B 在 yOz 平面上，C 在 y 轴上，D 在 x 轴上.

6. (a,b,c)关于 xOy 面的对称点的坐标为$(a,b,-c)$，关于 yOz 面的对称点的坐标为$(-a,b,c)$，关于 xOz 面的对称点的坐标为$(a,-b,c)$，关于 x 轴的对称点的坐标为$(a,-b,-c)$. 关于 y 轴的对称点的坐标为$(-a,b,-c)$，关于 z 轴的对称点的坐标为$(-a,-b,c)$

7. $(a,0,0),(0,a,0),(0,0,a),(a,a,0),(a,0,a),(0,a,a),(a,a,a)$.

8. $\left(\dfrac{5}{9},-\dfrac{7}{9},\dfrac{\sqrt{7}}{9}\right)$.

9. $(1,-4,4)$，$(-3,12,-12)$

10. 到 y 轴的距离为 $\sqrt{29}$，到 x 轴的距离为 $\sqrt{41}$，到 z 轴的距离为 $2\sqrt{5}$.

11. $\left(0,-\dfrac{39}{20},-\dfrac{11}{5}\right)$.

12. 提示：$\overrightarrow{AB}=(6,-2,-3)$，$\overrightarrow{AC}=(-2,3,-6)$，易知$\overrightarrow{AB}=\overrightarrow{AC}$，又因为$\overrightarrow{AB}\cdot\overrightarrow{AC}=0$，综上该三角形为等腰直角三角形.

13. $|\overrightarrow{PQ}|=2$，$\cos\alpha=\dfrac{1}{2}$，$\cos\beta=\dfrac{\sqrt{2}}{2}$，$\cos\gamma=-\dfrac{1}{2}$，$\alpha=\dfrac{\pi}{3}$，$\beta=\dfrac{\pi}{4}$，$\gamma=\dfrac{2\pi}{3}$.

14. （1）$(-1,3,13)$；（2）$2\sqrt{38}$；（3）$\cos\alpha=-\dfrac{1}{\sqrt{38}}$，$\cos\beta=\dfrac{1}{\sqrt{38}}$，$\cos\gamma=\dfrac{6}{\sqrt{38}}$.

15. （1）垂直于 y 轴；（2）平行于 z 轴，垂直于 xOy 面；（3）垂直于 yOz 面，平行于 x 轴.

16. $3\sqrt{3}$.

17. （0,1,13）.

18. 3，（0,-20,0）.

习题 6-2

1. （1）5，（21,-5,-17）；（2）-30，（-126,30,102）；（3）$-\frac{\sqrt{6}}{12}$.

2. $-\frac{3}{2}$.

3. （1）（-3）；（2）$\frac{3\sqrt{2}}{2}$.

4. $\frac{6000}{7}J$.

5. $\lambda=2\mu$.

6. $\left(-\frac{2}{15},\frac{11}{15},\frac{2}{3}\right)$.

7. $9\sqrt{2}$.

8. （-42,42,42）.

9. 共面.

10. 设 $\boldsymbol{a}=(a_1,a_2,a_3)$，$\boldsymbol{b}=(b_1,b_2,b_3)$. $\boldsymbol{a}\cdot\boldsymbol{b}=|a_1b_1+a_2b_2+a_3b_3|$，$|\boldsymbol{a}|\cdot|\boldsymbol{b}|=\sqrt{a_1^2+a_2^2+a_3^2}\cdot\sqrt{b_1^2+b_2^2+b_3^2}$，因为 $\boldsymbol{a}\cdot\boldsymbol{b}=|\boldsymbol{a}||\boldsymbol{b}|\sin\theta$，所以不等式成立，当 $\boldsymbol{a}\perp\boldsymbol{b}$ 时，取等号.

习题 6-3

1. $3x-2y+7z+30=0$.

2. $2x+9y-6z-121=0$.

3. $-14x-9y+z+15=0$.

4. （1）xOz 所在平面；（2）平行于平面 yOz；（3）平行于 z 轴；（4）过 z 轴；（5）平行于 x 轴；（6）过 y 轴；（7）过坐标原点.

5. $\cos\alpha=\frac{3\sqrt{2}}{10}$，$\cos\beta=\frac{2\sqrt{2}}{5}$，$\cos\gamma=\frac{\sqrt{2}}{2}$.

6. $8x+4y+7z-1=0$.

7. $\left(\frac{3}{2},\frac{1}{2},-\frac{3}{2}\right)$.

8. （1）$x=2$；（2）$2x+y=0$；（3）$z+\frac{4x}{7}-\frac{25}{7}=0$.

9. $\frac{5\sqrt{3}}{6}$.

习题 6-4

1. $\frac{x+1}{1}=\frac{y-2}{-3}=\frac{z-5}{1}$.

2. $\dfrac{x-2}{1}=\dfrac{y-3}{-5}=\dfrac{z-1}{4}$.

3. 对称式方程为$\dfrac{x-3}{3}=\dfrac{y-4}{4}=\dfrac{z-6}{5}$，参数方程为$\begin{cases}x=3t+3,\\y=4t+4,\\z=5t+6.\end{cases}$

4. $\dfrac{x+1}{4}=\dfrac{y-3}{14}=\dfrac{z+2}{5}$.

5. $-\dfrac{\sqrt{21}}{7}$.

6. 证明略.

7. $\dfrac{7\sqrt{6}}{18}$.

8. $-x+y+z-1=0$.

9. $-8x+9y+22z+59=0$.

10. （1）平行；（2）垂直；（3）直线在平面上.

11. $-x+y-z=0$.

12. $\dfrac{\sqrt{230}}{5}$.

13. 证明略.

14. $\begin{cases}y-z-1=0,\\x+y+z=0.\end{cases}$

15. （1）

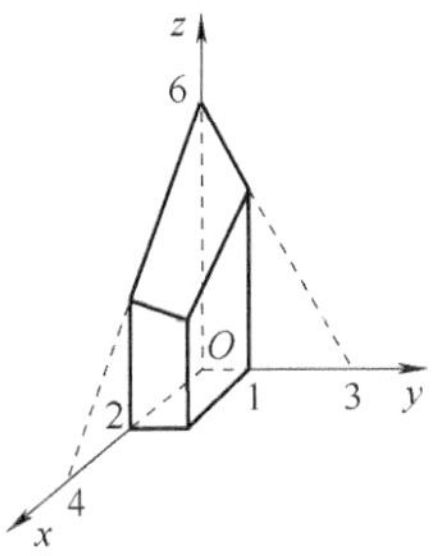

（2）

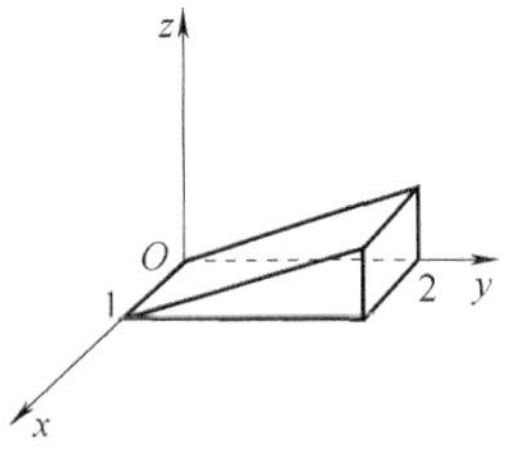

习题 6-5

1. $3x^2-48x+3y^2-28y+3z^2+8z+128=0$.
2. $(x+1)^2+(y+3)^2+(z-2)^2=9$.
3. 以$(1,-2,2)$为球心，半径为 4 的球面方程.
4. $4x^2+4y^2+z^2=9$.
5. $x^2+z^2=4y$.
6. $9x^2-4y^2-4z^2=16$，$9x^2-4y^2+9z^2=16$.
7. （1）xOz 面上的椭圆$\dfrac{x^2}{4}+\dfrac{z^2}{9}=1$ 绕 z 轴旋转一周或者 yOz 面上的椭圆$\dfrac{y^2}{4}+\dfrac{z^2}{9}=1$ 绕 z 轴旋转一周；

（2）双曲线$\frac{x^2}{16}-\frac{y^2}{9}=1$或$\frac{z^2}{16}-\frac{y^2}{9}=1$绕$y$轴旋转一周；

（3）双曲线$x^2-3y^2=1$或$x^2-3z^2=1$绕x轴旋转一周；

（4）直线$z-a=\pm x$或$z-a=\pm y$绕z轴旋转一周.

8. （1）平面解析几何：平行于x轴的一条直线；空间解析几何：平行于xOz面的一个柱面；

（2）平面解析几何：斜率为 2，过点$(0,1)$的一条直线；空间解析几何：在xOy面上准线为$\begin{cases}y=2x+1,\\z=0,\end{cases}$母线平行于$z$轴的一个柱面；

（3）平面解析几何：焦点为$(\pm 2,0)$的双曲线；空间解析几何：在xOy面上准线为$\begin{cases}\frac{x^2}{4}-y^2=1,\\z=0,\end{cases}$母线平行于$z$轴的双曲柱面；

（4）平面解析几何：圆心为$(0,0)$，$r=3$的圆；空间解析几何：在xOy面上准线为$\begin{cases}x^2+y^2=9,\\z=0,\end{cases}$母线平行于$z$轴的圆柱面.

9. 略.

习题 6-6

1. 略.

2. （1）平面解析几何：直线$y=2x+1$与直线$y=3x-2$的交点；空间解析几何：柱面$y=2x+1$与柱面$y=3x-2$的交线；

（2）平面解析几何：双曲线与直线$x=3$的交点；空间解析几何：双曲柱面与平面$x=3$的交线.

3. （1）$\begin{cases}x=\frac{2}{3}\cos t,\\y=\frac{2}{3}\cos t,\quad 0\leqslant t\leqslant 2\pi;\\z=3\cos t,\end{cases}$

（2）$\begin{cases}x=\sqrt{3}\cos t+1,\\y=\sqrt{3}\sin t,\quad 0\leqslant t\leqslant 2\pi.\\z=0,\end{cases}$

4. $y^2+4z^2=9$，$-x^2+7z^2=9$.

5. $\begin{cases}2y^2-2y-3x+1=0,\\z=0.\end{cases}$

6. 在xOy面上：$\begin{cases}\frac{x^2}{64}+\frac{z^2}{32}=1,\\z=0,\end{cases}$在$yOz$面上：$\begin{cases}y+z=0,\\x=0,\end{cases}$在$xOz$面上：$\begin{cases}\frac{x^2}{64}+\frac{z^2}{32}=1,\\y=0.\end{cases}$

7. 在xOy面上的投影为$\begin{cases}x^2+y^2\leqslant ax,\\z=0,\end{cases}$在$xOz$面上的投影为$z=\sqrt{a^2-ax}$，$x$轴，$y$轴所围成的区域.

8. 在 xOy 面上的投影为$\begin{cases}2x^2+y^2\leqslant 4,\\ z=0,\end{cases}$在 yOz 面上的投影为$\begin{cases}z=y^2,\\ z=4,\end{cases}$在 xOz 面上的投影为$\begin{cases}z=2x^2,\\ z=4.\end{cases}$

习题 6-7

1. (1) 椭球面；(2) 二次锥面；(3) 单叶双曲面；(4) 双叶双曲面；(5) 抛物面.
2. 略

总习题 6

1. (1) C；(2) C；(3) B；(4) D；(5) A.
2. (1) $x-3y+z+2=0$；(2) 1；(3) 36；(4) (3，-1，0)；(5) $3y^2-z^2=16$.
3. $\dfrac{\pi}{3}$.
4. 5.
5. $(x-1)^2+(y+1)^2-4(z-1)=0$.
6. $x+2y+1=0$.
7. $\dfrac{x+1}{16}=\dfrac{y}{19}=\dfrac{z-4}{28}$.
8. 在 xOy 面上的投影为$\begin{cases}x^2+y^2=2x,\\ z=0,\end{cases}$在 yOz 面上的投影为$\begin{cases}z=\sqrt{\dfrac{z^4}{4}+y^2},\\ x=0,\end{cases}$在 xOz 面上的投影$\begin{cases}z^2=2x,\\ y=0.\end{cases}$
9. 略.
10. $\overrightarrow{OP}=\overrightarrow{OA}+\overrightarrow{AP}=\boldsymbol{a}+\lambda\overrightarrow{AB}=\boldsymbol{a}+\lambda(\boldsymbol{b}-\boldsymbol{a})=(1-\lambda)\boldsymbol{a}+\boldsymbol{b}$,
    $\overrightarrow{OP}=\overrightarrow{OB}+\overrightarrow{BP}=\boldsymbol{b}+\mu\overrightarrow{BA}=\boldsymbol{b}+\mu(\boldsymbol{a}-\boldsymbol{b})=\mu\boldsymbol{a}+(1-\mu)\boldsymbol{b}$.
11. 1.

第 7 章

习题 7-1

1. (1) $\{(x,y)\mid 1<x^2+y^2\leqslant 4\}$，图形略；(2) $\{(x,y)\mid 2\leqslant x^2+y^2\leqslant 4,\ x>y^2\}$，图形略；
   (3) $\{(x,y)\mid x^2+4y^2<9\}$，图形略；(4) $\{(x,y,z)\mid a^2\leqslant x^2+y^2+z^2<b^2\}$，图形略；
   (5) $\{(x,y,z)\mid x^2+y^2\leqslant z\leqslant 6\}$，图形略.
2. $\cos 2x$.
3. $3xy+6x+4y$.
4. $\dfrac{x^2+y^2}{2}$，$\dfrac{5}{2}$.
5. (1) ln2；(2) $\dfrac{\pi}{8}$；(3) $-\dfrac{1}{4}$；(4) $\dfrac{1}{2}$；(5) $e^{-2}+3$；(6) 0；(7) 1；(8) $-\dfrac{1}{2}$.
6. (1) 提示：取路径 $y=kx$；(2) 提示：取路径 $y=kx^3$；(3) 提示：取路径 $y=x$ 和 $y=-x$.

7. （1）点$(0,0)$；（2）$\{(x,y)\mid y=x^2$ 或 $y\leqslant 0\}$.

8. 连续.

9. $a=5$.

习题 7-2

1. （1）$z'_x=e^{-xy}(1-xy)$，$z'_y=-x^2e^{-xy}$；（2）$z'_x=3x^2\sin y^2-\dfrac{6}{1-x+y^2}$，$z'_y=2x^3y\cos y^2+\dfrac{12y}{1-x+y^2}$；

（3）$z'_x=\dfrac{y^2-2xy-x^2}{(x^2+y^2)^2}$，$z'_y=\dfrac{x^2-2xy-y^2}{(x^2+y^2)^2}$；（4）$z'_x=2\csc[2(x-y+e^2)]$，$z'_y=-2\csc[2(x-y+e^2)]$；

（5）$z'_x=\dfrac{y^x\ln y}{1+y^{2x}}$，$z'_y=\dfrac{xy^{x-1}}{1+y^{2x}}$；（6）$z'_x=\dfrac{2}{4x-y^2}$，$z'_y=\dfrac{y}{y^2-4x}$；

（7）$u'_x=\dfrac{\ln y}{z}y^{\frac{x}{z}}$，$u'_y=\dfrac{x}{z}y^{\frac{x}{z}-1}$，$u'_z=\dfrac{-x\ln y}{z^2}y^{\frac{x}{z}}$；

（8）$u'_x=\cos(x+y^2-e^z)$，$u'_y=2y\cos(x+y^2-e^z)$，$u'_z=-e^z\cos(x+y^2-e^z)$.

2. $f'_x(x,\ 1)=1$.

3. $f'_x(1,\ -1)=e^{-1}$，$f'_y(1,\ -1)=e^{-1}$.

4. $\dfrac{3\pi}{4}$.

5. 证明略.

6. （1）$\dfrac{\partial^2 z}{\partial x^2}=\dfrac{2xy}{(x^2+y^2)^2}$，$\dfrac{\partial^2 z}{\partial y^2}=\dfrac{-2xy}{(x^2+y^2)^2}$，$\dfrac{\partial^2 z}{\partial x\partial y}=\dfrac{y^2-x^2}{(x^2+y^2)^2}$；

（2）$\dfrac{\partial^2 z}{\partial x^2}=xy^3(1-x^2y^2)^{-\frac{3}{2}}$，$\dfrac{\partial^2 z}{\partial y^2}=x^3y(1-x^2y^2)^{-\frac{3}{2}}$，$\dfrac{\partial^2 z}{\partial x\partial y}=(1-x^2y^2)^{-\frac{3}{2}}$；

（3）$\dfrac{\partial^2 z}{\partial x^2}=y^{\sin x}\ln y(\cos^2 x\ln y-\sin x)$，$\dfrac{\partial^2 z}{\partial y^2}=\sin x(\sin x-1)y^{\sin x-2}$，$\dfrac{\partial^2 z}{\partial x\partial y}=y^{\sin x-1}\cos x(\sin x\ln y+1)$；

（4）$\dfrac{\partial^2 z}{\partial x^2}=-2xy^3e^{-x^2y^2}$，$\dfrac{\partial^2 z}{\partial y^2}=-2x^3ye^{-x^2y^2}$，$\dfrac{\partial^2 z}{\partial x\partial y}=(1-2x^2y^2)e^{-x^2y^2}$；

（5）$\dfrac{\partial^2 z}{\partial x^2}=\dfrac{-2x^2-2xy+y^2}{(x^2+xy+y^2)^2}$，$\dfrac{\partial^2 z}{\partial y^2}=\dfrac{-2y^2-2xy+x^2}{(x^2+xy+y^2)^2}$，$\dfrac{\partial^2 z}{\partial x\partial y}=\dfrac{-x^2-4xy-y^2}{(x^2+xy+y^2)^2}$.

7. $f''_{xy}(1,\ -1,\ 0)=-2$，$f''_{xx}(1,\ 1,\ 2)=4$，$f'''_{zzx}(5,\ 2,\ 0)=0$.

8. 提示：求出$\dfrac{\partial^2 u}{\partial x^2}$和$\dfrac{\partial^2 u}{\partial y^2}$.

9. y^2+xy+1.

习题 7-3

1. （1）$dz=y\cos(xy)dx+x\cos(xy)dy$；（2）$dz=\dfrac{1}{2(x+y^2)}dx+\dfrac{y}{x+y^2}dy$；

（3）$dz=\dfrac{y^2+1}{y}dx+\dfrac{(y^2-1)x}{y^2}dy$；（4）$dz=\dfrac{-y^2}{(x^2+y^2)|y|}dx+\dfrac{xy}{(x^2+y^2)|y|}dy$；

（5）$du=\dfrac{1}{x-2y+3z}dx-\dfrac{2}{x-2y+3z}dy+\dfrac{3}{x-2y+3z}dz$；（6）$du=y^{xz}z\ln y dx+y^{xz-1}xzdy+y^{xz}x\ln y dz$.

2. $dz\big|_{(3,1)}=\frac{1}{5}dx-\frac{3}{5}dy$.

3. 全增量为-0.598，全微分为-0.6.

4. 证明提示：根据定义证明.

5. 证明提示：根据定义证明.

6. 证明提示：根据定义证明.

7. 证明提示：全微分近似全增量.

8. 减少 1cm.

9. 最大绝对误差为$\frac{|-y\delta_x+x\delta_y|}{x^2}$，最大相对误差为$\left|\frac{-y\delta_x+x\delta_y}{x^3y}\right|$.

习题 7-4

1. $-\sin(2t)+3t^2\cos t^3$.

2. $\frac{(x+1)e^x}{1+x^2e^{2x}}+1$.

3. $e^{2x}\left(2\arcsin x-2\cos^2x+\frac{1}{\sqrt{1-x^2}}+\sin 2x\right)$.

4. $\frac{\partial z}{\partial x}=\frac{2y^2e^{2x}+2x}{y^2e^{2x}+x^2+y-2e^{2y}}$，$\frac{\partial z}{\partial y}=\frac{2ye^{2x}+1-4e^y}{y^2e^{2x}+x^2+y-2e^{2y}}$.

5. $\frac{\partial z}{\partial x}=(x^2-2y^2)^{xy-1}[2x^2y+(x^2-2y^2)y\ln(x^2-2y^2)]$，$\frac{\partial z}{\partial y}=(x^2-2y^2)^{xy-1}[-4xy^2+(x^2-2y^2)x\ln(x^2-2y^2)]$.

6. （1）$z'_x=2xf'_1+\frac{1}{x-y}f'_2$，$z'_y=-2yf'_1-\frac{1}{x-y}f'_2$；（2）$u'_x=2xzf'_1$，$u'_y=f'_1+2yzf'_2$，$u'_z=x^2f'_1+y^2f'_2$；

（3）$z'_x=yf+xf'_1-\frac{y^2}{x}f'_2$，$z'_y=xf-\frac{x^2}{y}f'_1+yf'_2$；（4）$u'_x=-\frac{y}{x^2}f'_1+f'_2+ye^xf'_3$，$u'_y=\frac{1}{x}f'_1-6f'_2+e^xf'_3$；

（5）$u'_x=f'_1+yf'_2+yzf'_3$，$u'_y=xf'_2+xzf'_3$，$u'_z=xyf'_3$.

7. 证明略.

8. $\frac{1-x^2}{2}$.

9. （1）$\frac{\partial^2z}{\partial x^2}=f''_{11}+\frac{2}{y}f''_{12}+\frac{1}{y^2}f''_{22}$，$\frac{\partial^2z}{\partial x\partial y}=-\frac{1}{y^2}f'_2-\frac{x}{y^2}f''_{12}-\frac{x}{y^3}f''_{22}$，$\frac{\partial^2z}{\partial y^2}=\frac{2x}{y^3}f'_2+\frac{x^2}{y^4}f''_{22}$；

（2）$\frac{\partial^2z}{\partial x^2}=\sin^2yf''_{11}+2y\sin yf''_{12}+y^2f''_{22}$，

$\frac{\partial^2z}{\partial x\partial y}=\cos yf'_1+f'_2+x\sin y\cos yf''_{11}+x(\sin y+y\cos y)f''_{12}+xyf''_{22}$，

$\frac{\partial^2z}{\partial y^2}=-x\sin yf'_1+x^2\cos^2yf''_{11}+2x^2\cos yf''_{12}+x^2f''_{22}$；

（3）$\frac{\partial^2z}{\partial x^2}=\sin^2yf''_{11}+2y\sin yf''_{12}+2\sin yf''_{13}+y^2f''_{22}+2yf''_{23}+f''_{33}$，

$$\frac{\partial^2 z}{\partial x\partial y}=\cos y f'_1+f'_2+x\sin y\cos y f''_{11}+x(\sin y+y\cos y)f''_{12}+(2\sin y+1)f''_{13}+xyf''_{22}+(2y+1)f''_{23}+2f''_{33},$$

$$\frac{\partial^2 z}{\partial y^2}=-x\sin y f'_1+x^2\cos^2 y f''_{11}+2x^2\cos y f''_{12}+3x\cos y f''_{13}+x^2 f''_{22}+3xf''_{23}+2f''_{33}.$$

10. $yf'_2+f''_{11}+(x+z)yf''_{12}+xy^2zf''_{22}$.

11. $\dfrac{f'(r)+f''(r)}{e^{2r}}$.

12. $f'(xyz)(yz\mathrm{d}x+xz\mathrm{d}y+xy\mathrm{d}z)$.

13. $\dfrac{2}{y}f'_1\mathrm{d}x+\left(\dfrac{1}{z}f'_2-\dfrac{2x}{y^2}f'_1\right)\mathrm{d}y-\dfrac{y}{z^2}f'_2\mathrm{d}z$.

14. $\dfrac{\partial^2 z}{\partial u\partial v}=0$.

习题 7-5

1. $\dfrac{e^{2y}-2ye^{2x}}{e^{2x}-2xe^{2y}}$.

2. $\dfrac{x+y}{x-y}$.

3. 证明略.

4. $\dfrac{\partial^2 z}{\partial x^2}=\dfrac{16xz}{(2x-3z^2)^3}$, $\dfrac{\partial^2 z}{\partial y^2}=\dfrac{6z}{(2x-3z^2)^3}$.

5. $-\dfrac{3}{25}$.

6. $\mathrm{d}z=-\dfrac{(1+z^2)e^{xy}}{z^2}y\mathrm{d}x-\dfrac{(1+z^2)e^{xy}}{z^2}x\mathrm{d}y$.

7. $\dfrac{\partial z}{\partial x}=\dfrac{f'_1+yzf'_2}{1-f'_1-xyf'_2}$, $\dfrac{\partial x}{\partial y}=-\dfrac{f'_1+xzf'_2}{f'_1+yzf'_2}$, $\dfrac{\partial y}{\partial z}=\dfrac{1-f'_1-xyf'_2}{f'_1+xzf'_2}$.

8. $\dfrac{\partial z}{\partial x}=\dfrac{2xyf'(x^2-z^2)-1}{1+2yzf'(x^2-z^2)}$, $\dfrac{\partial z}{\partial y}=\dfrac{f(x^2-z^2)}{1+2yzf'(x^2-z^2)}$.

9. 证明略.

10. $\dfrac{\mathrm{d}y}{\mathrm{d}x}=\dfrac{2z-3z^2}{1+3z^2-2y(1+2z)}$, $\dfrac{\mathrm{d}z}{\mathrm{d}x}=\dfrac{2y-1}{1+3z^2-2y(1+2z)}$.

11. $\dfrac{\partial u}{\partial x}=\dfrac{\sin v}{1+(\sin v-\cos v)e^u}$, $\dfrac{\partial v}{\partial x}=\dfrac{\cos v-e^u}{u[1+(\sin v-\cos v)e^u]}$, $\dfrac{\partial u}{\partial y}=\dfrac{-\cos v}{1+(\sin v-\cos v)e^u}$,

$\dfrac{\partial v}{\partial y}=\dfrac{\sin v+e^u}{u[1+(\sin v-\cos v)e^u]}$.

12. $\dfrac{\partial x}{\partial u}=\dfrac{1+2xu}{2x^2-y}$, $\dfrac{\partial y}{\partial u}=\dfrac{-2x-2uy}{2x^2-y}$.

13. $\dfrac{\partial z}{\partial x}=e^{-u}(v\cos v-u\sin v)$, $\dfrac{\partial z}{\partial y}=e^{-u}(v\sin v+u\cos v)$.

习题 7-6

1. （1）切线方程：$\dfrac{x-1}{1}=\dfrac{y-1}{2}=\dfrac{z-1}{3}$；法平面方程：$x+2y+3z=6$.

（2）切线方程：$\dfrac{x}{-R}=\dfrac{y-R}{0}=\dfrac{z-\frac{b\pi}{2}}{b}$；法平面方程：$2Rx-2bz=-b^2\pi$.

（3）切线方程：$\dfrac{x+1-\frac{\pi}{2}}{1}=\dfrac{y-1}{1}=\dfrac{z-2\sqrt{2}}{\sqrt{2}}$；法平面方程：$x+y+\sqrt{2}z=\dfrac{\pi}{2}+4$.

（4）切线方程：$\dfrac{x-1}{1}=\dfrac{y}{1}=\dfrac{z-2}{2}$；法平面方程：$x+y+2z=5$.

2. 切线方程：$\dfrac{x-a}{0}=\dfrac{y}{a}=\dfrac{z}{b}$；法平面方程：$ay+bz=0$；夹角为常数 $\arccos\dfrac{b}{a^2+b^2}$.

3. 切线方程：$\dfrac{x-3}{4}=\dfrac{y-4}{-3}=\dfrac{z-5}{0}$；法平面方程：$4x-3y=0$.

4. （1）切平面方程：$2x+y=4$；法线方程：$\dfrac{x-1}{2}=\dfrac{y-2}{1}=\dfrac{z}{0}$.

（2）切平面方程：$4x+2y-z=6$；法线方程：$\dfrac{x-2}{4}=\dfrac{y-1}{2}=\dfrac{z-4}{-1}$.

5. 点$(-3,-1,3)$，法线方程$\dfrac{x+3}{1}=\dfrac{y+1}{3}=\dfrac{z-3}{1}$.

6. 证明略.

7. 证明略.

8. $2x-3y+2z=9$ 或 $2x-3y+2z=-9$.

9. 证明略.

10. 证明略.

11. $x-y=2$ 或 $x-y=-2$.

12. 证明略.

习题 7-7

1. $-3\sqrt{2}$.

2. $2+3\sqrt{3}$.

3. $-\dfrac{2\sqrt{6}}{3}$.

4. $\dfrac{1}{2}$.

5. $2\sqrt{2}$.

6. 梯度：$(5,2,12)$，点$\left(-\dfrac{3}{2},\dfrac{1}{2},0\right)$.

7. $\dfrac{f'(r)}{r}\boldsymbol{r}$.

8. $\dfrac{\pi}{2}$.

9. $\dfrac{4\sqrt{6}}{3}$，$\sqrt{14}$.

10. $\dfrac{11\sqrt{14}}{14}$.

11. $(-2,-4,-2)$，$2\sqrt{6}$.

习题 7-8

1. 极大值$f(2,-2)=8$，无极小值.

2. 极小值$f\left(\dfrac{1}{2},-1\right)=-\dfrac{\mathrm{e}}{2}$，无极大值.

3. 极小值$f\left(\dfrac{2}{3},\dfrac{2}{3}\right)=-\dfrac{4}{27}$，无极大值.

4. 极大值$f\left(\dfrac{\pi}{6},\dfrac{\pi}{6}\right)=\dfrac{3}{2}$，无极小值.

5. 最大值$f\left(\dfrac{1}{2},\dfrac{1}{2}\right)=\dfrac{1}{4}$，最小值 0.

6. 最大值$f(-4,0)=128$，最小值$f(0,0)=0$.

7. 当三个正数分别为$\dfrac{a}{3}$，$\dfrac{a}{3}$，$\dfrac{a}{3}$时，它们的乘积最大，最大值为$\dfrac{a^3}{27}$.

8. 长、宽、高都是$\dfrac{\sqrt{6}a}{6}$的长方体的体积最大，最大体积为$\dfrac{\sqrt{6}a^3}{36}$.

9. 最短距离$\sqrt{3}\,|a|$.

10. 当长为$\dfrac{2}{3}p$、宽为$\dfrac{1}{3}p$ 的矩形绕宽旋转时，所得的圆柱体的体积最大，最大值为$\dfrac{4}{27}\pi p^3$.

11. 最近距离 $d\left(\dfrac{1}{2},\dfrac{1}{2},-\dfrac{1}{2}\right)=\dfrac{2\sqrt{6}}{3}$，最远距离 $d\left(-\dfrac{1}{2},-\dfrac{1}{2},\dfrac{1}{2}\right)=\dfrac{4\sqrt{6}}{3}\dfrac{4\sqrt{6}}{3}$.

12. 最大值 $d(1,1,2)=\sqrt{6}$，最小值 $d(-2,-2,8)=6\sqrt{2}$.

13. $\left(\dfrac{4}{5},\dfrac{3}{5},\dfrac{35}{12}\right)$.

总习题 7

1. (1) B；(2) D；(3) B；(4) C；(5) D；(6) B；(7) C.

2. (1) $yz^{xy}\ln z\mathrm{d}x+xz^{xy}\ln z\mathrm{d}y+xyz^{xy-1}\mathrm{d}z$；(2) 1；(3) $(5,4,3)$；(4) $\dfrac{x-1}{2}=\dfrac{y-1}{6}=\dfrac{z-4}{-1}$；(5) 4.

3. 证明提示：按定义证明.

4. $\dfrac{x^2-y^2}{x^2+y^2}$.

5. $\dfrac{z(4+2yz+z-xyz)\mathrm{e}^x}{y(1-xy)}$.

6. 提示：选 y 作参数；$\dfrac{3\pi}{4}$.

7. $\dfrac{\partial z}{\partial x}=\dfrac{2\sqrt{z}\left[2x-\mathrm{e}^{(y-x)^2}\right]}{\mathrm{e}^z+2\sqrt{z}}$，$\dfrac{\partial z}{\partial y}=\dfrac{2\sqrt{z}\,\mathrm{e}^{(y-x)^2}}{\mathrm{e}^z+2\sqrt{z}}$.

8. $2z$.

9. $1-\dfrac{1}{r}$.

10. $f_1'(1,1)+f_{11}''(1,1)+f_{12}''(1,1)$.

11. 无极大值，有极小值$f\left(0,\dfrac{1}{\mathrm{e}}\right)=-\dfrac{1}{\mathrm{e}}$.

12. 最大值$f(0,\pm2)=8$，最小值$f(0,0)=0$.

13. $(0,-\sqrt{2},-\sqrt{2})$.

14. $a=-5$，$b=-2$.

15. 证明略.

16. 证明略.

17. 证明提示：① $F(tx,ty,tz)=t^kF(x,y,z)$两端对 t 求导，然后令 $t=1$，可得出 $xF_x'(x,y,z)+yF_y'(x,y,z)+zF_z'(x,y,z)=kF(x,y,z)$；② 求曲面 $F(x,y,z)=0$ 在其上任意一点 $P(x_0,y_0,z_0)$处的切平面方程，即可证明.

18. $\dfrac{11}{7}$.

19. 证明提示：按极小值的必要条件和充分条件证明.

20. $g(0,0)=0$；$g(0,0)=0$.

第 8 章

习题 8-1

1. $Q=\iint\limits_D\mu(x,y)\,\mathrm{d}\sigma$.

2. 证明略.

3. (1) πR^2；(2) $\dfrac{4}{3}\pi R^3$.

4. (1) $I_1\leqslant I_2$；(2) $I_1\geqslant I_2$；(3) $I_1\leqslant I_2\leqslant I_3$；(4) $I_1\leqslant I_2\leqslant I_3$.

5. (1) $8\leqslant I\leqslant 8\sqrt{2}$；(2) $-\sqrt{2}\pi\leqslant I\leqslant\sqrt{2}\pi$；(3) $\dfrac{1}{2}\leqslant I\leqslant\dfrac{3}{2}$.

6. 证明略.

7. 证明略(利用积分的估值不等式及闭区间上连续函数的介值定理).

习题 8-2

1. (1) 1；(2) $\frac{1}{6}$；(3) $-\frac{3}{2}\pi$；(4) $\frac{11}{15}$；(5) $-\frac{9}{4}$；(6) -18.

2. (1) $\frac{1}{2}(1-\cos 2)$；(2) $e-e^{-1}$；(3) $-\frac{5}{6}$；(4) $\frac{9}{4}$；(5) $-\frac{7}{60}$；(6) $\frac{225}{8}$.

3. (1) $\int_0^1 dx\int_0^{2-2x} f(x,y)\,dy=\int_0^2 dy\int_0^{1-\frac{y}{2}} f(x,y)\,dx$；

(2) $\int_0^1 dx\int_{-\sqrt{x}}^{\sqrt{x}} f(x,y)\,dy=\int_{-1}^1 dy\int_{y^2}^1 f(x,y)\,dx$；

(3) $\int_1^3 dx\int_{\frac{1}{x}}^{x} f(x,y)\,dy=\int_{\frac{1}{3}}^1 dy\int_{\frac{1}{y}}^3 f(x,y)\,dx+\int_1^3 dy\int_y^3 f(x,y)\,dx$；

(4) $\int_{-2}^{-1} dx\int_0^{\sqrt{4-x^2}} f(x,y)\,dy+\int_{-1}^1 dx\int_{\sqrt{1-x^2}}^{\sqrt{4-x^2}} f(x,y)\,dy+\int_1^2 dx\int_0^{\sqrt{4-x^2}} f(x,y)\,dy$

$=\int_0^1 dy\int_{-\sqrt{4-y^2}}^{-\sqrt{1-y^2}} f(x,y)\,dx+\int_0^1 dy\int_{\sqrt{1-y^2}}^{\sqrt{4-y^2}} f(x,y)\,dx+\int_1^2 dy\int_{-\sqrt{4-y^2}}^{\sqrt{4-y^2}} f(x,y)\,dx$.

4. 证明略.

5. (1) $\int_0^1 dy\int_y^1 f(x,y)\,dx$；(2) $\int_0^4 dx\int_{\frac{x}{2}}^{\sqrt{x}} f(x,y)\,dy$；(3) $\int_1^{\sqrt{2}} dy\int_{-\sqrt{2-y^2}}^{\sqrt{2-y^2}} f(x,y)\,dx$；

(4) $\int_0^1 dx\int_0^x f(x,y)\,dy+\int_1^2 dx\int_0^{2-x} f(x,y)\,dy$；(5) $\int_0^1 dy\int_{\frac{y}{2}}^{y} f(x,y)\,dx$.

6. (1) $\frac{1}{2}$；(2) 1.

7. 证明略.

8. $F'(2)=f(2)$.

9. $f(x,y)=4xy+1$.

10. $\frac{4}{3}$.

11. 1.

12. $\frac{40}{3}$.

13. 6π.

14. $\frac{3\pi}{32}a^4$.

15. (1) 0；(2) $\frac{2}{3}$；(3) $\frac{4}{3}$；(4) $\frac{\pi}{8}(a+b)$.

16. (1) $\int_0^{2\pi} d\theta\int_0^3 f(\rho\cos\theta,\rho\sin\theta)\rho\,d\rho$；(2) $\int_0^{2\pi} d\theta\int_a^b f(\rho\cos\theta,\rho\sin\theta)\rho\,d\rho$；

(3) $\int_0^{\pi} d\theta\int_0^{\sin\theta} f(\rho\cos\theta,\rho\sin\theta)\rho\,d\rho$；(4) $\int_0^{\frac{\pi}{4}} d\theta\int_{\frac{2}{\cos\theta+\sin\theta}}^{2\cos\theta} f(\rho\cos\theta,\rho\sin\theta)\rho\,d\rho$.

17. (1) $\int_{\frac{\pi}{4}}^{\frac{\pi}{3}}\mathrm{d}\theta\int_0^{\frac{1}{\cos\theta}}f(\rho\cos\theta,\ \rho\sin\theta)\rho\mathrm{d}\rho$；(2) $\int_0^{\frac{\pi}{4}}\mathrm{d}\theta\int_0^{\frac{a}{\cos\theta}}f(\rho^2)\rho\mathrm{d}\rho+\int_{\frac{\pi}{4}}^{\frac{\pi}{2}}\mathrm{d}\theta\int_0^{\frac{a}{\sin\theta}}f(\rho^2)\rho\mathrm{d}\rho$；

(3) $\int_0^{\frac{\pi}{2}}\mathrm{d}\theta\int_0^{2\sin\theta}f(\rho\cos\theta,\ \rho\sin\theta)\rho\mathrm{d}\rho$；(4) $\int_0^{\frac{\pi}{4}}\mathrm{d}\theta\int_{\sec\theta\tan\theta}^{\sec\theta}f(\rho\cos\theta-\rho\sin\theta)\rho\mathrm{d}\rho$.

18. (1) 4π；(2) $\sqrt{2}-1$；(3) $\frac{16}{9}$；(4) $\frac{\pi}{2}(1-\mathrm{e}^{-a^2})$.

19. (1) 18π；(2) $\pi(\cos\pi^2-\cos4\pi^2)$；(3) $\frac{3\pi^2}{64}$；(4) $\frac{\pi}{4}(2\ln2-1)$；(5) π；(6) $2-\frac{\pi}{2}$.

20. (1) $\frac{8}{3}$；(2) $\frac{\pi}{4}\left(\frac{\pi}{2}-1\right)$；(3) πR^3；(4) π；(5) $\frac{6}{7}\pi$；(6) $\pi-2$.

21. 证明略.

习题 8-3

1. (1) $\int_0^1\mathrm{d}x\int_0^2\mathrm{d}y\int_{-1}^3f(x,y,z)\mathrm{d}z$；(2) $\int_{-2}^2\mathrm{d}x\int_{-\sqrt{4-x^2}}^{\sqrt{4-x^2}}\mathrm{d}y\int_{\frac{x^2+y^2}{2}}^2f(x,y,z)\mathrm{d}z$；

(3) $\int_0^1\mathrm{d}x\int_0^{1-x}\mathrm{d}y\int_0^{xy}f(x,y,z)\mathrm{d}z$；(4) $\int_0^1\mathrm{d}x\int_0^1\mathrm{d}y\int_0^{\sqrt{x^2+y^2}}f(x,y,z)\mathrm{d}z$；

(5) $\int_0^2\mathrm{d}x\int_1^{2-\frac{x}{2}}\mathrm{d}y\int_x^2f(x,y,z)\mathrm{d}z$.

2. $\frac{3}{2}$.

3. 证明略.

4. (1) $\frac{1}{12}$；(2) $\ln2-\frac{5}{4}$；(3) $\frac{\pi}{4}-\frac{1}{2}$；(4) $\frac{1}{32}$；(5) $\frac{430}{21}\pi$；(6) $\frac{1}{12}\pi$.

5. (1) $\frac{64}{3}\pi$；(2) $\frac{1}{12}\pi$；(3) $\frac{8}{9}$；(4) 0.

6. (1) $\frac{4}{5}\pi R^5$；(2) $\frac{\pi}{20}$；(3) $\frac{248}{15}\pi$.

7. (1) $\frac{1}{8}$；(2) $2\pi\left(\frac{1}{2}\ln2-1+\frac{\pi}{4}\right)$；(3) $\frac{1}{2}\pi\ln2$；(4) 21π；(5) $\frac{\pi}{10}$；(6) $\frac{17}{2}\pi$；(7) 336π；

(8) $\pi(2\mathrm{e}-3)$；(9) $\frac{4}{3}$.

8. $\frac{\pi}{9}$.

9. 提示：先将三重积分转为球面坐标系下的三次积分，再证明.

10. $\frac{37}{27}$或$\frac{27}{37}$.

习题 8-4

1. 9π.

2. $\frac{\pi}{6}\left(\sqrt{(1+4R^2)^3}-1\right)$.

3. 20π.

4. $8(\pi-2)$.

5. $\dfrac{\pi a^2}{6}(6\sqrt{2}+5\sqrt{5}-1)$.

6. $2\pi R^2\left(1-\dfrac{R}{R+h}\right)$

7. (1) $\left(\dfrac{12}{5},0\right)$；(2) $\left(\dfrac{1}{2},\dfrac{2}{5}\right)$.

8. $\left(\dfrac{39}{55},\dfrac{37}{55}\right)$.

9. $\left(\pi a,\dfrac{5}{6}a\right)$.

10. (1) $\left(0,0,\dfrac{27}{20}\right)$；(2) $\left(\dfrac{4}{3},0,0\right)$.

11. $\left(-\dfrac{R}{4},0,0\right)$. 提示：以球心为坐标原点 O，OP_0 为 z 轴正向建立坐标系.

12. (1) $I_x=\dfrac{32}{105}$，$I_y=\dfrac{4}{15}$；(2) $I_y=\dfrac{\pi}{8}a^4$.

13. $\dfrac{\pi}{8}a^4$.

14. $\dfrac{368}{105}$.

15. $\dfrac{8}{15}\pi R^5$，其中 R 为球体半径.

16. $\dfrac{32\sqrt{2}}{35}\pi$.

17. $(0,0,-G\rho\pi R)$，其中 R 为球体半径.

18. $\left(0,0,-Gm\dfrac{M}{a^2}\right)$，其中 $M=\dfrac{4\pi}{3}R^3\mu$，μ 为密度.

总习题 8

1. (1) B；(2) D；(3) A；(4) D；(5) C.

2. (1) $\int_0^{\pi}d\theta\int_0^{2a\sin\theta}f(\rho\cos\theta,\rho\sin\theta)\rho d\rho$；(2) $\dfrac{4\pi}{15}$；(3) $-\dfrac{8}{3}\pi R^3$.

3. (1) $\pi^2-\dfrac{40}{9}$；(2) -4；(3) $\dfrac{4}{5}$；(4) $-\dfrac{2}{5}$(提示：先用对称性化简被积函数)；(5) $\dfrac{\pi}{8}a^4$；

(6) $\pi-2$.

4. (1) $\int_0^{\frac{\pi}{6}}dx\int_0^x\dfrac{\cos x}{x}dy$；(2) $\int_0^2dy\int_y^{\sqrt{8-y^2}}f(x,y)dx$；(3) $\int_{\frac{1}{2}}^1dy\int_{\frac{1}{y}}^2f(x,y)dx+\int_1^2dy\int_y^2f(x,y)dx$.

5. (1) $\dfrac{13}{4}\pi$；(2) $\dfrac{256}{3}\pi$；(3) $\dfrac{4}{5}\pi abc$.

6. $\frac{\pi}{6}(7-4\sqrt{2})$.

7. $\frac{1}{2}ab\sqrt{1+\frac{c^2}{a^2}+\frac{c^2}{b^2}}$

8. 提示：化为极坐标的累次积分.

9. 提示：先将左边积分转化为二重积分，利用二重积分的对称性及不等式性质证明.

10. $\frac{1}{2}A^2$.

11. $\frac{\pi}{3}h^3+\pi hf(0)$.

12. $\frac{\pi}{6}$.

13. $\frac{9}{8}$.

14. $H=\frac{\sqrt{2}}{2}R$.

15. $\left(0,0,\frac{5}{4}R\right)$.

16. $\frac{\pi}{2}a^4h$.

17. $\frac{\pi\mu}{10}h^5$.

18. $\left(0,2G\mu\left(\ln\frac{a+\sqrt{a^2+b^2}}{b}-\frac{a}{\sqrt{a^2+b^2}}\right),\ -bG\mu\pi\left(\frac{1}{b}-\frac{1}{\sqrt{a^2+b^2}}\right)\right)$.

19. $(0,0,2G\mu m\pi(\sqrt{R^2+(a+h)^2}-\sqrt{R^2+a^2}-h))$.

第 9 章

习题 9-1

1. (1) $I_1=I_2$；(2) π；(3) 0.

2. (1) B；(2) C.

3. (1) $2\pi a^{2n+1}$；(2) $\frac{\sqrt{2}+1}{2}$；(3) $\frac{1}{3}t_0^6+2t_0^4+4t_0^2$；(4) $\sqrt{2}a^2$.

4. $\frac{\sqrt{3}}{2}(e^{2t_0}-1)$.

5. $2\sqrt{a^2+\left(\frac{h}{2\pi}\right)^2}a^2\pi$.

6. (1) $\frac{\pi a}{2}e^a$；(2) $\frac{2ka^2\sqrt{1+k^2}}{1+4k^2}$.

习题 9-2

1.（1）B；（2）A；（3）C.

2.（1）-16；（2）$-\frac{2\pi}{a}$；（3）$4a^2+\pi a$；（4）$-\frac{5}{6}$.

3. 提示：代入法即可.

4. 提示：根据 $dx=\cos\alpha\cdot ds$，$dy=\cos\beta\cdot ds$.

方法 1：将方程 $x^2+y^2=2x$ 化为显函数 $y=\sqrt{2x-x^2}$，切向量 $\boldsymbol{T}=(1,y')=\left(1,\frac{1-x}{\sqrt{2x-x^2}}\right)$，根据方向化为单位切向量后代入即可.

方法 2：将方程 $x^2+y^2=2x$ 化为参数方程得 $x=1+\cos t$，$y=\sin t$，$0\leqslant t\leqslant\pi$，根据方向，单位切向量有：$\boldsymbol{T}=(\cos\alpha,\cos\beta)=-(-\sin t,\cos t)^0=(\sin t,-\cos t)=(y,1-x)$；

所以，原式$=\int_L(P\cos\alpha+Q\cos\beta)ds=\int_L[P\sqrt{2x-x^2}+Q(1-x)]ds$.

习题 9-3

1.（1）0；（2）0.

2.（1）A；（2）B.

3.（1）12；（2）$\frac{1}{2}\pi a^4$.

4.（1）$\frac{8}{3}$；（2）$2e^a-e^a\cos b-1$.

5. 提示：验证$\frac{\partial Q}{\partial x}=\frac{\partial P}{\partial y}$，$I=(a+1)\left(\frac{1}{b}-\frac{1}{d}\right)$.

6. 提示：验证$\frac{\partial Q}{\partial x}=\frac{\partial P}{\partial y}$，$u(x,y)=x^3+x^2y^3+y^2$.

7. 提示：主要考察函数梯度的概念以及平面上曲线积分与路径无关的条件；

$k=-1$，所给的向量为梯度；$u(x,y)=-\arctan\frac{y}{x^2}$.

习题 9-4

1.（1）$2\pi ah$，0，πa^3h；（2）$4\pi a^4$；（3）4π.

2.（1）提示：投影到 yOz 面上，结果为 144π；

（2）提示：投影到 xOy 面上，结果为$\frac{\pi R^2}{4}+\frac{\pi R^4}{8}$；

（3）$\frac{\pi}{R}\arctan\frac{H}{R}$；

（4）提示：利用奇偶对称性化简，结果为$\frac{2\pi}{3}(a^3-h^3)$.

3. $M=\iint\limits_{\Sigma}z\,dS=\frac{2\pi}{15}(6\sqrt{3}+1)$.

4. $I_z=\frac{4}{3}\pi a^4\rho_0$.

5. $\frac{3}{2}\pi$.

习题 9-5

1. (1) $-\iint\limits_{D_{xy}}R(x,\ y,\ z(x,y))\mathrm{d}x\mathrm{d}y$；(2) $\frac{4}{3}\pi a^3$；(3) 0.

2. (1) $\frac{2}{9}a^3h^3$；(2) $\frac{3}{2}\pi$；

(3) $\iint\limits_{\Sigma}P(x,y,z)\mathrm{d}y\mathrm{d}z+Q(x,y,z)\mathrm{d}z\mathrm{d}x+R(x,y,z)\mathrm{d}x\mathrm{d}y=\iint\limits_{\Sigma}\frac{1}{5}(3P+2Q+2\sqrt{3}R)\mathrm{d}S$.

3. $\frac{1}{2}\pi$.

4. (1) $\iint\limits_{\Sigma}P(x,y,z)\mathrm{d}y\mathrm{d}z+Q(x,y,z)\mathrm{d}z\mathrm{d}x+R(x,y,z)\mathrm{d}x\mathrm{d}y$

$=\iint\limits_{\Sigma}\frac{1}{\sqrt{14}}[3P(x,y,z)+2Q(x,y,z)+R(x,y,z)]\mathrm{d}S$；

(2) $\iint\limits_{\Sigma}P(x,y,z)\mathrm{d}y\mathrm{d}z+Q(x,y,z)\mathrm{d}z\mathrm{d}x+R(x,y,z)\mathrm{d}x\mathrm{d}y$

$=\iint\limits_{\Sigma}\frac{1}{\sqrt{1+4x^2+4y^2}}[2xP(x,y,z)+2yQ(x,y,z)+R(x,y,z)]\mathrm{d}S$.

5. 0.

习题 9-6

1. (1) $\iiint\limits_{\Omega}\frac{2}{\sqrt{x^2+y^2+z^2}}\mathrm{d}v$；(2) $3V$；(3) 0；(4) 0.

2. (1) $\frac{12\pi}{5}a^5$；(2) 4π；(3) 提示："封口法"，结果为 $2\pi a^2(\mathrm{e}^{2a}-1)$；(4) 108π；

(5) 提示："封口法"，结果为 3π；

(6) 提示：直接用高斯公式，三重积分用球面坐标法，结果为$\frac{32\pi}{15}$.

3. 提示：直接用高斯公式即可.

4. 略.

*5. $\mathrm{div}\boldsymbol{A}=2x+2y+2z$.

*6. 0.

习题 9-7

1. (1) $(-2,3,1)$；(2) $\{0,0,0\}$.

2. (1) -20π；(2) 0；(3) $\sqrt{3}\pi R^2$；(4) $\frac{7}{2}$.

*3. $\mathrm{rot}A=(1,1,1)$.

*4. （1）2π；（2）12π.

总习题 9

1. （1）$\frac{1}{2}a^3$；（2）$\frac{1}{12}$；（3）$xf_x(x,y)=yf_y(x,y)$；（4）$\iint\limits_{\Sigma}(x^2+y^2)\rho(x,y,z)\mathrm{d}S$；

　（5）0；（6）$M=2\pi$；（7）$\frac{\sqrt{2}-1}{2}\pi R^3$；（8）0.

2. （1）C；（2）D；（3）D；（4）C；（5）D；（6）B；（7）C；（8）A.

3. （1）$2a^2$，（2）$\frac{\pi}{2}$，（3）$\frac{\pi a^2}{2}(b-a)+2a^2b$，（4）$\frac{\sqrt{2}\pi}{16}$.

4. （1）$\frac{37\pi}{10}$；（2）$-\frac{\pi}{2}$；（3）$\frac{\pi R^4}{8}$；（4）$\frac{41}{10}\pi$.

5. 提示：即证明$\frac{\partial Q}{\partial x}=\frac{\partial P}{\partial y}$，

　再取点$(0,1)$，沿着$(0,1)\to(x,1)\to(x,y)$，求得 $u(x,y)=\frac{1}{2}\ln(x^2+y^2)-\frac{1}{2}\ln x^2$.

6. 提示：由$\frac{\partial Q}{\partial x}=\frac{\partial P}{\partial y}$，得到 $\lambda=3$，

　再从$(0,0)$沿着 x 轴到$(1,0)$，再到$(1,2)$积分，可得$-\frac{79}{5}$.

7. $\left(0,0,\frac{a}{2}\right)$.

8. 提示：线密度 $\rho=kz$，所以 $m=\int_{\Gamma}kz\mathrm{d}s=\int_0^{\frac{\pi}{2}}kt\sqrt{1+1}\,\mathrm{d}t=\frac{\sqrt{2}}{8}k\pi^2$.

第 10 章

习题 10-1

1. （1）$\frac{1}{2}+\frac{1}{5}+\frac{1}{10}+\frac{1}{17}+\frac{1}{26}+\cdots$；

　（2）$\left(1-\frac{1}{\sqrt{2}}\right)+\left(\frac{1}{\sqrt{2}}-\frac{1}{\sqrt{3}}\right)+\left(\frac{1}{\sqrt{3}}-\frac{1}{\sqrt{4}}\right)+\left(\frac{1}{\sqrt{4}}-\frac{1}{\sqrt{5}}\right)+\left(\frac{1}{\sqrt{5}}-\frac{1}{\sqrt{6}}\right)+\cdots$；

　（3）$\frac{2}{3}+\frac{8}{15}+\frac{48}{105}+\frac{384}{945}+\frac{768}{2079}+\cdots$.

2. （1）发散；（2）发散；（3）收敛；（4）发散；（5）收敛；（6）发散.

3. （1）发散；（2）收敛；（3）发散；（4）发散.

4. 提示：几何级数求和.

习题 10-2

1. （1）收敛；（2）收敛；（3）发散；（4）收敛；（5）发散；（6）收敛；（7）收敛；（8）收敛；

（9）发散；（10）收敛；（11）收敛；（12）收敛；（13）收敛；（14）收敛；（15）收敛；（16）收敛；（17）发散；（18）收敛；（19）收敛；（20）收敛.

2. （1）条件收敛；（2）绝对收敛；（3）条件收敛；（4）发散；

（5）当 $0<a<1$ 时，绝对收敛，当 $a=1$ 时，条件收敛，当 $a>1$ 时，发散；（6）绝对收敛.

习题 10-3

1. （1）$(-1,1]$；（2）$(-2,2)$；（3）0；（4）$[-1,1)$；（5）$(-\sqrt{2},\sqrt{2})$；（6）$(-1,1)$；

（7）$[-4,-2)$；（8）$[-1,1]$.

2. （1）$-x\ln(1-x)$，$x\in[-1,1)$；（2）$\dfrac{2x^2+x^4}{(1-x)^2}-\dfrac{x^2}{(1+x)^2}$，$x\in(-1,1)$；

（3）$-\dfrac{1}{2}\ln(1-x)(1+x)$，$x\in(-1,1)$；（4）$\dfrac{2x^2}{(1+x)^3}$，$x\in(-1,1)$.

3. 3.

4. $e^{\frac{x}{2}}$，$\sqrt{e}$.

5. （1）$\dfrac{1}{2}\sum\limits_{n=1}^{\infty}\dfrac{(2x)^{2n}}{(-1)^n(2n)!}$；（2）$\sum\limits_{n=0}^{\infty}\dfrac{(-1)^n}{2n+1}x^{2n+1}x\in[-1,1]$；（3）$\sum\limits_{n=1}^{\infty}(-1)^{n+1}\dfrac{x^n}{2^{n+1}n}+\ln2$，$x\in(-2,2]$；（4）$\sum\limits_{n=0}^{\infty}\dfrac{(x\ln2)^n}{n!}$；（5）$-\dfrac{1}{3}\sum\limits_{n=0}^{\infty}x^n-\dfrac{1}{6}\sum\limits_{n=0}^{\infty}(-1)^n\left(\dfrac{x}{2}\right)^n x\in(-1,1)$；

（6）$\sum\limits_{n=1}^{\infty}(-1)^{n+1}nx^{n-1}x\in(-1,1)$.

6. （1）$1+\sum\limits_{n=0}^{\infty}\dfrac{(-1)^{n+1}(2n-1)!!}{(2n)!!}(x-1)^n$，$x\in[0,2]$；

（2）$e^{-3}\sum\limits_{n=0}^{\infty}\dfrac{(-1)^n(x-3)^n}{n!}$；

（3）$\dfrac{\sqrt{2}}{2}\sum\limits_{n=0}^{\infty}\dfrac{(-1)^n}{(2n)!}\left(x-\dfrac{\pi}{4}\right)^{2n}+\dfrac{\sqrt{2}}{2}\sum\limits_{n=0}^{\infty}\dfrac{(-1)^n}{(2n+1)!}\left(x-\dfrac{\pi}{4}\right)^{2n+1}$；

（4）$\sum\limits_{n=0}^{\infty}(-1)^n\left[\dfrac{1}{n+1}+\dfrac{1}{(n+1)2^{n+1}}\right](x-1)^{n+1}+\ln^2$，$x\in(0,2]$；

（5）$\sum\limits_{n=0}^{\infty}(-1)^n(x-1)^n$，$x\in(0,2)$；

（6）$-\dfrac{1}{5}\sum\limits_{n=0}^{\infty}(x-2)^n-\dfrac{1}{20}\sum\limits_{n=0}^{\infty}(-1)^n\left(\dfrac{x-2}{4}\right)^n$，$x\in(1,3)$.

7. （1）0.15643；（2）2.7182；（3）0.6931.

8. （1）0.7635；（2）0.9361.

9. $\sum\limits_{n=0}^{\infty}(-1)^n\dfrac{n+1}{3}x^n$，$x\in(-1,1)$.

10. $x+\dfrac{x^4}{4\cdot3}+\dfrac{x^7}{7\cdot6\cdot4\cdot3}+\cdots+\dfrac{x^{3m+1}}{(3m+1)\cdot3m\cdot\cdots\cdot6\cdot4\cdot3}+\cdots$.

习题 10-4

1. (1) $f(x)=2\sum_{n=0}^{\infty}\frac{(-1)^{n+1}\sin nx}{n}$，$x\neq(2k+1)\pi$，$k\in\mathbf{Z}$；

(2) $f(x)=\frac{2}{3}\pi^2+\sum_{n=1}^{\infty}\frac{4}{n^2}(-1)^{n+1}\cos nx$，$x\neq k\pi$，$k\in\mathbf{Z}$；

(3) $f(x)=\frac{e^{2\pi}-e^{-2\pi}}{\pi}\left[\frac{1}{4}+\sum_{n=1}^{\infty}\frac{(-1)^n}{n^2+4}(2\cos nx-n\sin nx)\right]$，$x\neq(2n+1)\pi$；

(4) $f(x)=\frac{4}{\pi}\sum_{n=0}^{\infty}\frac{(-1)^n}{4n^2-1}\sin nx$；

(5) $f(x)=\frac{4}{\pi}\sum_{n=1}^{\infty}\frac{1}{2n+1}\sin(2n+1)x$；

(6) $f(x)=\frac{1}{2}+\frac{2}{\pi}\sum_{n=1}^{\infty}\frac{\sin(2k-1)x}{2k-1}$，$x\neq k\pi$.

2. $s(x)=\begin{cases}1, & -\pi<x\leqslant 0,\\ 1-x, & 0<x<\pi,\\ 1-\frac{\pi}{2}, & x=\pi.\end{cases}$

3. (1) $f(x)=6\sum_{n=1}^{\infty}\frac{(-1)^{n+1}}{n}\sin nx+2$，$x\in(0,2\pi)$；

(2) $f(x)=\frac{2\sqrt{2}}{\pi}-\sum_{n=1}^{\infty}\frac{4\sqrt{2}}{\pi(4n^2-1)}\cos nx$，$x\in[-\pi,\pi)$.

4. (1) $\sum_{k=1}^{\infty}\frac{1}{2k-1}\sin(2k-1)x$，$x\in(0,\pi)$，　$\frac{\pi}{4}+\sum_{n=1}^{\infty}\frac{(-1)^n}{2n}\cos nx$，$x\in(0,\pi)$；

(2) $2\sum_{n=1}^{\infty}\frac{(-1)^{n+1}}{n}\sin nx$，$x\in[0,\pi)$，　$\frac{\pi}{2}-\frac{4}{\pi}\sum_{k=1}^{\infty}\frac{1}{(2k-1)^2}\cos(2k-1)x$，$x\in(0,\pi)$；

(3) $\frac{2}{\pi}\sum_{n=1}^{\infty}\left\{\frac{\pi^2(-1)^{n+1}}{n}-\frac{2[1+(-1)^n]}{n^3}\right\}\sin nx$，$x\in(0,\pi)$，　$\frac{\pi^2}{3}+4\sum_{n=1}^{\infty}\frac{(-1)^n}{n^2}\cos nx$，$x\in[0,\pi]$；

(4) $-2\sum_{n=1}^{\infty}\frac{(-1)^n}{n\pi}\sin nx$，$x\neq\frac{\pi}{2}$，$\pi$；　$\frac{1}{2}+2\sum_{n=1}^{\infty}\frac{(-1)^{n+1}}{n\pi}\cos nx$，$x\neq\frac{\pi}{2}$，$\pi$.

5. 提示：令 $t=x+2\pi$ 可得.

6. (1) $f(x)=(e-e^{-1})\left[\frac{1}{2}+\sum_{n=1}^{\infty}\frac{(-1)^n}{1+n^2\pi^2}(\sin n\pi x+\cos n\pi x)\right]$，$x\neq-1$；

(2) $f(x)=\frac{3}{2}-\frac{4}{\pi^2}\sum_{k=0}^{\infty}\frac{1}{(2k+1)^2}\cos[(2k+1)\pi x]$，$x\in[-1,1]$.

(3) $f(x)=\frac{3}{4}+\sum_{n=1}^{\infty}\left[\frac{(-1)^{n+1}+1}{(n\pi)^2}\cos n\pi x\right]+\sum_{n=1}^{\infty}\left[\frac{(-1)^n}{n\pi}\sin n\pi x\right]$，$x\in(1,3)$.

7. $\frac{1}{2}-\frac{1}{\pi}\sum_{n=1}^{\infty}\frac{\sin 2nx}{n}$，$x\in\left(-\frac{1}{2},\frac{1}{2}\right]$.

8. $\frac{1}{3}+\frac{4}{\pi^2}\sum_{n=1}^{\infty}\frac{\cos nx}{n^2}$，$\sum_{n=1}^{\infty}\frac{1}{n^2}=\frac{\pi^2}{6}$.

9. $f(x)=\begin{cases}x, & 0<x<1,\\ \frac{1}{2}, & x=1,\\ 0, & 1<x<2,\\ \frac{1}{2}, & x=2,\\ 3-x, & 2<x<3.\end{cases}$

10. (1) $a_0=a_{2n}=b_{2n}=0(n=1,2,\cdots)$；(2) $a_{2n+1}=b_{2n+1}=0(n=1,2,\cdots)$.

总习题 10

1. (1) D；(2) C；(3) D；(4) B；(5) C.

2. (1) 0；(2) $\frac{3}{2}$，1.

3. (1) 发散；(2) 发散；(3) 收敛；(4) 发散；(5) 发散；(6) 收敛.

4. (1) 条件收敛；(2) 绝对收敛；(3) 条件收敛.

5. 提示：用比值法证明级数 $\sum_{n=0}^{\infty}\frac{(2n)!}{3^{n!}}$ 收敛.

6. (1) $(-1,1)$；(2) $(1-\sqrt{3},1+\sqrt{3})$；(3) $\left[-\frac{1}{2},\frac{3}{2}\right)$.

7. $2\left(\frac{1}{1+x}-1\right)+\ln(1+x)$，$x\in(-1,1)$.

8. $(x+1)xe^x$，$e+1$.

9. xe^{x^2}.

10. $\sum_{n=0}^{\infty}\frac{(-1)^n}{n+1}(x^{n+1}+x^{2n+2})$，$x\in(-1,1]$.

11. $-\frac{1}{6}\sum_{n=0}^{\infty}\left(\frac{x+1}{2}\right)^n-\frac{1}{3}\sum_{n=0}^{\infty}(x+1)^n$，$-3<x<1$.

12. $\frac{8}{\pi}\sum_{n=1}^{\infty}\frac{n}{4n^2-1}\sin nx$，$\frac{2}{\pi}+\frac{4}{\pi}\sum_{n=1}^{\infty}\frac{(-1)^{n+1}}{4n^2-1}\cos nx$.

13. $f(x)=\frac{5}{2}-\frac{4}{\pi^2}\sum_{k=0}^{\infty}\frac{1}{(2k+1)^2}\cos(2k+1)\pi x$，$x\in(0,1)$；$\frac{\pi^2}{8}$.

参考文献

[1] 同济大学数学系. 高等数学：下册［M］. 7版. 北京：高等教育出版社，2014.

[2] 苏德矿，吴明华. 微积分［M］. 北京：高等教育出版社，2007.

[3] 吴赣昌. 高等数学［M］. 北京：中国人民大学出版社，2011.

[4] 范周田，张汉林. 微积分［M］. 北京：机械工业出版社，2016.